해커와 국가

해커와 국가
사이버 공격과 지정학의 뉴노멀

지은이 | 벤 뷰캐넌
옮긴이 | 강기석

1판 1쇄 발행 2023년 2월 22일

펴낸곳 | 두번째테제
펴낸이 | 장원
등록 | 2017년 3월 2일 제2017-000034호
주소 | (13290) 경기도 성남시 수정구 수정북로 92, 태평동락커뮤니티 301호
전화 | 031-754-8804
팩스 | 0303-3441-7392
전자우편 | secondthesis@gmail.com
페이스북 | facebook.com/thesis2
블로그 | blog.naver.com/secondthesis

ISBN | 979-11-90186-29-2 93390

THE
HACKER
AND
THE
STATE

사이버 공격과 지정학의 뉴노멀

Cyber Attacks and the New Normal of Geopolitics

해커와 국가

벤 뷰캐넌 지음 | 강기석 옮김

켈리에게

[[　　목차　　]]

일러두기

1. 저자의 원주는 번호를 달아 미주로 처리했으며, 각주는 옮긴이의 것이다.
2. 원서상 대문자와 이탤릭체는 따옴표로 구분하였고 각 장 시작 부분의 고딕체는 따로 구분하지 않고 본문 서체로 처리했다. 도서명, 언론사명, 영화명의 경우 겹화살괄호와 홑화살괄호로 표기했다.
3. 인명 및 단체명 등의 고유명사는 외래어 표기법을 따르되 널리 사용되는 표현이 있는 경우 그에 따랐다. 필요한 경우 원어를 병기했다.

[[서론]]

"적의 사이버 무기 얼마에 살래?"

인터넷에 아무런 설명도 없이 서투른 영어로 이와 같은 질문이 올라왔다. 이는 장난처럼 들렸고 인터넷 낚시질처럼 보였다. 그러나 실상은 달랐다.

스스로를 그림자 브로커theshadowbrokers라고 밝힌 한 계정이 2016년 게시한 이 메시지는 이후 미국의 정보기관들을 비롯해 전 세계에 충격을 주게 되는 일련의 사건들의 시작에 불과했다. 그림자 브로커는 1년 동안 기밀 문서를 유출했고, 미국 정부의 해커들이 어떻게 전 세계 네트워크에 침투하여 지연, 방해, 제거 공작을 펼치는지 폭로했다. 이 문건들을 통해 우리는 미국이 해킹을 근본적이며 비밀스러운 국가전략의 도구로 사용하고 있고, 적과 동맹에 관계없이 그들의 네

트워크를 해킹했다는 사실을 알게 되었다.[1]

그림자 브로커가 유출한 건 문서만이 아니었다. 그들은 미국 국가 안보국(이하 NSA로 표기)이 그간 개발하고 모아 둔 해킹 도구들을 공개했는데, 그 해킹 도구들은 너무나도 강력하여 물고기를 잡는 다이너마이트 같았다. 하루아침에 그러한 다이너마이트가 모든 이에게 무료로 제공된 것이다.[2]

그 결과는 예상한 대로 끔찍했다. 독재국가와 범죄 조직의 해커들은 유출된 해킹 도구를 재가공하여 자신들이 벌일 치명적인 사이버 공격에 사용했다. 그들의 사이버 공격은 역사상 가장 심각한 피해를 발생시켰는데 피해 규모만 140억 달러에 달했으며, 컴퓨터 수십만 대를 감염시켰고, 전 세계 비즈니스에 악영향을 주었다. 다른 국가들의 정보를 훔치고 그들의 네트워크에 침투하는 일에 익숙한 미국의 첩보 기관들은 무슨 일이 벌어졌는지 영문을 알 수 없었다. 미국은 대대적인 수사를 벌였으나 그림자 브로커가 자신의 행적을 치밀하게 감췄기 때문에 찾아내기 쉽지 않았다. 아직 확인되지는 않았으나 유출된 수사 결과에 따르면, 그림자 브로커는 러시아의 해커들로 추정됐다. 미국의 손실이 곧 러시아의 이득인 셈이었다.[3]

그림자 브로커에 의한 정보 유출과 이후 벌어진 사이버 공격은 최근 국제사회의 경향을 뚜렷하게 보여준다. 지난 20년간 국가 간 디지털 경쟁은 그 어느 때보다 치열해졌다. 미국과 동맹국들은 더 이상 사이버 공간에서 우위를 누리지 못한다. 대단히 파괴적인 사이버 공격과 데이터 유출은 격렬한 국제분쟁을 일으킨다. 중국의 해커들은 미국 기업의 비밀과 소비자들의 디지털 정보를 훔치고 있으며, 러시아의 해커들은 전력망을 해킹하고 다른 국가의 선거에 개입하고 있다. 북한과 이란처럼 고립된 국가들도 이제 소니와 아람코 사례처럼 글로벌 기업에 커다란 피해를 입힐 수 있다. 미국이 이런 피해를 입고도 반격하지 않을 리 없다. 이 책은 이러한 해킹 사건들이 서로 어떻게 연결돼 있으며 해커들이 어떻게 세상을 바꿨는지, 지난 20년간 벌어진 해킹의 역사를 종합 분석하여 보여줄 것이다.

이 책에서 보여주는 혼돈으로 가득한 사이버 공간은 그간 학자나 군 전문가들이 상상한 모습이 아니다. 그들은 늘 사이버 공격을 디지털 버전의 핵전쟁이라고 생각했다. 핵무기는 매우 파괴적이지만 사용되는 경우는 무척 드물다. 이런 모습은 1983년 개봉한 영화 〈위험한 게임WarGames〉을 통해 처음 대중의 인식에 각인되었다. 영화에서 젊은 매슈 브로더릭은 군 컴퓨터를 해킹했다가 의도치 않게 핵 재앙이라는 일촉즉발의 위기에 봉착한다. 미국의 로널드 레이건 대통령은 이 영화를 개봉 바로 다음 날 관람했고, 영화에서 벌어진 일이 실제 일어날 가능성이 있는지 검토해 보라는 명령을 내렸다.[4] 레이건 대통령 이후 미국의 모든 대통령은 전문가 위원회를 구성하여 파멸적인 사이버 공격이라는 허상에 대해 조사하도록 했다. 학계와 정부 전문가들이 내놓은 책들은 발전소와 항공통제시스템 해킹, 식량 부족, 대규모 혼란과 같은 이미지들을 떠올리게 했다.

이런 종말론적 예상과는 달리 사이버 공격은 강도는 약하지만 지속적으로 일어나는 국가 간 경쟁의 일부가 됐다. 사이버 공격은 매일 발생한다. 정부 해커들은 끊임없이 상대의 정보를 빼내고 속이며 공격과 반격을 주고받는다. 또한 체제 불안을 야기하고 해킹으로 보복한다. 사이버 공격은 정치 지도자들이 생각했던 것보다 교묘하지만 세상을 바꿀 수 있는 새로운 국가의 도구가 되었다.

--- 신호Signaling와 유리한 환경 조성Shaping ---

국가 간 치열한 경쟁은 신호와 유리한 환경 조성이라는, 중첩되지만 구분되는 접근법에 의해 이뤄진다. 이 두 접근법에는 매우 중요한 차이가 있다.[5] 국제관계는 판돈이 많이 걸린 포커 게임과 같다. 신호 전송은 다른 플레이어들의 행동에 영향을 주기 위해 자신이 무슨 패를 들고 있는지 넌지시 알려주는 행위와 같다. 반면 유리한 환경 조성은 밑장빼기를 하거나 상대방의 카드를 훔치는 것처럼 아예 게임의 판도를 바꾸는 행위다.

이 책은 사이버 능력이 지정학적 형세를 바꾸고 우위를 선점하는 데 적합한 도구이지만 국가의 입장과 의도에 대한 신호를 보내기에는 부적합하다고 주장한다.

핵무기의 시대가 도래하면서 국제관계 이론과 정책은 신호에 집중해 왔다. 거기에는 그럴 만한 이유가 있었다. 인류 역사상 가장 강력한 무기는 그 파괴력 때문에 매우 극한 상황이 아니면 사용할 수 없다. 따라서 냉전 시대의 주류 이론들은 전쟁에서 승리하는 방법이 아니라 유리한 위치에서 전쟁을 예방할 수 있는 방법에 대해 설명해 왔다.[6] 게임이론으로 노벨 경제학상을 수상한 토머스 셸링Thomas Schelling과 같은 학자들은 총 한 발 쏘지 않고도 이득을 보고 우위를 선점하는 방법에 대해 설명했다. 셸링에 따르면 국가전략의 핵심은 결국 전쟁의 위험 가능성을 조작하고, 계산된 위협을 통해 상대방을 강압하여 평화적인 방법으로 이득을 취하는 것이다.

예를 들어 국가는 군사를 동원하여 신호를 보낸다. 병력을 배치함으로써 적국에 자국의 전투 능력과 의지를 보여주고 적국이 공격할 경우 보복하여 막대한 피해를 초래할 것이라고 경고한다. 이런 이유로 냉전 시기 미군이 서유럽에 주둔했다. 서유럽의 미군만으로는 소련의 침략을 막기에 역부족이었으므로 그들의 역할에 대해 의문을 갖는 사람도 있었을 것이다. 이에 대해 셸링은 "직설적으로 말해 그들은 전사할 것이다. 그들은 명예롭게 극적인 죽음을 맞이할 것이며 전쟁이 거기서 멈추지 않도록 할 것이다"라고 말했다.[7] 소련은 미국의 어떤 대통령도 미군 수천 명이 희생될 경우 보복하지 않을 수 없다는 사실을 알고 있었다. 미국은 병력을 주둔시켜 유럽 방위에 대한 자신들의 안보 공약이 믿을 수 있다는 신호를 주었다. 그 군인들 덕분에 평화가 유지될 수 있었던 것이다.

신호는 정부의 높은 자리에 있는 사람들에게도 중요한 역할을 한다. 일부 고위 외교 정책 결정자들은 크렘린학Kremlinology*을 통해 소련

옮긴이 소련에 대한 연구를 말한다.

지도자들의 신호를 읽고 대응 방안까지도 알아낼 수 있다고 생각했다. 국가 정상들끼리 신호를 주고받기도 한다. 냉전 시기 쿠바 미사일 위기를 둘러싸고 미국 케네디 대통령과 소련 흐루쇼프 서기장 사이에 벌어졌던 기싸움, 레이건 대통령과 고르바초프 서기장이 만난 레이캬비크 정상회담은 신호 전송의 역사적인 장면들이다. 수많은 역사책에서 이러한 방식의 국가전략을 강조해 왔다.[8]

반면 그들은 비밀공작들이 어떻게 국제 정세의 판을 바꿔 왔는지에 대해서는 관심을 기울이지 않았다. 이러한 공작들에 대해서는 알기 힘들고, 연구하기는 더더욱 어렵지만, 그럼에도 이러한 활동들은 국제 정세에 적지 않은 영향을 끼쳤다. 역사적으로 유리한 환경을 공세적으로 조성할 필요가 있다고 주장한 미국의 지도자들은 많지 않다. 1948년 유명한 조지 케넌George kennan*은 정책 결정자들이 전시와 평시가 명확히 구분되어 있는 순진한 세계관에 사로잡혀 "영원한 투쟁이 반복되는 국제관계의 현실을 인식하지 못한"다고 했다.[9] 케넌은 국가들의 서로 상충되는 이익 때문에 분쟁은 피할 수 없으며, 이로 인해 우위를 점하기 위한 끝없이 반복되는 경쟁이 벌어질 것이라고 예측했다. 그의 예측은 정확했다.

초강대국들은 스파이와 기만 행위를 통해 냉전의 판도를 바꾸기 위해 노력했다. 소련의 군사 전략가들은 마스키로프카Maskirovka, 즉 적국의 정치, 군 지도부를 현혹하기 위한 다양한 기만전술에 대해 자세

옮긴이 냉전 초기 소련에 대한 봉쇄 정책을 입안한 미국의 외교 전략가.

히 서술한 바 있다.[10] 이런 전술은 가끔 상대방에게 발각되기도 했으나 전략적 신호를 보내거나 상대방을 위협하여 그의 행동을 바꾸기 위해 고안된 것들이 아니었다. 이 전술은 우위를 점하기 위한 군사작전 또는 전략 차원의 묘책이었다.

마스키로프카가 없었다면 쿠바 미사일 위기는 그토록 극적이지 않았을 것이고 신호를 보내지도 못했을 것이다. 소련은 쿠바로 미사일을 운송하기 위해 기만전술을 사용했다. 그들은 미사일이 쿠바가 아닌 베링해로 운송되고 있다고 암시하는 작전명을 일부러 사용했다. 실제 미사일을 운반할 때는 농기계로 위장하여 감시자들을 속였고 금속판 아래 숨겨 적외선 카메라를 피했다. 병사들은 갑판 아래 열기와 어둠 속에 숨어서 이동했고 심지어 선장조차도 배가 떠나고 난 뒤에야 행선지를 알 수 있었다. 병사들이 항구를 떠나지 않겠다는 서약을 할 만큼 비밀은 완벽히 유지되었다.

상대를 더욱더 완벽히 속이기 위해 소련은 서방의 첩보기관과 내통하는 쿠바의 반혁명군에게 미사일 운송에 대한 정보를 흘리기도 했다. 반혁명군과 연계된 마이애미의 한 신문사는 과장이 심하고 근거 없는 뉴스를 퍼트리기로 유명했다. 그래서 소련이 쿠바로 미사일을 이송 중이라는 기사가 보도되었음에도 미국의 중앙정보국(이하 CIA로 표기)은 이를 믿지 않았고 오히려 이를 부인하는 소련의 말을 믿었다. 그 결과 미국은 몇 달 동안이나 소련의 미사일 배치를 눈치채지 못했다. 그들은 공중정찰과 현지 첩보원에 의해 직접적인 증거를 보고 나서야 위험을 인식할 수 있었다.[11]

충분히 잘 활용되면 기만이 방해 공작이 될 수도 있다. 냉전 말, 소련은 미국의 제품과 시장에 대한 대대적인 스파이 행위를 펼쳤고, 소련의 기술자들이 연구할 수 있도록 수천 장에 달하는 미국의 기술 문서와 시제품을 훔쳤다. CIA는 적의 스파이 활동을 감지하고 이를 기회로 삼았다. 그들은 겉으로 보기에는 정상적이지만 오류가 가득한 설계도를 소련에 일부러 흘렸다. 그 결과, 소련은 조악한 컴퓨터 칩을 사용하거나 가스 파이프라인에 결함이 가득한 터빈을 설치했다. 속아 넘어간 소련의 기술자들은 잘못 설계된 화학 공장과 트랙터 공장을 지었다. 실제로 우주비행이 이루어지지는 않았지만, 소련의 스페이스 셔틀은 미국 항공우주국(이하 NASA로 표기)에서 폐기된 설계도에 따라 제작된 것이다. CIA의 의도대로 소련은 냉전이 끝나고 한참 뒤에도 CIA의 공작에 대해 몰랐다.[12] 우리는 대부분 모르고 있지만, 이러한 유리한 환경 조성을 위한 공작들은 역사에 많은 영향을 끼쳤다.

--- 해커들이 어떻게 국가전략을 바꾸는가? ---

오늘날 국가들이 지정학적 판세를 자신에게 유리하게 만드는 방법 중 하나는 다른 국가를 해킹하는 것이다. 눈에 보이는 공격에만 집중하거나 사이버 공격이 한 문명을 파괴할 정도로 강력하다고 믿는 사람들은 해커의 위력과 다재다능함을 저평가한다. 정부 해커들은 계속해서 국익을 증진하고 상대 국가의 발전을 저해하는 방법을 모색하고 있다. 그들의 공격은 케이오가 아닌 판정승을 노리는 권투선수처럼 현란한 기술 없이 피를 보지 않더라도 효과적일 수 있다.

사이버 작전은 현대 국가들의 복잡한 전략에서 반복해서 사용되고 있다. 해커들은 감청, 첩보, 변경, 사보타주, 방해, 공격, 조작, 간섭, 폭로, 절취, 교란 공작을 펼치고 있다. 그들은 상대 국가의 사회구조를 약화시키고 상대의 해킹 능력을 폭로할 수도 있다. 현대 국가전략을 이해하기 위해서는 해커들의 환경 조성 작전과 그를 통해 누적된 전략적 효과에 대해 알아야 한다.

반대로 사이버 작전은 신호를 보내는 데에는 적합하지 않다. 국가들이 사이버 작전을 통해 다른 국가들에 신호를 보내면 그 신호는 보통 조절하기 어렵고, 신뢰할 수 없으며, 정확하지 않다.

이는 냉전 시대의 주류 이론들과 통념에는 맞지 않는다.[13] 정치 지도자들과 학자들은 사이버 공격을 잠재적으로 막대한 파괴력을 가진 핵무기와 비교하여 사이버 공격에서도 신호가 중요하다고 강조했다. 또 사이버 공격을 가시성이 높은 재래식 군사 공격과 비교하여 사이버 공격을 통해 쉽게 상대방에게 신호를 보낼 수 있다고 주장해 왔다. 군사 지도자에게 사이버 전력은 전차대대처럼 보일 수도 있다. 다양한 표적을 공격할 수 있는 믿음직하고 이해하기 쉬운 전력 말이다.

이러한 사이버 공격과 핵무기 또는 재래식 무기와의 비교는 오해의 소지가 있다. 사이버 전력은 핵무기처럼 막강하지 않으며 일반적인 군사 무기와 비교해도 강력하지 않다. 또한 재래식 무기와는 달리 신뢰할 만큼 안정적이지 못하며 여러 다른 상황에서 활용할 수 있거나 재사용이 가능하지 않다. 가장 큰 문제는 사이버 전력의 작동 방식이 직관적이지 않다는 사실이다. 대부분의 정치 지도자들과 학자들은 핵무기나 탱크가 어떻게 작동하는지 알고 있지만 그에 비교하여 해킹 임무의 가능성, 위험, 수행 과정은 이해하지 못한다.[14]

사이버 공격의 개념은 신호 중심의 사고방식이 아니라 첩보, 방해, 교란 공작을 아우르는 유리한 환경 조성의 관점에서 이해되어야 한다. 해킹을 통해 무언가를 암시, 강압, 협박하려는 국가가 아니라 해킹을 공세적으로 사용하여 국제 환경을 자신에게 유리하게 만들려는 국가가 가장 많은 이득을 볼 수 있다.[15]

이 책은 국가들이 패권을 잡기 위한 끊임없는 경쟁 속에서 해킹을 더욱 적극적으로 사용하고 있음을 여실히 보여준다. 각 장에서 해킹의 다양한 목적과 실제 예시를 함께 살펴볼 것이다. 목적이 다르더라도 사이버 작전의 진행 단계는 서로 유사하다. 이 책을 집필하기 위해 직접 인터뷰, 정부 문서, 기술적 포렌식 분석, 유출 자료, 심층 분석 기사 등을 활용하였다.[16]

이 자료들에 따르면 정부 주도의 해킹은 지난 20년간 진화해 왔다. 과거에는 해킹을 통해 일반 대중이 전혀 알지 못하는 스파이 행위가 이루어져 왔다. 제1부에서 살펴볼 것처럼 미국과 동맹국들은 이 분야에서 중대한 우위를 갖고 있다. 제2부에 나오는 것처럼 국가들은 은밀한 사이버 방해 공작에서부터 시작하여 공공연한 사이버 공격 능력을 발전시켜 왔다. 그리고 국가들은 사이버 공격이 상대 국가의 기업과 사회에 무차별적으로 얼마나 큰 파장을 일으킬 수 있는지 깨달았다. 제3부는 그림자 브로커를 포함해 지난 5년 동안 일어난 해킹 사건 중 굵직한 사건들을 다룬다. 해킹은 이제 국제관계의 일부분이고 해킹 전력을 살펴보아도 미국과 다른 국가들 간의 격차는 크게 줄었다.

인터넷이라는 새로운 글로벌 소통 공간에서 국가 간 경쟁이 격화되면서 인터넷을 사용하는 모든 사람들은 분쟁의 한복판으로 내몰렸다. 즉, 케넌이 말한 "영원히 반복되는 투쟁" 속에 들어오게 되었다. 그러나 이와 관련된 문제는 유엔 회의나 비공개 정상회담에서도 논의되지 않고 있다. 사이버 공격은 군사 동원이나 전선의 군인들을 필요로 하지 않는다. 해킹은 서버 팜*이나 무단으로 사용되는 임시 네트워크, 제3국, 가정, 직장 네트워크를 통해 이루어진다. 글로벌 통신망, 암호화 기술, 인터넷 회사, 일반 시민들이 매일 사용하는 컴퓨터들이 새로운 국가전략의 최전선이다. 좋든 나쁘든 각 나라의 해커들은 세상의 미래를 바꾸고 있다.

옮긴이 다수의 컴퓨터 서버와 관련 장비를 모아 놓은 시설. 대규모 서버 팜 시설은 빌딩 전체를 사용하기도 한다.

[0.13436424411240122, 0.13436424411240122,
0.8474337369372327, 0.8474337369372327,
0.76377461897661414] 0.76377461897661414] }]
[{: [0.25506902573942417, [0.25506902573942417,
0.4954350870919409510.49543508709194095] },
{: [0.4494910647887381, [0.4494910647887381,
0.65159297272763] } 0.65159297272763] }]

제1부 // 첩보

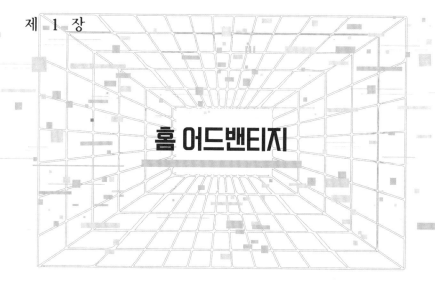

제 1 장

홈 어드밴티지

2010년 5월 중순, 유엔 안전보장이사회(이하 안보리로 표기)는 중요한 표결을 앞두고 있었다. 미국은 국제법을 위반하며 우라늄을 농축하고 있는 이란에게 더 강력한 제재를 부과하고자 했다. 미국의 제재 결의 안에는 모든 국가가 금지 대상 물품을 이란으로 운송하는 것으로 의심되는 선박이나 항공기를 조사해야 한다는 내용이 담겨 있었다. 이란 기업들의 해외 영업을 금지하는 내용도 있었다. 안보리 제재가 완벽한 해결책은 아니지만, 제재로 이란을 경제적으로 압박·고립시키고 이란의 비핵화를 위한 국제사회의 단결된 모습을 보여줄 수 있었다. 미국과 동맹국들은 제재 결의안을 통과시키고 추가 제재를 실시해 이란을 압박하여 협상장에 나오도록 할 계획이었다.[1]

그러나 표결 결과를 장담할 수는 없었다. 그렇기 때문에 미국의 수전 라이스 주유엔대사는 안보리 이사국들의 속마음을 알고 싶어 했다. 라이스 대사는 각 국가의 협상 목표, 우려, 입장을 알아내고자 했다. 하지만 회담을 가지더라도 상대국의 입장을 잘못 이해하거나 그들이 거짓을 말할 가능성이 있었다. 라이스 대사는 각국의 진짜 속내를 알아내 그에 맞는 전략을 세우고 표결에서 승리하고자 했다.

NSA가 나설 차례였다. 해킹, 감청, 암호 해독을 전문으로 하는 이 정보기관은 안보리 이사국들(중국, 러시아, 프랑스, 일본, 멕시코, 브라질 등)에 대한 감청 프로그램을 이미 운영하고 있었다.[2] 아울러 보스니아, 가봉, 우간다, 나이지리아와 같이 새로 교체된 비상임이사국(순환직)들이 있었다. 이 순환직 국가들의 표를 확보하는 것도 중요했지만, NSA는 이들 국가에 대해서는 고도의 감청 프로그램을 가지고 있지 않았다. 표결까지 남은 시간이 얼마 없었기 때문에 NSA는 이들에 대한 감청 능력을 확보하기 위해 빨리 움직여야 했다.

NSA 법무팀은 국외정보감시법(이하 FISA로 표기)*상의 인가를 받기 위해 분주하게 움직였다. NSA는 워싱턴에 위치한 해당 국가들의 대사관과 뉴욕에 와 있는 그 국가들의 대표단을 감청할 수 있는 권한을 요청했다. 시간이 촉박했기 때문에 법무팀은 주말인 5월 22일과 23일에 걸쳐 작업했다. 열정 가득한 육군 장성 출신 키스 알렉산더Keith Alexander NSA 국장은 5월 24일 감시 확대 요청을 승인했다. 이어서 로버트 게이츠 국방장관과 법무장관의 인가도 이루어졌다. 그리고 FISA

옮긴이 NSA의 국내 첩보 활동을 규율하는 미국의 국내법.

전담 법원이 이틀 만에 NSA의 요청을 승인했는데, 이는 기록적인 속도였다.

법적으로 인가를 받은 NSA는 자유롭게 작전을 수행할 수 있었다. NSA는 긴밀한 협력 파트너인 통신사 AT&T와 협업하였다. 뉴욕의 유엔 본부는 AT&T의 고객이었다. AT&T는 오랫동안 자사 네트워크를 경유하는 데이터를 NSA에 제공해 왔으며, 이번 작전의 새로운 표적에 대해 주요 정보를 넘겨줄 수 있는 완벽한 위치에 있었다. NSA의 분석 요원들은 AT&T가 제공한 유엔의 통신 자료와 다른 정보를 종합하여 주요 안보리 이사국들의 내부 논의 동향을 파악할 수 있었다. 분석 요원들은 그 정보들을 서둘러 라이스 대사에게 보고했고, 라이스 대사는 이를 토대로 협상 전략을 세웠다.

작전은 성공적이었다. 대이란 제재 결의안은 12:2로 통과했다. 오바마 대통령은 해당 결의안을 "역사상 가장 강력한 대이란 제재 결의안"이라고 칭송했다.[3] 미국은 스파이 기술을 통해 다른 국가들의 내부를 들여다보았고, 그 정보를 활용하여 지정학적 이익을 거뒀다. 에드워드 스노든에 의해 유출된 자료에 따르면 라이스 대사는 "NSA의 첩보 작전을 통해 다른 국가 대사들이 진실을 말하고 있는지 알 수 있었고, 그들의 진짜 입장을 파악하여 유리하게 협상을 이끌어 낼 수 있었으며, 각 국가의 '레드라인'을 알 수 있었다"고 진술했다.[4]

이 사례를 통해 우리는 중요한 사실 하나를 알 수 있다. 바로 미국과 동맹국들이 사이버 공간에서 "홈 어드밴티지"를 갖고 있다는 사실이다. 이 국가들은 전 세계를 연결하는 허브와 광케이블상에 위치하고 있다. 또한 AT&T와 같은 미국의 통신사들은 매우 다양한 고객을 갖고 있다. 아울러 미국의 여러 기업은 디지털 생태계에서 중심적인 역할을 하고 있다. 전 세계 수많은 개인, 기업, 정부에서 자발적으로 구글, 페이스북, 아마존과 같은 기업들에 정보를 제공하고 있다. 이들 기업은 미국 국내법에 의해 규율되고 미국 정보기관의 강제적인 협력 파트너로서 외국의 표적에 대한 정보를 정부에 제공해야 하는 의무가 있다.[5]

홈 어드밴티지는 두 가지 측면에서 미국의 첩보 작전에 지대한 공헌을 한다. 하나는 통신기지에서의 정보 수집이고, 다른 하나는 구글, 페이스북과 같은 인터넷 기업이 보유하고 있는 데이터에 대한 접근이다. 홈 어드밴티지는 수천 년 동안 이어져 온 첩보 방식에 변화를 가져왔다. 과거의 첩보 수집은 인간 첩보원이 한 번의 공작을 통해 상대의 중요한 정보를 빼내는 방식이었다. 홈 어드밴티지는 아울러 표적의 컴퓨터를 해킹하는 일반적인 사이버 작전과도 다르다. 홈 어드밴티지를 통해 얻은 정보를 강력한 분석 프로그램과 결합한다면, 정보기관은 표적에 대한 실시간에 가까운 정보를 수집할 수 있고 관심 인물을 추적할 수 있는 능력을 가질 수 있다. NSA는 지금까지 이러한 능력을 활용하여 테러리스트 수백 명을 사살하고, 적의 해킹 공격을 막아냈으며, 국제 협상에 필요한 정보를 얻고, 대통령을 포함한 정부 고위 정책 결정자들을 위한 정보 분석 보고서를 생산해냈다.[6] 각각의 공작들에 대한 자세한 정보가 모두 공개되지는 않았지만, 종합적으로 보았을 때 그 정보들이 국가전략에 미친 영향은 상당하다.

그러나 홈 어드밴티지는 숨겨야 한다. 이런 형식의 첩보 활동은 다른 국가에 신호를 주거나 그들의 행동을 바꾸는 게 목적이 아니다. 그들이 모르고 일상적인 업무를 계속해야만 이 첩보 작전들이 성공을 거둘 수 있다. 미국은 자국의 국제적 위상 및 강력한 파트너십과 동맹관계를 바탕으로 홈 어드밴티지를 구축하고 이를 통해 국제 정세를 정확히 파악할 수 있으며, 나아가 자국이 원하는 방향으로 국제 정세를 만들어 나갈 수 있다. 이는 결국 처음부터 끝까지 미국에 유리한 국제 환경을 조성하는 임무에 관한 것이다.

--- 역사와 지리가 왜 중요할까? ---

포트쿠르노Porthcurno는 영국의 남서쪽 끝에 있는 작은 마을이다. 비록 지금은 잘 알려져 있지 않은 외딴 마을에 불과하지만, 1870년만 해도 이 마을은 세계에서 가장 중요한 통신의 중심지였다. 이곳에 있는 콘웰 해변은 해저 전신선의 종착점으로 안성맞춤이었다. 이곳의 전신선을 관리하고 수백만 건의 전보를 전송하기 위해 많은 인원이 동원됐다. 제2차 세계대전이 발발했을 때 영국 정부는 이곳의 통신장비가 전략적으로 매우 중요하다고 여겨 서둘러 독일의 공습에 대비한 방공호를 짓기도 했다. 대영제국의 시민들은 백년에 걸쳐 이 마을을 통해 연락을 주고받았다.

전보는 가장 빠른 경로를 따라 일직선으로 움직이지 않는다. 전보는 네트워크의 구조에 따라 움직이며 분배기, 허브, 정보 처리소 등을 거쳐 국경을 넘고 심지어 대륙을 넘을 때도 있다. 초창기에는 대부분의 전보가 포트쿠르노를 거쳤다. 전신을 보내는 사람과 받는 사람 모두 영국에 살지 않더라도 포트쿠르노를 경유했다. 미국보다 한참 앞서서 영국이 홈 어드밴티지를 누린 것이다. 세계의 모든 비밀이 영국을 거쳐서 지나갔다. 영국의 스파이들은 전신 기술자들 옆에 작업장을 차리고 전신선을 경유하는 전보들을 중간에서 가로챘다. 영국은 이 작은 해변 마을을 비롯해 여러 전신선 허브를 활용하여 전 세계를 감청했다.

영국의 스파이들은 많은 성과를 거두었다. 가장 대표적으로 1917년 1월 17일, 영국 정보기관은 독일이 멕시코로 보내는 메시지 하나를 가로챘다. 전보의 작성자는 독일의 외무장관 아르투르 치머만Arthur Zimmerman이었고 수신자는 멕시코의 독일 대사관이었다. 이 전보는 미국이 1차 세계대전에 참전할 경우 독일-멕시코 동맹을 맺고 미국의 영토인 텍사스, 애리조나, 뉴멕시코를 멕시코가 되찾을 수 있도록 도와주겠다는 제안을 담고 있었다. 영국 정보기관은 향후에도 활용 가능한 자신들의 감청 능력은 숨기면서 조용히 이 전보를 공개했다. 이 전보가 공개되자 미국인들은 분노했고, 독일에 대한 비우호적인 여론이 커졌다. 5주 후 미국은 독일에 선전포고했고, 미국의 참전은 독일과 전쟁 중인 영국에 매우 큰 도움이 되었다. 국제 정세의 향배를 바꾼 이 작전에서 영국 정보기관의 역할은 수년 동안 알려지지 않았다.[7]

현대에는 전신선과 통신망에서 정보를 수집하는 행위를 수동적 정보 수집passive collection이라고 부른다. 이는 표적 컴퓨터에 악성코드를 심어 해킹하는 능동적 수집과는 구분된다. 물론 수동적 정보 수집이 능동적 해킹 작전에서 활용될 수도 있다.

수동적 정보 수집의 핵심은 정보에 대한 접근이다. 정보를 수집할 때 세계에서 가장 중요한 지점은 바로 최상의 정보가 경유하는 곳이라고 할 수 있다. 국제 전신선과 전화선을 매설하는 데에는 막대한 재원이 필요하기 때문에 케이블망의 주요 허브는 모두 가장 부유하고 경제적으로 개방된 국가에 자리 잡고 있다. 바로 이 때문에 "파이브 아이즈Five Eyes"*가 중요하다.

2차 세계대전 중에 미영 간의 협력을 1946년 제도화한 UKUSA 협약UKUSA Agreement이 바로 오늘날 파이브 아이즈의 전신이다. 이후 영연방 국가인 캐나다, 호주, 뉴질랜드가 참여하게 되었다. NSA와 같은 각국의 정보기관들이 파이브 아이즈 동맹에서 핵심 역할을 하는데 이들은 전 세계적으로 통신 감청, 컴퓨터 해킹, 첩보 임무를 수행하기 때문에 "신호정보기관"이라고 불린다. 이들이 훔치는 '신호정보'는 앞서 말한 국가들이 다른 국가에 보내는 '신호'와는 다르다.

파이브 아이즈 동맹국들은 영어라는 공통 언어를 사용하고 민주적 정치체제를 공유한다. 그러나 그들 사이에는 또 다른 공통점이 있다. 바로 이 국가들이 세계 주요 대양을 접한 훌륭한 지리적 위치에 있고, 세계에서 가장 중요한 통신기지들을 소유하고 있다는 점이다. 미국과 영국은 서로 대서양 맞은편에 위치해 있다. 영국의 첩보기관 정

옮긴이 미국, 영국, 캐나다, 호주, 뉴질랜드 5개국 간의 정보 공유 동맹.

부통신본부(이하 GCHQ로 표기)는 영국의 유리한 지리적 위치가 첩보 수집을 할 때 "유일무이한 장점"이라고 평가한 바 있다.[8] 태평양에서는 호주와 뉴질랜드가 주요 케이블의 경유 지점과 분배기에 접근할 수 있다.

전신과 달리 현대의 디지털통신은 손에 잡히지 않는 신기루와 같을 수 있다. 이동통신망은 무선으로 이루어진다. 이메일과 파일을 저장하는 클라우드도 눈에 보이지 않는다. 때문에 지리가 중요하지 않다고 여길 수 있지만, 사실 지리는 여전히 매우 중요하다. 모든 디지털 메시지는 물리적인 경로를 지나야 한다. 메시지를 무선 신호로 보내든 유선으로 보내든, 단거리든 장거리든, 실체가 있어야 하며 아무리 짧은 순간이라도 이들은 반드시 지구상의 어떤 지점을 경유해야 한다.

세계 곳곳 퍼져 있는 인터넷을 관리하는 중앙 시스템도 결국 파이브 아이즈가 오랫동안 감청해 왔던 전화선과 전신선 위에 있다. 미국과 파이브 아이즈 동맹국들은 100년 전과 다름없는 지리적 이점을 누리고 있다. 120만 킬로미터가 넘는 해저 광케이블이 매설되어 있으며 기술은 진화하고 있지만, 지구의 지리적 특징은 변하지 않았다.[9] 오늘날의 인터넷 이동 경로 25억 건을 분석한 결과, 그중 절반가량이 지리적으로 경유가 불필요한 국가를 추가적으로 거쳤는데 그 대부분이 파이브 아이즈 국가를 경유한 것으로 나타났다.[10] 즉 파이브 아이즈가 다른 나라의 기밀을 훔치고자 하면 적절한 곳에 적절한 감청 기술만 사용하면 된다.

--- 인터넷 기간시설에 대한 스파이 활동 ---

뉴욕시 토머스가 33번지에는 핵폭발에도 끄떡없는 건물이 세워져 있다. 브루탈리즘 건축양식으로 세워진 이 건물은 지상 29층 지하 3층으로 외관이 인상적이다. 이 건물은 본래 미국에서도 가장 큰 도시인 뉴욕 한가운데에서 하나의 도시처럼 자급자족할 수 있도록 설계됐다. 이 건물은 25만 갤런의 연료를 저장할 수 있고 1500명에 달하는 기술자들이 2주 동안 외부 보급 없이 생존할 수 있는 식량이 비축되어 있다. 이 크고 거대한 건물에는 창문이 하나도 없다.

컴퓨터들은 창문이 필요 없으며 그것들이 바로 33번지의 주인이다. 이 건물은 현대 통신의 중심지다. 그곳에는 세상의 데이터들을 빨아들이는 전화선과 인터넷 분배기로 층층이 가득 차 있다. 옥상에 있는 거대한 위성 안테나는 공중 무선 신호를 수신한다. 1970년대 이 건물을 설계한 건축가들은 "창과 활을 양자와 중성자로 대체하여 기계들을 둘러싸고 있는 20세기의 요새"를 만들고자 했다.[11] 현대의 인터넷은 AT&T가 운영하는 이 빌딩과 전 세계에 유사하게 지어진 건물들에 의해 유지되고 있다.

토머스가 33번지에 정차하는 차량을 막기 위해 세워 둔 정차 금지 표지판에는 "AWM"이라는 독특한 문구가 적혀 있다. 이와 같은 문구를 도시 곳곳에서 찾아볼 수 있는데 그곳은 대부분 정부 비밀요원들의 공무상 주차를 위한 장소다. 아무런 의미가 없는 이 단어는 용의자를 체포 중이던 FBI의 차가 견인되는 곤란한 사건이 있은 후 뉴욕시

교통국장이 1980년대에 만들어 냈다.[12]

　이 문구가 적혀 있다는 사실은 이 건물 안에서 통신 업무 외에 다른 일이 벌어지고 있다는 것을 뜻한다. NSA는 토머스가 33번지 빌딩을 "타이탄포인트TITANPOINTE"라는 작전명으로 부른다(NSA는 일반적으로 작전명에 대문자를 사용한다).[13] NSA 특별자료작전과는 이 건물과 다른 통신기지에서 정보를 수집하는 임무를 담당한다.[14] 이 비밀스러운 조직의 상징은 독수리가 세계의 광케이블을 발톱에 쥐고 있는 모양인데 이는 조직의 전 세계적인 활동 범위를 암시한다. 많은 현대 통신 시스템 전문가들이 이 조직을 위해 일하고 있다. 특별자료작전과는 AT&T와 긴밀히 협력하면서 케이블과 안테나를 통해 유입되는 막대한 양의 데이터에서 정보를 수집한다. 기술적인 한계로 한번에 수집할 수 있는 양은 제한되어 있지만 그럼에도 막대한 정보를 수집할 수 있다.[15]

　AT&T와의 협력관계 덕분에 NSA는 다른 통신기지에서도 정보를 수집하고 있다. AT&T는 최소 17개의 자사 통신시설에 정보 수집 장비를 설치했는데 이는 경쟁사인 버라이즌Verizon보다 많은 수다. AT&T의 협조는 거기서 끝나지 않았다. AT&T는 어떤 다른 기업보다도 NSA의 감청 신기술을 도입하는 데 앞장섰다. AT&T는 통화 및 이메일 데이터, 수천억 건의 인터넷 기록, 수십억 건의 국내 무선 통화 자료, 미국을 경유하는 어마어마한 양의 데이터를 NSA에 적극적으로 넘겨주었고, 일부 경우에는 영장 없이도 자료를 제공했다.[16] NSA의 기밀 자료에 따르면 AT&T는 다른 통신사들과 협력관계를 맺고 있었고 그 덕분에 다른 통신사 정보에도 접근할 수 있었다. AT&T의 발 넓은 네트워크 덕분에 NSA의 스파이들도 더 많은 정보에 접근할 수 있었던 것이다.

2010년 대이란 제재 결의안에 대한 정보를 제공하기 전부터 AT&T는 유엔의 다른 표적들을 감청하는 데 NSA를 도왔다. 유엔은 유엔과 유엔 본부에 대한 스파이 행위가 국제법상으로 불법이라고 주장하지만 미국과 다른 국가들은 이를 무시했다. 첩보기관의 많은 표적들이 한곳에 몰려 있어 놓치기 아까운 먹잇감이기 때문이다.[17] AT&T는 고객의 음성 통화 및 데이터 통신 자료를 NSA에게 계속해서 제공했고, 그중 NSA가 가장 관심 있을 만한 자료를 필터링해 주었다. 2011년, AT&T가 유엔에 청구한 통신요금이 200만 달러에 달했음에도 정보 유출은 계속됐다.[18] NSA는 반기문 유엔 사무총장이 오바마 대통령과 만나기 전 준비한 대화 요지를 훔쳐서 미국의 협상력을 높이기도 했다.[19] 2012년에는 유엔의 해외 지사를 담당하는 간부를 집중 감시했는데 미국에게 전략적으로 중요한 지역에 대한 정보를 얻기 위한 것으로 추정된다.[20]

"환승 권한"은 NSA가 AT&T 네트워크를 경유하는 데이터에 접근할 수 있는 또 다른 법적 권한을 제공한다.[21] NSA는 미국을 출발지 또는 목적지로 하지 않고 단순 경유하는 데이터에 대해서도 수집할 권한을 갖는다. 우선 NSA와 협력 파트너들은 정보 수집 기지에 외국과 외국 간 통신을 잡아 낼 수 있는 기술적 필터 장치를 사용한다. 하지만 일부 국내 데이터가 잘못 분류되어 포함되기도 한다. 현장에서는 가장 중요한 정보만을 추려서 NSA 본부에 보내고 그곳에서 이를 저장하고 분석한다. 일반적으로 NSA는 넷플릭스에서 드라마를 몰아서 보거나 음원을 스트리밍하는 것보다는 첩보 표적 간의 대화에 더 관심이 있다. 전자의 경우, 후자와 달리 데이터 소모량이 워낙 많기 때문에 이를 저장하지는 않는다.[22] 사막에서 바늘 찾기를 하는 경우, 모래를 더 붓는 것은 도움이 되지 않기 때문이다.

환승 권한을 포함해 NSA의 수동적 정보 수집에 대한 대부분의 증거 자료는 NSA의 계약직 직원이었던 에드워드 스노든이 유출한 자료를 통해 밝혀졌다. 즉, 우리는 NSA의 스파이 프로그램에 대해 많은 자료를 갖고 있기는 하지만 완벽히 알지는 못한다. 유출된 자료 중 일부는 NSA의 능력과 성과를 과대 포장했을 가능성도 있다. 어떤 조직이든 조직 자체와 사업을 좋게 포장하려는 경향이 있기 때문이다. 그러나 다른 한편으로 자료가 유출된 지 5년이 지났기 때문에 그간 NSA의 감청 기술이 더 발전했을 가능성도 있다.

이러한 점들을 감안하여 우리는 NSA의 방대한 규모의 수동적 정보 수집 프로그램을 탐색해 보고자 한다. 2012년 NSA는 환승 권한을 이용하여 AT&T의 네트워크를 경유하는 이메일들을 수집했다. 무수히 많은 양의 이메일이 수집됐는데, 하루에 6천만 건에 달했고 연간 200억 건이 넘었다. 그중 NSA가 관심을 가진 이메일은 일부에 불과했다. 그러나 그 일부만 하더라도 연간 20억 건에 달했다. 미국을 출발지나 최종 도착지로 하지 않고 단순 경유하는 이메일만 해도 이토록 많았다.[23]

그 방대한 양의 자료 속에는 과거의 스파이들이 놓칠 만한 귀중한 정보들이 숨겨져 있다. 바로 다른 국가의 외교장관과 외교관들, 테러리스트들, 극단주의자들이 주고받은 메일들이다. 그들은 해외에 있었기에 자신들의 메일이 미국을 지나쳐 갈 것이라고는 상상도 하지 못했을 것이다. 영국의 포트쿠르노와 같은 토머스가 33번지와 다른 통신 허브들을 통해 파이브 아이즈는 전 세계를 감시할 수 있다. NSA 분석 요원들은 AT&T로부터 받은 통신 자료를 바탕으로 1년 동안 8천여 건의 정보 분석 보고서를 작성했다.[24]

그러나 수동적 정보 수집에는 한계가 있다. 인터넷 이동 경로의 예측 불가능성 때문에 때때로 예상치 못하거나 모르는 경로를 통해 정보가 송수신될 수 있고, 케이블과 허브가 너무 많기 때문에 아무리 재원이 많은 첩보기관이라도 이를 모두 감청하는 건 불가능하다. 그러므로 NSA는 때때로 트래픽 경로 변경이라는 기술을 활용하여 가장 중요한 정보가 자신들이 감시하는 지점을 경유하도록 만든다.[25] AT&T가 경로 변경 기술을 지원함으로써 NSA의 수동적 정보 수집 능력은 한층 더 강화되었다. NSA는 AT&T를 "매우 협조적"이며 "언제나 돕기 위해 노력하는" 회사라고 높게 평가했다.[26]

다른 통신사도 NSA에 협조하고 있다. 버라이즌은 7개 주요 통신 시설에서 NSA와 협력하고 있다. 그중 하나는 미국 서부와 중국, 일본, 한국 간의 연결 지점이다. NSA는 이곳에 930제곱미터 규모의 수집 시설을 짓고 그 안에 인터넷 트래픽을 필터링하는 특수 제작된 정보 수집 시스템 15개를 설치했다. 미국의 사이버 방어를 위한 예산이 이런

곳들에 사용되고 있는 것이다.[27]

　미국 정부와 통신사들 간의 끈끈한 협력관계는 어제오늘 일이 아니다. AT&T는 오랫동안 연방정부의 파트너였다. 2차 세계대전 중 AT&T 연구소는 레이더, 항공기 통신장비, 암호 기술 개발에 공헌했고 냉전 중에도 유사한 협력이 이루어졌다. 하지만 무엇보다 인터넷 통신의 발달이 AT&T의 몸값을 크게 높였다. 다른 회사들은 AT&T보다는 뒤늦게 NSA와 협력하기 시작했다. 미국 정부는 지원에 보답하여 매년 비공개 예산으로 수억 달러를 이 회사들에 지급하고 있다.[28]

　토머스가 33번지 및 여타 다른 시설에서의 활동에 대해 문의했을 때 AT&T는 "정부기관이 자사의 네트워크에 직접 연결하거나 통제하여 고객의 정보를 수집하는 일"을 허용하지 않는다고 답변했다. 대신 "법원 명령 또는 여타 강제적 절차에 따라 정부의 요청이 있을 경우 정보를 제공하고, 생명을 위협하는 시급한 경우에 한해 법적 또는 자발적으로 지원한다"고 말했다.[29] 영국의 통신사를 포함한 다른 기업들도 비슷하게 답변했다.[30] 사람들은 국경이 없어진 첨단 기술의 유토피아를 꿈꾸었지만 사이버 공간은 여전히 물리적인 공간의 연장선이다.[31] 국가들은 법률에 의거해 기업들의 협조를 강제할 수 있으며 파이브 아이즈 동맹국들은 국익을 위해 그 권한을 기꺼이 활용하고 있다.

--- 인터넷 플랫폼 기업들과의 협력---

백년 전, 통신은 순간적으로 이루어지는 일이었다. 수신자가 전보를 받으면 사라지는 것이며 수령증만이 남을 뿐이었다. 공작원이 전보를 가로채려면, 그 전보가 전선을 따라 움직일 때에만 가능했으며 이후에는 불가능했다. 전보가 기록이 별로 남지 않는 것에 반해 오늘날 온라인에서 벌어지는 일들은 기업들의 서버와 데이터 센터에 모두 남아 있다.

이런 환경은 정보기관에게 좋은 기회를 제공한다. 인터넷 플랫폼 사용자 중에는 NSA가 관심을 갖고 있는 외국인들도 있다. 미국의 인터넷 기업들이 온라인에서 지배적인 영향력을 갖고 있다는 것은 NSA에게는 행운이라고 할 수 있다. 이 덕분에 외국의 표적들이 플랫폼을 통해 메일, 온라인 메시지, 데이터를 전송하고 있고, 이 플랫폼을 운영하는 기업들은 미국 정부에 협조할 의무가 있기 때문이다. NSA는 FISA에 따라 두 가지 조건을 충족할 경우 인터넷 회사들에 협조를 강제할 수 있다. 첫째, NSA는 표적이 외국인이라는 "합리적인 믿음"을 증명해야 한다. 마이클 헤이든Michael Hayden 전 NSA 국장은 표적이 미국인이 아니며 미국에 위치하고 있지 않다는 51퍼센트의 확률만 있다면 이 기준을 충족한다고 말했다. 둘째, 표적이 합법적인 정보 수집 범주에 해당되어야 한다. 다만 그 범주의 전체적인 내용은 비공개다.[32]

NSA는 작전명 프리즘PRISM을 통해 미국 IT 기업으로부터 원하는 정보를 얻는다. 이 프로그램은 2007년 미국 정부와 마이크로소프트

간의 협력에서 시작되었다.[33] 이후 5년 동안에 구글, 페이스북, 애플 등 8개 협력사가 추가되었다. 그중에는 팰토크Paltalk라는 회사도 있는데, 미국에서는 그다지 알려지지 않았지만 중동과 여타 전략적으로 중요한 지역에서는 잘 알려진 기업이다.

외국의 표적을 추적할 때 NSA는 프리즘을 활용하여 더욱 많은 정보를 수집할 수 있다. NSA 요원은 우선 선별정보selector를 활용하는데, 선별정보란 표적과 연관된 이메일 주소, IP 주소 등을 말한다. 가상공간에서의 선별정보를 통해 프리즘의 실시간 감시와 저장 자료라는 두 가지 방식으로 정보를 수집할 수 있다. 전자는 앞으로 일어날 일에 대한 정보를 수집하는 것으로 표적이 현재 무엇을 하고 있는지 알아내고 대응이 필요할 경우 조치할 수 있도록 한다. 후자는 지난 일에 대한 정보 수집으로 인터넷 회사로부터 표적에 대한 과거 정보를 넘겨받는 일이다. 이를 통해 표적이 공범들과 주고받은 메시지, 표적이 업로드한 사진과 동영상 등 과거의 일을 추적할 수 있다. 이 두 가지 방법을 활용하여 NSA 요원은 가상과 현실 세계의 표적에 대해 자세한 정보를 수집할 수 있다.

유출된 정보로 확인할 수 있는 마지막 연도인 2012년에 NSA는 프리즘을 사용하여 4만 5천 개의 이메일과 IP 주소를 감시하고 있었다. 일주일 동안 프리즘을 활용하여 정보 분석 보고서가 589건 작성되었는데 우리는 이와 관련하여 상세한 정보를 확인할 수 있다. 예를 들어 멕시코 담당자는 프리즘으로 마약밀매업자, 치안, 정치 안전성에 대한 정보를 수집하였다. 일본 담당자는 무역 협상과 이스라엘에 대한 일본 내 의견에 대한 정보를 조회할 수 있었다. 인도 담당자는 인도의 핵과 우주 프로그램을 살폈고, 베네수엘라 담당자는 석유와 방산조달 문제를, 콜롬비아에서는 테러 조직인 콜럼비아무장혁명군FARC에 대한 정보를 수집했다. 프리즘은 중국과 러시아와 같은 비민주국가에 대한 첩보 활동도 지원하는데, 자료가 공개되지 않아 자세한 내용은 확인이 어렵다.[34]

이와 같은 정보 수집은 일상적으로 이루어진다. 매년 프리즘을 통해 대테러, 비확산, 무기 개발, 우주, 사이버 방어, 지역 분석, 방첩 등 다양한 주제에 대한 보고서 수만 건이 작성된다. 외국의 첩보 표적들이 소통을 위해 미국 기업에 의존하기 때문에 프리즘은 미국 첩보 작전 전반에 매우 유용한 정보를 제공한다. 프리즘은 대통령 일일보고President's Daily Brief의 가장 핵심적인 정보 출처로, 이는 파이브 아이즈 정보기관들이 자국의 지도자들을 보좌하는 데 홈 어드밴티지가 얼마나 중요한지를 보여준다.

프리즘은 광케이블이나 통신기지에서 이루어지는 수동적 정보수집을 보완한다. 인터넷 라우팅의 예상 불가능한 성격을 고려했을 때, 프리즘은 민감한 정보를 수집할 수 있는 제2의 기회를 주는 것이며 게다가 감시 레이더에 포착되기 이전 표적의 과거 활동을 살펴보는 데도 도움을 준다. NSA의 정보분석관들이 프리즘과 수동적 정보수집을 모두 활용하는 것은 이러한 이유에서다.

미국이 프리즘과 수동적 정보 수집을 국가 간 경쟁에서 어떻게 사용하는지 보여주는 사례가 있다. 2012년 12월, NSA는 프리즘을 활용해 미국을 노리는 외국 해커 집단을 감시하고 있었다. NSA는 해커들이 많은 기밀자료를 다루는 한 국내 방산업체를 해킹한 사실을 알아냈다. 그들은 해당 업체의 네트워크에 악성코드를 심어 150기가바이트가 넘는 민감 자료를 수집했고, 이를 자신들의 네트워크로 추출하기 위해 준비하고 있었다. 홈 어드밴티지를 활용하여 이 첩보를 얻은 NSA는 FBI에 이 사실을 알렸다. FBI는 해킹당한 방산업체와 재빨리 접촉하여 적 해커를 막고 네트워크에서 악성코드를 제거했다. 끝이 없는 사이버 경쟁 중 미국이 1승을 거둔 것이다.[35]

--- 전 세계를 도청하다 ---

코스타스 찰리키디스Kostas Tsalikidis가 사망했다. 그가 사망한 지 수년이 지났지만, 모두가 인정하는 객관적인 사실은 그가 죽었다는 것뿐이다. 찰리키디스는 향년 38세로 2005년 3월 9일 아테네에서 죽었다. 죽음과 함께 통신사 보다폰의 네트워크 관리 전문가로서 그의 경력도 갑작스러운 마감을 맞았다. 보다폰은 기술을 사랑하고 수학과 물리학에 취미가 있는 그와 같은 사람에게 좋은 직장이었다.

  찰리키디스는 아테네에서 하계올림픽이 개최된 지 7개월이 지난 시점에서 사망했다. 이 올림픽은 9/11 테러가 있은 후 처음 개최된 올림픽이었다. 아테네 올림픽은 국제 운동경기의 근본으로 돌아왔다는 평가를 받았다. 개막식에 앞서 테러리즘과 이라크 전쟁으로 위험에 빠진 지구촌이 하나가 됐음을 강조하는 구호들이 많이 들려 왔다.

그러나 미국은 그리스 정부의 테러 예방과 관중 보호 능력에 대해 우려를 갖고 있었다. 2004년 올림픽이 열리기 전 미국은 그리스 정부에 도움의 손을 내밀었다. 특히 미국의 광범위한 신호정보 수집 능력을 그리스에게 빌려주기로 했다. 이를 위해 미국이 원한 건 그리스 통신 시스템의 핵심 부분에 대한 접근 권한이었다. 그리스 정부는 이러한 협력의 합법성 여부와는 관계없이 비밀리에 미국과 협력하기로 했다. 미국은 그리스 전화 회선의 주요 시스템과 허브에 대한 침투에 착수했다. 미국은 그리스의 개인정보보호에 관한 우려를 불식시키기 위해 올림픽 종료 후 관련 도청 프로그램을 모두 제거하기로 약속했다.

그러나 올림픽이 막을 내리고 선수단이 모두 돌아갔음에도 미국은 약속과 달리 도청 프로그램을 폐지하지 않았다.[36] 미국은 설치된 프로그램을 현재 진행 중인 자국의 첩보 임무에 계속 활용했다. 대부분의 임무는 성공적이었다. 미국의 스파이 프로그램은 그리스의 경찰 당국이 합법적으로 정보 수집에 활용하는 수단을 기반으로 작동했으나 아무런 감독도 받지 않았다.[37] 이를 통해 미국은 100명이 넘는 표적을 도청했다. 그중에는 그리스 총리, 총리 부인, 각료, 아테네 시장과 그리스 언론인들이 있었다.

스파이 행위는 까다로운 일이다. 불운이나 작은 실수 하나가 임무 전체를 망칠 수 있기 때문이다. 2005년 1월, 미국은 그리스 전화 회선에 심어 둔 소프트웨어에 정기 업데이트를 실시하려고 했다. 그러나 업데이트에서 오류가 발생했고 일반 사용자들이 보낸 문자 수백 건이 발송되지 않는 사고가 일어났다. 보다폰 관계자들은 이 사고를 조사하게 됐고, 곧 자신들의 네트워크에 도청 프로그램이 심겨 있다는 사실을 깨달았다.

이로 인해 어둠 속에 숨겨져 있던 정보 수집 작전이 만천하에 공개되었다. 언론은 이 문제를 집중적으로 다뤘다. 찰리키디스의 상사는 사건의 주요 증거인 미국의 도청 프로그램을 삭제하라고 명령했다. 그리고 그 다음 날 찰리키디스가 죽었다. 그의 어머니가 자신의 욕실에서 목을 매단 찰리키디스를 발견했다.

이런 상황이다 보니 찰리키디스의 죽음은 곧 세간의 관심을 끌었다. 논란이 많은 검시관의 보고서에 따르면 그의 사인은 자살이었고 타살이라는 명확한 증거는 없었다. 보다폰은 그의 죽음과 도청 프로그램에 대한 관련성을 부인했다. 그러나 그리스의 한 고위급 검사는 이를 믿지 않았다. 그는 "도청 사건이 없었다면 찰리키디스가 죽을 이유가 없다"고 말했다.[38] 그리스 정부의 조사에도 불구하고 진실은 여전히 미스터리로 남아 있다.

비극적이고 복잡한 사건임에도 불구하고 그리스 도청 사건은 중요한 사실 하나를 알려준다. 파이브 아이즈가 필요로 하는 중요한 정보 중 일부는 파이브 아이즈 국가를 경유하는 케이블이나 미국 기업의 서버에서도 찾을 수 없다는 사실이다. 파이브 아이즈 국가의 신호 정보기관이 그런 정보를 얻고 싶다면 아테네에서처럼 직접 나서서 얻어내야 한다. 파이브 아이즈 동맹국들은 파트너십, 동맹관계, 기만을 통해 홈 어드밴티지를 다른 우호적인 국가까지 확장하고 있다. 파이브 아이즈 동맹은 수집 범위를 확장하기 위해 다른 우호적인 국가에 수천만 달러에 달하는 예산을 쓰고 있다.[39]

전 세계 최소 33개국이 파이브 아이즈와 케이블 접근 권한을 공유하고 있다. 그중 하나는 덴마크다. 페이스북 같은 인터넷 기업들은 덴마크에 데이터 서버를 두고 있다. 덴마크의 추운 날씨와 값싼 재생에너지 덕분에 컴퓨터 서버의 열기를 식히기 좋기 때문이다. 그 결과 러시아나 서유럽 사람들이 인터넷을 사용할 경우, 그들의 데이터는 덴마크의 케이블을 따라 데이터 센터로 흘러 들어가고 이는 수동적 정보 수집에 좋은 기회를 제공한다. 미국과 덴마크 간의 이러한 감청 협력은 꽤 오래되었다. 유출된 NSA 자료에 따르면 미국과 덴마크는 오랫동안 "특수 접근 권한"을 공유하며 협력관계를 유지해 왔다.[40]

NSA의 작전을 발각당할 뻔한 사건이 있었던 독일도 파이브 아이즈의 협력국 중 하나다. NSA는 독일의 통신사들에 대한 비밀 정보 수집 프로그램(작전명: WHARPDRIVE)을 운영하고 있었고 이를 통해 독일 내에서 주고받는 메시지들을 감시할 수 있었다.[41] 이 프로그램은 한동안 잘 운영되다가 2013년 3월 운 나쁘게 발각될 위험에 처했다. 그리스의 기술자들이 아테네에 설치된 도청 프로그램을 찾아낸 것처럼 일부 독일 통신사 직원들이 무언가 잘못됐음을 알아챈 것이다. 그들은 조사에 착수했고 큰 이슈가 될 만한 사건을 밝혀냈다. 그러나 현장에 있던 요원이 NSA의 비밀작전에 대한 증거를 모두 삭제했다. 그들은 사건을 은폐할 수 있는 이야기를 적당히 날조했고, 스노든 유출 사건이 있을 때까지 이 도청 프로그램은 발각되지 않았다.[42]

국가 간의 이러한 비밀스러운 협력은 단순한 거래의 산물이다. 협력국은 NSA 또는 파이브 아이즈 동맹국에 주요 통신시설에 대한 접근 권한을 제공한다. 그 보답으로 NSA는 수집된 정보를 처리하고 이동시킬 수 있는 첨단 장비를 제공한다. 그리고 수집된 정보 중 일부는 미국으로 전송되어 저장되고 분석된다. NSA는 또한 일반적으로 자신들의 표적에 대한 정보 일부를 파트너 국가와 공유하고 해당 국가의 시민들을 직접적으로 감시하지 않겠다고 약속한다.[43] 내부적으로 NSA는 연간 9천 건에 달하는 정보 보고서를 생산하는 이러한 국가 간 협력 프로그램이 유용하다고 주장한다.[44]

그리스와 독일 사례에서 볼 수 있듯 국가들은 파트너이면서 동시에 표적이 될 수 있다. 다른 해외의 수동적 정보 수집 사례에서도 이와 같은 긴장관계를 찾아볼 수 있다. NSA가 덴마크 시설을 활용하여 독일의 표적을 감시하고 독일 시설을 활용하여 덴마크의 표적을 감시했음을 추측할 수 있는 자료들이 있다. 이게 만약 사실이라면 NSA에서 표면적으로는 협력 국가의 시민들을 감시하지 않겠다는 약속을 지키면서도 필요할 때 그들을 감시할 수 있다는 말이 된다.[45] NSA는 중첩되는 협력관계를 통해 광범위하고 상당한 수집 능력을 보유하고 있다. 내부 자료에 따르면 그들은 "어디서든 전 세계 통신망에 접근할 수 있다."[46] 파트너국과 수동적 정보 수집 협력 프로그램을 통해 매초마다 데이터를 3테라비트씩 수집할 수 있다고 뽐내기도 했다. 이는 일반적인 컴퓨터의 하드디스크 용량을 초과하는 양이다.[47]

미국의 무단 데이터 복제 가능성을 우려하여 일부 국가들은 NSA

의 협력 제안을 거절하기도 한다. 이럴 경우 NSA는 CIA와 마약단속국 (이하 DEA로 표기)이 외국 정부 또는 기업과 맺고 있는 협력관계를 활용하기도 한다. 다른 기관들이 과거에 다져 둔 협력관계들이 NSA 임무에 상당한 도움이 될 수 있다. CIA의 행동 범위가 전 지구에 걸쳤다는 것은 익히 잘 알려져 있지만 DEA 또한 80여 개가 넘는 해외 지사를 운영한다는 사실은 비교적 덜 알려져 있다. DEA는 마약 밀매 차단을 위해 NSA가 갈 수 없는 지역에서도 활동할 수 있다. 전 DEA 요원에 따르면 "다른 국가들이 DEA를 첩보기관으로 보지 않는 것"이 도움이 된다.[48] NSA는 이를 자신들의 첩보 수집을 위해 비밀스럽게 활용한다.[49]

바하마가 좋은 예다. 미국은 아마도 DEA를 통해 바하마의 어느 회사와 파트너십을 맺고 전화 회선에 경찰과 마약 단속 조사를 위한 도청장비를 설치했다. 미국은 이 회사와의 비밀스러운 협력관계를 활용하여 방대한 수동적 정보 수집 프로그램을 개발하고 운영했다. 이 프로그램은 바하마의 모든 휴대폰 통화 내용을 녹음하고 30일간 저장했다.[50] 데이터를 장기간 저장함으로써 NSA 요원들은 새롭게 표적을 추적하더라도 그의 과거 통화 내역을 확보할 수 있었다. NSA 문서에 따르면 바하마의 도청 프로그램은 다른 나라에도 도입되어야 할 모범적 사례였다. 실제로 다른 나라에도 도입됐는지 바하마 프로그램이 아직까지 운영 중인지는 불확실하다.[51]

미국은 자국의 홈 어드밴티지를 확장할 수 있는 또 다른 방법을 갖고 있다. 바로 전 세계에 있는 미국의 대사관과 영사관이다. 다수의 대사관 건물 옥상이나 벽 뒤에는 안테나가 숨겨져 있다. 그리고 NSA

와 CIA 소속의 정보 요원들로 이루어진 소규모 팀들이 외국에서 비밀을 훔치기 위한 정보 수집 작전을 수행 중이다.[52] 그중 가장 큰 논란이 되었던 것은 NSA가 주독일 미국대사관의 감청장비를 이용하여 앙겔라 메르켈 독일 총리의 휴대폰을 도청했다는 혐의였다.[53] 미국이 동맹국 정상을 감청했으며 무엇보다 오바마 대통령과 가까웠던 메르켈 총리도 수집 표적이었다는 사실은 미국이 적과 동맹국에 상관없이 정보 수집을 할 수 있음을 여실히 보여준다.

동맹국이 아닌 거친 환경에서 운영되는 스파이 시설들이 있다. 파이브 아이즈는 다소 관계가 불편한 국가들과도 은밀히 협력하여 광범위한 감시망을 운영하고 있다.[54] 예를 들어 사우디아라비아 내에서 운영 중인 감청기지는 적국인 이란과 알카에다 아라비아반도 지부AQAP의 통신을 감청하기에 적합하다.[55] 정보 수집 활동에서 NSA와 파이브 아이즈 동맹국들은 표적이 숨을 구멍이 없도록 만든다.

하지만 해외 정보 수집이 매우 필요하지만 현실적으로 협력할 파트너가 없는 경우도 있다. 이 경우 파이브 아이즈는 우호적이거나 중립적인 국가에서 사용하는 기술을 활용하여 일방적인 단독 작전을 펼친다.[56] 파이브 아이즈는 외부의 도움 없이도 작전을 수행할 수 있도록 전 세계 주요 인터넷 케이블을 수년간 분석해 왔다. 유럽 일부와 북아프리카, 아시아를 연결하는 광케이블 네트워크인 SEA-ME-WE-4 케이블이 그 예다. 이것은 파이브 아이즈가 접근할 수 없는 외부 네트워크 중에서도 가장 중요한 네트워크다. NSA는 신호정보 능력을 활용하여 케이블 관리 시스템에 대한 접근 권한을 획득했고 네트워크 설계에 대한 정보도 수집했다. 접근 권한과 시스템에 대한 이해를 바탕으로 NSA는 결국 첨단 잠수함을 포함한 다양한 수단을 동원하여 이 케이블을 감청할 수 있었다.[57]

작전명 "춤추는 오아시스DANCINGOASIS"는 NSA의 대규모 감청 작전 중 하나다. 이 작전이 어떤 특정 케이블을 노리는지는 불확실하지만 NSA 내부 문서에 따르면 서유럽과 중동을 연결하는 케이블을 표적으로 하기 때문에 SEA-ME-WE-4 케이블일 가능성도 있다. 또 다른 문서에 따르면 이 회선을 "비기업"으로 분류하였는데 이는 NSA와 이 케이블을 운영하는 통신사 사이에 협력관계가 없다는 것을 의미한다.[58] 이 케이블로부터 수집할 수 있는 데이터의 양은 하루에 25페타바이트로 어마어마하다. 이는 일반 컴퓨터 하드드라이브 저장용량의 2천 배에 달한다. NSA는 이 중 일부를 감시하고 있으며 향후 사용하기 위해 그중 또 일부를 저장하고 있다. 2012년 자료에 따르면 춤추는 오아시스 작전은 한 달 동안 모두 합하여 600억 건의 인터넷 기록을 수집했다.[59] 이 자체만으로도 엄청난 양의 데이터이지만, 그간 감청 기술이 더욱 발전하고 인터넷 사용률이 증가한 것을 고려하면 오늘날 이보다도 더 많은 데이터가 수집되고 있음을 짐작할 수 있고, 수동적 정보 수집이 얼마나 효과적인지도 알 수 있다.

--- "그냥 완전 대박" ---

수동적 정보 수집과 기업 협력의 현황에 대해 한 파이브 아이즈 국가의 관계자는 이렇게 설명했다. "인터넷 어디에서든 데이터를 수집하여 미국으로 가져오고, 분석하여 정보로 가공할 수 있는 NSA의 능력은 그냥 완전 대박이다."[60] 그의 진술 중 앞부분이 다양한 종류의 정보를 수집할 수 있는 NSA의 능력에 대해 얘기하고 있다면 뒷부분은 정보를 수집하는 데 중요한 사실 하나를 암시하고 있다. 그것은 바로 데이터를 평가, 분석해야만 정보가 된다는 사실이다. 금광 시굴자들이 채굴한 광석에 대한 지식이 있어야만 이익을 볼 수 있는 것처럼, 정보 분석관들도 수집한 정보를 분류, 식별, 이해해야만 한다. NSA는 이를 위해 독창적인 해킹 도구들을 개발했다.

광산업자는 시굴을 처음 하고 나면 가장 먼저 땅속에서 무엇을 캐냈는지 알고 싶어 한다. 수많은 글로벌 인터넷 사용자들을 분류하는 일은 쉽지 않으며, 정보가 불완전할 경우에는 더더욱 그렇다. 대부분이 비슷해 보이기 때문이다. 그러나 사용자들을 분류하는 일에 관심을 갖고 있는 집단은 NSA뿐이 아니다. 구글과 같은 광고 서비스 플랫폼들은 마케터들에게 특정 사용자에 대한 정보를 제공하기 위해 사용자들이 인터넷에서 어떤 행동을 하는지 추적하는 쿠키라는 작은 파일을 심는다. 어떤 사용자가 한 사이트에서 다른 사이트로 이동할 때 쿠키는 이 사용자를 식별할 수 있게 해 준다. 사용자가 여러 사이트를 방문할 때 NSA도 구글처럼 쿠키 정보를 수집하여 추적할 수 있다.[61]

쿠키를 활용한 추적을 통해 인터넷의 익명 기능을 일부 우회할 수 있다.[62] NSA는 또한 다양한 모바일 애플리케이션 개발자들의 추적 기술을 활용하여 사용자들을 추적한다.[63]

그다음 광산업자는 캐낸 사금 중에 무엇이 값어치 있는 금이고 무엇이 버려도 되는 것인지를 분간하고자 한다. GCHQ는 록밴드 라디오헤드의 노래 제목을 딴 "카르마 폴리스KARMA POLICE"라는 프로그램을 개발했다. 노래 가사 중에는 "우리에게 시비를 건다면 이 꼴을 당하게 될 거야"라는 내용이 있다. 카르마 폴리스는 수집한 막대한 양의 정보를 감별하여 "인터넷상의 모든 사용자"를 평가하고, 이를 통해 GCHQ 분석 요원들이 새로운 표적을 개발하고 추적하도록 도와준다. 수사상 중요한 웹사이트가 있으면 그 웹사이트의 모든 방문자를 식별하고 분류할 수도 있다. 만약 의심스러운 사이트(테러리스트가 자주 찾는 포럼 또는 외국의 정보기관이 비밀 지령을 내리기 위해 사용하는 서버)가 있다면 수동적 정보 수집과 카르마 폴리스를 통해 그 사이트를 방문하는 사람들에 대한 정보를 수집할 수 있다.[64] 사금이 있는 곳을 따라가 보면 금광을 발견할 수도 있는 법이다.

세 번째로 무엇을 채굴했는지 분석하여 이 금이 어디서 왔으며 얼마나 값어치가 있는지를 측정해야 한다. 이와 같은 작업을 위해 일명 "NSA의 구글" 또는 작전명 "엑스키스코어XKEYSCORE"를 활용할 수 있다.[65] 엑스키스코어는 수사를 돕기 위해 수집된 정보를 분류한다. 예를 들어 수집된 표적의 채팅 메시지와 G메일에서 수집된 첨부파일을 분리할 수 있다. 사용한 언어, 암호화 방식을 포함해 1만 개가 넘는 분류를 통해 수집된 대화를 어떤 표적으로 특정할 수 있다.[66] 다양한 분류와 검색어를 통해 NSA 요원은 엑스키스코어에서 특정 외국 표적이나 표적 종류에 대해 검색할 수 있다.[67] 예를 들어 NSA가 어떤 외국 집단의 이메일 주소를 획득했을 경우, 이를 엑스키스코어에 검색하여 이 주소와 관련된 모든 정보를 찾아보고 이 집단의 배후 국가에 대한 정보도 파악할 수 있다.[68] 엑스키스코어는 또한 알림 기능을 통해 표적이 인터넷에 접속할 경우 능동적으로 분석관들에게 알려준다.[69]

정보 분석은 오프라인에서도 이루어질 수 있다. 파이브 아이즈의 로얄 컨시어지ROYAL CONCIERGE 프로그램(왕관과 왕의 지팡이를 들고 있는 펭귄 로고가 그려져 있다)은 수집한 이메일 중 호텔 예약 확인 정보를 추출한다. 정보 분석 요원들은 이 프로그램을 사용하여 외국의 외교관 또는 다른 표적이 해외로 이동할 때 추적할 수 있고, 필요할 경우 그 장소에 정보 수집 기기 또는 첩보원을 미리 배치할 수 있다.[70] 이 경우 사이버 첩보가 현실 세계의 스파이 행위로 이어지는 것이다.

최종 목표는 금을 채굴하는 것이다. 파이브 아이즈는 표적을 직접 해킹하여 수동적 정보 수집이나 인터넷 기업이 제공할 수 없는 정보를 확보할 수 있다. 표적의 컴퓨터에 악성코드를 심기 위해 파이브 아이즈는 퀀텀QUANTUM이라고 불리는 해킹 도구를 이용하는데 이는 통신사들의 협력이 필요하다. 통신사의 지원하에서 퀀텀은 표적이 링크드인 같은 평범한 웹사이트에 접속을 요청할 때 이를 감지할 수 있다. 이 경우 파이브 아이즈의 시스템이 해당 사이트의 웹서버보다 신속히 반응하여 가짜 웹사이트를 표적의 컴퓨터에 띄울 수 있다. 그리고 표적 브라우저의 취약점을 노린 악성코드를 함께 보낸다. NSA에 따르면 링크드인 웹사이트를 가장했을 경우 성공률은 50퍼센트가 넘는다. 퀀텀은 NSA의 해킹 무기 중에서도 가장 중요한 무기 중 하나다.[71]

상대방 시스템에 접근할 수 있는 더 간단한 방법은 그들이 서버, 라우터 등에 로그인할 때 그들의 패스워드를 복사하는 것이다. NSA가 로그인 정보를 보호하는 암호 체계를 해독할 능력을 보유하고 있으므로 NSA 해커들은 표적의 아이디와 패스워드를 손에 넣어 그들의 컴퓨터나 계정에 접속할 수 있다. NSA의 내부 훈련용 자료에 따르면 엑스키스코어에서는 NSA가 입수한 모든 이란 정부 사용자들의 이메일 패스워드를 검색할 수 있다. 또 다른 자료에서는 NSA가 패스워드를 훔치거나 추측하여 이라크 재무부 업무망에 접속할 수 있음을 보여준다. 마지막으로 엑스키스코어를 사용하여 테러 조직의 웹 포럼 또는 중국의 이메일 서버에 접속할 수 있는 패스워드를 검색할 수 있다는 내용의 자료도 있다.[72]

검색이 치명적인 결과로 이어질 수 있다. 2008년 NSA는 "엑스키스코어를 사용하여 테러리스트 300명 이상을 사살했다"고 주장했다.[73] 그 테러리스트들은 NSA가 접근 가능한 인터넷 사이트나 플랫폼을 사용하여 메시지를 주고받았고 NSA는 그들의 메시지 내용을 읽고 그들을 추적하고 찾을 수 있었다. 또한 메시지의 메타데이터(누가 누구에게 어디서 메시지를 보냈는지 등 메시지 자체에 대한 정보 등등)도 유용했다. 충분한 메타데이터를 바탕으로 분석 요원들이 테러 조직과 조직원들의 전반적인 상황을 파악할 수 있었고, 무인기 폭격이나 특수부대를 통해 이들을 제거할 수 있었다. 전 NSA 및 CIA 국장 마이클 헤이든은 "우린 메타데이터로 적을 사살한다"고 얘기했다.[74]

수동적 정보 수집 능력과 IT 기업들의 협력, 그리고 방대한 저장 공간과 뛰어난 분석 프로그램은 NSA가 어떤 목적이든 달성할 수 있는 힘이 된다. 어떤 문제든 NSA의 프로그램들은 답을 줄 수 있다. 만약 추적하는 표적이 외국의 해커들이라면 NSA는 그들의 공격 지령 서버와 해킹 도구에 대해서도 알 수 있다.[75] 특정 국가를 담당하는 요원은 해당 국가의 대통령실과 국방부의 이메일들을 들여다볼 수 있다. 군사 분석 요원은 적의 군 통신을 감청하거나 제3국의 스파이가 본국에 보내는 첩보 보고서를 가로챌 수도 있다.

지정학적 환경을 유리하게 조성하는 데 이러한 사이버 작전들의 가치는 분명하다. 그러나 이 작전들은 은밀히 이루어져야 한다. 수동적 정보 수집 능력과 기업들과의 협력관계는 공개될 경우 그 효과가 반감되기 때문에 이를 활용해 다른 국가에 어떠한 신호를 줄 수는 없다. 1917년에도 마찬가지였다. 영국은 자신의 첩보 능력을 숨기면서 그 결과를 활용했다. 정보 수집 방식을 알면 상대 국가들이 그에 맞추어 타개책을 강구할 수 있다. 스노든의 유출에 대한 가장 흔한 비판 중 하나는 NSA의 수동적 정보 수집 능력과 기업과의 협력관계를 노출함으로써 미국의 적들이 이를 알게 되었고 행동을 바꾸게 되었다는 것이다.[76] 아마도 이제 미국의 적들은 미국의 케이블과 기업을 사용하지 않도록 노력할 것이다. 물론 미국의 감시망을 피하는 것은 어려운 일이고 여전히 부주의한 표적이 감시망에 걸려들 것이다.

52

그러나 파이브 아이즈의 정보 수집이 점점 어려워지는 이유는 적들이 행동을 바꾸기 때문만은 아니다. 그들의 조심성과는 상관없이 자신들을 노리는 감시로부터 보호해 주는 것이 있다. 바로 수학이다.

제 2 장

암호 해독

2015년 12월 2일, 사이드 리즈완 파루크Syed Rizwan Farook와 타쉬핀 말릭Tashfeen Malik 부부는 파루크가 지난 1년간 근무했던 샌버나디노 카운티 보건국의 연말 파티에 총기와 파이프 폭탄으로 무장한 채 참석했다. 부부는 14명을 죽이고 22명을 다치게 한 뒤 SUV를 타고 달아났다. 4시간 뒤 경찰과의 총격전 끝에 그들은 사망했고, 이로써 당시 기준으로 9/11 이후 일어난 최악의 테러 사건이 막을 내렸다.[1]

이후 이루어진 긴급 수사는 세간의 관심을 끌었다. 파루크와 말릭 부부는 범행 전 그 자신의 전자기기를 모두 부쉈지만 온전히 남은 휴대폰이 하나 있었다. 샌버나디노 카운티가 파루크에게 업무용으로 지급한 아이폰 5C였다. FBI는 휴대폰 데이터에 접근하여 다른 테러 조직원이 있는지 또는 외국의 어떤 경로를 통해 그가 급진화되었는지 알고자 했다. 그러나 FBI는 중대한 실수를 저질렀다. 파루크의 아이클라우드 계정 비밀번호를 강제로 초기화하려고 한 것이다. 이 때문에 그의 계정이 잠겨 버렸고, 백업 데이터에 접근이 불가해지면서 잠긴 아이폰으로부터 데이터를 직접 추출할 수밖에 없게 되었다.[2]

그러나 파루크의 아이폰은 모든 다른 아이폰처럼 데이터를 보호하는 암호화 기술이 적용되어 있었다. 암호화 기술cryptography은 그리스어로 "비밀 쓰기"를 뜻하는데 정보를 저장하거나 통신할 때 전체 내용이 도청되어도 원수신자 외에는 그 내용을 이해할 수 없도록 하는 기술이다. 암호화는 평문을 해독할 수 없는 형태로 바꿔 놓는 예술이자 과학이다. 암호 해독 또는 복호화는 원수신자 또는 해커가 암호문을 이해할 수 있는 형태로 되돌려 놓는 작업이다. 이러한 선별적인 데이터 보호 방식은 마치 마법과 같지만 사실 수학의 영역에 속한다.

애플의 암호화 기술 때문에 파루크의 휴대폰을 잠금 해제하기 위해서는 패스워드를 알거나 휴대폰을 해킹하는 수밖에 없었다. 정부는 두 방법 모두 가망이 없다고 보았다. 파루크는 죽었고 그 누구도 그의 패스워드를 몰랐다. FBI는 휴대폰을 해킹할 수 있는 기술이 없었다. 법무부는 애플에게 파루크의 아이폰을 열 수 있도록 암호화 제거 소프트웨어를 만들도록 요구했다.

애플은 법무부의 요청을 거부했다. 애플은 설령 자신들이 아이폰을 해킹하고 암호화를 우회할 수 있더라도 이는 무책임하고 위험한 행위라고 주장했다. 파루크의 아이폰을 보호하는 암호화 기술은 전 세계 다른 아이폰 수천만 대에 똑같이 적용된다. 만약 애플이 FBI에 제공한 암호화 우회 프로그램을 외국 해커들이 손에 넣는다면 그들이 동일한 모델의 모든 아이폰을 해킹할 수 있게 되는 것이다. 애플은 가장 강력한 암호화 기술을 유지함으로써 모두의 데이터를 안전히 보호하는 게 더 나은 선택이라고 믿었다. 그 때문에 FBI가 죽은 테러리스트의 데이터에 접근하지 못하더라도 말이다.

이에 대해 격렬한 토론이 일어난 건 처음이 아니었다. 샌버나디노 총격 사건이 있기 수십 년 전부터 미국 정부는 암호화 기술이 수사 능력에 미치는 영향에 대해 우려했다. 암호화 기술은 첩보 작전과 치안 유지 노력에 분명한 방해물이었다. 암호화 기술은 감청된 통신 자료를 이해할 수 없도록 만들고 비밀을 보호한다. 도청을 통해 방대한 양의 데이터를 대규모로 수집할 수 있지만, 고도의 암호화는 이를 모두 막아 내고 영장을 가진 적법한 감청조차 어렵게 한다. 용의자의 휴대폰 확보는 수사를 급속도로 진전시킬 수 있지만, 암호화로 인해 아무런 진전도 이룰 수 없었다.

샌버나디노 총격 사건은 FBI가 기관의 입장을 분명히 정립하고 좋은 선례를 만들 수 있는 기회였다. 무고한 희생자가 14명이나 발생한 상황에서 여론의 지지를 받는 건 쉬워 보였다. FBI가 휴대폰 해킹을 위해 자체적으로 모든 방법을 동원하지 않고 이 사건을 기업들의 암호화 정책을 강제로 변화시킬 수 있는 일종의 "시범 케이스"로 삼은 건 그것 때문으로 보인다.[3] 애플의 요청 거부에 대해 양측은 법리 대결을 준비했다.

이 전국적 논란의 승자는 놀랍게도 애플이었다. 여론은 문제의 아이폰이 수사를 위해 별로 가치가 없다고 보았는데, 파루크의 업무용 휴대폰에 유용한 정보가 있을 가능성이 낮았기 때문이다. 암호학자들은 암호화를 일괄적으로 약화하는 조치가 갖는 위험성에 대해 경고했다. 그들은 수십 년간 같은 경고를 해 왔다.[4] 이 사건과 관련하여 가장 놀라웠던 반전은 대중문화가 FBI에 등을 돌리고 애플의 편을 들어 준 것이었다. 존 올리버가 진행하는 HBO 프로그램 〈Last Week Tonight〉은 애플의 조치가 사이버안보 측면에서 주는 이점에 대해 길게 방영했다.[5]

재판 하루 전날 밤, FBI가 결국 물러섰다. FBI는 애플에 대한 요구를 철회했다. 그 대신 FBI는 아이폰 5C의 암호화를 우회하여 파루크의 데이터에 접근할 수 있도록 다른 회사를 고용했다고 발표했다.[6] 이후 수사 결과에 따르면 해당 휴대폰에는 특별한 정보가 없었다고 한다.[7] 대중의 관심은 수그러들었지만, 수사 당국과 정보기관들은 암호화의 해악에 대한 주장을 계속 이어 나갔다.

샌버나디노 사건 이전에도 역사적으로 암호화 기술이 국가안보에 영향을 준 사건들이 있었다. 국가 지도자들과 정부는 언제나 자신들의 비밀을 지키기 위해 노력했다. 율리우스 카이사르는 알파벳 문자를 알파벳 순서에 따라 일정한 거리만큼 밀어서 다른 문자로 변환하는 단순한 치환 암호를 사용했다. 단순한 카이사르 암호의 경우, 알파벳 문자 간의 거리가 바로 암호를 해독할 수 있는 중요한 정보로 암호키가 된다. 예를 들어 암호키가 '4'라면, 암호문에서 모든 A자는 E자가 되고 B는 F가 된다. 미국의 건국 영웅들도 영국 편으로 의심되는 우편국 첩자를 경계하여 내부 교신에서 암호화를 사용했다. 토머스 제퍼슨은 새로운 주사위들을 발명하여 사용하기 간편하면서도 동시에 복잡한 암호 체계를 만들었다. 미군에서도 제퍼슨 암호와 유사한 암호 체계를 개발하고 수십 년간 사용했다.[8]

20세기 암호화 기술은 세계사를 바꿔 놓았다. 1장에서 설명한 대로 1차 세계대전 중 영국이 독일의 치머만 전보를 가로챌 수 있었던 이유는 독일이 자신의 암호화 기술을 과신하여 일반 전신을 통해 암호문을 전송했기 때문이었다. 탈취한 전보를 영국 해군 내 정예부대인 '40호실'이 몇 주 동안 노력한 끝에 해독해냈다. 영국의 수학 실력 덕분에 전략적으로 중대한 독일의 비밀이 만천하에 공개된 셈이다.[9]

2차 세계대전 중 암호 해독과 암호 작성은 중요한 군사활동이었다. 나치는 "에니그마"라는 역사상 가장 유명한 암호화 기계를 사용했다. 회전자와 복잡한 수학 원리에 의해 작동하는 이 기계는 158경에 달하는 가능한 문자 조합을 만들어 냈고 상대가 독일군의 교신 내용을 이해하지 못하도록 했다. 세계에서 가장 저명한 수학자들과 현대의 컴퓨터 발명에 기여한 선구자들이 참여한 대대적인 노력 끝에 연합군은 에니그마 암호를 풀었다. 이는 신호정보 역사상 가장 큰 쾌거로 여겨졌으며 드와이트 아이젠하워 연합군 최고사령관은 암호 해독이 연합군의 전반적인 승리에 "결정적인 역할"을 했다고 말했다.[10]

연합군의 암호화 방식은 "시가바SIGABA"였다. 미군은 시가바 장치들을 극진히 보호했고 나치가 이 장치를 손에 넣지 못하도록 위험에 처했을 경우 파괴하도록 했다. 미군의 세심한 보호와 높은 수준의 수학적 기반 덕분에 2차 세계대전 중 그들의 암호는 깨지지 않았으며 미군의 교신 내용은 안전했다. 연합군이 독일의 군사전략과 계획에 대해 속속들이 알고 부대를 알맞게 배치하여 많은 생명을 보호할 수 있었던 반면, 독일군은 아무것도 알아내지 못했다.

이처럼 상반된 결과는 편이 극명하게 나뉜 당시 정보전의 성격을 보여준다. 연합군은 시가바를 지키고 에니그마를 해독해야 했고 반대로 나치는 에니그마를 지키고 시가바를 해독해야 했다. 암호 시스템 사용자 간의 중첩은 없었다. 양편의 임무는 어렵지만 명확했다. 이는 정보전의 전형적인 모습으로, 수천 년간 신호정보의 공수攻守는 분명한 대비를 이루었다.

그러나 샌버나디노 사건은 시대가 바뀌었음을 보여준다. 과거 암호화 기술이 정부와 중요 표적들의 전유물이었다면, 인터넷 시대에 암호화 기술은 일상 어디에든 사용된다. 디지털통신의 확산과 함께 보안 위험이 증가하면서 주요 IT 기업들은 자신들의 플랫폼에 암호화 기술을 기본적으로 적용하고 있다. 기업들은 계속해서 발전하는 컴퓨터 기술을 활용하여 더욱 복잡하고 안전한 암호를 만든다. 정부를 포함한 대부분의 사용자들은 매일 인터넷과 휴대폰을 사용하지만, 수학이 그들을 안전하게 해 준다는 사실을 모른다. 군사와 정보 당국은 자체적인 암호화 기술을 사용하고 있지만, 일반 대중은 대부분 같은 소수의 암호화 기술에 의존하고 있다.

소수의 암호화 기술이 널리 적용될 때 갖는 장점은 다음과 같다. 수학적 암호 체계는 신분 도용의 위험을 감소시키고 그 덕분에 우리는 온라인상에서 금융 거래를 할 수 있다. AES라는 암호화 체계는 20년간 2500억 달러 규모의 경제 효과를 발생시켰으며 동시에 미국 정부의 일급 기밀을 보호했다.[11] 매일매일 더욱 새롭고 강력한 알고리즘이 수많은 미국 시민들과 정부의 통신과 기기를 보호하고 있다.

그러나 여기에는 단점도 있다. 대부분의 경우, 수학 문제는 모두에게 공평하게 적용된다. 정부의 일급 기밀을 보호하는 AES 체계를 일반 대중도 동일하게 사용할 수 있다. 평범한 시민이든 테러범이든 정보 당국의 표적이든 상관없이 동일한 암호화 기술이 그들의 아이폰을 지키고 있다. 이렇게 흔해진 암호화 기술은 수사와 정보 당국의 감청을 어렵게 한다. 과거에는 나치의 암호를 해독하는 일과 연합군의 암호를 보호하는 일이 별개였지만, 오늘날에는 어느 한 표적의 암호화 기술을 약화시키면 아군은 물론 모두에게 영향을 미치게 된다. 신호정보는 예전보다 훨씬 골치 아픈 일이 되어 버렸다.

미국의 정보 수집 표적이 되는 대상 중 숙련된 자들은 대부분 일종의 암호화 기술로 자신들의 통신을 보호한다. NSA가 수동적 정보 수집을 통해 탈취한 중국 또는 러시아의 기밀을 읽으려면 그들의 통신을 보호하고 있는 수학 문제를 풀어야 한다. 해독 작업을 완료해야만 정보분석관들이 상대가 무엇을 알고 생각하는지 알아낼 수 있다. 대테러 활동도 마찬가지다. 테러리스트들은 외국의 공작원들보다 훨씬 단순한 암호화 기술을 사용하지만 그들이 사용하는 기본적인 암호화 기술로도 중요 정보를 보호할 수 있다.

그러므로 정보기관들은 암호를 풀거나 우회하는 방법을 알아내야 한다. 이는 샌버나디노 사건 훨씬 이전부터 자명한 사실이었다. 1996년, 미국 하원 정보위원회는 암호 해독과 정보 수집 지원을 위해 은밀한 첩보원이 필요하다고 했다. 위원회는 암호화 체계를 무력화시키는 것이 비밀공작이 할 수 있는 "가장 위대한 기여"라고 주장했다.[12] NSA의 2007년 문서는 암호 해독 능력이야말로 미국이 "사이버 공간을 무제한적으로 접근하고 활용하기 위해 반드시 필요한 것"이라고 결론지었다.[13] 이후 미국 정부는 "널리 활용되고 강력한 상업적 암호화 기술에 대해 대응할 필요성"을 강조하였다.[14]

미국의 정보기관들은 이러한 목적을 달성하기 위해 연산 능력, 해킹 능력, 신호정보 프로그램, 기업과의 협력관계를 활용한다. 이번 장에서는 이러한 능력 중에서 앞의 세 가지에 대해 다루고, 3장에서는 기업과의 관계에 대해 다룰 것이다.[15] NSA가 이러한 노력을 기울이는 이유는 암호 해독이 현대 국가전략에 매우 중요하다고 믿기 때문이다. 암호를 파훼하는 일은 1917년 영국이나 2차 세계대전 중 연합군이 그러했던 것처럼 승패를 가르는 변수가 될 수 있다.

--- 유아독존 ---

암호화 기술의 확산과 관련된 문제들을 해결하기 위해 NSA는 비공식적으로 "유아독존Nobody But Us" 또는 "NOBUS"라는 방식을 택했다(일반적으로 NSA가 작전명을 대문자로 적는 것과 달리 여기서는 기밀 작전의 암호명

이 아니고 단순한 약자다).[16] 원래 이 용어는 오직 미국만이 첩보 우위를 누릴 수 있도록 보장하는 수학적 방법이 있다는 의미였다. 하지만 현재 NOBUS는 다음과 같은 일반적인 정책 목표를 지칭한다. 감청 대상과 일반 시민들이 동일한 암호화 기술을 사용할 경우 첩보 작전의 공수가 서로 상충되는데, 이 경우 NSA는 자신들만이 사용할 수 있는 매우 복잡하고 어려운 암호 해독 기술을 확보하여 다른 이들로부터 해당 통신을 보호하면서도 자신들은 감청할 수 있도록 한다. 이는 다시 말해 만약 NSA가 높이뛰기 세계 챔피언이라면, 장대 높이를 딱 자신들은 넘을 수 있고 다른 모든 경쟁자들은 넘지 못할 정도의 높이에 두는 것과 같다. 이 목표를 달성하기 위해서는 상대방의 수준을 가늠할 수 있는 훌륭한 정보 능력과 면밀한 리스크 계산이 필요하다.[17]

NOBUS 전략은 NSA의 뛰어난 기술 수준을 방증한다. NSA가 의회에 제출한 비공개 예산안에 따르면 NSA는 "적의 암호화 기술을 무력화하고 인터넷 트래픽을 감청할 수 있도록 획기적인 암호 해독 능력 개발에 집중적으로 투자"하고 있다.[18] 불런BULLRUN은 이러한 목표를 이루기 위해 NSA가 수행한 일급 기밀 작전 중 하나였다. 2010년 NSA 브리핑에 따르면 이 작전은 매년 2억 5천 달러가 소요되는 "공격적"이며 "다각적"인 작전이었다.[19] 불런은 미국 남북전쟁(미국 내전) 당시 유명한 전장의 지명에서 유래한 이름인데, 불런과 같은 암호 파훼 노력이 미국인들이 개발하고 사용하는 암호화 기술을 공격한다는 점에 착안한 작전명이다. 영국의 유사한 프로그램 이름도 영국 내전 시 한 전투 장소의 이름인 에지힐EDGEHILL에서 유래했는데, 같은 종류의

내부 갈등 요소를 암시하고 있다.[20]

암호 해독에 사용되는 NSA의 연산 능력과 수학 실력이 미국의 유아독존 전략에 기여하고 있다. 예를 들어 인터넷 유저들은 공개 키 암호 방식의 일종인 디피-헬먼 키 교환 암호화 기술Diffie-Hellman key exchange을 매일 사용한다. 디피-헬먼법은 제3자는 해독할 수 없는 암호 키를 제공한다. 이는 개념적으로 카이사르 암호를 사용하는 두 사람이 알파벳 간의 거리를 정하는 방식과 유사한데, 디피-헬먼법은 이보다 훨씬 더 복잡하다. 카이사르 암호와 달리 해커가 공유된 암호키를 중간에 가로챈다고 해도 암호 메시지를 해독할 수 없다. 암호키가 다층의 수학적 요소로 나누어져 있고 그중 일부는 절대 공유되지 않기 때문이다.

공개 키 암호화의 수학적 원리는 매우 복잡하다. 이는 개념 차원에서 혁신이며, 과거의 암호화 방식으로부터 굉장한 발전을 이루었다고 말할 수 있다. 과거의 암호화는 서로 사전에 키를 지정하고 그 키가 공개되면 해독이 가능했다. 디피-헬먼법과 그와 유사한 기술들은 온라인 판매자와 구매자처럼 서로 전혀 모르는 사람들 간의 통신을 안전하고 용이하게 만들었다. 이러한 공개 키 암호화 기술이 오늘날 디지털통신의 기둥이라 해도 과언이 아니다.

디피-헬먼법의 복잡한 수학적 설계는 안전해 보이지만 매우 치명적인 약점을 갖고 있다. 디피-헬먼법이 작동하기 위해서는 송수신자 간 아주 큰 소수값과 계산식에 합의할 필요가 있다. 디피-헬먼법을 사용할 때 다수가 비슷한 소수값을 사용하는 것은 이론적으로는 문제가 없지만 현실적으로 NSA와 같이 고도의 기술력을 보유한 기관에게는 기회가 될 수 있다. 슈퍼컴퓨터 수준의 연산력을 가진 기관이라면 단순한 반복 연산으로 디피-헬먼법에서 사용되는 소수 조합을 알아낼 수 있다. 암호학자들은 이를 소수를 "깨트린다"라고 표현한다. 최고의 연산 속도를 활용해서 계속 숫자를 추측하다 보면 결과적으로 암호키를 얻어 낼 수 있는 것이다.

소수값을 알아낼 수 있다면 그 소수를 사용하는 암호를 해독하는 것도 가능하다. 일부 컴퓨터 공학자들은 하나의 소수 조합만 알면 통신 보안을 위해 전 세계적으로 많이 사용되는 가상 사설망VPN상의 데이터 66퍼센트를 해독할 수 있다고 본다. 다른 컴퓨터 공학자들은 취약 시스템이 그보다는 적을 것이라고 예측했다. 또 다른 소수 조합을 하나 더 알아낼 수 있다면 암호화된 전 세계 인터넷 트래픽의 20퍼센트를 해독할 수 있다고 한다.[21] 수학적 원리를 사용한 암호화 기술이 비밀을 지켜 주는 것처럼, 더 나은 수학 실력은 그 암호를 해독할 수 있도록 해 준다.

NSA는 이를 이룰 수 있는 연산 능력과 수학적 기술력을 가진 얼마 안 되는 기관 중 하나다. 1년에 하나의 디피-헬먼 소수를 깰 수 있는 컴퓨터를 개발하는 데 약 25만 달러가 필요할 것으로 예상되는데, 이는 NSA 예산 100억 달러에 비하면 큰돈은 아니다.[22] NSA는 또한 미국에서 수학자를 가장 많이 고용하는 기관이기도 하다.[23] 암호 해독 프로그램이 실제 얼마나 유용한지는 알 수 없으나, NSA를 연구해 온 저명한 컴퓨터 공학자들은 NSA가 디피-헬먼법을 깨기 위해 예산을 사

용하고 있다고 추측했다. NSA는 암호 해독을 위한 정보 수집을 우선 순위에 두고 있다.[24]

마이클 헤이든 전 NSA 국장은 〈워싱턴 포스트〉와의 인터뷰에서 이러한 가능성을 확인해 줬다. 그는 NSA가 수학 기술과 연산 능력을 활용해 암호화를 깨는 건 기관의 공세적인 작전과 수비적인 작전 간의 균형을 이루는 일이라고 말했다. NSA 수준의 기술력이 없는 다른 국가들은 NSA와 같은 방식으로 암호화 파훼를 지속하기 어려울 것이다. 특정 취약점의 존재가 알려지더라도 헤이든 전 국장은 "그 취약점을 이용하기 위해 상당한 연산 능력이나 기술력이 필요하다면 그 취약점을 다른 관점에서 봐야 한다"고 말했다. 장대가 충분히 높은지 봐야 한다는 뜻이다.

"NSA는 다른 국가들도 그 취약점을 활용할 수 있는지 판단해야 한다. 암호화 기술에 취약점이 있더라도 그걸 활용하기 위해 1만 6천여 제곱미터 규모의 크레이 슈퍼컴퓨터가 필요하다면 이는 'NOBUS' 능력이므로, NSA는 윤리적으로나 법적으로나 그 취약점을 제거할 의무가 없다. NSA는 외부로부터 미국민을 보호하기 위해 원리적으로 법적으로 그 취약점을 이용할 수 있다."[25] 다시 말해 오직 NSA의 연산 능력만이 그 장대를 넘을 수 있다면, NSA는 계속해서 그 취약점을 이용할 수 있다는 말이다. 하지만 슈퍼컴퓨터를 활용한 수학 연산 능력은 암호 해독을 위한 불런 작전의 일부에 불과하다.

--- 휴대폰 암호 해독 ---

GSM 협회는 사람들이 들어 본 적은 없겠지만 매우 중요한 일을 수행하는 기관 중 하나다.[26] 런던에 본부를 두고 있는 GSM은 통신사들의 협회로 미국과 유럽의 주요 통신사를 포함한 220개국 750여 개 이동통신 네트워크 사업자가 가입되어 있다. 이 협회의 업무 중 하나는 전 세계 이동통신 네트워크의 설계, 상호 호환, 운용을 관리하는 일이다. 이 협회의 표준 덕분에 우리는 로밍과 국제전화를 이용할 수 있다. GSM 협회는 단순히 전 세계 모든 전화가 서로 전화를 걸 수 있게 하는 것뿐 아니라 그 통신 내용을 보호해 준다.

적어도 이론적으로는 암호화 기술이 보안을 제공한다. 신호가 공중으로 송신될 때 휴대폰 통신이 감청되는 걸 막기 위해서 인근 무선 기지국에 신호를 송출하기 전에 메시지를 암호화한다. 그러나 나날이 발전하는 고성능 컴퓨터들로 인해 감청에 사용되는 암호 해독 기술이 향상되고 있기 때문에 GSM과 같이 표준을 정립하는 기관들은 한발 더 앞서 나가기 위해 새로운 암호화 방법을 부단히 고안해내야 한다.

오늘날 암호화 기술은 필요에 의해 매우 복잡하고 반직관적인 방법으로 발전했다. 새로운 현대 암호화 체계를 설계하는 것은 마치 차세대 전투기를 설계하는 것과 같다. 방대한 양의 복잡한 작업이 수반되며, 다양한 분야에서 전문가들의 참여와 중요한 원칙과 세부 사항을 정하기 위한 많은 협의가 필요하다. 때문에 이 절차는 10년 이상이 걸리고, 각각의 세부 사항을 정하는 데만 수년이 소요된다.

따라서 새로운 이동통신 표준을 정립하려면 많은 시간과 노력이 필요하다. GSM 협회 회원사들은 표준의 세부 사항들을 개발하고 실행하기 위해 복잡한 기술 문서를 공유한다. 이 문서들에는 통신의 기술적 구조를 포함한 회원사 이동통신 네트워크, 로밍, 네트워크 간 호환성 등에 대한 내부 정보가 담겨 있다. 회원사들이 미래에 적용할 암호화 기술에 대한 정보도 담겨 있다. 요컨대 이동통신 관련 전문가들만이 관심을 가질 만한 문서들이다.

그러나 이러한 문서들에 관심을 갖는 건 그들뿐만이 아니다. 전 세계의 전화와 데이터를 감청하고자 하는 스파이들도 그 문서들에 관심을 갖는다. 이 문서들은 NSA와 다른 정보기관들이 사이버 작전을 수행하는 디지털 지형에 대한 일종의 지도를 제공한다. 암호화와 보안 패치를 통해 앞으로 지형이 어떻게 바뀔지 알 수 있다면 NSA는 미리 준비를 할 수 있다. 특히 NSA만이 그 암호화를 깰 수 있다면 더욱 이상적일 것이다. NSA는 이 문서들을 내부적으로 "기술 경보 메커니즘"이라고 부르고 이 문서를 획득하기 위해 GSM 협회와 같은 조직들에 대한 공작을 펼친다.[27]

NSA의 비밀 부대인 표적기술경향센터가 이 임무를 수행한다. 지구에 거대한 망원경이 겹쳐 있는 부대 마크와 "예측, 계획, 방지"라는 부대 좌우명이 이 부대가 맡은 임무의 성격을 암시한다. NSA가 네트워크 운영자들의 보안 업그레이드로 인해 길을 잃는 일이 없도록 하는 게 그들의 임무다. 이 부대 소속 이동통신 전문가들과 분석관들은 전 세계 이동통신사들을 감시하면서 NSA의 정보 수집 능력이 계속

유지될 수 있도록 노력한다.[28]

　표적기술경향센터는 이동통신 사업자들의 데이터베이스를 만들어 운영하고 있다. 2012년 당시 이 데이터베이스에는 전 세계의 70퍼센트에 해당하는 회사 700여 곳이 포함되어 있었다.[29] 이 부대는 보안장치를 무력화하고 휴대폰의 통화, 메시지, 데이터를 수집하는 데 필요한 정보를 수집한다.[30] NSA는 1200여 개에 달하는 전 세계 이동통신사 직원들의 이메일 주소를 보관하고 있다.[31] 또한 그들이 이메일로 주고받는 정보들을 은밀히 수집하고 있다. NSA는 가로챈 기술 문서를 활용해서 향후 사용될 암호화 기술을 예상할 수 있고 감청이 필요한 경우 감청할 수 있도록 취약점을 찾아낼 수 있다.[32]

　이러한 노력 덕분에 NSA는 이동통신을 보호하는 암호화 기술의 상당수를 무력화할 수 있다. NSA의 내부 문건에 따르면 이런 노력은 "매우 높은 우선순위"를 갖고 있다. NSA는 LTE 통신 시스템이 널리 상용화되기 수년 전부터 LTE 보안을 해킹할 수 있는 기술을 개발했다.[33] 파이브 아이즈는 특수 컴퓨터와 수백만 달러를 투자하여 3G 모바일 네트워크의 암호화 기술을 성공적으로 해킹했다.[34] 그들은 또한 세계에서 가장 많이 사용되며 특히 개발도상국에서 사용되고 있는 휴대폰 수십억 대에 적용되는 암호화 기술인 A5/1도 풀었다.[35]

　그러나 아무리 파이브 아이즈라 하더라도 수학적으로 풀기 어려운 암호화 기술도 있다. 이 경우 다른 수단이 있다. 복호화할 수 있는 암호키를 훔쳐서 정당한 수신자로 가장하는 방법이다. 이동통신 네트워크의 경우, 휴대폰 심SIM카드에 담긴 비밀 정보를 활용하면 된다.[36]

네덜란드의 대기업인 젬알토Gemalto는 매년 심카드 수십억 개를 생산하는데, 각각의 심카드에는 고유의 암호키가 부여된다. 젬알토는 미국 주요 통신사를 포함해 전 세계 450여 개 이동통신사에 심카드를 납품하고 있다. 이 심카드는 이론적으로 모바일 통신의 보안을 강화하는 데 기여한다.

젬알토 시스템의 작동 원리는 대칭적 암호화다. 대칭적 암호화를 사용할 경우, 송신자와 수신자는 하나의 암호키를 사전에 지정한다. 이는 마치 야구에서 투수와 포수가 사인을 주고받는 것과 같다. 젬알토는 사전에 지정된 이 암호키를 하나는 심카드에 저장하고 다른 하나는 통신사에 공유한다.[37] 암호키를 복사하여 송수신자에게 배포함으로써 메시지를 암호화 및 복호화할 수 있기 때문에 메시지 송출 중간에 감청당하더라도 안전하다. 메시지를 감청하더라도 암호키가 없으면 내용을 읽을 수 없기 때문이다.

야구에서 타자가 투수와 포수의 사인을 알아낸다면 그들 간의 대화를 이해할 수 있다. 타자는 다음에 어떤 공이 올지 알 것이고 타율이 오를 것이다. 대칭적 암호화도 마찬가지다. 정보기관이 대칭적 암호화 장치의 암호키를 갖는다면 통신 내용을 해독할 수 있다.

여러 복잡한 단계의 해킹을 통해 GCHQ는 젬알토가 개발도상국의 여러 이동통신 고객사에 납품한 암호키 수백만 개를 훔쳤다.[38] 그토록 원하던 우월한 암호 해독 능력을 갖게 된 것이다. GCHQ의 많은 표적들은 자신들의 암호화 통신이 안전한 줄 알고 휴대폰을 사용했겠지만 실상은 그렇지 않았다. 적 활동에 대한 정보를 현장과 신속하게 공유할 수 있기 때문에 심카드 해킹은 군사작전 또는 대테러 작전에서 가장 유용할 것으로 분석됐다. 내부 보고서에 따르면 암호키를 얻은GCHQ 분석관들은 "매우 기뻐했으며" 암호키 해킹을 통해 "굉장히 많은 수의 정보 보고서를 작성했다." 이러한 내용이 담긴 영국 정부의 문건을 통해 우리는 심카드를 해킹한 일이 GCHQ의 임무에 얼마나 도움이 되었는지 짐작할 수 있다.[40]

--- 케이블 감청과 웃음 이모티콘 ---

존 네이피어 타이John Napier Tye는 2011년부터 2014년까지 미국 국무부 민주주의·인권·노동국의 인터넷 자유 담당 과장이었다. 2014년 그는 어느 인권 국제회의에서 상사가 연설할 내용을 작성하고 있었다. 로즈 장학생이자 예일대학교 법대를 졸업한 타이 과장은 미국 내의 감시 사찰에서 균형과 견제의 중요성을 강조하고자 했다. 그는 연설문에 "만약 미국 시민들이 의회와 행정부가 정한 신호정보 활동 범위에 동의하지 않는다면, 그들은 민주적 절차를 통해 정책을 바꿀 수 있다"라고 적었다. 일반적인 연설문 내용이었고, NSA의 광범위한 감청에 대한 비판에도 대응할 수 있는 만족스러운 문구였다.

그러나 백악관 법무실은 이를 반려했다. 법무실은 타이 과장을 불러 연설문의 문구를 고치도록 했다. 그들은 정보기관의 활동이 민주적 절차의 대상이라고 구체적으로 적지 말고 미국 시민들이 입법 활동에 참여할 수 있다는 식으로 두루뭉술한 표현을 쓰길 원했다. 타이 과장은 시민들이 첩보 활동을 통제할 수 있다고 쓸 수 없었다.[41] 백악관의 요구대로 그는 문구를 고쳤다.

대다수 사람들에게 이는 별일이 아닐 수도 있다. 그러나 타이 과장은 백악관의 문구 수정 요구로부터 우려스러운 결론에 도달했다. 그는 시민들의 민주적 통제 범주에서 벗어나는 첩보 활동이 미국 정부에 의해 자행되고 있다고 믿었다. 외국 표적에 대한 국외 첩보 활동은 로널드 레이건 대통령 시절 제정된 행정명령 제12333호에 의해 규율되고 있으며, 이 행정명령은 이후 몇 번 더 개정됐다. 행정명령 제12333호는 국내 첩보 활동에 비해 훨씬 더 자유로운 해외 첩보 활동을 보장한다.

과거에는 국내 및 국외 활동을 구분하는 것이 논리적으로 타당했을 것이다. 1980년대에는 미국인의 데이터 중 극소수만이 국외에 존재했다. 그러나 인터넷 시대에 지구촌이 디지털 세상과 연결되면서 국내와 국외의 구분이 어려워졌다. NSA가 미국을 경유하는 제3국 간의 인터넷 트래픽을 감청할 수 있듯이 미국인들의 데이터도 다른 국가를 통해 전송될 수 있다.

주요 IT 기업들은 일반적으로 데이터를 전 세계 데이터 센터에 백업해 둔다. 데이터를 중복 저장해 두면 같은 데이터가 또 필요할 경우 신속하게 찾을 수 있기 때문이다. 미국인의 데이터가 외국 데이터 센터에 저장되어 있거나 외국의 케이블선로를 경유할 경우, 미국인에 대한 NSA의 데이터 수집 제한은 사라진다. 단, 미국인을 특정하여 정보를 수집할 수 없다는 조건이 붙는다. 정보기관들은 이 조건을 어떻게 해석할지에 대한 내부 규정을 갖고 있고, 그 내용은 일부 비공개 상태다.[42]

미국의 IT 기업들의 국외 데이터 보호 노력은 스노든의 폭로와 타이 과장의 문구 수정이 있기 오래전부터 이루어졌다. 구글과 야후는 사용자들이 암호화 기술을 사용하여 자사 사이트에 접속하도록 했고 이는 사용자들을 감청으로부터 보호할 수 있었다. 그러나 이러한 조치들은 NSA 입장에서 걸림돌이었다. 특히 불런 프로그램이 해당 기업들의 암호화 기술을 풀 수 없다면 말이다.

원하는 데이터를 자체적으로 복호화할 수 없는 경우, NSA에는 몇 가지 대안이 있다. 먼저 국외정보감시법FISA에 의거하여 1장에서 설명한 프리즘 프로그램을 통해 기업들에게 데이터를 넘기도록 요청할 수 있다. 그러나 이 프로그램은 앞서 설명한 것처럼 미국 국내에서는 감사와 제약을 받는다. 법에 따라 해당 표적이 외국인이어야 하며 정당한 정보 수집 범위에 해당되어야 한다.

따라서 파이브 아이즈는 정보를 얻을 수 있는 다른 방법을 고안했다. 구글과 야후 같은 기업들의 국외 데이터 센터를 연결하는 광케이블선을 노리는 것이다. 기업들은 자신들의 광대한 디지털 인프라를 서로 빠르고 안전하게 연결할 수 있도록 사설 케이블선로를 매설했다. IT 기업들의 클라우드 서비스는 바로 이 케이블선로와 데이터 센터들을 기반으로 한다.

구글은 24시간 경비 체제, 열화상 카메라, 직원들의 생체 정보 인증 체제를 통해 이 데이터 센터들을 철통같이 지키고 있다.[43] 하지만 구글을 포함한 IT 회사들은 정작 케이블로 데이터를 송수신할 때에는 데이터를 암호화하지 않았는데, 이는 데이터가 외부로 나가지 않고 내부 데이터 센터를 연결하는 데만 사용되기 때문이었다. 구글은 스노든이 폭로하기 전부터 이 케이블들을 암호화하려 했지만, 암호화 작업은 더디게 진행됐다.[44] 이 때문에 수많은 사용자들의 데이터가 암호화되지 않은 채 노출되었고 따라서 이 케이블선로들을 해킹하는 건 철통같은 보안을 가진 데이터 센터를 해킹하는 것이나 다름없었다.

마치 축구선수가 작전을 그리듯이 한 NSA 요원이 IT 기업들을 노리는 작전 계획을 손으로 그리고 이를 슬라이드에 옮겼다. 그림에는 파이브 아이즈가 노릴 수 있는 데이터 센터 간의 암호화되지 않은 케이블선로들이 나와 있었다. 그리고 그 케이블선로 옆에는 비웃는 이모티콘이 보였다.[45] NSA와 GCHQ는 통신사로부터 협조를 받아 그 케이블들을 해킹했다. 그리고 기업들의 내부 데이터 구조를 역설계했다. 이는 기술적으로 어려운 작업이다. 그리고 그들은 새롭게 획득한 방대한 양의 데이터를 마치 구글 직원처럼 똑같이 읽을 수 있도록 자체 프로그램을 제작했다.

그들이 찾아낸 건 그야말로 노다지였다. 파이브 아이즈가 감당할 수 없을 정도로 막대한 데이터가 쏟아졌다. 소방 호스에서 쏟아지는 물처럼 많은 데이터는 거르고 걸러도 여전히 퍼붓는 급류와 같았다. 단 30일 동안 NSA는 2억 건이 넘는 인터넷 활동 기록을 수집하고 본부에 송신했다. 이 데이터들은 웹사이트 방문 기록, 주고받은 이메일과 문자 메시지, 텍스트, 오디오, 비디오를 포함했다.[46] IT 기업의 상호 연결된 글로벌 차원의 데이터 구조와 그들의 케이블을 해킹한 NSA의 노력 덕분에 그토록 많은 데이터를 모을 수 있었던 것이다.

그중 대부분이 외국인의 데이터였다. 하지만 클라우드 서비스의 복잡성 때문에 일부 미국인의 데이터도 IT 기업들의 국외 데이터 센터에 저장되어 있었다. NSA의 표현을 빌리자면 미국인의 데이터가 "우연히" 수집된 것이다. 비록 이 데이터들이 미국인의 것이라도 행정 명령 제12333호에 따라 국외 데이터 수집 중 우연히 흘러 들어온 것이므로 NSA는 이 데이터들을 관련 규정에 따라 5년 또는 그 이상도 보관할 수 있다.

스노든이 NSA의 사설 케이블선로 해킹에 대해 폭로하자 구글과 야후는 크게 분노했다. 실리콘밸리 기업들 입장에서 보면 NSA가 법의 허점을 이용해서 당국의 감독을 교묘히 빠져나간 것이었다. NSA가 프리즘을 통해 적절한 관리 감독하에서 적법하게 수집할 수 있었음에도 그러지 않고 미국 회사를 해킹하여 무단으로 데이터를 가져간 것이다. 에릭 슈미트 구글 회장은 파이브 아이즈가 한 행위에 대해 "머리끝까지 화가 났다"고 말했다.[47]

구글 직원들은 더 직설적으로 불만을 표현했다. 〈워싱턴 포스트〉의 기자가 구글 관계자 두 명에게 NSA 직원이 그린 웃음 이모티콘을 보여주자 그들은 "분통을 터트렸다."[48] 다른 직원은 인터넷에 파이브 아이즈를 비난하는 게시글을 작성하고 "엿이나 먹으라"고 직설적으로 표현했다.[49] 미국의 IT 기업들은 중국과 러시아 해커들을 막기 위해 보안 시스템을 구축했고, 법적으로 협조 의무가 있기는 했지만 그래도 미국 정부를 파트너라고 여겼다. 때문에 정부가 그들을 해킹하고 암호화 기술을 우회한 것을 알았을 때 IT 회사 직원들은 배신감을 느꼈다.

미국의 공무원들도 같은 우려를 느꼈다. 연설문 수정 소동이 있은 후 타이 과장은 미국 정보기관들이 행정명령을 우회하여 의회와 사법 감독을 벗어나 대규모의 정보를 수집하고 있다고 믿게 되었다. 타이 과장은 퇴사했고 시민들이 정부로부터 사생활 보호에 대해 관심을 가져야 한다고 〈워싱턴 포스트〉에 기고했다.[50] 그러나 스노든과 달리 그는 정부의 권한 남용에 대한 증거를 제공하지는 않았다.

스노든의 폭로 이후 설립된 신호정보감독위원회도 우려를 표했고 절차 개선을 권고했다.[51] 2015년 첩보 활동에 대한 새 법안은 국외 정보 수집 절차를 일부 수정했는데, NSA의 권한은 여전히 상당했다. 우연히 수집된 미국인의 데이터와 관련하여 이 법안은 NSA가 5년간 데이터를 보관하는 것을 허용했고 NSA가 "외국에 대한 정보나 방첩 활동에 필요하다고 여길 경우" 5년 이상도 보관할 수 있도록 했다.[52]

NSA는 국외 정보 수집 작전들을 수행하여 전 세계 데이터를 손에 넣었다. 파이브 아이즈는 방해가 되는 암호화 기술을 무력화했고 전 세계를 감시할 수 있는 힘을 유지하고 있다. 파이브 아이즈 내부 문서는 여러 단계에 걸친 노력을 통해 "이제까지는 쓸모없었던 방대한 양의 암호화된 인터넷 데이터를 활용할 수 있게 됐다"고 자평했다.[53]

이와 같은 암호 해독 능력은 들켜서는 안 된다. 파이브 아이즈도 자신들의 능력을 감추어야 한다. 만약 공개된다면 상대방이 무력화된 암호화 기술을 더 이상 사용하지 않을 것이기 때문이다. 대부분의 근무자가 기밀정보 취급 허가를 갖고 있는 파이브 아이즈 내에서도 담당 직원이 아니면 암호 해독에 대해 궁금해하거나 물으면 안 된다.[54]

파이브 아이즈는 자신들의 암호 해독 능력이 폭로되기 전까지 전성기를 누렸다. 그들은 보안에 취약한 전 세계 모든 컴퓨터를 해킹할 수 있었다. 표적이 러시아나 중국과 같은 국가든 알카에다와 같은 테러 조직이든, NSA는 그들의 비밀을 알아냈고 관련 정보를 당국에 적시에 제공했다. 관련 작전들에 대해 구체적으로는 알 수 없으나 그 작전들이 얼마나 성공적이었는지는 어느 NSA의 고위 관계자의 입을 통해 알 수 있었다. 그는 2013년 전까지를 "신호정보의 황금기"라고 불렀다.[55]

하지만 어떤 황금기라도 끝이 있기 마련이다. 스노든의 폭로는 NSA의 암호 해독 능력을 만천하에 공개했고 이는 공론화되었다. 타이 과장과 신호정보감독위원회는 우려스러운 그들의 첩보 활동을 더욱 조명했다. 설상가상으로 NSA는 자신들의 전략 노출과 더불어 기회를 엿보는 적국의 해커들과 씨름해야 했다. 파이브 아이즈는 천상천하 유아독존, 즉 NOBUS의 세상을 누리고 싶었지만 그건 경쟁자들도 마찬가지였다.

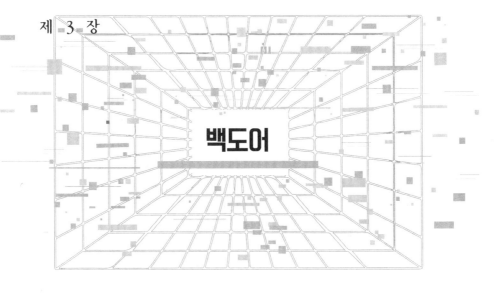

제 3 장

백도어

첩보 작전은 마치 미식축구처럼 1인치 싸움이다. 사소한 디테일이 세상을 바꿀 수 있다. 해외 공작 활동 중에 어떤 명함을 쓰고 어떤 변장을 할지는 매우 중요하다. 물건을 잘못된 접선 장소에 전달하면 작전이 모두 물거품이 될 수 있다. 반대로 적재적소에 도청장치를 설치할 경우 노다지를 캘 수도 있다.

이렇게 작전의 성패를 좌우하는 디테일을 찾는 건 어려운 일이다. 첩보와 방첩 활동은 이런 디테일을 실시간으로 찾아내서 상대 스파이의 흔적을 발견하거나 자신의 흔적을 지우는 일이다. 첩보 활동에서 운은 언제나 중요하지만, 훌륭한 첩보원은 디테일을 활용하여 스스로 운명을 개척한다. 2차 세계대전 중 나치 스파이들은 공수작전으로 영국에 침투했다. 그들은 영국제 부츠를 신고, 위조 신분증과 죽은 영국

병사들로부터 획득한 진짜 지갑을 갖고 다녔다. 지갑 안에는 고향에서 그들을 걱정하는 여자친구의 편지들이 가득했다. 이런 모든 작은 디테일이 변장을 더욱 완벽하게 만드는 법이다.[1]

사이버 작전에서 이처럼 세세한 디테일은 특히나 더 중요하다. 세심한 노력과 막대한 비용을 투자한 사이버 작전들이 전 세계 네트워크에서 벌어지고 있다. 정보기관들이 심어 놓은 악성코드와 그들이 노린 프로그램들의 코드를 살펴보면 비밀리에 국가들 간에 어떤 작전이 오고 갔는지 이해할 수 있다.

컴퓨터 프로그램은 소스코드의 명령어를 통해 작동한다. C++와 같이 프로그래머가 사람이 이해할 수 있는 프로그래밍 언어로 쓴 이 소스코드는 소프트웨어가 무엇을 어떻게 작동할지 결정한다. 소스코드는 해킹 프로그램이든 일반 보안 프로그램이든 컴퓨터가 이해할 수 있는 이진법 코드로 변환(컴파일)되어 사용된다. 새 버전의 소프트웨어에는 새롭게 변환된 코드가 담겨 있다. 소프트웨어 업그레이드를 통해 IT 기업들은 새 코드를 전 세계 사용자들에게 배포하기도 한다. 소프트웨어 회사에게 소스코드는 가장 중요한 자산이다.

사이버보안 연구원들은 마치 고생물학자처럼 변환된 코드 더미 속에서 유물 또는 아티팩트*를 찾는다. 그 속의 작은 디테일들은 무슨 일이 언제 발생하였는지를 말해 준다. 그들은 컴파일된 코드를 역설계하고 변화의 흔적을 찾아서 소스코드가 어떻게 변형되었는지 추적

옮긴이 디지털 포렌식 중에 분석되는 증거 요소로서 웹 사용 기록, 로그, 코드 등을 포함한다.

한다. 소스코드는 공식적인 업데이트로 수정될 수 있지만 불법적으로 조작될 수도 있다. 또는 해커의 악성코드가 어떻게 진화했는지 추적하여 그들의 목적과 방법을 알아낼 수도 있다. 관찰력이 뛰어난 연구원은 디지털 화석으로부터 하나의 서사를 읽을 수 있다.

--- P와 Q를 조심하라 ---

지난 장에서 우리는 파이브 아이즈가 어떻게 수학을 사용하여 강제적인 방법, 암호키 탈취, 암호화 우회를 통해 누구도 따라 할 수 없는 암호 해독 능력을 발전시켜 왔는지 보았다. 그러나 이보다 더 강력한 해킹 방법도 있다. 바로 암호화 기술을 작동시키는 코드에 은밀하게 취약점을 심는 것이다. 백도어*라 불리는 이 취약점들은 광범위하게 사용되면서도 탐지가 어렵다.

　백도어를 통해 얻을 수 있는 전략적 이득은 크다. 통신 보호를 위해 일상적으로 암호화 통신이 사용된다. 군에서는 전투에 앞서 작전계획을 비화통신으로 전달한다. 외교부는 국제 회의에 앞서 자신들의 협상 포지션을 비밀 망을 통해 논의한다. 기업들은 영업 기밀과 전략 우선순위를 보호하기 위해 암호화 통신을 사용한다. 그리고 정보기관

옮긴이 정상적인 인증 절차를 거치지 않고 은밀히 표적 시스템에 접근할 수 있도록 하는 프로그램 또는 방법을 말한다.

들은 자신들이 신뢰하는 상대방과 비밀을 공유하기 위해 이를 사용한다. 모두가 수학적 원리로 이루어진 암호화 기술이 자신들의 메시지를 보호해 줄 것이라고 믿는다.

그러나 불법적인 백도어는 이 수학으로 만들어진 보호막을 걷어낼 수 있다. 많은 사람들이 신뢰하는 암호화 시스템이 실제로는 보안이 취약하다면, 그 취약점을 아는 정보기관은 사람들이 지키고 싶어 하는 비밀들을 알 수 있다. 백도어는 신뢰 받는 시스템을 망가트리고 그 시스템이 지키는 모든 비밀을 유출시킬 수 있다. NSA 외에 다른 누구도 이 백도어로 드나들지 못한다면 이건 아무도 따라 할 수 없는, 강력하지만 비밀스러운 'NOBUS' 능력이 되는 셈이다.

미국은 지리적으로 역사적으로 홈 어드밴티지를 누리는 것처럼 백도어에 관해서도 태생적으로 이점을 갖고 있다. 전 세계 암호화 기술의 대부분은 미국에서 만들어졌으며, NSA 내부 문서에 따르면 NSA는 "특정 기업과 민감하면서도 협력적인 관계를 활용하기 위해 노력"하고 있다. NSA는 이 협력관계를 활용하여 "상용 암호 정보 보안 시스템의 암호화 기술 상세 사항"을 파악하고, 시스템을 자신들의 구미에 맞도록 조작했다. NSA의 암호 기술자들이 해당 기업들의 제품을 "활용할 수 있도록" 조작하고 취약점을 심은 것이다.[2]

협력기업의 도움을 받을 수 없다면 직접 비밀공작을 통해 백도어를 심을 수도 있다.[3] 백도어를 적재적소에 심었을 때 얻을 수 있는 전략적 이득은 굉장히 크다. 백도어로 인한 작은 흠집 하나가 암호화 시스템 전체를 무력화시킬 수 있다. 깊은 수학적 지식이 없더라도 백도

어가 어떻게 작동하는지 대략적으로라도 이해하는 건 어렵지 않다.[4]

무작위성 또는 무작위성이라는 착각이 암호화 기술의 핵심이다. 2장에서 설명한 카이사르 암호법의 경우, 메시지를 주고받는 이들끼리 암호키(알파벳 간의 거리)를 정해야 한다. 만약 암호키가 예측 가능하다면 해커가 수학을 이용하거나 또는 추측을 통해 키를 알아내고 암호를 풀기 쉬울 것이다. 그렇기 때문에 암호 기술자들은 무작위로 암호키를 지정한다. 요컨대 해커는 패턴을 통해 암호를 해독하고, 무작위성은 패턴을 깨트린다. 만약 해커가 암호화 기술의 토대인 무작위성을 풀 수 있다면, 그 토대 위에 세워진 암호화 기술도 무너질 것이다.

그렇다면 이 무작위성은 어디서 나올까? 완벽한 무작위성이란 없지만 암호학자들은 패턴을 파악하기 어려운 방법을 찾기 위해 오랜 기간 노력해 왔다. 2차 세계대전 중 영국의 암호학자들은 런던의 번화가인 옥스퍼드가에 위치한 자신들의 사무실 앞에 마이크를 설치해 두었다. 그들은 불특정 순간의 소음을 사용하여 무작위성을 확보했다. 차들의 경적 소리, 대화 소리, 사이렌 소리가 섞인 불규칙적인 소음은 아무도 예상할 수 없기 때문에 충분히 임의적이었다. 녹음된 소리는 수치로 환산되어 암호 생성에 사용됐다.[5] 현대에는 라바 램프 100개를 촬영한 비디오를 사용하여 암호 생성을 위한 무작위성을 추출하는 IT 기업도 있다.[6]

그러나 진정한 무작위성이 항상 필요한 것은 아니다. 암호 기술자들은 보통 유사 무작위성을 활용한다. 이것들은 완전히 임의적이지는 않으나 궁극적으로 무작위성과 유사하게 작동한다. 유사 난수 생성기라는 프로그램이 있다. 유사 난수 생성기는 어떤 하나의 임의의 수로부터 무작위로 숫자들을 생성하는데, 이는 실제로 무작위는 아니며 처음 시작하는 숫자로부터 규칙을 갖고 만들어지는 숫자들이다. 매우 복잡한 암호화 과정은 이 난수를 기반으로 만들어진다. 여기서 조심해야 할 것이 있다. 만약 해커가 난수 생성기로부터 어떤 숫자가 나올지 예측할 수 있다면, 이를 이용해서 암호를 풀 수 있다는 것이다.

미국 표준기술연구소(이하 NIST로 표기)는 전 세계 기술표준을 정립하는 데 핵심적인 역할을 한다. 연구소는 암호화 기술에서도 중요한 역할을 한다. 2004-2005년에 NIST는 미국 정부에서 사용하기 위한 유사 난수 생성기가 필요하다고 판단했고, 암호화 기술에 전문성을 가진 NSA와 협력하여 난수 생성기를 4개 만들었다.[7] NIST는 그 중 가장 독특한 난수 생성기를 "Dual_EC_DRBG" 또는 줄여서 "듀얼 EC$_{Dual\_EC}$"라고 불렀다.

듀얼 EC는 타원곡선elliptic curve을 활용한다. 타원곡선상에 암호학자들이 부르는 두 지점, 즉 P와 Q 점이 있다. 난수 생성기는 이 두 지점과 시작 번호를 이용하여 난수를 생성한다. 듀얼 EC의 P와 Q는 한번 지정되면 상수로서 변하지 않는데, 난수 생성기에서 이러한 수학적 구조는 일반적이지 않지만 그렇다고 보안이 취약한 구조는 아니다. NIST가 이 난수 생성기를 만들었을 때, P와 Q를 자체적으로 지정할 수 있었다. 이 두 지점이 무작위로 지정되는 한, 해커가 그 지점의 값을 안다고 하여도 듀얼 EC가 생성하는 유사 난수를 예측하는 건 거의 불가능하다. 원래 의도한 바로는 그렇다.

듀얼 EC의 초기 버전을 연구한 암호학자들은 수상한 점을 하나 발견했다. 다른 유사 난수 생성기와는 다르게 듀얼 EC의 경우, 특정 상황에서 프로그램의 유사 무작위성을 상실되고 생성된 난수를 예측할 수 있는 위험이 있었던 것이다. 이 취약점은 듀얼 EC로 난수를 생성하는 모든 암호화 통신을 위험에 빠트릴 수 있는 문제점이었다.

백도어를 성공적으로 설치하기 위해서는 세 가지 조건이 있다. 첫째, P와 Q가 무작위가 아닌 인위적으로 지정되어야 한다. 둘째, 해커가 두 지점 간의 수학적 관계를 알아야 하는데, 이는 두 지점이 인위적으로 지정되는 걸 안다면 어렵지 않은 일이다. 셋째, 해커가 생성된 난수 중 일부를 입수하여 이들의 수학적 패턴을 알아내야 한다.

만약 세 가지 조건이 충족된다면, 해커는 약간의 수학적 계산을 통해 듀얼 EC가 생성하는 난수를 예측할 수 있다. 즉, 상대방의 암호화 통신을 해독할 수 있다.[8] 다시 말해, 듀얼 EC에 백도어의 가능성이 있으며 그 백도어를 통해 다른 사람들의 메시지를 훔쳐볼 수 있는 가능성이 있다는 것이다.

2005년 말, NIST는 듀얼 EC의 세부 사항이 적힌 설명서 초안을 발표했다. 암호학자들은 이 초안에서 문제점을 빠르게 발견했다. 그들은 듀얼 EC가 생성하는 난수 사이의 미세한 패턴을 감지하였고, 이는 무언가 잘못됐음을 암시하고 있었다.[9] 그들은 P와 Q와 관련된 백도어가 있을 수 있다고 추측했다. 또 다른 암호 기술자들은 유사한 문제점들을 발견했고, 이를 지적하는 특허를 출원하기도 했다.[10] 그럼에도 불구하고 NIST는 2006년 듀얼 EC의 최종 설명서를 발표했다. 경고에도

불구하고 NIST는 드러난 문제점들을 고치지 않았다.[11]

NIST가 발표한 최종 문서에는 P와 Q의 디폴트값이 포함되어 있었다. 다수의 기관이 이 기본 설정값을 변경하지 않고 그대로 사용하였다. 그들은 정부 전문가들이 제공한 P와 Q값이 무작위로 선정됐다고 믿었다. 그러나 NIST 설명서에는 이 값들이 어떻게 선정됐는지에 대한 설명이 없었고 그것들이 무작위로 지정됐다는 확인도 없었다. 설명서에는 단순히 P와 Q값이 검증 가능한 난수이며, NIST가 제공한 이 값들을 사용해야 한다고 적혀 있었다.[12]

2007년 암호학 학회에 참석한 연구자 두 사람이 듀얼 EC의 백도어 가능성에 대해 경고했다.[13] 그러나 그들의 발언은 비공식적이었고 이해하기 어려웠기 때문에 사람들의 주목을 끌지 못했다.[14] 사람들은 이것이 백도어의 문제인지 그저 "형편없이 수준 낮은" 암호화 기술의 문제인지 분간하지 못했다.[15] 허나 미국 정부와 163개국이 가입한 국제표준화기구ISO는 이 결함이 있는 난수 생성기를 국제표준으로 인정했고, 덕분에 전 세계에 이 기기가 널리 도입되었다.

몇 년 뒤 이뤄진 스노든의 폭로는 듀얼 EC의 결함과 그 원인에 대해 몇 가지 추가적인 정보를 제공했다. 이후 밝혀진 NSA의 내부 문건 등에 따르면, NSA가 듀얼 EC의 개발과 표준화 과정에서 은밀히 손을 쓴 것으로 보인다. 초기에 NSA는 이 프로그램의 설계에 관여하고자 했다. 그러나 내부 문건에 따르면 "궁극적으로는 NSA가 이 프로그램을 홀로 개발"한 것처럼 됐고, 그러면서 자신들의 첩보 목적에 적합하도록 프로그램을 충분히 조작할 여지가 생겨 버렸던 것이다.[16] 이 과정에서 NSA가 듀얼 EC에 백도어를 심고 결함이 있는 P와 Q값을 지정했을 것으로 추정된다.[17] 만약 그렇다면 NSA는 첫 번째와 두 번째 조건을 만족시킨 셈이었다. 두 지점을 인위적으로 지정하고, 이 둘 간의 수학적 관계에 대해 알고 있었던 것이다.

NSA는 여기서 멈추지 않았다. NSA는 이 결함 있는 프로그램을 미국 정부와 외국 기관들이 공식적으로 도입하도록 힘썼다. NSA는 이를 위해 "교묘한 술수"가 필요했다고 표현했다.[18] 이 백도어가 쓸모 있기 위해서는 다른 보안회사들이 듀얼 EC를 자신들의 프로그램에 사용하는 게 중요했다. 듀얼 EC가 정작 사용되지 않는다면 백도어를 심기 위한 NSA의 모든 노력은 그저 실험에 지나지 않게 되는 것이었다. 하지만 운 좋게도 일부 회사들이 듀얼 EC를 도입하고 사용했다. 그리고 대부분이 P와 Q의 디폴트값을 바꾸지 않았다.[19] 심지어 어떤 기관에서는 정부에서 지정한 값만 쓰도록 했고 임의로 이 값을 바꾸지 못하도록 했다. 웹 트래픽을 보호하며 세계적으로 가장 많이 사용되는 암호화 프로그램인 OpenSSL이 그중 하나였다.[20]

NSA는 또한 미국 기업들이 듀얼 EC를 사용하도록 비밀리에 장려했다. 이와 관련해서는 알려진 바가 별로 없지만, 〈로이터〉가 보도한한 기사에 따르면 NSA는 유명 사이버보안업체인 RSA에 1천만 달러를 지급한 바 있다. 이 돈을 받고 RSA는 듀얼 EC를 디폴트 난수 생성기로 사용했고, 주요 시스템과 네트워크를 보호하는 프로그램들이 NSA의 해킹에 노출되도록 하는 이상한 조치들을 취했다.[21] RSA는 NSA와의 협력관계를 부인했지만, 이 회사의 CEO는 훗날 NSA를 강하게 비

판하며 "NSA가 지위를 악용했다"고 언급했다. 그는 구체적인 증거들을 제공하지는 않았다.[22]

--- 일련의 불운하거나 (또는 악의적인) 사건들 ---

듀얼 EC의 함정에 자의적으로 또는 모르고 걸려든 회사는 RSA뿐이 아니었다. 2008년 주니퍼 네트워크라는 미국의 IT 기업은 새 버전의 스크린OS_screenOS_에 듀얼 EC를 추가하기로 결정했다. 스크린OS는 여러 보안 프로그램을 운영하는 소프트웨어였다. 이 프로그램은 해커들의 침입을 막기 위한 방화벽과 VPN에도 사용되었다. VPN은 민감한 정보를 보호하기 위해 전 세계적으로 사용되는데, 두 지점 간의 인터넷 트래픽을 암호화하여 해커가 암호화 기술을 깨거나 우회하지 않고는 정보를 빼낼 수 없도록 하는 기술이다.

주니퍼 네트워크의 주요 고객 중에는 파이브 아이즈가 노리는 외국 정부도 있었다. 예를 들어 주니퍼의 방화벽은 파키스탄 정부와 군의 네트워크를 보호했고, 파키스탄의 통신사들은 주니퍼의 라우터를 사용하여 인터넷 트래픽을 운영했다. 중국도 주니퍼의 제품을 사용했다. 주니퍼의 가상 사설망_VPN_을 전 세계 많은 기업에서 사용하였기 때문에 GCHQ는 주니퍼가 시장에서 "가장 선도적인 기업"이라고 높게 평가했다.[23]

미국 연방정부도 스크린OS에 기반한 프로그램을 사용했다. 여기

86

에는 인사 기록을 관리하는 중요한 기관들도 포함됐다.[24] 미국 정부는 주니퍼가 정부의 일급 기밀을 보호하는 암호화 시스템을 개발하도록 주문했다.[25] 주니퍼의 고객들은 미국의 여러 분야에 걸쳐 존재했다. 주니퍼의 홈페이지에는 IT 기업, 통신사, 지방정부, 대학, 소비자 대상 기업, 스포츠 팀, 데이터 보존 전문가 등 다양한 고객들이 나열돼 있다.[26] 주니퍼의 연 매출은 수십억 달러에 달했고 매출 대부분이 미국 내에서 이뤄졌다.

주니퍼는 고객들이 사이버보안을 중시한다는 사실을 잘 알고 있었다. 스크린OS는 ANSI X9.31이라는 검증된 유사 난수 생성기를 수년간 사용하고 있었다. 2008년 당시는 ANSI에 알려진 보안 결함도 없었고 굳이 보안 정책을 바꿀 필요도 없었지만 주니퍼는 듀얼 EC를 추가하기로 결정했다. 이상하고 위험한 선택이었다. 유사 난수 생성에 대한 결함과 백도어 가능성을 제외하고도 듀얼 EC는 눈에 띄는 문제점을 안고 있었다. 바로 타사 프로그램보다 약 1천 배가량 느린 속도였다. 이유를 알 수 없지만, 주니퍼는 듀얼 EC를 사용하는 것에 대해 연방정부의 인증을 받지 않았다. 정부 인증은 통상적인 절차였고 만약 그랬다면 주니퍼의 고객들은 시스템 설계가 변경됐다는 사실을 인지할 수 있었을 것이다.[27] 듀얼 EC를 추가한 결정은 처음부터 끝까지 말이 되지 않았다.

수학적인 측면에서는 더욱 이상한 조치가 있었다. 먼저 주니퍼는 NIST가 지정한 P값을 사용했지만 Q값은 스스로 지정했다. 그러나 이 Q값이 무작위로 지정됐다는 걸 검증하지 않았다. 이 때문에 주니퍼

혹은 NSA가 고객들의 메시지를 해킹하기 위해 의도적으로 Q값을 정했을 것이라는 가능성을 배제할 수 없다. 많은 암호 기술자들은 주니퍼가 일부러 듀얼 EC에 심어진 백도어를 사용할 수 있도록 문을 열어두었을 가능성이 높다고 보고 있다.[28] 만약 해당 Q값이 무작위로 선정된 게 아니고 암호화 기술을 무력화하기 위해 인위적으로 지정됐다면, 주니퍼의 Q값과 P와 Q 간의 상관관계를 알고 있으면 백도어를 사용할 수 있는 조건 두 개를 이미 충족한 것이었다. 이에 추가하여 해당 프로그램이 실제 생성한 난수만 몇 개 입수할 수 있다면 백도어는 완벽히 작동할 수 있다.

이미 충분히 수상한 이 이야기는 여기서 반전을 맞는다. 주니퍼는 그간 오랫동안 사용하고 인정받아 온 ANSI를 듀얼 EC로 완전히 대체하지 않았다. 그 대신 두 프로그램을 병행하여 사용했다. ANSI는 듀얼 EC가 생성한 난수를 받아서 다시 이를 시작점으로 새로운 난수를 생성했다. 이로써 주니퍼는 두 프로그램을 연계시켰다. 보통 하나의 난수만 필요하므로 이는 매우 보기 드문 시도였지만 그렇다고 이러한 방법이 보안 측면에서 나쁘다고 볼 수는 없었다.

그러나 이것이 끝이 아니었다. 주니퍼는 듀얼 EC가 생성한 난수에 수를 추가로 더했다. 이는 기술적으로 아무런 도움도 되지 않았다. 대신 해커들에게 더 많은 정보를 줄 뿐이었다. 이렇게 더해진 숫자들은 해커들이 다음 난수를 예측할 수 있을 만큼의 추가적인 정보를 제공했고 암호화를 풀 수 있도록 도와줬다. 이 덕분에 백도어의 세 번째 조건이 충족됐다. 암호학자들이 그토록 경고한 우려가 현실이 된 것이었다.

이론적으로는 이 모든 불운한 일들의 연속이 문제가 되지 않을 수도 있었다. 주니퍼가 설명한 대로 ANSI 프로그램이 듀얼 EC에서 받은 숫자를 난수 생성의 시작점으로 삼기만 한다면 말이다. ANSI 프로그램에 제공되는 값이 듀얼 EC의 결함 때문에 예측 가능하더라도, ANSI가 생성하는 난수는 보안적으로 안전하기 때문이었다. 그러나 주니퍼의 코드에는 문제점이 하나 더 있었는데, 그건 결정적인 결함이었다. 소프트웨어가 작동될 때 ANSI 프로그램을 건너뛰고 듀얼 EC의 취약점을 그대로 노출시켜 버렸던 것이다.[29] 만약 이것이 실수였다면 치명적인 실수였다. 만약 의도된 것이었다면, 교활한 수였다.

정리하자면 이렇다. 주니퍼는 뜬금없이 자사 프로그램에 백도어가 의심되며 성능도 좋지 못한 듀얼 EC를 추가했다. 게다가 해커들이 백도어를 사용하기 쉽도록 프로그램 설정을 변경했을 뿐 아니라 거기에 더해 기가 막힌 버그 덕분에 이중 보안장치가 오히려 더 큰 취약점이 되어 버렸다. 주니퍼의 이해하기 힘든 결정들이 프로그램을 더욱 취약하게 만든 것이다. 그들은 보안을 강화한다는 목적으로 안전한 난수 생성기를 매우 미심쩍은 생성기로 교체했다.

주니퍼는 이에 대해 아무런 설명도 내놓지 않았다. 수년간 주니퍼는 자신들의 프로그램이 안전하다고 주장했다. 스노든의 폭로 후 NIST가 듀얼 EC의 표준을 철회하는 등 문제가 불거지자 주니퍼는 듀얼 EC가 보안적으로 문제가 있더라도 이중 보안장치가 있기 때문에 문제가 없다며 고객들을 안심시켰다.[30] 그러나 버그로 인해 ANSI가 작동하지 않았기 때문에 그들의 말은 거짓말이었다.

　그 결과 주니퍼의 스크린OS를 사용하는 모든 고객들의 사이버 보안에 구멍이 뚫렸다. 파이브 아이즈가 노리는 외국 통신사와 정부들의 메시지는 물론이고 미국 정부기관들의 통신도 해킹에 노출됐다. 대다수 기관들이 주니퍼의 암호화 기능을 믿고 자신들의 자료를 인터넷에서 주고받았다. 그러나 그것은 잘못된 믿음이었다. NSA는 수동적 정보 수집으로 데이터를 얻고 듀얼 EC 백도어로 암호를 풀 수 있었다. 이 취약점을 활용하여 구체적으로 어떤 작전이 이루어졌는지는 알 수 없으나 이로 인해 전 세계 수많은 비밀들이 유출될 위험에 처했다는 건 확실했다.[31]

　다시 말하지만 주니퍼가 NSA의 사주를 받고 이 모든 일을 저질렀는지는 알 수 없다. 주니퍼가 선의를 갖고 듀얼 EC를 추가했을 수도 있다. 주니퍼가 Q값을 무작위로 선정했고, 거기에 숫자를 추가하는 게 해킹 가능성을 높인다는 사실을 몰랐을 수도 있다. ANSI 생성기를 우회하는 버그나 연방정부의 인증을 받지 않은 행동도 모두 매우 불운한 행동의 결과일 수 있다. 주니퍼는 오로지 고객만 생각했고, NSA나 다른 기관들이 해킹하는 걸 방지하려고 했을 수도 있다. 유출된 자료들에 따르면 NSA가 듀얼 EC 백도어 설계에 개입했다는 정황은 분명했지만 주니퍼의 듀얼 EC 도입에 관여했다는 증거는 없었다.

　하지만 주니퍼가 의도적으로 암호화 기술을 약화시켰다고 믿을 만한 증거도 충분하다. NSA가 여러 기업과 깊이 협력해 온 것을 볼 때, 주니퍼와도 긴밀한 협력관계를 갖고 있을 가능성은 충분하다. 영국의

GCHQ보다 NSA를 잘 아는 정보기관은 없는데, GCHQ는 2011년 내부적으로 미국 정부와 주니퍼 간의 연결고리를 의심했다. GCHQ의 내부 보고서는 다음과 같이 평가했다. "주니퍼는 정보 수집에 유용할 수 있으나 동시에 미국 회사이기 때문에 문제점을 안고 있다. 만약 주니퍼와 NSA 간 협력관계가 있다면 이를 이용할 수 있을 것이다. 주니퍼를 해킹하기 전에 반드시 NSA와 먼저 협력할 필요가 있다."[32]

2008년의 코드 수정으로 인한, ANSI 생성기를 우회하게 만든 흔치 않은 버그의 존재도 이런 의심을 증폭시킨다. 저명한 암호 기술자 매슈 그린Matthew Green은 주니퍼를 직접적으로 비판하지 않으면서도 "듀얼 EC에 백도어를 의도적으로 설치하면서 동시에 안전해 보이도록 하려면 주니퍼가 한 것처럼 하면 된다"고 말했다. 그는 "최상의 백도어는 버그처럼 보이는 백도어다"라고도 했다.[33] 그는 사건들의 조합에 주목했다. 그는 "이 버그가 NSA가 설계한 난수 생성기와 결합되어 난수 생성기가 실제로 위험하도록 만들었다"고 말했다.[34] 암호 해독의 세계에서 그럴싸한 우연을 가장하는 것은 중요한 일이지만 너무 많은 우연은 의도된 것처럼 보인다.

만약 겉으로 보이는 것처럼 스크린OS의 결함이 우연의 산물이 아닌 NSA의 작품이라면, 결과적으로 NSA가 수많은 미국 기업들을 위험에 빠트린 것이다. 그러나 이는 문제가 되지 않을 수도 있었다. 만약 NSA만이 이 백도어의 존재를 알고 사용할 수 있었다면 말이다. 비밀 유지의 중요성이 다시 한번 강조되는 대목이다. 그러나 비밀을 지키는 건 어려운 일이다.

--- 새로운 백도어 두 개 ---

주니퍼의 소스코드를 발굴하는 과정에서 우리는 2012년에 또 다른 중대한 변화가 생겼음을 알 수 있다. 이와 관련하여 우리는 두 가지 측면에 주목해야 한다. 첫째, 2008년의 코드 수정이 듀얼 EC 추가, 새로운 Q값 지정, 몇 가지 버그를 포함했던 것과 달리 2012년의 변화는 매우 미세했다. 2008년에는 전반적인 설정이 변경됐었지만 2012년에는 코드 단 한 줄만 수정되었다. 이해할 수 없는 숫자와 문자로 이루어진 Q값이 다른 숫자와 문자로 대체된 것뿐이었다. 둘째, 2008년의 코드 수정은 아마도 주니퍼가 단독으로 또는 NSA와 협조하에 추진했을 가능성이 높았던 반면, 2012년에는 외부 해커가 불법적으로 소스코드를 바꾼 것으로 추정된다. 즉, 주니퍼가 전 세계에서 소프트웨어 업데이트를 실시했을 때, 정작 주니퍼는 Q값이 변경된 사실을 몰랐던 것이다.

이제까지 이와 관련된 보도는 없었지만 2012년 주니퍼의 소스코드를 변경한 장본인이 중국 해커일 가능성이 농후하다. 이 사건에 대해 알고 있는 민간 분야 관계자 두 명은 중국이 Q값을 바꾸었다고 증언했지만 구체적으로 중국의 어떤 조직인지에 대해서는 함구했다. 이러한 추측은 중국 해커들이 전 세계 통신사들을 해킹했던 전례들과도 부합한다.[35]

해커들은 Q값만을 변경하는 대단한 자제심을 보여주었다. 그들은 주니퍼의 시스템에 침투하여 더 중대한 변경을 시도할 수도 있었다. 물론 그럴 경우 발각의 위험도 커졌을 것이다. 그들은 섬세한 수법으로 타원곡선상의 Q값만 변경하였다. 이미 존재하는 백도어를 조작하는 건 세련되며 추적하기 어려운 일이었고, 동시에 NSA의 정보 수집 능력에 타격을 주는 일이었다.

주니퍼의 프로그래머들은 수정을 눈치채지 못했다. 이는 아주 놀라운 일은 아니다. 수정된 사실을 모르고 바뀐 코드를 발견하는 건 어려운 일이다. 새로운 버전의 소프트웨어를 다운로드 받은 주니퍼의 고객들 또한 새로운 Q값에 대해 전혀 알지 못했을 것이다. 소스코드를 정밀하게 들여다보는 사람일지라도 백도어의 수정까지는 생각이 미치지 못했을 것이다. 그러나 이 실수는 막대한 파장을 불러왔다.

우선 즉각적인 변화가 하나 있었다. 만약 중국이 Q값을 바꿨다면 NSA는 새로운 Q값과 P값에 대한 수학적 관계를 분석할 수 없었을 것이다. 그렇다면 NSA가 더 이상 자신들이 사용하던 백도어에 접근할 수 없었을 것이다. 스크린OS 6.2 버전 이후로 그들의 백도어는 막혔다. NSA가 이 백도어에 의존하여 수집된 암호화 정보를 해독하였다면 이는 NSA의 정보 수집 능력에 심각한 손실이었을 것이다. NSA가 주니퍼의 기기들을 해킹할 다른 수단도 있었겠지만 백도어만큼 대규모 효과를 거두기는 어려웠을 것이다.[36] NSA가 주니퍼의 고객 수백만이 자신들은 안전하다고 생각하는 가운데 몰래 그들을 해킹할 수 있는 방법은 백도어 말고는 생각하기 어렵다.

그러나 피해는 거기에서 멈추지 않았다. 더 심각한 문제가 있었다. 해커들은 새로운 Q값을 무작위로 지정하지 않았다. 그들은 당연히 주니퍼 시스템의 보안을 강화하는 것이 아니라 이를 해킹하려는 목적을 가지고 있었다. 따라서 해커들은 자신들만이 알 수 있는 Q값을 새로 지정하여 새로운 백도어를 만들었다. 2012년 코드 수정이 종전의 백도어를 활용하던 이들을 쫓아냈을 뿐 아니라 새로운 침입자들을 들인 것이다. 주니퍼 고객들은 자신들도 모르게 취약한 암호화 시스템에서 또 다른 취약한 시스템으로 갈아타게 되었다.

2012년의 해커들은 2008년부터 NSA가 누리던 암호 해독 능력을 손에 넣었다. 중국은 미국과 같은 규모의 수동적 정보 수집 능력이 없지만 그렇다고 아예 없는 건 아니었다. 차이나 텔레콤을 통해 중국은 수차례 외국의 인터넷 트래픽을 자국을 경유하도록 했다.[37] 2012년 이전에는 암호화 때문에 중국이 수집한 정보들을 해독하지는 못했을 것이다. 그렇지만 중국은 백도어를 통해 이 문제를 해결할 수 있었다. 새로운 Q값을 알고 있으므로 그들은 경유한 인터넷 트래픽이 주니퍼 고객의 것이라면 해독할 수 있었다.

2008년과 2012년 사건 간에는 기술적인 연결고리가 있다. 앞서 소개한 암호 기술자 매슈 그린은 해커들이 어떻게 2008년 코드의 맹점을 발견하고 교묘히 주니퍼의 소프트웨어를 해킹했는지 설명했다. "그들은 2008년 코드를 이용해서 자신들의 백도어를 심었다. 그것이 가능했던 이유는 이전 백도어가 이미 대부분의 기초 작업을 해 두었기 때문이었다. 그 덕분에 외국 정부 또는 누군가가 미국과 전 세계 주니퍼의 트래픽을 해독할 수 있었다."[38] NSA가 듀얼 EC의 백도어가 'NOBUS'라고 생각했다면 그건 오산이었다.

백도어가 나쁜 소식이었다면 주니퍼와 그 고객들에게 더 나쁜 소식은 소스코드에 남겨져 있었다. 이 사건에 대해 알고 있는 민간 관계자들에 따르면 2014년 중국 해커들은 코드를 다시 한번 수정했다. 아직까지 이것이 중국의 소행이라는 공식적인 확인은 없으며, 관계자들은 2012년 해킹 조직과 2014년 해킹 조직이 서로 다른 조직일 수 있다고 경고했다.

2014년의 코드 수정은 과거보다 눈에 띄는 변화였다. 새 코드는 주니퍼 프로그램에 비밀번호를 설정했다. 암호는 '<<<%s(un='%s') = %u'와 같은 이해할 수 없는 문구였다. 그러나 해커들은 심사숙고하여 이 암호를 정한 것이다. 그들은 암호가 일반적인 코드같이 보이도록 문자를 나열했다.[39] 그들은 보안 감사나 코드 검토에서 이 암호를 발견하더라도 추가적인 조사 없이 넘어가기를 바랐다.

발음하기도 힘든 이 암호에는 가공할 힘이 숨겨져 있었다. 2008년과 2012년 백도어는 암호화를 무력하면서 간접적으로 정보 수집을 지원했다. 하지만 2014년 백도어는 직접적으로 해킹을 지원했다. 이 암호만 알면 누구든지 정상적인 사용자나 운영자처럼 세계 모든 주니퍼 프로그램에 원격으로 접속할 수 있었다. 암호만 사용하면 주니퍼 프로그램의 취약점을 찾거나 해킹할 필요도 없었다. 암호를 통해 기기에 로그인만 하면 추가적인 취약점은 필요 없었다.

이는 다른 국가들의 기밀을 알고 싶어 하는 스파이들에게 좋은 선물이었다. 해커는 숨겨진 암호로 로그인하여 표적의 기기를 통제할 수 있었다. 보안 프로그램의 설정을 바꾸어 임무 수행에 필수적인 설정이나 향후 해킹 작전을 위해 기반을 조성할 수도 있었다. 또한 표적이 어떻게 이 프로그램을 활용하는지에 대한 정보를 수집할 수 있었다. 무엇보다 중요한 건 관리자 권한을 사용하여 발각될 가능성을 줄인 것이다. 해커들은 이 백도어를 통해 로그를 삭제하여 자신들의 흔적을 지우고 주니퍼를 통한 다른 첩보 작전의 증거도 없앨 수 있었다. 이러한 작전을 탐지하는 일은 극도로 어렵기 때문에 오늘날까지 이 작전들에 대해 알려진 것은 없다. 그러나 이러한 작전들이 이루어졌다는 건 부인할 수 없는 사실이다. 이런 백도어를 만들어 놓고 아무 이득도 취하지 않을 해커는 세상에 없기 때문이다.

이 암호로 만든 백도어는 2008년과 2012년 백도어에 의존하지 않았고 듀얼 EC의 결함과도 직접적인 연관은 없다. 이는 앞서 있었던 은밀한 작전들과는 달리 과감한 공격이었다. 2012년 수정보다 더 알아채기 쉬운 코드 수정이었지만, 그만큼 보상도 컸다. 앞서 있었던 백도어가 제공했던 보상과 종류도 달랐다. 전문가들은 이후 사건을 분석했고, 그들은 상황의 심각성에 대해 이견이 없었다. 한 전문가는 간단히 정리하여 "상상할 수 있는 가장 최악의 해킹"이라고 말했다. 해커들이 아무런 대가도 치루지 않고 완전히 은밀하게 활동할 수 있었기 때문이다.[40]

중국이 백도어를 설치한 증거와 그들의 동기에 대해 두 관계자의 언급 외에는 정보가 없다. 그러나 한 가지 분명한 사실은 외부 해커가 주니퍼를 그들의 동의 없이 해킹했다는 것이다. 결과적으로 주니퍼의 내부 기밀이 유출됐고, NSA의 첩보 능력이 상실됐으며, 적대적 해커들이 미국인들이 안전하고 믿었던 그들의 통신을 해킹할 수 있는 능력을 손에 넣었다.

--- 짧은 승리 ---

소스코드 기록에 따르면 2012년과 2014년의 백도어 둘 다 발각되지 않고 장기간 기능했다. 그들은 주니퍼 내부 코드 검토와 보안 감사에 발각되지 않았다. 아마도 무해한 코드로 위장한 덕분일 것이다. 이 강력하고 은밀한 백도어는 암호화된 트래픽을 해독할 수 있도록 했고 해커들이 관리자로 로그인할 수 있도록 했다. 해커들의 지능적인 설계 덕분에 우리는 그들이 얼마나 자주 백도어를 사용했는지 알 수 없다. 그들은 악성코드의 흔적을 남기지 않았고 탐지를 불가능하게 만들었다.

NSA가 2008년 백도어에 대해 알고 있었으면서 왜 2012년과 2014년에 개입하지 않았는지 궁금할 수도 있겠다. 이에 대해서는 몇 가지 가설이 있다. 첫째, 2008년 코드 수정이 의도적인 백도어가 아니었으며 정말 예외적으로 불운한 사고들의 연속이었을 가능성이다. 이 경우, NSA는 처음부터 아무것도 몰랐을 것이며 주니퍼나 해커가 뭘 하고 있었는지 몰랐을 수 있다. 둘째, NSA가 2008년 백도어에 대해 알고 있었고 2012년 다른 국가의 해커가 코드를 수정한 사실도 알았을 경우다. 이 경우, NSA가 자신들의 정체와 해킹 수단을 감추기 위해 일부러 주니퍼나 대중에 이를 알리지 않았을 수 있다.

세 번째 가능성은 NSA가 2012년 소프트웨어 업데이트로 백도어를 상실했으나 이것이 다른 해커의 소행이었는지 몰랐을 경우다. 마이클 헤이든 전 NSA 국장은 일반적으로 정보기관이 소프트웨어 업데이트로 접근 권한을 잃는 건 흔한 일이라고 말했다. 그는 "수개월 또는 수년에 걸쳐 얻은 접근 권한이 간단한 업데이트 때문에 상실될 수 있으며 이는 보안 업데이트가 아니더라도 2.0에서 3.0으로 버전을 바꾸는 일반적인 업데이트로도 그렇게 될 수 있다"고 말했다.[41] 사이버 무기는 영원하지 않다.

네 번째 가설은 많은 주니퍼 사용자들이 업데이트를 하지 않았을 경우다. 그럴 경우, 다수의 기존 사용자들에 대해서는 2008년 백도어가 지속적으로 작동했지만 신규 사용자에게는 작동하지 않았을 것이다. 수집 능력에 저하가 없었다면 NSA는 이후 변화에 대해 몰랐을 수 있다. 어떤 이유든 2012년과 2014년 백도어는 스크린OS의 2015년 버전까지 유지됐다.

그러던 어느 날 갑자기 주니퍼가 이 백도어들을 제거하기 시작했다. 2015년 말 주니퍼는 "코드 검토" 중 "승인받지 않은 코드"를 발견했고 이들을 긴급 업데이트로 제거했다고 발표했다.[42] 그들의 발표가 진실일 가능성도 있다. 정기적인 코드 검토가 있었고, 보안 감사에서 전에는 지나쳤던 불법적인 코드 수정을 발견할 수 있다. 그렇다면 주니퍼는 백도어가 매우 심각한 문제임을 지각하고 즉각적인 해결을 시도했을 것이다.

그러나 주니퍼가 왜 코드 검토가 이루어졌는지에 대한 이유와 같은 중요한 사실 몇 가지를 숨겼을 가능성도 있다. 주니퍼는 백도어의 존재와 위치를 사전에 알고 있었는지에 대해서는 아무 언급도 하지 않았다. NSA가 다른 해커들의 백도어를 발견하고 이 술래잡기 놀이에서 자신들만 술래 역할을 하는 게 아니란 걸 깨달았을 수 있다. 방첩 작전(5장 참조)을 통해 NSA가 다른 국가들이 주니퍼를 해킹하고 있다는 사실을 포착했을 수 있다.

외국의 해커들이 주니퍼를 해킹한 사실을 깨달은 NSA는 주니퍼에 이 사실을 알려야 한다고 느꼈을 것이다. 미국 정부 네트워크와 전 세계에서 사용되는 프로그램이 해킹당했다는 건 매우 위험한 일이다. 실제로 24개 정부기관에 대한 감사에 따르면 미국 재무부를 포함한 절반 이상의 부처가 그 백도어로 인해 공격에 노출됐던 것으로 분석됐다.[43]

하지만 보안 패치를 유도하는 건 오히려 듀얼 EC의 취약점과 관련된 NSA의 역할에 이목을 집중시키는 계기가 될 수 있었다. 당시 NSA가 미국 회사들에 대해 암호화 백도어를 공공연하게 요구한 상황이었기 때문에 주니퍼의 백도어와 연루된 사실이 드러나면 여론은 악화될 수 있었다.[44] 스노든은 이 사건에 직접적으로 연관되어 있지는 않았지만, NSA에 비판적인 그조차 NSA가 여론 악화에도 불구하고 주니퍼의 패치를 도운 것으로 보았다.[45] 실제 패치의 경위에 대해 알려진 바는 없다.

주니퍼의 2015년 코드 복구는 많은 의문점을 남겼다. 이를 통해 우리는 배후에서 어떤 일이 벌어지고 있었으며, 처음부터 단추가 잘못 끼워졌었다는 사실을 유추해 볼 수 있다. 주니퍼는 긴급 소프트웨어 업데이트로 비밀 암호를 삭제하고 2014년 백도어의 문을 닫았다. 2012년 지정되었던 Q값을 재지정하여 두 번째 백도어도 닫았다. 그러나 검증 가능한 난수 생성을 통해 Q값을 새로 지정하는 대신 주니퍼는 2008년에 사용한 최초의 Q값을 재사용했다. 첫 번째 백도어의 열쇠라고 오랫동안 의심받던 그 Q값으로 말이다. 주니퍼는 취약한 듀얼 EC 코드를 수정하지 않았고 보다 안전한 ANSI 생성기를 우회하는 버그도 고치지 않았다.[46] 이는 기존의 취약점을 그대로 두는 매우 비정상적인 보안 업데이트였다.

이 업데이트로 2008년 백도어를 활용할 수 있는 모든 조건이 다시 충족됐다. 검증되지 않은 Q값, 듀얼 EC의 사용, ANSI 우회, 숫자 배열에 대한 적당한 데이터 유출을 통해 다음 난수가 무엇인지 알 수 있도록 하는 장치까지 말이다. 만약 NSA가 주니퍼의 2015년 버그 패치를 도운 장본인이라면 그들이 결국 최후의 승자가 된 셈이다. 그들은 2008년 Q값과 관련된 버그들을 다시 복구했고, 최초의 백도어를 다시 열었다.

그러나 NSA의 승리는 짧은 승리에 불과했다. 수년간 듀얼 EC와 관련된 의심이 결국 폭발하였다. NIST는 대대적인 조사에 착수했고, 해당 조사는 암호화와 관련하여 NIST가 NSA와 협업하는 것은 위험하다고 지적했다. 그리고 NIST의 독립성과 투명성 강화를 권고했다.[47] 이는 듀얼 EC 사건에 대한 암묵적인 비판이었다. 어느 수학 학술지에서 한 NSA 고위 관계자는 결함이 있는 듀얼 EC의 표준을 일찍 철회하지 않은 데 대해 "후회스럽다"고 말했다. 그는 또한 "NSA가 표준과 관련하여 보다 투명해야 하며 그 투명성에 맞게 행동해야 한다"고 말했다.[48] 그의 발언은 비밀스러운 정보기관으로부터 들을 수 있는 최대한의 책임 인정이라고 볼 수 있다. 그러나 이 발언이 NSA에 대한 암호학자들의 불신을 막을 수는 없었다.[49]

듀얼 EC는 영원한 오점이 됐다. 사이버보안회사들의 집중적인 조사와 비판적인 언론 보도가 이어진 뒤, 2016년 주니퍼는 스크린OS 시스템에서 듀얼 EC를 완전히 제거했다. 마침내 2008년 심어진 백도어는 완전히 문이 닫혔고 한 줄의 코드를 둘러싼 스파이들 간의 대결은 막을 내렸다. 물론 다른 작전들은 계속 진행됐겠지만 은밀하게 시작되어 조금씩 공개됐던 이 백도어 이야기는 여기서 종지부를 찍었다. 모든 노력과 극적인 사건들 끝에 승자는 결국 없었다.[50]

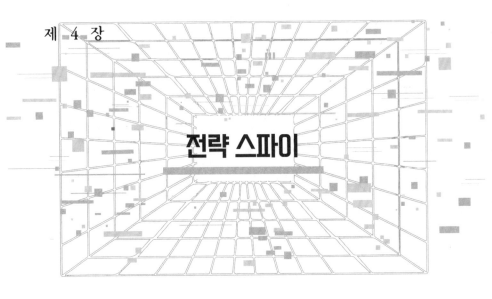

제 4 장

전략 스파이

수년간 이메일이 홍수처럼 쏟아졌다. CEO, 프로그래머, 인사과 직원, 정부 고위 관료들이 이메일을 받았다. 이 메일들은 마치 상사, 직장 동료, 회계사, 친구, 비즈니스 파트너들이 보낸 것처럼 보였다. 서방 사회 전반에 걸쳐 뿌려졌으며 무역, 기술, 국방을 다루는 전략적으로 중요한 분야에 있는 기관이라면 모두 그 메일을 받았다. 보통 메일은 첨부파일이나 링크를 포함하고 있었는데, 그 메일들은 모두 가짜였으며 위험한 메일이었다.

중국의 사이버 첩보 작전이 언제 시작됐는지 정확한 날짜는 알 수 없으나, 2000년 이후 본격적으로 시작된 것으로 보인다. 그리고 그들의 작전은 날이 갈수록 번창했다. 중국 해커들은 보통 스피어피싱Spear Phishing 메일을 보냈다. 스피어피싱이란 사회공학적(시스템이 아닌 사람의 취약점과 심리를 이용하여 정보를 빼내는 공격 기법)으로 조작된 메일을 보내 수신자가 정보를 유출하거나 악성코드를 열도록 하는 방식이다. 인민해방군과 국가안전부에 속한 중국의 해커들은 이 방법을 반복적으로 사용했다. 상대방이 언제나 잘 걸려들기 때문이다. 그들은 자신들의 집과 사무실에 편안히 앉아서 이메일 수천 통을 뿌릴 수 있었다. 정성스럽게 쓴 메일도 있었고 아닌 메일도 있었다. 그리고 누가 그물에 걸리는지 지켜보면 됐다.

중국이 수십 년간 자행해 온 사이버 첩보 작전을 모두 담기에는 지면이 부족하지만, 중국의 해킹 작전의 깊이와 규모를 살펴볼 필요는 있다. 중국 해커들은 표적으로 삼은 조직에 깊숙이 침투하여 가장 귀중한 정보를 훔치고 경제적, 전략적 이득을 거두었다. 동시에 그들은 대규모로 움직였다. 그들은 중국 공산당의 전략적 우선순위와 관련된 해외 기관 수천 곳을 해킹했다. 2014년 제임스 코미James Comey 전 FBI 국장은 중국 해커들에 대해 다음과 같이 언급했다. "그들은 정말 인해전술처럼 몰려온다. 그들의 전략은 언제 어디든 침투할 수 있으며 아무도 자신들을 막을 수 없다고 생각하는 것 같다."[1]

중국이 그토록 공격적이고 다층적인 사이버 첩보 작전을 펼치는 이유가 있다. 중국은 수십 년 동안 미국과의 경제적, 전략적 경쟁에서 뒤처져 있었다. 중국 민간 분야의 혁신은 미국에 비해 열등했다. 인민해방군은 규모는 컸지만 미국과 같이 전 세계를 누빌 수 있는 기술적 우위가 없었다. 중국의 지도자들은 인터넷의 개방성이 체제 불만과 표현의 자유에 어떤 영향을 줄지 두려워했다. 중국은 대규모 첩보 작전을 통해 미국 회사들보다 경제적 우위를 누리고, 미국의 군사력에 맞서며, 내부 감시를 더욱 강화할 수 있었다.

중국 해커들은 단순히 작전이나 전술적 가치가 있는 비밀을 훔치고자 한 것이 아니라 미국과의 전략적 경쟁에서 앞설 수 있는 정보를 훔치려고 했다. 그들이 펼친 첩보 작전의 속도, 규모, 범위는 디지털 시대 이전의 첩보 작전과는 비교할 수 없다. 이는 디지털 자료가 종이 문서에 비해 훨씬 옮기기 쉽기 때문이다. 예를 들어, 베트남전을 내부 고발한 대니얼 엘스버그Daniel Ellsberg는 '펜타곤 페이퍼(미국 국방성 기밀문서)'를 유출하기 위해 온 가족과 함께 문서 7천여 장을 1년간 복사해야 했다. 비용도 수천 달러가 들었다.[2] 이에 비해 오늘날 해커가 비슷한 양의 문서를 훔치는 데는 단 몇 시간, 아니 몇 분만이 필요하다.

중국의 해킹 작전이 끼친 영향은 어마어마하다. 경제적인 관점에서 중국 해커들이 탈취한 영업 기밀의 가치는 수천억 달러에 달할 것이다.[3] 키스 알렉산더 전 NSA 국장은 중국의 해킹이 "역사상 가장 큰 부의 이동"을 불러왔다고 말하곤 했다.[4] 군사적으로 중국은 당황스러울 정도로 미국의 무기 체계와 유사한 무기 체계를 개발했다. 아마 미국의 무기 설계를 훔친 결과일 것이다. 더 큰 문제는 미국의 군사 장비들이 중국의 해킹에 무너질 가능성이다. 미국 국방과학위원회는 외국의 해킹으로 "정교하고 충분한 지원을 받는 사이버 공격이 다른 군사, 정보 작전과 함께 이루어질 경우 미국의 핵심 정보기술IT 체계가 버틸 수 있을지 확신할 수 없다"고 분석했다.[5]

중국은 파이브 아이즈가 누리는 홈 어드밴티지가 없기 때문에 이토록 과감한 해킹 공격을 감행한 것이다. 중국은 인구가 10억이 넘지만 지리적으로 데이터 이동 길목에 위치해 있지 않고 구글과 페이스북처럼 전 세계적인 데이터를 가진 기업도 없다. 중국의 수동적 정보 수집 기능과 중국 기업과의 협력관계는 국내용으로는 충분하지만 해외 정보를 얻기 위해서는 직접 해킹에 나서야 한다. 스피어피싱이 가장 쉬운 방법 중 하나였다. 이러한 이유들 때문에 피싱 이메일의 홍수가 시작된 것이다.

--- 오로라 작전 ---

2009년 여름 내내 중국 정부와 연관된 해커들은 미국을 포함한 전 세계 표적들에 악성 메일과 메시지를 보냈다. 메일을 열고 링크를 클릭하는 순간, 사람들은 대만의 어느 웹사이트로 연결되었다. 그 웹사이트에는 해킹 소프트웨어가 심어져 있었고 브라우저는 이를 다운로드하여 실행하게 만들어져 있었다. 바로 사이버보안 전문가들이 '드라이브바이 다운로드drive-by download'라고 부르는 악성코드 배달 방법이다.

이 악성코드는 당시 대다수가 사용하던 인터넷 익스플로러의 취약점을 노렸다. 이 악성코드는 대만의 웹서버로부터 더 많은 악성코드를 이미지 파일로 위장하여 다운로드했다. 표적의 컴퓨터에 설치된 악성코드는 대만에 있는 공격 명령 서버에 접속하여 지령을 기다린다. 이쯤 되면 클릭 실수 하나로 중국의 해커를 컴퓨터 안으로 불러들인 것이다.

스피어피싱 이메일과 드라이브바이 다운로드는 중국의 좀 더 큰 그림, 즉 오로라 작전의 일부였다. 해커들 스스로 이 작전을 오로라 작전으로 명명한 것으로 보인다. 오로라 작전은 미국 사회 전반을 노렸는데 구글, 마이크로소프트, 주니퍼를 포함한 34개 주요 기업을 표적으로 삼았다.[6] 2010년 오로라 작전의 전말이 공개되었다. 이는 전대미문의 사이버 첩보 작전이었다.

오로라 작전에는 세 가지 목표가 있었다. 첫째, 미국의 기술을 활용하여 중국 내 반체제 인사를 감시하는 것이다. 구글은 조사 후에 "해커들의 주목적이 중국 인권 운동가의 G메일 계정을 해킹하는 것이라는 증거가 있다"고 발표했다. 구글의 보안 시스템이 잘 작동하여 이러한 해킹 시도를 대부분 막았으며, 해커들은 반체제 인사의 이메일 계정 두 개에만 접속할 수 있었던 것으로 보인다. 그리고 그마저도 이메일의 제목만 읽을 수 있었으며 내용은 보지 못했다.[7] 〈파이낸셜 타임스〉는 아이웨이웨이Ai Weiwei의 계정 두 개가 해킹된 것에 대해 보도했다. 그는 중국 내 인권 및 민주주의를 비판하는 운동가 중에서도 가장 잘 알려진 인사 중 하나다.[8]

구글은 해킹에 적극적으로 대응했다. 구글은 대중에게 해킹 시도에 대해 자세히 공개했는데 당시로서는 흔치 않은 일이었다. 또한 중국 정부를 비판하고 조사 결과를 토대로 오로라 작전이 중국 정부 차원에서 저명한 반체제 인사들을 감시하려는 시도 가운데 일부일 수 있다고 경고했다. 무엇보다도 구글은 검열과 관련하여 중국 정부와 더 이상 협력하지 않겠다고 선언했고, 중국에서 철수했다.[9] 구글의 공동 창업자인 세르게이 브린의 가족은 소련을 탈출한 난민 출신으로, 표현의 자유 문제는 그를 움직였다. 그는 다음과 같이 말했다. "우리 가족이 소련 내에서 그리고 소련을 벗어나면서 겪었던 어려움을 잘 알고 있기 때문에 나는 특히 개인의 자유를 억압하는 일을 참을 수 없다."[10]

반체제 인사를 억압하는 것만이 중국 해커들의 목적은 아니었다. 그들의 두 번째 목표는 미국이 향유하는 홈 어드밴티지를 약화시키는 것이었다. 그들은 미국이 구글을 이용하여 어떤 중국 표적을 감시하고 있는지 알고자 했다. 중국 해커들은 구글 내부에 침투하여 "법률 탐색" 포털에 있는 이름들을 검색하였다. 이 포털은 미국 수사 당국이 구글에 법률상 요청한 정보를 관리했다. 이는 NSA의 프리즘과는 별개의 시스템이었다. 중국 해커들은 이 포털을 통해 당시 해커의 기소를 담당하던 존 칼린John Carlin 미국 법무부 차관보가 가지고 있던 간첩, 해커, 범죄자 명단을 손에 넣을 수 있었다.[11] 중국은 구글을 해킹하여 미국이 미국 기업을 활용해 중국의 정보 요원을 감시하고 있는지 확인할 수 있었다.

중국이 미국의 기업들을 해킹한 세 번째 목적은 그 기업들의 소스 코드를 포함한 영업 기밀 때문이었다. 컴퓨터 코드는 귀중한 지적재산으로 많은 외국 정부와 그들의 주요 국영기업들이 탐내는 것이다. 오로라 작전이 표적으로 삼은 미국 기업들이 가진 소스코드는 글로벌 시장에서 주도권을 두고 싸우는 중국의 경쟁 기업들에게 굉장한 가치가 있었을 것이다.

그러나 소스코드가 경쟁 기업의 제품 개발에만 도움이 되는 것은 아니다. 소스코드를 안다면 해당 소프트웨어의 취약점을 찾고 그 취약점을 노리는 해킹 프로그램을 만들 수 있다. 소프트웨어의 취약점을 찾고 이용하는 일은 사이버 작전에서는 필수적이다. 오로라 작전이 인터넷 익스플로러를 노린 것처럼 이런 취약점 없이 사이버 첩보 작전은 힘들다. 중국은 미국의 유명한 기업들을 해킹하여 악성 프로그램을 만들 수 있었고 전 세계에 있는 그들의 고객들을 해킹할 수 있었다.

서명 인증서 또한 기업들의 귀중한 기밀이다. 서명 인증서는 암호화된 복합적인 표식으로 특정 코드가 구글처럼 신뢰할 수 있는 공급자로부터 제공되었는지 확인한다. 6장에서 다룰 스턱스넷Stuxnet과 같이, 고차원의 사이버 작전은 서명 인증서를 절취하여 다른 기업의 코드를 가장하여 탐지를 피하기도 한다. 중국 해커들이 구글 내부에서 검색한 내용들을 볼 때 중국도 이와 같은 시도를 한 것으로 보인다. 다만 그들의 작전이 성공했는지는 알 수 없다.[12]

마지막으로 소스코드와 소프트웨어 개발 시스템을 손에 넣는다면 프로그램 조작이 가능하다. 지난 장에서 다룬 것처럼 교묘한 코드 수정은 발각당하지 않을 수 있다. 이는 회사가 자신들의 코드를 지속적으로 검토하고 수정하기 때문에 쉽지 않은 일이지만 주니퍼에서만 두 차례나 일어나기도 했으므로 가능한 일이다. 만약 해커들이 변경한 소스코드를 그대로 최종 버전에 사용한다면 전 세계 고객들이 해커들 손안에 들어오는 셈이다. 중국 해커들이 오로라 작전 중 미국 기

업의 소스코드를 수정했다는 증거는 없다. 하지만 그렇다 하더라도 우리가 이를 알 방법은 없다.[13]

--- 61398 부대 ---

현대 사이버 작전의 가장 놀라운 점 중 하나는 잘 들여다보면 그들을 매우 투명하게 관찰할 수 있다는 것이다. 다음 장에서 볼 수 있듯이 국가들은 다른 국가들이 무엇을 하는지 알 수 있다. 2013년 초, 미국의 정보기관들은 중국의 해킹 작전에 관한 핵심 정보를 입수했다. 그러나 미국은 어디까지 공개해야 하는지 고민에 빠졌다. 미국은 중국의 동기, 해킹 기법, 목표를 공개할 수 있었다. 공개한다면 미국 기업들의 사이버보안은 개선될 것이고 중국의 운신 폭은 줄어들 것이다. 그러나 동시에 중국 해커들에게 미국 정보기관이 자신들을 추적하고 있다는 사실을 알려주는 꼴이 된다. 수년간 미국은 중국 해커들에 대해서 함구했다. 냉전 중 미국의 CIA와 러시아의 KGB가 대중들의 시야에서 멀어졌던 것처럼 말이다. 방첩 활동은 음지에서 이루어져야 한다.

정보기관들과 달리 사이버보안회사들은 개방적이다. 민간 사이버보안회사들은 많은 전직 정보 요원들을 고용하고 있으며, 마찬가지로 외국 해커를 추적하고 고객의 네트워크를 보호한다. 정보기관들과는 달리 이들에게는 언론의 주목을 받기 위해 해커들의 활동을 공개할 동기가 있다. 덕분에 민간 회사들의 분석 보고서는 정부 해커

들의 일급 기밀 활동에 대해 자세한 정보를 얻을 수 있는 최고의 자료
가 된다.

현 NSA 국장이자 사이버사령부 사령관인 폴 나카소네Paul Nakasone
장군은 이러한 민간 사이버보안회사들을 칭송했다. 그는 2019년에
"사이버보안회사들은 전 세계를 무대로 대량의 정보를 수집할 수 있
다. 그들은 우수한 분석 능력을 가지고 있으며 그들이 생산하는 분석
보고서는 정보기관들의 보고서와 견줄 만하다"라고 말했다.[14] 우리가
모든 디테일을 알 수는 없지만, 이는 대단한 변화이다. 냉전 중에 민간
기업들이 은밀한 핵무기 프로그램을 찾고 폭로하여 이윤을 얻을 수
있었다고 상상해 보라.

2013년 2월 19일은 민간 회사들이 국가들의 사이버 작전에 대해
공개적으로 분석 보고서를 발간하기 시작한 역사적인 날이다. 이날은
맨디언트Mandiant라는 사이버보안회사가 중국 해킹 그룹의 활동에 대
해 자세한 정보를 공개한 날이다. 그들은 이 해킹 그룹을 지능형 지속
위협 조직 1Advanced Persistent Threat 1: APT1(이하 APT1로 표기)이라고 명명했
다. 그전에도 민간 보안회사들이 외국 해킹에 대한 보고서를 발표한
적이 있으나 맨디언트의 보고서는 매우 상세했기에 언론의 큰 주목을
받았다. 그 내용은 〈뉴욕 타임스〉 1면을 장식하기도 했다. 그들은 일거
에 국가전략 차원의 해킹이 전 세계의 주목을 받도록 했다. 그리고 이
는 앞으로 계속될 패턴이었다.

그보다 더 중요한 건 이 60장짜리 맨디언트 보고서가 처음부터 중
국 해커들의 소속과 후원 조직을 폭로한 사실이다. 이 해커들을 수년

간 추적한 맨디언트는 APT1이 중국 인민해방군 총참모부 3부 2국 소속의 61398 부대라고 결론지었다. 이 보고서에는 심지어 이들의 사무실이 위치한 건물의 사진까지 첨부되어 있었다.[15] 이는 일반 시민들이 외국 해커의 정체를 처음으로 알게 된 기념비적인 사건이었다.

APT1의 야욕은 방대했다. 오로라 작전이 중국 해커들이 얼마나 깊숙이 침투할 수 있는지를 보여주었다면, 맨디언트 보고서는 61398 부대의 광대한 활동 범위를 보여주었다. 보고서에 따르면 해커들은 지난 7년간 최소 맨디언트 고객 141곳을 해킹했다. 이를 달성하기 위해 해커들은 광폭 행보를 보였고 한 달에 17개 기관을 해킹하는 기록을 달성하기도 했다.[16] 그렇지만 그들은 한번 표적을 삼으면 쉽게 놔주지 않았다. APT1의 해커들은 평균적으로 1년 이상 표적 컴퓨터에 잠복했으며, 맨디언트는 그들의 잠복 기간이 실제로는 이보다 길 것으로 보았다.[17] 어떤 경우에는 한 조직에 침투하여 그들의 네트워크에서 4년간 머물기도 했다.

미국과 유럽의 회사, 조직, 정부기관이 그들의 주목표였다. 맨디언트 보고서에 따르면 61398 부대원의 자격 조건 중에는 유창한 영어 실력이 포함되어 있었다. 141개 피해 기관 중 115개가 미국 기관이었다. 그들이 노린 산업은 20개 분야가 넘었는데 IT, 로펌, 제조사, 통신사, 항공 우주 기업, 정부기관, 비정부기구를 망라했다. 그러나 APT1이 마구잡이로 해킹 공격을 한 것은 아니었다. 맨디언트 보고서는 해커들이 중국 정부의 5개년 계획이 설정한 전략적 우선순위에 따라 해킹했다고 분석했다. 해킹 작전이 국가전략의 수단으로 활용됐다는 분

명한 증거다.[18]

　APT1 해커들은 표적의 비밀을 노렸다. 오랜 작전 기간 동안 그들은 해킹한 기관으로부터 막대한 양의 정보를 추출했다. 중국에 도움이 되는 것이라면 무엇이든 훔쳤다. 그들은 제품 설계, 테스트 결과, 매뉴얼, 시뮬레이션, 제조 과정, 영업 문서, 협상 전략, 가격 정보, 합병 문서, 합작투자 계획, 정책 문서, 회의록, 임원들의 이메일, 패스워드까지 훔쳤다.[19] 그들은 일부 표적으로부터 테라바이트가 넘는 개인 파일들을 통째로 가져갔다.

　APT1 해커들의 패턴은 단순했다. 그들은 대부분의 해커가 애용하는 수법을 사용했다. 기본적인 정보 수집 후에 그들은 보통 스피어피싱을 통해 표적의 네트워크에 침투했다. 해커의 이메일을 받은 일부 수신자들은 스피어피싱 위험에 대해 알고 있었고, 해당 이메일의 첨부파일이나 링크를 열어도 되는지 되물어 보기도 했다. APT1 해커들은 안심하고 열어도 된다고 답장을 써 주기도 했다.

　네트워크에 침투한 이후에는 그들의 악성코드에 지령을 내릴 수 있는 수단을 마련했다. 네트워크 보안 담당자의 눈을 피하기 위해 그들은 악성코드와 주고받는 데이터를 일반적인 인터넷 트래픽으로 위장했다. 공격 명령 수단이 갖춰지면 해커들은 내부 네트워크를 이동하면서 다른 직원들의 암호를 훔치고 더 많은 컴퓨터를 해킹했다. 또한 그들은 보안 담당자가 자신들을 찾아내도 완전히 몰아낼 수 없도록 조치를 취했다. 가상 사설망VPN에 접근하거나 네트워크 전체에 악성코드를 설치하는 방식이었다. APT1의 목적은 표적 네트워크에 가

능한 한 오랜 기간 머물면서 표적을 감시하고 중국의 국익을 증진하는 것이었다.[20]

해커들이 노린 기업 중 일부는 팡파르를 울리며 중국에 야심차게 진출한 기업들도 있었다. 웨스팅하우스 전력회사Westinghouse Electric Company는 2007년 7월 24일 중국 국유기업과 수십억 달러 규모의 계약을 체결하기 위해 베이징 인민대회당에서 서명식을 개최했다.[21] 당시 웨스팅하우스사는 세계 최대 원자력 기업으로 전 세계 원자력발전소 50퍼센트의 점유율을 갖고 있었다. 특히 AP1000 원자로는 웨스팅하우스사가 15년에 걸쳐 설계한 그들의 주력 모델이었다. 웨스팅하우스사는 중국에서 원자로 4개를 건설하기로 했다. 양측은 2년이 넘도록 협상했고, 인민대회당에서의 합의는 중요한 전환점이었다. 협상할 세부 사항이 더 남아 있기는 했지만 계약은 성사된 거나 다름없었다.

그러나 APT1은 이미 협력을 약속한 웨스팅하우스사를 해킹하기 시작했다. 그들은 수차례 웨스팅하우스사의 컴퓨터와 서버를 노렸다. 그들이 훔친 정보 중에는 AP1000 원자로의 설계와 건설 정보가 있었고, 덕분에 중국 경쟁 기업은 연구개발을 할 필요가 없어졌다. 2010년 웨스팅하우스사가 세부 사항과 향후 비즈니스 계획에 대해 중국과 지속적으로 협상하는 동안, 해커들은 그들의 내부 문서를 입수했고 중국의 협상력을 높였다.[22] 중국의 해커들은 총 70만 장 분량의 이메일과 내부 문서를 절취했다. 2017년 웨스팅하우스사는 중국 기업들과의 경쟁 심화와 여타 다른 이유로 파산했고, 중국 기업들이 원자력발전소 건설 시장을 장악했다.[23]

APT1 해킹은 중국의 많은 합작투자, 협상, 법률 소송을 도왔다. 태양광 패널 지붕과 같이 태양광발전 제품을 만드는 기업인 솔라월드 SolarWorld는 또 다른 예다. 2012년 솔라월드는 미국 상무부에 중국 기업들이 중국 정부로부터 불공정한 보조금을 받아 시장가격보다 낮은 가격으로 미국에 수출하고 있다고 진정을 냈다. 상무부가 중국 기업들의 불공정성에 대해 잠정 결정을 내리자 APT1 해커들은 솔라월드를 공격하여 임원 메일, 내부 회계 정보, 태양광 패널 관련 지적재산권, 법률 소송 자료 수천 건을 빼냈다. 중국 해커들은 중국 기업들이 미국 기업과의 소송은 물론 시장 경쟁에서 이길 수 있도록 전폭적인 지원을 제공했다.[24]

중국은 J. P. 모건에 의해 설립된 미국의 전설적인 철강회사인 US 스틸도 노렸다. US 스틸은 역사상 처음으로 시가총액 10억 달러를 넘은 회사였지만, 정부 보조를 받은 중국 기업들과의 경쟁에서 고전하고 있었다. 2010년 US 스틸은 중국의 불공정 무역 관행에 맞서 싸우기 시작했다. 이들은 중국 기업들이 불법 보조금을 받고 있다고 주장했는데 이는 나중에 사실로 밝혀졌다. 여기에 맞서 APT1은 US 스틸 직원들을 대상으로 49건의 스피어피싱 이메일을 보냈다. 그리고 결국 US 스틸의 컴퓨터와 서버에 침투했고 내부 문서를 손에 넣었다.[25]

APT1은 US 스틸의 노동조합도 표적으로 삼았다. US 스틸 노동조합 조합원은 현직자와 퇴직자를 포함하여 100만 명에 달했는데, 이들은 낮은 가격으로만 경쟁할 수 있도록 하는 중국의 무역 관행에 격렬히 맞서 싸웠다. 2010년부터 APT1은 노동조합 내부 메일과 문서를 가져갔고 그들의 전략과 관련한 정보를 얻었다. 노동조합이 세계무역기구WTO 제소 또는 의회 로비처럼 반중국 활동을 펼칠 때 해커들은 그들의 계획과 활동에 대한 정보를 수집했다. 노동조합이 중국 제품의 범람에 관한 주장을 하려고 할 때, 중국은 이미 그들의 주장을 알고 있었고 자신들의 반박 주장을 준비했다.[26]

중국의 해킹 작전이 수년간 이뤄지고 맨디언트 보고서가 공개된 지 1년여가 지났을 때 미국 정부는 반격에 나섰다. 오랜 내부 토론과 절차 끝에 미국 법무부는 APT1 소속 해커 다섯 명을 기소했다.[27] 법무부 수사는 61398 부대에 대한 맨디언트 보고서의 내용을 재확인했다. 미국 정부는 마치 서부 시대의 현상금 수배처럼 해커 다섯 명의 얼굴과 이름이 적힌 수배 포스터를 배포했다. 미국은 구체적 증거 없이 범행을 부인하는 중국을 몰아붙였다.

그러나 기소한 중국의 해커들을 체포할 수는 없었다. 그들과 그 동료들은 자유롭게 국가의 보호 속에서 해킹을 계속할 수 있었다. APT1 사건 이후 미국은 외국 해커에 대한 기소를 관례적으로 해 왔지만 실제 체포로 이어진 경우는 드물다. 대부분의 기소 발표는 자세한 보도자료와 다를 바 없었고, 그 발표에 많은 정보가 담겨 있기는 했지만 국가의 정책 수단으로는 부족했다. 단 하나의 예외적인 사건이 있었는데 우리는 이를 통해 중국의 해킹 작전에 대해 조금 더 자세히 알 수 있게 되었다.

--- 군사적 목적을 위한 해킹 ---

2012년, NSA는 중국인 세 명이 서로 간 주고받은 이메일에 주목했다. 그중 두 명은 중국 인민해방군 소속 해커였다. 세 번째는 캐나다에서 사업을 하는 수빈su Bin이라는 40대 후반 남자였다. 수빈은 항공기 회사인 로드테크Lode-Tech의 브리티시컬럼비아 사무소장이었다. 로드테크는 글로벌 항공기 기술 동향을 분석하여 고객사에 제공하는 회사였고, 수빈의 업무는 미국의 군사 항공 기술 동향을 중국 정부에 제공하는 일이었다. 그는 자신이 지닌 항공 산업에 관한 지식과 영어 실력을 사용하여 중국 해커들이 가장 중요한 표적을 해킹할 수 있도록 가이드 역할을 했다.

NSA는 관련 정보를 FBI에 이관했고 FBI가 사건을 담당하게 됐다.[28] FBI가 수사한 결과 수빈과 중국 인민해방군 해커들은 2009년부터 미국의 항공기 기술 동향을 감시하고 있었다.[29] 그들의 해킹 작전은 단순했다. 수빈이 우선 어떤 기업이 중요한 항공기 프로젝트에 참여하고 있는지 식별했다. 이 정보를 중국 인민해방군 해커에게 알려주면 해커가 스피어피싱 이메일을 보내서 해당 기업의 임원 메일과 내부 네트워크를 해킹했다. 해커들은 해킹한 회사 내부 파일 목록을 작성하고 수빈이 이를 상세히 검토하여 중요한 파일을 골라냈다. 이해킹 수법으로 중국 인민해방군 해커들은 방대한 양의 정보를 끌어모았다. 어떤 경우에는 파일 내용도 아닌 파일 제목만 추린 인쇄물이 6천 장에 달하기도 했다.

수빈은 주요 미군 항공기의 비밀 도면을 찾고 있었다. 그가 찾던 것 중 하나는 C-17이었다. C-17은 보잉이 개발한 대형 수송기로 미 공군이 다양한 작전에 사용하고 있었다. 수빈은 C-17의 설계, 정비, 운용에 관련한 정보를 찾기 위해 해커들이 준 파일 목록을 상세히 훑었다. 그는 중국이 유사한 항공기를 개발하는 데 커다란 도움이 될 만한 문서 수천 장을 해커들에게 알려주었다.

수빈은 137장에 달하는 문서 목록 중에서 중국에 가장 유용한 문서 2천 건을 추렸다. 이는 커다란 성공을 거뒀다. 존 칼린 전 미국 법무부 차관보는 "수빈 덕분에 중국은 미국이 C-17을 개발하기 위해 투자한 시간의 3분의 1만 들여서 C-17의 복제품을 개발, 생산, 배치할 수 있었다"고 적었다. 수빈 스스로도 자신이 C-17과 관련된 문서 63만 건을 훔쳤다고 주장하기도 했다. 수빈이 말하길, "우리는 1년 만에 안전하고 매끄럽게 임무를 완수했다. 우리의 임무는 중국 국방 과학 연구개발에 중요하게 기여했고, 모두의 전폭적인 환영을 받고 있다."[30] 수빈의 자화자찬은 차치하더라도 중국이 거둔 성공은 분명했다. 2014년 11월 열린 에어쇼에서 중국은 미국의 원조 C-17 옆에 자신들의 복제품인 시안 Y-20을 공개했다. 해킹의 위력을 눈으로 확인할 수 있는 기회였다.

중국이 노린 건 C-17만이 아니었다. 수빈과 해커들은 미국의 다른 강력한 전투기에도 눈독을 들였다. 그들은 공중전에 능한 F-22와 역사상 가장 비싼 전투기인 F-35 다목적 전투기도 노렸다. 칼린 차관보와 전문가들은 사이버 첩보 작전의 가치를 잘 이해했다. "해킹은 중국이 미국의 최첨단 전투기를 이해하고 복제하는 데 결정적인 역할을 했다."[31] 수빈의 해킹을 통해 중국은 미국과의 기술 격차를 좁히고 미국의 군사적 우위를 무너트리고자 했다. 수빈의 해킹 작전에 투여된 총 작전 비용은 100만 달러에 불과했다. 그들은 수십억 달러 규모의 이득을 거두었으니 남는 장사를 한 것이다.

중국은 조용히 미국의 발밑에서 지각변동을 노렸고 미국의 귀중한 정보를 은밀히 훔쳤다. 비밀 유지는 필수적이었다. 수빈의 해킹 조직은 작전을 위장하기 위해 여러 장치를 사용했다. 그들은 방위산업체에서 데이터를 추출할 때 들키지 않기 위해 데이터를 위장했다. 그리고 수사를 방해하기 위해 전 세계 여러 서버를 경유하여 문서를 옮겼다. 데이터를 매번 추출할 때마다 그들은 최소 3개국을 경유했는데, 항상 미국의 동맹국이 아닌 국가를 포함하여 미국의 수사 협조가 어렵도록 했다. 훔친 데이터의 종착지는 홍콩이나 마카오였으며 거기서 중국 인민해방군이 이 데이터를 직접 전달받아 본토로 가져왔다.[32]

수빈의 사례가 특별한 이유는 그가 다른 중국 해커들과 달리 캐나다에 살고 있었으며 파이브 아이즈의 관할권 안에 있었다는 사실이다. 그는 2014년 체포되었고 결국 미국으로 송환되었다. 2016년 그에게 유죄가 선고됐고 3년 10개월 형을 구형받았다. 그의 체포는 미국 법무부의 승리였고 외국 군 소속 해커가 실제 미국법의 심판을 받은 드문 사례 중 하나가 됐다. 칼린 차관보는 〈워싱턴 포스트〉와의 인터뷰에서 다음과 같이 말했다. "당신들은 아무도 못 잡아'라고 말하는 사람들이 있다. 다는 못 잡아도 몇몇은 잡을 수 있다."[33]

하지만 수빈의 체포는 예외적인 사례였으며 미국의 군사정보를 빼낸 다른 수많은 중국의 해커와 스파이 들은 법의 심판을 받지 않았다. 우리는 정부 유출 문서와 언론 보도를 바탕으로 중국의 해킹 작전들 가운데 일부를 알 수 있다. 베일에 가려진 작전들이 더 많겠지만 공개된 자료만으로도 중국의 해커들이 미군 전반에 침투했었다는 사실을 알 수 있다.

〈워싱턴 포스트〉는 유출된 기밀자료를 바탕으로 중국 해커들이 미국의 미사일 방어 체계와 관련된 중요한 문서를 손에 넣었다고 보도했다. 그들이 훔친 자료는 "패트리어트 시스템, 육군의 탄도미사일 요격 시스템, 해군의 이지스 방어 체계"를 포함한다. 해커들은 또한 "F-18 전투기, V-22 오스프리 수직이착륙기, 블랙호크 헬리콥터, 해군의 신형 연안 전투함" 등 항공기, 헬리콥터, 전함의 정보도 입수했다.[34] 미군이 중국을 대적한다면 이 무기 체계들에 의존해야 하는데 중국은 훔친 정보로 그 무기 체계들의 약점을 파악할 수 있었다.[35]

우리는 유출된 NSA 내부 문서를 통해 진상에 더욱 다가갈 수 있다. 10개가 넘는 중국 해커 조직이 미국의 군사기술뿐 아니라 작전 계획을 노리고 있었다. 중국은 미국이 자신들과 전쟁을 벌일 경우 일선에서 싸울 태평양사령부를 집중적으로 노렸다. 중국 해커들은 또한 미국의 대아시아 정책과 위기 상황 시 군사 계획을 알기 위해 미국 국방부의 고위 관료들을 대대적으로 공격했고 일부 성공을 거둔 것으로 보인다.[36]

NSA는 맹공격을 퍼부은 중국의 해킹 작전 규모를 파악하고 있었고 우리 또한 2012년까지 자료를 입수할 수 있었는데, 중국의 공격은 이후에도 지속되었을 것으로 본다. NSA는 중국 해커들이 미국 국방부를 최소 3만 번 공격했으며 그중 "심각한 공격"이 500건 있었던 것으로 결론지었다. 중국은 약 50테라바이트 규모의 데이터를 빼냈는데 이는 미국 의회도서관이 보유한 장서의 5배 규모다. 해커들은 국방부 내부 계정 수만 개의 암호를 알아냈고, 수만 건의 인사 기록을 훔쳐 갔다. 그중에는 고위 관료와 장성도 포함되었으며, 만약 이들이 개인용 이메일에도 같은 암호를 사용했다면 그 이메일들도 모두 해킹당했을 것이다. 중국 해커들은 미국의 주요 군사기술을 노렸는데 특히 항공기와 우주 기반 능력에 집중했다. 그들은 또한 미군을 지원하는 군수 작전에도 큰 관심을 보였는데, 예를 들어 태평양에서의 공중급유 작전과 같은 내용들이었다.[37]

중국 해커들은 또한 그들의 군사교리에 맞추어 미국의 군사동원을 방해할 목적을 갖고 있었다. 해커들은 미군 수송사령부와 관련된 협력기업과 민간 조직들을 노렸는데 수송사령부는 전시에 미군과 무기를 수송하는 역할을 한다. 14개월 동안 중국 해커들은 수송사령부 협력기업 스무 곳을 해킹했다. 중국 해커들은 계속해서 스피어피싱을 사용하여 이들 기관에 침투했다.[38] 미국 정부와 해킹당한 기관들은 느리게 대응했고 해킹당한 사실도 인지하지 못하는 경우가 많았다. 더군다나 인지했어도 정보와 수사 당국에 신고하지 않았다.[39] 중국은 미국의 사이버보안과 협조 체계의 구멍을 몇 번이고 이용해 먹었다.

--- 모두가 감시 대상 ---

마지막으로 우리는 방대한 데이터베이스를 갖고 있던 기관들을 노린 해킹들을 통해 중국의 전략적 사이버 첩보 작전의 규모를 가늠해 볼 수 있다. 그중에서도 미국 정부의 전현직 공무원들의 인사 정보를 관리하는 연방인사관리처OPM(이하 OPM으로 표기)에 대한 해킹이 가장 주목할 만한 사건이다. 중국 해커들은 2015년 봄 인사관리처의 허술한 사이버보안 체계를 노리고 공격했다.[40] 정확한 침투 방식은 알려지지 않았지만 아마도 중국 해커들은 그동안 검증되어 온 방식인 스피어피싱 이메일을 통해 인사관리처 협력업체 직원의 계정 암호를 훔친 것으로 보인다. 그 하나의 계정을 통해 중국 해커들은 광활한 정보의 바다로 나갈 수 있었다.

내부망에 침투한 중국 해커들은 그들에게 가장 중요한 정보를 노렸다. 바로 미국 정부 관료들의 인사 기록이었다. 이 인사 기록에는 단순히 주민번호와 같은 것만 적혀 있는 게 아니었다. 거기에는 신원 진술서(SF-86 양식)도 있었는데, 이 진술서의 문항들은 응답자의 은밀한 사생활에 관한 것들까지 물었다. 정부 조사관들은 이 진술서의 내용을 바탕으로 비밀 취급 인가를 승인했는데, 그 내용은 응답자의 채무 현황, 이혼 경력, 불륜, 병력, 해외 여행, 근무 경력, 연봉, 주소, 가족관계 등 매우 개인적인 정보들을 담고 있다.

미국 정부 조사관뿐 아니라 중국 해커들도 이런 정보를 원했다. OPM 해킹을 통해 중국은 소원을 이루었고 2천만 명에 달하는 미국인들의 개인정보를 손에 넣었다. 지난 15년간 OPM이 신원을 확인했던 대상이거나 그 대상의 지인, 배우자 등을 포함한 숫자다. 중국은 미국 공무원의 지문 560만 건을 포함한 생체 정보도 훔쳐 갔다.[41] 미국 정부는 온갖 노력을 들여 시민들의 개인정보를 수집했지만 그 정보들을 제대로 보호하지 않았다. 그리고 중국은 덕분에 이를 손쉽게 손에 넣었다.

이 데이터들이 중국의 손에 넘어가 어떻게 사용됐는지는 정확히 알 수 없지만 분명 미국 입장에서 좋은 일은 아닐 것이다. 제임스 코미 전 FBI 국장은 다음과 같이 말했다. "OPM 해킹은 국가안보 관점에서, 그리고 방첩 노력 측면에서 커다란 사건이었다. 미국 정부를 위해 봉사하려고 했던 그리고 정부를 위해 일했거나 현재 일하고 있는 사람들의 정보들이 거기에 있었고, 이것은 매우 귀중한 정보들이었다." 코미는 외국 스파이들이 이 정보를 어떻게 쓸 것인지에 특히 우려했다. "당신이 정보 요원이라고 생각하고 이 정보를 갖고 무엇을 할지 상상해 보라."[42]

숙련된 스파이들은 훔친 정보로 많은 것을 할 수 있을 것이다. 우선 불륜과 같은 사생활 정보를 가지고 협박할 수 있는 미국 정부 공무원들을 찾아낼 수 있다. 신원 진술서를 토대로 연방정부 공무원 중에 경제적 어려움을 겪거나 하는 사람들에게 접근하여 기밀을 팔라고 매수할 수도 있다.

가장 유용한 일은 미국의 해외 공작원들을 찾아내는 일이었다. 베이징의 미국 대사관은 CIA의 가장 큰 해외 거점이다. 국무부 직원들은

OPM 데이터에 포함되어 있지만 CIA 직원들은 그렇지 않기 때문에 중국은 미국 대사관에 "외교관" 신분으로 파견됐지만 OPM 데이터에 없는 인물들, 즉 CIA 요원들을 감시할 수 있었다. 또한 그들이 생체 정보를 갖고 있었기 때문에 그 데이터에 포함된 인사들은 가명으로 활동할 수도 없었다. 언론 인터뷰에서 한 정보기관의 고위 관료는 "더 이상 베이징으로 보낼 수 없는 요원들이 있다"며 애석해 했다.[43] 제임스 클래퍼James Clapper 당시 국가정보국장은 "중국의 성과를 인정할 수밖에 없다"고 말했다. 중국이 행한 데이터 절도는 글로벌 경쟁 속에서 당연한 일이었다. 클래퍼 국장은 "만약 우리가 그럴 수 있었다면, 우리도 똑같이 했을 것이다"라고 덧붙였다.[44]

무엇보다 가장 놀라운 점은 OPM 해킹이 미국인 수천만 명의 정보를 모으기 위한 중국의 노력 중 일부분에 지나지 않는다는 것이다. OPM 해킹 당시 미국 정부 고위 관료는 〈워싱턴 포스트〉에 중국이 해킹으로 방대한 양의 데이터를 수집하려는 "전략 계획"을 갖고 있다고 말했다.[45] 이 사건은 우리가 어떤 세상에 살고 있는지 다시 한번 일깨워 주었다. 해커들은 사이버 작전을 통해 일반인 수백만 명의 정보를 단번에 수집할 수 있었으며, 그 안에서 옥석을 가리기 위해 데이터를 분석할 수 있었다.

중국은 이를 위해 더 많은 작전을 펼쳤다. 2014년 12월부터 이듬해 1월까지 중국 해커들이 미국에서 두 번째로 큰 보험사인 앤섬Anthem을 해킹했다. 해커들은 8천만 명에 달하는 미국인들의 개인정보를 훔쳤는데, 그들의 주민번호, 주소, 전화번호, 이메일 주소, 연봉, 근무 경력을 포함했다.[46] 2014년 5월 중국 해커들은 헬스케어 기업인 프리메라 블루 크로스Primera Blue Cross를 해킹했고 1100만 명에 달하는 고객 정보를 훔쳤다. 이 기업은 2015년 1월까지 해킹당한 사실을 모르고 있었다. 해커들은 위에 나열한 개인정보는 물론이고 고객들의 임상 기록과 병력에 대한 정보도 가져갈 수 있었다.[47] 2015년 2월에 FBI가 정부와 민간 네트워크에 대한 중국의 공격에 대해 개별적으로 경고하기도 했다.[48]

크게 주목받지 않았지만 그들이 얻어 간 가장 큰 수확은 신용평가사의 데이터일지도 모른다. 금융기관들이 대출을 승인하거나 신용카드를 발급하는 데 사용하기 위해 이 신용평가사들은 미국의 거의 모든 성인에 대한 데이터를 갖고 있다. 2015년 대형 신용평가사 중 하나인 이퀴팩스Equifax가 자사 직원이 중국에 다량의 내부 정보를 넘겼다고 FBI와 CIA에 제보했다.[49] 2017년 5월, 이 회사는 대규모 해킹 공격을 받는데, 그해 7월까지도 이를 인지하지 못했다. 해커들은 이퀴팩스가 저장해 놓은 1억 4천 5백만 명의 금융 이력을 포함한 개인정보를 손에 넣었다.[50]

중국 해커들의 소행이라는 증거가 완전하지는 않지만 이는 분명 엄청난 수의 미국인들에 대한 데이터를 수집하려는 국가 차원의 행동으로 보인다. 해킹 이후에 2년도 더 경과했지만 이 정보들을 범죄 사이트에서 팔려는 움직임은 보이지 않았다. 그 많은 데이터들이 마치 중국 해커들처럼 그저 종적을 감춰 버렸다.[51]

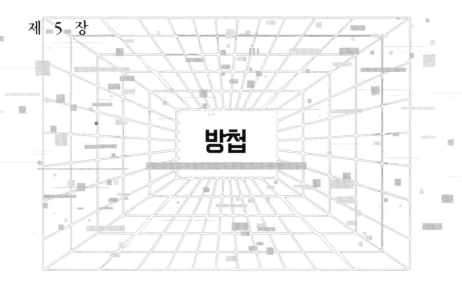

제 5 장

방첩

1934년, 일본군 대령 히로시 오시마는 무관 신분으로 나치 독일로 파견됐다. 그는 완벽에 가까운 독일어 실력, 참군인다운 모습, 나치의 고위 관리들과의 친밀한 관계 덕분에 빠르게 진급했다. 4년 만에 그는 육군 중장으로 진급했고 일본의 주독일 대사로 임명됐다. 일제가 그를 본국으로 소환하자 독일 측은 그의 복귀를 요청했고, 1941년 초 그는 실제로 독일로 다시 부임했다. 나치 독일이 그를 다시 요청한 이유는 한 역사학자가 말한 것처럼 그가 "나치보다 더 나치스러웠기" 때문이다.[1]

오시마는 군에서 교육받은 대로 늘 꼼꼼히 메모하고 상세히 보고했다. 그는 나치 지도부와 가까웠고 히틀러가 신뢰하는 측근이었기 때문에, 그의 보고서에는 예리한 통찰과 분석이 담겨 있었다. 오시마는 독일의 정세 동향에 대해 대체할 수 없는 수준의 정보를 상부에 보고했다.

오시마는 베를린 사무소에서 무선통신을 통해 나치 지도부의 활동과 의도 등에 대해 도쿄에 보고했다. 일본은 감청을 피하기 위해 퍼플PURPLE이라 불리던 암호 기계를 사용하여 전문의 내용을 암호화했다. 이 암호 기계는 독일의 에니그마를 변형한 것이었다. 대부분의 일본 지도부는 이를 난공불락이라고 여겼다.

그러나 그들의 생각은 틀렸다. 연합군은 에니그마처럼 퍼플의 암호를 해독하는 데 많은 노력을 투자했다. 많은 수학적 작업을 통해 퍼플의 취약점을 발견하였고, 결국 연합군은 암호 해독에 성공했다.[2] 덕분에 연합군은 수백 건에 달하는 오시마의 보고 전문을 읽을 수 있었다. 그는 연합군 편이 아니었지만, 아니 연합군 편이 아니었기 때문에 훌륭한 첩보원 역할을 할 수 있었다. 연합군은 나치 지도부에 대한 그의 분석을 활용했고, 조지 마셜George Marshall 장군(미 육군참모총장)은 오시마가 "히틀러의 의도를 알 수 있도록 뼈대가 되는 정보"를 알려주었다고 말했다.[3] 추축국의 열성적인 지지자이며 뼛속까지 군인이자 외교관이었던 오시마는 1975년 사망했다. 죽을 때까지 그는 자신이 연합군의 승리에 기여했다는 사실을 몰랐을 것이다.[4]

이것이 바로 방첩의 힘이다. 보통 방첩을 방어적 성격의 임무라고 보지만 오시마의 사례에서 보듯이 가장 성공적인 방첩 임무는 공격이다. 일반적인 스파이는 정치, 군사, 경제 정보를 훔치는 것에 집중하지만 방첩은 한발 앞서 상대방의 정보기관에 침투하여 그들이 무엇을 알고 어떻게 아는지를 알아낸다. 냉전 초기 CIA 국장을 맡았던 미국의 전설적인 스파이 앨런 덜레스Allen Dulles는 외국 정보기관들의 정보원, 방식, 요원, 암호를 공격하라고 명령했다. 이렇게 시작된 방첩 임무는 오늘날까지 계속되고 있다.[5] 방첩 임무를 위해서는 매우 과감하고 깊숙한 정보 수집이 필요하다. 그리고 광범위한 정보 수집을 요한다. 외국 정보기관에 대한 가장 훌륭한 정보가 때때로 제3국에 있을 수 있기 때문이다.

사이버 작전은 다른 비밀공작에 위력을 더한 것처럼 방첩 임무도 한층 더 강화했다. 당연한 일이다. 은행 강도들이 은행에 돈이 있기 때문에 은행을 터는 것처럼 스파이들은 다른 스파이들의 비밀이 컴퓨터 속에 있기 때문에 해킹하는 것이다. 상대 스파이를 쫓아내고 교란하기 위해서 때때로 가장 좋은 방법은 스파이 행위를 더 빨리, 더 잘하는 것이다. 2019년 폴 나카소네 현 NSA 국장 겸 사이버사령부 사령관은 이에 대해 다음과 같이 언급했다. "우리 네트워크 내에서 지키고만 있다면 주도권을 잃을 것이다."[6]

외국 정보기관에 대한 깊숙한 해킹을 통해 상대 스파이의 계획과 의도를 알 수 있다. 상대 해커의 소재와 해킹 방식을 알아낸다면, 그들의 해킹 기법은 무용지물이 될 것이고, 전 세계 네트워크에서 그들을 찾아내기 쉽게 될 것이다. 보다 중요한 것은 이를 통해 다른 해커들이 수년 동안 공을 들여 해킹한 네트워크에 침투할 수 있게 된다는 점이다. 이런 방첩 작전은 발각되지 않고 수년 동안 지속되면서 매우 귀중한 정보를 제공할 수 있다. 그리고 오시마처럼 해킹당하는 상대방은 이를 전혀 모를 수 있다.

--- 해커를 해킹하다 ---

4장에서 본 것처럼 중국 해커들은 2000년대 말부터 미국 내 다양한 표적들에 대해 대대적으로 해킹을 시도했다. NSA는 중국의 해킹 작전을 비잔틴 하데스BYZANTINE HADES라고 명명했다. NSA는 중국 해커들 사이에 여러 하부 조직들을 식별했는데 그중 하나를 비잔틴 캔도 BYZANTINE CANDOR라고 이름 붙였다. 비잔틴 캔도는 미국 국방부를 중점적으로 노렸고, 석유와 같이 지정학적으로 중요한 국제무역에도 관심을 보였다.[7]

비잔틴 캔도는 실력이 뛰어난 해킹 조직이었다. 다른 조직들처럼 그들도 침투 수단으로 스피어피싱을 사용했다. 미국의 정부 관료가 이메일을 열면 악성코드가 설치되었고 해커들이 원격으로 표적의 컴퓨터를 조정할 수 있도록 했다. 그러면 해커들은 상대의 네트워크 내부를 움직이면서 추가로 악성코드를 설치하거나 비밀번호를 훔쳐서 더 많은 컴퓨터를 해킹했다. 그러다가 중요한 비밀을 찾으면 중국으로 전송했다.

해커들은 자신들의 정체를 숨기기 위해 노력했다. 그들은 먼저 무고한 제3자의 컴퓨터를 해킹했다. 사이버보안 전문가들이 중간 거점 hop point이라고 부르는 이 컴퓨터들은 정보 가치는 없지만 해킹하기 용이하다. 해커들이 거점을 확보하면 그들은 이 거점을 통해 작전을 펼치고 자신들의 실제 위치를 숨긴다. 2009년 여름, 중국 해커들은 단 두 달 동안 350여 개의 중간 거점에서 악성 메일을 보냈다. 이 중간 거점 컴퓨터들은 전 세계에 퍼져 있었는데 대부분 미국 내에 있었다.[8]

해커들은 또한 위장하여 감염된 컴퓨터에 지령을 내렸다. 한 가지 위장 방법은 페이스북에 작성된 게시물을 통해 전 세계 컴퓨터들에 지령을 내리는 것이다. 악성코드가 표적 컴퓨터에 설치되면 특정 페이스북 페이지에 미리 정해진 암호와 같은 게시물을 작성한다. 해커가 이를 확인하고 불가해한 암호문으로 댓글을 달면 악성코드는 이를 해석하여 작동한다. 이 페이스북 페이지들을 사전에 알고 지령을 해석하는 방법을 알지 않는 한 악성코드를 막을 수 없는 것이다.

NSA는 사전에 감지하기 어려운 사이버 위협에 맞서 능동적으로 나서야 했다. 미국 내부에서 이루어지는 사이버 방어 조치(소프트웨어 업데이트, 바이러스 검사, 네트워크 보안 감시 등)도 필요하지만 정교한 해커들의 공격을 막기에는 역부족이었다. 영리한 해커들을 막기 위해서는 주도권을 쥐어야 했다. 수비도 때때로 자신들의 네트워크를 벗어나 조금 더 공세적인 태세를 취할 필요가 있었다. NSA는 더 나은 사이버보안을 위해 해커들을 해킹할 필요가 있다고 자각했다.

미국의 군사 네트워크를 보호하는 NSA의 위협작전센터는 공세적으로 접근하기로 했다. 그들은 NSA 내부의 엘리트 해킹 조직인 맞춤형 해킹 공작팀TAO: Tailored Access Operations(이하 TAO로 표기)의 협조를 구했다. TAO는 외국 해킹 전문이었고 특히 가장 해킹하기 어려운 표적을 해킹하는 것이 그들의 주특기였다. NSA 방어팀의 요청은 단순했다. TAO가 미국 국방부를 해킹한 해커들을 다시 해킹할 수 있는가? 그리고 해킹할 수 있다면, 그들로부터 네트워크 방어에 도움이 되는 정보를 얻을 수 있는가?

TAO는 가능하다고 답했다. NSA 해커들은 화살일식ARROWECLIPSE 이라는 작전을 가동했고, 우선 중국이 사용하는 중간 거점들을 살펴보았다. 중국이 해킹한 컴퓨터들은 대부분 미국 내 미국인의 소유였기 때문에 이들을 다시 해킹하는 건 법적으로 어려움이 있었다. 하지만 일부 중간 거점들은 해외에 있었고 NSA는 이 해외의 거점들을 해킹하는 데 성공했다. TAO는 이 감염된 컴퓨터에 자신들의 악성코드를 다시 심었다.

TAO는 이 중간 거점을 통해 수많은 유용한 정보가 흘러 들어오고 나가는 것을 지켜보았다. 그들은 중국 해커들이 취약점과 새로운 표적을 찾는 걸 관찰했다. TAO는 가짜 이메일로 상대를 속이고 스피어피싱 메일을 보내는 중국 해커들의 모습을 실시간으로 지켜볼 수 있었다. 중국 해커들은 종종 실수를 저질렀고 작전 보안에 허점을 드러냈다. 해킹을 위한 중간 거점 컴퓨터에서 그들은 개인 이메일을 열어 보기도 했고, 주식 창을 확인하거나 포르노를 보기도 했다. TAO는 그 모든 걸 조용히 지켜봤다.

이 광경은 술래가 한 명이 아닌 사이버 술래잡기의 기묘한 특징을 잘 보여준다. 중국이 한 컴퓨터를 해킹했고 그 컴퓨터로 미국의 표적을 다시 해킹했다. NSA는 그 같은 컴퓨터를 해킹해서 다시 중국을 감시했다. 그리고 해킹당한 컴퓨터를 소유한 일반인들은 이런 일들이 벌어지고 있는지 짐작조차 하지 못했다.

TAO는 거기서 멈추지 않았다. 충분한 수의 중간 거점을 확보한 TAO는 중국 해커들이 메시지를 주고받는 IP 주소를 알아낼 수 있었다. 그러나 중국 해커들은 중간 거점과의 교신을 감추기 위해서 이 IP 주소도 정기적으로 바꿨다. 대상 컴퓨터와 IP 주소가 항상 바뀌었기 때문에 TAO의 정교한 해킹 도구로도 표적을 특정하기 어려웠다. 중국 해커들의 컴퓨터가 바로 손 앞에서 아른거렸지만 잡을 수 없었고 TAO의 인내심은 한계에 도달했다. 성공적인 방첩 작전을 위해서 다른 공격 수단이 필요했다.

TAO는 중국 해커들이 사용하는 인터넷 회사를 해킹하기로 했다. 이는 수많은 인터넷 사용자들에게 영향을 미칠 수 있는 규모가 큰 작전이었다. TAO의 목표는 그 인터넷 회사를 이용하여 중간 거점과 연락을 주고받은 중국 해커들을 찾는 것이었다. 그들은 대형 인터넷 라우터를 해킹하고 고객 명단을 입수하여 어떤 IP 주소가 언제 어디에 배당됐는지 파악했다. TAO는 중국의 스파이들이 사용한 특정 계정을 찾을 수 있었다. 이를 통해 TAO는 더 많은 해킹 증거를 확보했고 하나의 결론에 도달했다. 비잔틴 캔도가 바로 중국 인민해방군 총참모부 3부 소속이라는 것이었다.

이제 이 해킹 전쟁에서 우위에 있는 건 TAO였다. TAO는 인민해방군의 해킹 작전을 관찰했고, 그들이 사용하는 인터넷 회사를 해킹했으며, 그들의 소속도 알아냈다. 인민해방군이 새로운 중간 거점을 만들어도 TAO는 그들의 작전을 꿰뚫어보고 있었기 때문에 새로운 거점도 쉽게 찾아냈다. TAO 입장에서 여기서 멈출 이유가 없었다. 중간 거점이나 인터넷 회사를 해킹하여 지켜보는 일에서 멈추지 않고 그들은 한발 더 나아갈 수 있었다. 마침내 인민해방군 해커들이 실제 사용하는 컴퓨터를 해킹할 수 있는 기회를 잡은 것이다.

TAO는 중간자 공격man-in-the-middle 작전을 실시했다. 이 작전을 위해서는 표적의 인터넷 트래픽에 접근 가능해야 하는데, TAO가 이미 중국 해커들이 사용하는 인터넷 회사를 해킹하고 있었기 때문에 문제가 없었다. 이를 통해 NSA의 해커들은 중국 해커들이 데이터를 주고받을 때 중간에 가로채거나 조작할 수 있었다.[9] 이 방법을 통해 NSA는 중국 해커의 인터넷 트래픽에 악성코드를 심을 수 있었고, 그들이 작전에 사용하는 컴퓨터를 해킹할 수 있었던 것으로 추정된다.

이 작전을 통해 TAO는 인민해방군 해커들이 사용하는 컴퓨터 다섯 대와 여타 컴퓨터들에 침투했다. TAO는 그 컴퓨터들 안에서 많은 정보를 얻을 수 있었지만 방첩에 유용한 정보는 아니었다. 그들은 해커들이 컴퓨터에 저장해 놓은 가족사진과 반려동물 사진 따위를 찾아냈다. 인민해방군 군복을 입고 찍은 사진은 그나마 쓸모가 있었지만 NSA의 네트워크 방어에 도움이 되지 않는 것은 마찬가지였다.

2009년 10월 말, TAO는 월척을 낚았다. TAO는 해당 작전을 지휘하고 있는 인민해방군 지휘관의 컴퓨터를 해킹해냈다. 이를 통해 NSA는 중국의 해킹 작전과 해커들에 대한 정보를 얻을 수 있었다. TAO는 추가적인 해킹 작전을 실시했다. 한 해커의 개인 컴퓨터도 해킹했다.

수개월에 걸친 방첩 작전 끝에 TAO가 상대방 네트워크 속에 완전히 침투한 것이다.

해킹의 보상은 막대했다. 이 공세적인 작전을 통해 TAO는 미국 정부, 방위산업체, 외국 정부를 노리는 인민해방군의 해킹 작전에 대한 정보를 얻었다. 또한 TAO는 중국 해커들이 어떤 표적을 해킹했는지 알아냈다. 분석관들은 저장된 미국 관료들의 생체 정보를 바탕으로 그들의 다음 표적도 알 수 있었다. 그중에는 백악관 직원도 있었다. 이 중에서 가장 유용한 정보는 중국 해커들이 표적 컴퓨터를 침투할 때 사용하는 해킹 프로그램에 대한 정보였다.[10] NSA는 이 정보를 활용하여 미국의 사이버보안을 강화하였고 교육TUTELAGE이라는 프로그램을 만들어 상대 해커들의 침입을 막기 위해 그들의 해킹 수법을 연구했다.[11]

비잔틴 캔도를 통해 NSA의 과감한 작전은 성과를 거두었다. NSA는 수세적 입장에서 벗어나 주도권을 잡을 수 있었다. 이와 같은 작전을 통해 얻은 정보는 중국 인민해방군의 해킹을 막는 데 도움이 됐다. 인민해방군이 추가적인 공격을 시도했지만 미국은 이를 방어할 수 있었다. 적어도 이번 라운드의 승자는 미국이었다.

그러나 그건 일시적인 승리에 불과했다. NSA는 성공적인 방첩 작전 덕분에 중국 해커들의 침투를 수차례 차단할 수 있었지만 모든 공격을 막을 수는 없었다. 수빈의 체포가 끝이 아니었듯이 한 번의 성공으로 인해전술처럼 밀려오는 중국의 해킹 공격을 모두 막아 낼 수는 없었다. 오늘날 사이버 첩보 작전의 성공은 독창성과 창의성뿐 아니라 끈기와 과감함에 달려 있다. 첩보 임무나 방첩 임무 한 번으로 결정적인 결과를 만들지는 못한다. 지정학적 우위를 위한 전략 경쟁은 방대하며 끝이 없다. 이 끊임없는 경쟁 속에서 누가 어떤 비밀공작을 어떻게 벌이고 있는지 추적하는 것은 쉬운 일이 아니다. 그럼에도 불구하고 그들을 추적하는 것이 NSA의 임무다.

--- 해커를 추적하다 ---

여러 정보기관이 같은 컴퓨터와 네트워크를 해킹하는 일은 흔하다. 보통 한 국가에 유용한 정보는 다른 국가에도 유용하기 마련이다. 가장 유명한 사례는 러시아 보안회사인 카스퍼스키 랩Kaspersky Lab이 "해킹 자석"이라고 부르는 중동의 한 연구소다. 이 연구소를 노린 해킹 조직만 여섯 개였다. 여기에는 영어권 조직 두 개(아마도 NSA와 GCHQ일 것이다), 러시아어권 조직 두 개, 프랑스 정보기관, 스페인어권 조직이 연루되어 있었다.[12] 이들 중 하나가 같은 공간에 다른 해킹 조직이 있다는 걸 눈치챘다면, 그들은 연구소뿐 아니라 다른 해킹 조직을 감시할 기회를 잡았을 것이다.

TAO가 인민해방군을 해킹하여 얻은 정보는 이런 상황에서 유용했다. 적의 해킹 프로그램과 수법에 대한 자세한 정보는 네트워크 방어뿐 아니라 이 해커들이 노리는 다른 표적을 파악하는 데 쓸모가 있었다. NSA는 외국의 네트워크에 남아 있는 디지털 지문을 분석하여 어떤 다른 해커들이 그곳을 다녀갔는지를 알아낼 수 있다. 일반 범죄자들이 특징적인 범행 수법을 갖는 것처럼 해커들도 특징을 갖는다. NSA는 악성코드에 적힌 파일명이라든가 해킹할 때 변경한 컴퓨터 환경설정 등 뚜렷한 단서를 쫓는다. 방첩 작전을 통해 얻은 정보는 적 해커들이 미국뿐 아니라 전 세계 어디서 무엇을 하고 있는지 알아내는 데 도움이 된다.

방첩 작전이 제공한 이러한 기회를 활용하기 위해 NSA는 영토 분쟁Territorial Dispute 프로그램을 운영하는데, 직원들은 이를 줄여서 "테디TeDi"라고 부른다. NSA가 해킹 조직들에 대해 수집한 방대한 정보를 바탕으로 테디는 주요 해킹 조직의 특징을 분석한다. 이러한 특징들은 파일명, 코드, 해커의 습관을 포함한다.[13] 조직 당 2개에서 5개의 특징을 분석하여 NSA는 각 해킹 조직을 구별할 수 있다. 이 특징들의 독특한 조합은 마치 해킹 조직들의 명함과 같다.

테디를 활용하여 NSA는 2013년에만 최소 45개 해킹 조직을 추적하고 있었다. 초기에는 러시아와 중국 해커들만 추적했다. 하지만 곧 사이버 작전을 수행하는 거의 모든 주요 국가를 망라하게 됐다. 그 중에는 언론의 주목을 별로 받지 않는 국가들도 있는데 한국이 그 예다.[14] NSA가 민간 업계나 학계에서 주목하기 수년 전부터 해킹 조직들을 파악하고 있는 경우도 있었다.

외부 컴퓨터에서 작전 중 다른 조직의 해커를 만나게 되면 취해야 하는 NSA만의 내부 행동 규칙이 있다. 누구를 만나느냐에 따라 규칙은 달라진다. 종종 파이브 아이즈 동맹국처럼 우호적인 조직과 조우

하는 경우가 있다. 이 경우, 요원들은 매뉴얼에 따라 상부의 지침을 받고 동맹국의 작전에 관여하지 않는다. 그러나 만약 상대 조직의 정체를 알 수 없다면 요원들은 매우 조심해서 행동해야 한다. 상대방의 코드를 잘못 건드렸다가는 NSA의 존재를 들킬 수 있기 때문이다. 그리고 만약 특정 악성코드가 "위험 악성 프로그램"에 해당하면 요원들은 매뉴얼에 따라 "즉시 도움을 요청해야 한다."[15]

때로는 새로운 악성코드를 통해 새로운 해킹 조직을 발견하는 경우도 있다. 2009년 11월, 캐나다의 신호정보기관인 CSEC가 이란의 어떤 표적을 해킹했는데, 거기서 이상한 점을 발견했다. 파이브 아이즈의 프로그램을 사용하여 컴퓨터를 검사해 보니 또 다른 해킹 조직이 이란의 네트워크 안에 잠복해 있다는 사실을 찾아낸 것이다. 이 정체불명의 해커들은 이란 외교부, 과학기술대학교, 원자력 기구를 노리고 있었다. 그들의 해킹 수법은 캐나다가 알고 있던 다른 조직들과는 달랐다. 그들의 행동을 보았을 때 이들은 단순한 범죄 조직이 아니라 어떤 국가의 정보기관 소속으로 추정되었다.

캐나다는 이 불상 해커 조직에 대해 더 알고 싶었다. 그들은 이 조직의 특징을 잡아내고 온라인상에서 그들의 행동을 추적했다. 캐나다는 해당 조직의 활동들을 추적하면서 동시에 파이브 아이즈의 수동적 정보 수집 능력을 활용했다. 캐나다는 해커들이 사용하는 중간 거점들을 식별할 수 있었고 그들의 허술한 작전 보안 덕분에 그 컴퓨터들에 침투할 수 있었다. 더 많은 정보를 확보한 캐나다는 이 정체불명의 조직이 이란뿐만 아니라 북아프리카, 과거 프랑스 식민지의 언론, 유럽의 초국가 기구들을 노리고 있다는 사실을 알아냈다.

이 해커들은 자신들의 작전을 스스로 "바바르Babar"라고 불렀다. 바바르는 프랑스의 유명한 동화의 주인공이다. 해커들은 혼선을 주기 위해 영어를 썼지만 원어민이 사용하지 않는 문장들을 사용했다. 캐나다는 많은 정보 수집과 분석을 통해 이 해커들이 프랑스 정부 소속의 새로운 해킹 조직이라고 결론지었다.[16] 방첩 작전이 새로운 조직을 찾아낸 것이다.

베이징에서 위장 중인 미국 요원들도 비슷한 작전을 수행했다. 미국은 베이징에 있는 인도, 싱가포르, 파키스탄, 콜롬비아, 몽골 대사관의 와이파이를 해킹했다. 그리고 인도 대사관의 통신망에서 중국 해커들을 발견했다. 중국 정부가 인도 대사관을 해킹하고 있었던 것이다. 중국 해커들은 매일 10건 정도의 외교 문서를 빼내고 있었다. 미국은 중국의 해킹 작전에 편승하여 인도의 대외 전략을 염탐했다. 그리고 중국의 해킹 수법에 대해 더 많은 정보를 수집하여 전 세계 다른 곳에서도 그들을 찾을 수 있었다.[17]

파이브 아이즈는 방첩 작전을 통해 이미 알려진 해커들을 추적하고 새로운 해커들을 찾고자 했다. 그러나 그들은 적들로부터 똑같은 방법으로 추적당하고 싶지 않았다. 그러므로 테디 작전의 목적은 NSA가 해킹한 컴퓨터 내에 다른 모든 해커를 식별하여 NSA의 보안을 지키는 것이다. 전 정보 요원은 테디의 목표가 "우리의 비밀을 훔치거나 우리의 정체를 알아내려는 자들"을 경계하는 것이라고 했다.[18] 방첩 작전은 언제나 양방향으로 움직인다.

--- 제4자 정보 수집 ---

두 남자가 마주 보고 있다. 한 명은 짓밟힌 패배자였고 다른 한 명은 우뚝 선 승자였다. "내가 널 이겼다." 승자가 말했다. 패자는 자신이 가진 남은 땅을 가지고 마지막 거래를 해 보려고 한다. "땅을 빌려 드리겠소." 패자는 기회를 갈구했다. 그러나 그는 곧 자신의 토지가 쓸모없는 땅임을 깨닫는다. 승자는 과장된 몸짓으로 자신이 어떻게 승리하였는지 설명한다. "만약 당신이 밀크셰이크를 갖고 있고, 나도 밀크셰이크와 빨대를 갖고 있다고 하자. 이 빨대가 보이지?" 그는 자신의 손가락을 가리키며 말했다. "그리고 이 빨대가 저 반대편까지 닿아서 너의 밀크셰이크를 빨아들이겠지." 그의 결말은 어떻게 강자가 약자로부터 빼앗을 수 있는지 똑똑히 말해 주고 있었다. "내가… 당신의… 밀크셰이크를… 마시는 거지."

물론 이 얘기는 실화가 아니다. 폴 토머스 앤더슨 감독의 영화 〈데어 윌 비 블러드There Will Be Blood〉의 한 장면이다. "밀크셰이크"는 석유를 뜻하고, 영화에서 주인공들은 석유를 얻기 위해 피 말리는 경쟁을 한다. 영화는 세기말 캘리포니아 남부에서 횡행했던 흉포한 석유 탐사 업자들의 모습을 생생히 그리고 있다. 무법천지인 그곳에서 한 시추 업자가 다른 사람이 안전하다고 믿는 유전을 빼앗는 얘기다.

앤더슨 감독의 영화는 방첩 작전에 대한 기밀 브리핑을 준비하는 NSA 요원에게 영감을 주었다. 슬라이드의 제일 앞 장은 음료수 잔에 꽂혀 있는 긴 빨대다. 일급비밀이라는 글자 아래 "밀크셰이크" 명대사

가 크게 적혀 있었다.[19]

정보기관들은 정보를 빼앗기 위해 경쟁한다. 앞선 장에서는 정보 요원들이 어떻게 사이버 작전을 통해 표적에 대한 정보를 입수하는지 보여주었다. 이번 장에서는 정보기관들이 어떻게 서로를 추적하고 적들에 대한 방어를 강화하는지에 대해 얘기했다. TAO 또는 캐나다의 작전은 상대방의 밀크셰이크를 빨아먹으려는 시도는 아니었다. 그러나 그건 불가능한 일은 아니다.

밀크셰이크가 그려진 NSA의 브리핑 자료는 제4자 정보 수집에 대한 것이다.[20] 이 용어는 오래된 개념에서 비롯되었다. 당사자 또는 직접 정보 수집은 NSA가 직접 수집하는 정보를 말한다. 제2 당사자 수집은 다른 파이브 아이즈 국가가 수집한 정보를 말한다. 제3자 수집은 파이브 아이즈 이외의 국가들이 수집하여 NSA와 공유한 정보를 말한다. 제4자 정보 수집은 불법적인 밀크셰이크의 영역이다. 바로 한 국가의 정보기관이 다른 국가를 해킹하여 얻는 정보를 말한다.

NSA는 다양한 형태의 제4자 정보 수집을 구분한다.[21] 첫 번째는 간접적인 획득이다. 이름에서 알 수 있듯, 이는 표적을 직접 해킹하지 않고 얻는 정보다. 즉, NSA는 1장에서 다룬 것처럼 수동적 정보 수집으로 조용히 앉아서 정보를 얻는다. 예를 들어 중국 정보기관은 일상적으로 러시아를 해킹한다. 이 경우 NSA는 러시아와 중국을 잇는 통신선을 감청할 수 있다. 미국은 중국이 해킹한 정보를 감청하여 이를 복사, 분석할 수 있을 것이다. 성공한다면 미국은 중국의 해킹 수법뿐만 아니라 그들이 러시아에서 얻은 정보도 어부지리로 얻게 되는 것이다. NSA는 이런 간편한 수동적 정보 수집을 오랫동안 지속할 수 있다. 이 가상적 상황에서 중국이나 러시아가 미국이 그들을 감청하고 있다는 사실을 모를 것이기 때문이다.[22]

그러나 이 방법으로는 한계가 있다. 상대의 정보 수집 설비가 미국이 접근 가능한 케이블선로나 데이터 센터를 경유하지 않는 경우도 있다. 또는 적이 통신을 암호화하여 미국이 해독할 수 없는 경우도 있고, 악성코드에 전달되는 지령을 해독하려는 미국의 노력이 실패할 수도 있다.[23] 또는 NSA가 다른 정보 수집 작전을 펼치기 위해 적의 해킹 인프라에 침투하길 원할 수도 있다.

이럴 경우 NSA는 두 번째 제4자 정보 수집을 활용한다. 바로 직접적인 정보 획득이다. NSA가 상대의 해킹 인프라와 중간 거점을 직접 해킹하고 정보를 수집하여 어깨 너머로 외국 해커들이 무엇을 하는지 관찰하는 것이다. 이 방법을 통해 NSA는 다른 해커들의 활동에 대해 자세히 파악할 수 있다. 그들의 해킹 도구부터 그들이 훔친 비밀들까지 말이다.

NSA는 비잔틴 랩터BYZANTINE RAPTOR라고 불리는 중국의 해커 집단에 이 방법을 사용했다. NSA는 우선 비잔틴 랩터가 전 세계 악성코드에 지령을 내리는 컴퓨터에 대한 정보를 수집했다. 이 정보를 기반으로 침투조인 TAO가 그 컴퓨터를 해킹했다. 그리고 중국의 해킹 작전에 대한 정보를 은밀하고 지속적으로 수집했다.

정보를 수집하던 NSA는 중국 해커들이 유엔을 노리고 있다는 사실을 알아냈다. 비잔틴 랩터는 유엔의 내부 문서들을 탈취하여 중국으로 전송하고 있었다. 그들은 중간 경유 서버를 통해 훔친 문서들을 전송받았고, 또 그 서버를 통해 해킹 작전을 진두지휘했다. 따라서 이 서버를 해킹한 NSA는 중국이 훔친 문서들을 엿볼 수 있었다.

1장에서 보았듯이 유엔은 NSA의 주요 표적 중 하나였고, 중국으로부터 얻은 정보들은 매우 유용했다. 미국의 해커들은 유엔을 해킹하는 중국 해커들을 해킹하여 정보를 얻을 때마다 NSA 본부에 이를 보고했고 사본을 저장해 두었다. 관련 국제 정세를 분석 보고하는 담당관들에게 관련 정보를 제공하기도 했다. 중국 해커들에 대한 제4자 정보 수집으로 NSA 분석관들은 매우 중대하고 현재에도 진행 중인 사안 중 최소 3건에 대해 중요한 보고서를 작성할 수 있었다.[24]

TAO는 비잔틴 캔도의 중간 거점을 활용하여 결국 그들의 본진까지 거슬러 올라갔는데, 이 반대의 경우도 가능하다. TAO는 이 중간 거점에서 중국 해커들이 해킹한 컴퓨터들로 이동할 수 있었다. NSA에서는 이를 피해자 공유 또는 피해자 절도라고 부르는데, 제4자 정보 수집의 세 번째 유형이다. 이를 통해 NSA는 다른 정보기관들도 관심을 갖고 있는 공동의 표적을 해킹할 수 있다. 종종 NSA는 거기서 더 나아가 외국 해커들의 해킹 프로그램을 장악하기도 한다. 또는 더 과감하게 그들의 해킹 프로그램을 제거하고 자신들의 악성 프로그램을 설치하기도 한다.

NSA가 이용하는 해커들이 반드시 적대적 국가의 해커일 필요는 없다. 동아시아에서의 사례에서 볼 수 있듯이 동맹국도 해킹 대상이 될 수 있다. 북한은 미국의 정보 수집 대상 중 높은 우선순위를 차지하는데 그건 미국의 동맹국인 한국도 마찬가지다. 북한의 정보를 얻기 위해 미국은 한국이 어떻게, 어디까지 아는지 궁금했다. 물론 한미 양국 간 외교적 채널 등을 통해 관련 정보를 공유할 수도 있었지만, 동맹국 간에도 비밀은 있는 법이다.

한국의 정보기관이 미국보다 북한에 대해 더 많은 정보를 갖고 있던 시기가 있었다. 한 NSA 대북 작전 관계자는 NSA가 북한에 대해 "거의 아는 게 없다"고 실토하기도 했다. 이 문제를 해결하기 위해 NSA는 한국의 정보 수집 활동을 겨냥했다. NSA는 한국의 스파이들이 한 북한 관리의 컴퓨터에 악성코드를 심은 사실을 파악했다. 그들은 이 데이터를 옮기기 위해 한국이 사용하는 중간 거점을 찾아냈고 그 거점을 해킹했다. 북한을 해킹하는 한국을 해킹하여 NSA는 다른 경로로는 얻기 힘든 다량의 문건들을 입수할 수 있었다.

그리고 NSA는 한국으로부터 수집한 정보를 바탕으로 북한을 해킹하기 시작했다. 그들은 북한의 네트워크에 침투했는데 그 이유는 피해망상에 가까웠다. NSA 일부 관계자들은 한국이 NSA가 자신들을 이용하고 있다는 사실을 깨닫고 가짜 정보를 흘려 미국을 교란시킬 수 있다고 우려했다.[25] 기만이 가득한 방첩의 세계에서 동맹국 간에도 이런 불신과 경쟁은 피할 수 없었다.[26]

남북한에 대한 이야기는 여기가 끝이 아니었다. NSA는 한국에 대한 제4자 수집을 통해 얻은 정보를 바탕으로 북한의 해킹 수법을 파악할 수 있었다. 한 관계자는 이를 제5자 정보 수집이라고 불렀다. 제4자 정보 수집이 〈데어 윌 비 블러드〉의 잔혹한 이야기라면, 제5자 정보 수집은 영화 〈인셉션〉과 같았다. 미국이 해킹한 한국이 북한을 해킹하고, 북한은 또 제3국을 해킹하는 것이다. 방첩의 세계는 이처럼 상상을 초월할 정도로 복잡하다.

[0.13436424411240122,0.13436424411240122,
0.8474337369372327, 0.8474337369372327,
0.76377461897661 4]}0.76377461897661 4]}]
[{: [0.255069025739421 7,[0.255069025739421 7,
0.49543508709194095]}.49543508709194095]},
{: [0.4494910647887381,[0.4494910647887381,
0.65159297272276 3]}0.65159297272276 3]}]

제2부 // 공격

제 6 장

전략적 방해 공작(사보타주)

해킹의 역사는 스턱스넷Stuxnet 전과 후로 나뉜다. 스턱스넷은 국가가 강렬히 열망하면 해킹으로 어떤 것까지 이룰 수 있는지를 보여준 사례다. 또한 이 사건은 사이버 공격으로 특정 표적에 물리적 피해를 입히기 위해 어떤 작전 기술, 준비, 기회가 필요한지 보여주었다. 그러나 막대한 재원이 투입된 스턱스넷도 해킹의 한계에 부딪혔다.

스턱스넷은 미국과 이스라엘 정보기관이 만든 컴퓨터 웜바이러스로, 목적은 이란의 핵시설 내 원심분리기를 비정상적으로 빠르게 작동시키는 것이었다. 그러나 이 악성코드는 이란의 핵시설을 벗어나 전 세계로 확산됐다. 만약 이란의 한 컴퓨터가 계속 재부팅을 하지 않았거나 벨라루스의 작은 보안회사가 이에 관심을 갖지 않았다면, 혹은 전 세계 주요 사이버보안 기업들이 협업하지 않았다면, 스턱스넷의 정체는 아직까지도 베일에 가려져 있을지 모른다. 결국 미국과 이스라엘은 절반의 성공만을 거두었고, 고난도 사이버 작전이 어떻게 이루어지는지 궁금한 이들만 재미를 봤다. 덕분에 스턱스넷은 사이버보안 전문가들과 국제정치학자들 사이에서 가장 많이 회자되는 해킹 사건이 됐다.

이야기는 거기서 끝나지 않는다. 스턱스넷 말고도 이란을 표적으로 한 방해 공작이 더 있었다. 이란 경제를 타격한 사이버 공격이 2012년 벌어졌는데 이는 스턱스넷에 비해 대중에 덜 알려졌다. 이 잘 알려지지 않은 사건은 더 많은 미스터리를 품고 있다. "와이퍼Wiper"라고 알려진 이 악성코드는 디지털 시대에 사보타주의 위력을 보여주었다.

--- 웜의 탄생 ---

조지 W. 부시 정부가 봉착한 문제는 명백했지만 해결하기는 어려운 것이었다. 문제는 개발이 임박한 이란의 핵무기였다. 미국이 아프가니스탄 전쟁과 이라크 전쟁의 수렁에 빠져 있는 동안 이란은 역내에서 영향력을 강화했고, 이란의 게릴라들은 평화 정착을 방해하고 있었다. 이라크 침공으로 미국의 외교관계가 파탄 난 상황에서 이란에 대한 강력한 제재안이 지지받기는 어려웠다. 이스라엘은 부시 정부에 더 과감한 조치를 취하도록 압박했고 만약 그러지 않을 경우 독자적으로 움직이겠다는 신호를 주었다. 그 협박은 허풍이 아니었다.

148

이스라엘은 2007년 9월에 독자적으로 시리아 핵시설에 대해 공중폭격을 단행한 바 있었다.[1]

부시 대통령은 새로운 전략이 필요했다. 이란이 핵무기 개발에 서서히 가까워지는 동안 가만히 앉아 있을 수는 없었다. 그렇지만 전면적인 군사개입은 불가능했다. 이란은 일반적인 사보타주 공격에 대해서도 이미 경계하고 있었다.[2] 외교적 노력에 기대기도 힘들었다. 적어도 부시 행정부의 지도부들은 그렇게 생각했다. 공습이 가능할지도 모르나 이는 이란을 자극하여 테러나 지역 분쟁을 일으킬 수 있다. 그리고 폭격으로는 지하 시설에서 이루어지는 핵개발을 영원히 막을 수 없다. 이스라엘의 조바심은 하루하루 커졌고, 부시 대통령에게 공격 지원 요청을 하기도 했다.[3] 부시는 이를 거절했지만 이스라엘을 언제까지 잡아 둘 수 있을지 몰랐다. 부시 대통령은 시간을 벌어야 했다.

미국 정부의 기술 전문가들이 새로운 방안을 고안해냈다. 이후 이 작전은 스턱스넷이라고 불리게 된다. 이 방해 공작의 목표는 이란의 주요 핵시설인 나탄즈Natanz의 원심분리기였다. 이 원심분리기는 은색 원통으로 된 실린더로 사람 키보다 조금 크고 넓이는 10여 센티미터 정도 된다. 원심분리기가 정확한 속도로 빠르게 회전하면 동위원소가 다른 우라늄을 추출하는데, 이 과정을 우라늄 농축이라고 한다. 이란은 2006년부터 우라늄 농축을 재개했고 이는 핵무기 개발의 필수적인 단계였다. 마흐무드 아흐마디네자드 당시 이란 대통령은 더 많은 원심분리기를 확보하려는 야심을 숨기지 않았다. 핵시설 시찰 중 그는 원심분리기 5만 개를 생산, 운영할 계획을 밝혔다.[4]

미국은 이 계획을 좌절시키고 싶었고 이를 위한 방해 공작을 생각해냈다. 엔지니어들 입장에서 시스템이 변덕스럽게 작동하고 원인을 알 수 없는 오작동 일으키는 것보다 짜증나는 일은 없다. 미국은 은밀하게 원심분리기 오작동을 일으켜서 이란의 핵심 설비를 파괴하는 동시에 이란 핵공학자들의 연구를 지연시키고, 그들이 자신들의 과학적 지식을 부정하며 핵무기를 생산할 수 있는 능력이 없다고 믿도록 하고자 했다. 만약 계획대로 이루어진다면 이란은 문제를 찾아내는 동안 시스템 가동을 멈출 것이고, 스턱스넷의 설비 파괴는 핵개발 지연을 야기할 것이었다. 아무도 원심분리기의 오작동 원인을 모른다면 핵무기 개발 지연과 불확실성은 미국의 압박과 외교 전략에 도움이 될 것이었다.

이스라엘의 정예 해커들과 협업할 수 있는 기회 역시 미국에는 전략적 이득이었다. 이 합동 작전은 동맹에 대한 방위 공약을 지키면서 중동에서 전쟁 없이 문제를 해결할 수 있는 방안이었다. 부시 대통령은 이런 장점들을 고려하여 작전을 승인했다. 미국 정부는 이 작전의 암호명을 "올림픽Olympic Games"으로 정했는데, 이는 미국, 이스라엘, 유럽 동맹국들의 협력을 상징했다.[5]

올림픽 동맹국들은 방해 공작을 위해 매우 조직적인 움직임을 보였다. 우선 가장 먼저 필요한 것은 이란 핵시설의 구조에 대한 자세한 정보였다. 일반적인 전쟁에서는 순항미사일 같은 무기를 사용할 때 표적에 따라 무기의 종류를 바꾸지 않는다. 그러나 사이버 무기는 표적의 사양에 맞춰 제작해야 한다. 따라서 이란 핵시설에 대한 근접 정찰을 통해 원심분리기가 어떻게 작동하고 또 어떻게 이것을 파괴할 수 있을지 알아내야 했다.

올림픽 동맹국들이 이 정찰 작전을 위해 나탄즈 시설 내 내부 첩자를 활용한 것으로 보인다. 그 내부 정보원은 네덜란드에 의해 포섭됐고, 이란 핵 프로그램에 대한 핵심 정보를 제공했다. 또한 미국이 자체 제작한 악성코드를 통해 나탄즈 시설을 감시한 것으로 보인다. 사이버 보안 전문가들은 이 악성코드를 "패니Fanny"라고 불렀다. 만약 패니가 아니더라도 미국은 분명 유사한 악성코드를 사용했을 것이다.[6] 패니는 스턱스넷 사건이 있고서도 한참 후인 2015년에야 발견됐고 아직도 완전히 연구가 끝나지 않은 악성코드다.[7] 그러나 2008년 7월부터 미국이 패니의 초기 버전을 개발하고 사용했던 것으로 추정된다.

사이버 정찰의 시작은 나탄즈 시설에 대한 침투였는데 이는 생각보다 쉽지 않은 일이었다. 원심분리기를 제어하는 컴퓨터들은 인터넷에 연결돼 있지 않기 때문에 해커들이 직접 접근할 수 없었다. 전문적인 용어로 이 시스템들은 "밀봉 또는 에어갭air-gapped" 되었다고 표현한다. 이 문제를 해결하기 위해 패니의 제작자들은 웜을 만들었다. 웜은 해커의 지령 없이도 스스로 다른 컴퓨터를 감염시켜 이동할 수 있다.

윈도 운영체제의 알려지지 않은 취약점 덕분에 패니는 스스로 퍼져 나갈 수 있었다. 취약점 중 하나는 이동식 USB와 관련된 것이었다. USB를 컴퓨터에 꽂으면 그 안에 몰래 심어 놓은 웜이 컴퓨터를 감염시키는 것이다. 컴퓨터가 이동식 저장매체로부터 파일을 자동 실행하지 않더라도 웜에 감염된다. 새로운 컴퓨터에 침투한 패니는 스스로 더 많은 컴퓨터로 옮겨 갈 수 있다. 얼마 지나지 않아 패니는 기하급수적으로 증식되어 다수의 표적을 감염시킬 수 있었고, 해커는 패니와 은밀한 통신 방식을 통해 정보를 획득할 수 있었다. 궁극적으로 누군가 패니를 밀봉된 컴퓨터에도 옮길 것이고, 해커는 계획된 표적에 대한 정보를 입수할 수 있었다. 첩보원이 밀봉된 컴퓨터에 웜을 옮긴 것인지에 대해서는 알려지지 않았다.[8] 어찌 됐든 이토록 광범위한 정보 수집 노력이 없었다면 스턱스넷 공격은 불가능했을 것이다.

해커들이 이란의 원심분리기에 대한 많은 정보를 얻어 냈어도 실제 방해 공작을 펼치기 위해서는 많은 작업이 남아 있었다. 그중 하나는 이란 원심분리기에 원하는 피해를 줄 수 있도록 악성코드를 개발하고 시험하는 것이었다. 이를 위해 미국은 예상치 못한 곳으로부터 도움을 받았다. 바로 폐기된 리비아의 핵 프로그램이다.

리비아는 2003년 핵 프로그램을 폐기했고, 그 당시 미국은 리비아의 원심분리기를 습득했다. 이 원심분리기들의 제조업체는 이란 원심분리기 제조사와 동일했다. 리비아의 원심분리기와 여타 다른 사전 검증 작업을 통해 미국은 악성코드를 개발했고 원심분리기를 파괴하는 데 성공했다. 이스라엘도 자체 제작한 원심분리기 복제품으로 비슷한 실험을 한 것으로 보인다. 그들은 나탄즈 시설을 그대로 모방한 모의 시설을 사막에 건설하기도 했다.[9] 부시 대통령은 모의 실험이 성공하자 작전을 계속 진행시켰다.[10] 그는 파괴된 원심분리기 잔해까지 직접 보았다고 한다. 오바마 정부가 출범하고 정권이 바뀌었지만, 오바마 대통령은 올림픽 작전의 중요성을 알아보았고 작전을 더욱 빨리

진행하도록 지시했다.[11]

스턱스넷의 공격 코드는 패니처럼 웜의 형태로 개발되었다. 초기 버전은 USB로만 확산이 가능했으며 나탄즈 내부 첩자가 심은 것으로 보인다. 이후 버전들은 스스로 컴퓨터를 옮겨 다닐 수 있도록 설계되었고 여덟 개가 넘는 전염 메커니즘을 갖고 있었다.[12] 이 코드들은 더 많은 컴퓨터를 감염시켰고 특히 나탄즈 핵 프로그램 관련 하청업체를 감염시키면서 밀봉 컴퓨터와 원심분리기에 가까워졌다. 미국은 하청업체 다섯 곳을 노렸고, 이곳에 심은 코드들은 더욱 멀리 퍼져 나갔다.[13] 결국 스턱스넷은 나탄즈 내부에 발을 들였다.

스턱스넷의 설계자들은 서로 다른 버전의 악성코드가 서로 대화할 수 있도록 설계했다. 만약 이전 버전의 악성코드가 심겨 있는 컴퓨터에 새 버전의 코드가 침투하면 이 웜들은 서로 정보를 비교하여 하나로 통합되었다. 인터넷에 연결된 컴퓨터에 심어 놓은 스턱스넷은 수집한 정보를 본부에 송신했는데 이를 평범한 축구 관련 사이트에 방문하는 것으로 위장했다.[14] 이렇게 이란 내 감염된 컴퓨터 목록은 지속적으로 업데이트되었고 데이터는 축적되었다. 이 웜들이 마치 벌처럼 무리 지어 움직인 것이다.

물론 법률 전문가들은 이 새로운 방식의 방해 공작, 비밀 감염, 웜 무리에 대해 우려를 표했다. 적어도 미국과 유럽 등 국가에서 국가안보 관련 사항들은 늘 법률 검토를 받았으며 스턱스넷 작전도 예외는 아니었다. 법률 고문들은 주요 계기마다 의도치 않은 피해에 대해 우려했다. 그리고 그들의 의견은 옳았다. 스턱스넷 악성코드는 특정 표적에 맞춰져 있었지만 웜바이러스의 특성상 다른 정교한 해킹 도구에 비해 통제가 어려운 것이 사실이었다.[15]

스턱스넷 설계자들은 정찰 작전에서 얻은 정보에 기초하여 개발과 테스트 과정에서 검증 장치를 추가하였다. 예를 들어 그들은 스턱스넷이 2012년 6월 이후부터는 자가 복제를 하지 못하도록 만들었으며 나탄즈 핵시설이 아닌 경우 공격 명령을 실행하지 못하도록 했다.[16] 백악관의 사이버안보 총책임자였던 리처드 클라크Richard Clarke는 너무 많은 법적 제약 때문에 마치 변호사들이 코드를 개발한 것과 같다고 말하기도 했다.[17]

스턱스넷은 미증유의 폭발력을 갖고 있었다. 수년 동안 여러 가지 버전의 스턱스넷이 나왔지만, 우리는 그중에서도 두 개에 집중할 필요가 있다. 2007년 버전은 원심분리기에 투입되는 우라늄 헥사플루오라이드 가스량을 조작할 수 있었다. 스턱스넷은 가스를 분사하는 밸브를 조작하여 원심분리기 내 기압을 조정할 수 있었다. 이 코드는 일반 농축 과정보다 기압을 5배 증가시켜 기체를 고체화할 수 있다. 그리고 원심분리기 고장을 유발한다.

핵시설을 이런 방식을 조작하기 위해서는 핵공학에 관한 엄청난 지식과 이란 핵시설에 대한 깊은 이해가 필요하다. 해커들은 이란 원심분리기의 약점을 알았고, 이란의 핵공학자들이 어떻게 이 약점을 보완했으며, 시설 전체를 어떻게 교묘하게 조작할 수 있는지 알고 있었다. 한 전문가는 공격 코드의 복잡성과 그 코드에 담긴 나탄즈 시설에 대한 세세한 정보에 놀라움을 금치 못했다. 전문가는 해커들이 "이

란 핵시설 책임자가 가장 좋아하는 피자 토핑까지 알고 있었을지 모른다"고 말했다.[18]

해커들은 나탄즈의 많은 원심분리기를 동시에 파괴할 수 있었다. 그러나 그렇게 하면 이란이 공격을 눈치챌 수 있었다. 부시와 오바마 행정부 모두 공격을 숨기고 이란의 핵 프로그램을 교묘히 지연시켜 이란에게 좌절감을 느끼게 해 주고 싶어 했다. 한 관계자는 〈뉴욕 타임스〉 기자에게 "우리의 의도는 이란이 스스로 자신들이 멍청하다고 생각하게 하는 것이었고 그것은 성공했다"고 말했다.[19]

이를 위해 해커들은 매우 교활한 수를 썼다. 스턱스넷은 이란의 핵과학자들이 원심분리기 작동 상황을 지켜보는 화면을 조종할 수 있었다. 그리고 스턱스넷은 이란 과학자들에게 완전히 가짜인 정보를 보여줄 수 있었다. 공격을 감행할 때 스턱스넷은 비정상적인 가스 압력을 감추고 정상적인 작동 현황을 반복 재생할 수 있었다.[20] 이란 과학자들이 예상하는 것처럼 아무런 문제가 없다는 화면을 보여주는 것이다. 그 사이 그들도 모르게 원심분리기들이 파괴되는 것이다.

무엇 때문인지 알 수 없으나 해커들은 가스 조작보다 더욱 공격적인 방식으로 계획을 수정했다. 2009년 버전은 우라늄 농축 과정의 핵심이라고 할 수 있는 원심분리기의 회전 속도를 조작할 수 있었다. 새 버전의 스턱스넷은 원심분리기에 내려진 이란 과학자들의 명령을 상쇄하고 자신들의 명령어를 주입할 수 있었다. 해커들은 스턱스넷의 대대적인 개발 및 실험 단계에서 원심분리기의 주요 안전 통제장치를 무력화하는 새로운 명령어를 설계했다. 스턱스넷의 악성코드는 원심분리기가 매우 빠르게 분당 84600회 회전하다가 다시 매우 느리게 120회 회전하도록 만들었다. 이 명령어는 섬세한 장비에 무리가 가도록 했고 고장을 유발했는데, 이란 과학자들은 이런 오작동의 원인을 이해할 수 없었다. 회전 속도 조작은 기압을 조작하는 것보다 단순하지만 동시에 더욱 눈에 띄는 공격이었다. 그러나 이란은 여전히 자신들이 공격받고 있다는 사실을 눈치채지 못했다.[21]

올림픽 작전은 성공한 것으로 보였다. 스턱스넷이 1천 대 이상의 원심분리기를 파괴한 것으로 추정되는데 전문가마다 정확한 숫자에는 차이가 있다. 이는 이란의 우라늄 농축 과정을 계획보다 약 1년에서 3년 정도 늦춘 것으로 보인다.[22] 이란은 나탄즈 핵시설의 문제 원인을 알아내려고 노력했다. 관측에 따르면 이란 지도부는 무능 또는 반역을 이유로 핵공학자들을 해임했다. 핵개발을 다시 정상궤도로 올려놓기 위한 몸부림이었다.[23] 그들은 영원히 문제의 원인을 알아내지 못할 것만 같았다. 그러던 어느 날, 그들은 답을 찾았다.

--- 발각 ---

벨라루스의 젊은 연구원 세르게이 울라센Sergey Ulasen이 아니었다면 스턱스넷 이야기는 세상에 나오지 않았을 것이다. 그는 작은 사이버보안회사 바이러스블록아다VirusBlokAda에서 일했다. 2010년 6월, 그의 고객 중 하나인 이란인의 윈도 컴퓨터에 문제가 있었다. 아무 이유 없이

컴퓨터가 멈췄다가 재부팅을 반복한 것이다.

이 고장은 스턱스넷의 설계자들에게는 나쁜 소식이었다. 울라센의 고객은 나탄즈가 아닌 이란의 다른 지역에 살고 있었다. 그의 컴퓨터는 미국의 표적이 아니었지만 스턱스넷이 거기까지 퍼지고 말았던 것이다. 스턱스넷은 컴퓨터를 감염시키고 윈도 운영체제와 충돌을 일으켰는데, 표적 검증 메커니즘 덕분에 전면적인 공격 명령을 실행한 것은 아니었다. 스턱스넷이 공격적인 전염 방식 때문에 너무 멀리까지 퍼져 버렸던 것이다. 웜바이러스의 특성상 추가 확산은 불가피했다.

스턱스넷은 일정 기간 동안 10만 대 이상의 컴퓨터를 감염시켰는데 대부분이 이란 내 컴퓨터였지만 다른 국가에서도 감염된 컴퓨터가 100대가 넘었다.[24] 조 바이든 부통령을 포함해 미국의 정부 관료들은 이를 이스라엘의 책임이라고 비난했다. 그들은 이스라엘 해커들이 전염 방식을 너무 과도하게 확장적으로 바꾸었다고 주장했다.[25] 책임 소재에 대한 사후 검토 결과는 불분명하다.[26] 아무의 잘못도 아닐 수 있다. 아무리 완벽한 작전 계획도 운이 나빠서 실패할 수 있기 때문이다.

물론 울라센은 이런 속사정을 알지 못했다. 그는 반복되는 재부팅이 단순한 원인에 의한 것이라고 추측했다. 운영체제의 구성 오류가 오작동을 일으킬 수 있고, 소프트웨어 간의 충돌 문제일 수도 있었다. 그러나 같은 네트워크 내 다른 컴퓨터들도 유사한 문제를 겪고 있는 것을 발견하고 울라센은 무언가 잘못됐음을 깨달았다. 구성이 잘못되거나 소프트웨어 간 충돌 가능성이 없는 새로 설치된 윈도 컴퓨터에도 똑같은 문제가 발생했다. 그는 더욱 이 문제에 관심을 갖게 되었다. 모든 바이러스 검사 프로그램을 돌려 보아도 결과가 정상이라는 사실에 그는 더 놀랐다.

어느 토요일 밤, 울라센은 벨라루스 시골에서 열린 친구의 결혼식에 참석 중이었다. 그는 그곳에서 비밀을 풀 수 있었다. 모두 잘 차려입고 술을 흥청망청 마시고 있는 동안 그는 한쪽 구석에서 휴대폰만 들여다보고 있었다. 숲속에서도 잔치가 이어졌지만 그는 사건 해결에 집중하였고, 이란에 있는 친구의 도움을 받아 비밀을 풀어 나갔다. 울라센과 친구는 자신들의 조사가 역사상 가장 유명한 해킹 조사 사건이 될 것이라고는 꿈에도 몰랐다.

울라센과 동료들은 더 깊숙이 파고들었고 스턱스넷의 여러 비밀과 그것에 담긴 엄청난 고도의 기술력을 밝혀냈다. 이 악성코드는 이제까지 알려지지 않은 소프트웨어 취약점을 이용하여 컴퓨터를 감염시켰는데 이는 흔치 않은 전염 방식이었다. 그들은 또한 스턱스넷이 다른 소프트웨어 속에 숨어서 작동한다는 사실을 발견했는데, 이는 악성코드의 설계자가 굉장히 높은 수준의 기술력을 갖고 있으며 외부 감지를 피하고자 하는 분명한 의도를 갖고 있음을 뜻했다. 그들은 스턱스넷이 훔친 인증 서명서를 활용하는 것에도 놀랐다. 인증 서명서는 컴퓨터 운영체제가 해당 코드를 사용해도 안전하다는 걸 보장하는 장치다. 해커들이 인증 서명서를 훔치고 사용할 수 있다는 점은 그들이 상당한 재정적 지원을 받으며 작전 보안에 매우 철저한 해커들이라는 점을 말해 준다. 울라센이 일하던 바이러스블록아다는 여기까지 알아내고 이 악성코드에 대한 조사가 자신들이 감당하기에는 너무 거대하고 복잡한 작업임을 체감했다. 그들은 도움이 필요했다.

울라센은 마이크로소프트에 도움을 요청했다. 그는 마이크로소프트에 자신이 발견한 사실들을 제공했지만 응답이 없었다. 스틱스넷이 리얼텍Realtek의 인증 서명서를 불법적으로 사용했으므로 리얼텍에도 연락을 취해 보았지만 역시 답은 없었다. 결국 울라센이 관련 내용을 온라인에 공개한 후에야 사이버보안회사들이 반응을 보이기 시작했다.[27] 2010년 7월, 브라이언 크레브스Brian Krebs가 웜의 핵심 기능 중 하나에 대해 작은 기사를 썼다.[28] 기사가 나간 후 마이크로소프트가 악성코드를 들여다보기 시작했고, 다른 사이버보안회사들도 관련 조사를 시작했다.[29]

미국의 대기업 중 하나인 시멘텍Symantec도 관심을 가졌다. 바이러스블록아다와 달리 시멘텍은 악성코드를 대대적으로 조사할 수 있는 재원이 있었고 그들은 이 코드를 스틱스넷이라 이름 붙였다. 스틱스넷은 해커가 사용한 파일명에서 따온 글자를 조합한 것이다. 처음에는 다들 스틱스넷을 대수롭지 않게 생각했지만, 그들은 곧 이것이 엄청난 규모의 악성 프로그램임을 깨달았다. 스틱스넷의 규모는 일반적인 프로그램보다 50배 컸다.[30] 어느 정도 조사가 진행되고 시멘텍은 산업용 제어 시스템을 공격하려는 설계자의 의도를 알아냈지만 정확히 어떤 산업용 시스템을 어떤 방식으로 공격하려는지는 알아내지 못했다. 시멘텍도 더 전문적인 전문가의 도움이 필요했다. 시멘텍은 웹사이트에 자신들이 이제까지 알아낸 사실들을 게재하고 풀리지 않는

제2부 공격 159

미스터리에 대해 암시했다.[31]

스턱스넷 조사가 다음 단계로 나아갈 수 있도록 도움을 준 사람역시 사이버보안 세계에서 매우 잘 알려진 인물이었다. 그의 이름은랠프 랭그너Ralph Langner다. 뛰어난 패션 센스와 거침없는 입담으로 유명한 랭그너는 산업용 제어 시스템의 세계적인 전문가였다. 그는 산업용 제어 시스템을 전문적으로 다루는 국제 사이버보안회사를 운영하고 있었다. 시멘텍 연구원들과 달리 그는 스턱스넷의 표적을 알아낼 수 있는 묘수를 알고 있었다.

랭그너의 묘수는 웜을 복제하여 산업용 제어 시스템의 시뮬레이션을 실행하는 가상 환경에 집어넣는 것이었다. 시스템과 설정 환경을 계속 서서히 조금씩 바꾸어 나가면서 그는 스턱스넷이 각기 다른환경에서 어떻게 작동하는지 관찰했다. 이런 간접적인 실험과 조사를통해 랭그너는 웜의 궁극적인 목표를 이해할 수 있었다. 그 목표는 특정한 산업용 제어 체계 중에서도 매우 특정한 설정이 갖춰진 시스템이었다. 랭그너는 스턱스넷이 여지껏 보지 못한 세계에서 가장 강력한 사이버 무기이며 오로지 하나의 표적을 위한 무기임을 깨달았다.

그러나 랭그너는 여전히 그 목표가 무엇인지 몰랐다. 그 목표가지정학적으로 매우 중요하며 해커가 은밀하게 공격하려는 목표임은틀림없었다. 이 때문에 스턱스넷을 연구한 전문가들은 스턱스넷 설계자들이 조사 내용을 발표하지 못하도록 훼방을 놓거나 자신이 암살당할 수도 있다고 걱정했다. 조사가 한창 진행되고 있을 때, 한 연구원은"내가 만약 월요일에 자살한 주검으로 나타난다면, 분명히 말하지만 나는 자살한 것이 아니다"라고 메모를 남기기도 했다. 다른 전문가는 이스라엘이 핵 과학자들을 오토바이 암살자로 죽인 것처럼 자신도 암살될 수 있다고 반쯤 농담을 하기도 했다.[32]

기술적 분석만으로는 스틱스넷의 표적을 확신할 수 없었다. 랭그너와 동료들은 답을 찾기 위해 지정학적 측면을 고려하기 시작했다. 관련 조사가 몇 주 동안 헛바퀴를 돌자 랭그너는 스틱스넷의 지정학적 함의에 대해 깊게 생각해 보았다. 어느 밤, 랭그너는 인터넷을 검색하다가 건설이 지연되고 있는 이란의 부셰르Bushehr 핵시설에 대해 읽게 되었다.

다음 날 그는 동료들에게 깜짝 놀랄 만한 가설을 얘기했다. "이건 이란 핵시설에 대한 공격이다."[33] 동료들은 의심했지만 랭그너의 직감은 맞았다. 그는 공격 대상이 나탄즈가 아닌 부셰르라고 생각하는 등 디테일까지 완전히 맞추지는 못했지만, 조사를 더 할수록 자신의 조사 방향이 맞았다는 걸 확인할 수 있었다. 윔의 목표가 원심분리기라는 가설을 확인하기 위해 랭그너는 이를 알 만한 친구에게 연락했다. 그 친구는 모든 것이 기밀이어서 말해 줄 수 없다고 답했고, 랭그너는 그가 부인하지 않은 점을 긍정의 의미로 받아들였다.[34]

랭그너는 스틱스넷을 세상에 알려야 한다고 생각했다. 2010년 9월 그는 스틱스넷에 대한 글 두 건을 인터넷에 작성했다. 그는 이 작전이 "목표가 분명한 방해 공작"이자 "세기의 해킹"이라고 적었다.[35] 랭그너는 조사 결과를 발표하면서 스틱스넷 미스터리의 마지막 조각을 맞춘 셈이었다. 스틱스넷은 모든 사이버 전문가들이 오랫동안 두려워하던 물리적 피해를 야기한 사이버 공격이었다. 랭그너는 수많은 다른 사이버 전문가들처럼 이 대담하고 과감한 사이버 사보타주를 극적인 용어로 표현했다. 이 비밀공작은 절대 일반에 공개되지 않았어야 할 작전이었다. 그는 독자들에게 "사이버 전쟁의 시대에 온 것을 환영한다"고 말했다.[36]

--- 와이퍼 ---

2011-2012년, 스턱스넷 사건이 점차 수면 위로 떠오르던 그때 미국, 이란, 이스라엘 간의 긴장관계는 더욱 고조되고 있었다. 이란에 대한 이스라엘의 공습이 임박했다는 루머가 떠돌았다. 많은 전문가들이 스턱스넷 공격에 대한 이란의 보복 가능성에 우려를 제기했다. 한편 오바마 행정부와 동맹국들은 이란에 대한 경제제재를 강화하고 있었다. 당시 국제 정세는 아무도 다음 일을 예측할 수 없는 위험천만한 상태였다.

2012년 4월 23일, 이란 석유부의 컴퓨터들이 작동을 멈췄다. 이번이 처음은 아니었다. 2011년 12월부터 매달 말에 열흘간 컴퓨터들이 멈추고는 했었다.[37] 당시에는 원인을 알 수 없었다. 그리고 3월경 이란의 네트워크 보안 담당자가 외부 공격을 감지한 것으로 추정된다. 그러나 이란은 공격을 멈출 수 없었고 어떤 경로로 공격이 이루어지고 있는지도 알지 못했다.

4월 공격은 그전 공격들보다 이란에 훨씬 더 많은 피해를 입혔다. 피해 규모를 정확히 파악할 수는 없지만 석유부 전산 설비에 대한 광범위하고 중대한 파괴가 진행된 것으로 보도됐다. 이란은 추가적인 피해를 막기 위해 일부 시스템을 강제 차단했다. 한 석유부의 관료는 〈뉴욕 타임스〉 인터뷰에서 석유부가 "추가 감염을 막기 위해 모든 석유 시설과의 작업을 중지하고, 시추 시설까지 인터넷 연결을 차단했다"고 말했다.[38]

이란에 대한 두 번째 심각한 사이버 공격이었다. 이란 정부는 외국 정부에 의한 대규모 방해 공작이 벌어지고 있음을 인지했고, 스턱스넷과 마찬가지로 공격의 배후를 자처하는 국가는 없었으나 누가 한 짓인지를 짐작할 수 있었다. 이란 최고 지도자의 측근인 대변인은 사이버 공격을 비난하고 의연한 모습을 보이려고 노력했다. 그는 당당한 자세로 다음과 같이 발표했다. "이번 공격은 또다시 이란과 소프트 전쟁을 벌이고자 하는 서방의 계략이며 그들의 공격은 우리에게 아무런 영향도 주지 못했다."[39]

이 공격에는 곧 와이퍼wiper라는 이름이 붙었는데, 이 악성코드가 하드드라이브의 데이터를 완전히 소거(와이핑)했기 때문이다. 이 공격은 이란의 석유 생산에 직접 영향을 주지는 않았지만 주요 석유 기반 시설 내 컴퓨터 데이터를 삭제해 버렸다. 이란의 국영석유처리배급공사, 국가석유해양공사, 국영가스공사, 국영석유공사의 주요 기관들이 피해를 입었다. 이란의 핵심 기반시설인 주요 원유 터미널 여섯 곳도 가동을 멈추었다. 그중 하나는 이란 원유 수출의 80퍼센트를 차지하는 터미널로 하루에 물동량이 100만 배럴에 달했다. 이란의 관영 매체가 피해 규모를 확인하였고, 대변인의 주장과는 달리 그들은 통제가 불가능한 상황에 빠져 있었다.[40]

　피해도 충분히 심각했지만 더 큰 문제는 공격의 흔적을 찾기도 어렵다는 것이었다. 와이퍼가 대단한 점은 공격 대상의 데이터를 깨끗이 삭제할 뿐 아니라 공격이 끝난 뒤 자체적으로 악성코드도 삭제한다는 것이었다. 러시아의 사이버보안회사 카스퍼스키Kaspersky Lab가 대규모 조사를 벌였지만 결과는 빈손이었다. 와이퍼가 공격 대상 내의 거의 모든 증거를 삭제했기 때문이었다. 카스퍼스키는 단 하나의 샘플 코드도 찾지 못했다. 그러나 정밀한 조사 작업을 통해 그들은 와이퍼의 작동 원리에 대해 밝혀냈다.

　카스퍼스키는 와이퍼가 매우 복잡한 방식으로 작동한다는 사실을 밝혀냈다. 공격을 개시하기 전 와이퍼 내부의 정체불명의 코드가 활성화된다. 이 코드는 컴퓨터 내 무작위 이름을 가진 파일을 작동시키는데 이 파일명은 감염된 컴퓨터마다 달랐다. 공격이 개시되면 파일들은 스스로 삭제하였고 삭제된 파일은 다시 쓸모없는 데이터로 덧씌워졌다. 이로써 증거 흔적이 남지 않는 것이다. 마치 와이퍼의 목표가 코드의 작동 원리를 철저히 감추거나 아니면 코드의 존재 자체를 감추는 것 같았다. 스턱스넷처럼 와이퍼의 설계자들은 이란이 원인을 알 수 없는 오작동을 겪도록 하여 그들의 자신감을 꺾어 버리고 외부의 공격 흔적을 숨기려고 했던 것 같다.

　또한 와이퍼는 매우 효율적인 악성코드였다. 이 악성코드의 설계자는 용량이 큰 하드드라이브의 모든 파일을 지우고 다른 데이터로 덮어쓰는 일에 굉장히 많은 시간이 소요되며 그 때문에 중간에 중단될 가능성이 있다는 사실을 알고 있었다. 와이퍼의 설계자는 최대한 많은 피해를 주기 위해 공격 대상 컴퓨터 내 와이퍼의 최적 이동 경로를 계획했다.

우선 와이퍼는 윈도 운영체제에 필수적인 문서, 프로그램, 파일을 삭제했다. 이것들이 표적에게는 가장 중요한 파일이기 때문이다. 와이퍼는 그다음으로 가치 있는 데이터를 가지고 있을 만한 폴더(윈도의 문서 폴더 등)를 삭제하여 첫 번째 작업에서 놓친 것이 없도록 했다. 와이퍼는 중요한 파일을 찾으면 이를 삭제하고 무의미한 데이터로 덧씌워서 복구가 불가능하게 만들었다.[41] 마지막으로 와이퍼는 하드드라이브 섹터 전체를 제거하는 작업을 실행했는데, 컴퓨터가 완전히 고장나서 종료되거나 중간에 보안 담당자가 중지시키기 전에 최대한 피해를 주기 위한 것이었다.

와이퍼는 스턱스넷과 기술적 유사성을 보였고 중동에서 사용된 다른 악성코드(Flame, Gauss, Duqu)와도 유사성을 보였다. 이 깊은 유사성은 그들이 같은 설계자에게 설계되었음을 방증한다. 이 설계자는 주요 기능 작동을 위해 다른 방법을 쓰기보다 같은 코드를 사용한 것으로 보인다.[42]

와이퍼 공격의 목적은 무엇이었을까? 정황상 이란 경제에 타격을 주는 것이 주목적이었을 것이다. 와이퍼가 오바마 정부의 대이란 경제제재를 보완하는 역할을 했을 수 있다. 미국 또는 이스라엘 아니면

둘이 협력한 공격일 수도 있다. 어찌 됐든 와이퍼는 이란의 석유 생산 심장부를 겨냥한 공격이었고, 흔적을 남기지 않은 채 이란의 생명줄을 끊으려는 시도였다.

— 상대를 방해할 수 있는 힘 —

냉전 시대에 토머스 셸링과 여러 학자들은 협상에 중점을 둔 전쟁 이론을 찬양했다. 그들이 중시한 것은 "상대를 아프게 할 수 있는 힘"이었는데, 이 힘은 상대가 더 큰 대가를 치루지 않기 위해 굴복하도록 만든다.[43] 셸링의 개념에 따르면 국가는 상대 국가가 자신이 원하는 대로 행동하지 않을 경우 치러야 하는 대가에 대해 분명하고 신빙성 있는 위협을 표출해야 한다.

스틱스넷은 달랐다. 이는 상대에게 공개적인 고통을 주거나 더 혹독한 대가를 치를 것이라고 위협하는 게 아니었다. 스틱스넷은 국제 정세를 미국에게 유리하게 만들기 위한 노력이었다. 시간을 벌고 상대방의 자신감을 무너트리기 위한 시도였으며 이는 미국의 대이란 전략의 핵심이었다. 어떤 웜바이러스도 이란의 핵 프로그램을 무기한 지연시킬 수는 없었지만, 적어도 스틱스넷은 미국에 전반적인 우위를 안겨 주었다. 스틱스넷이 이란의 원심분리기를 파괴하고 우라늄 농축 프로그램을 지연시키는 동안 와이퍼는 대이란 경제제재의 올가미를 더욱 조였다.

스턱스넷의 설계자는 그들의 비밀이 유지되길 원했다. 만약 비밀이 지켜지지 않았다면 방해 공작의 효과는 줄어들었을 것이다. 만약 이란이 원심분리기 오작동이 자신들의 능력 부족이나 내부 첩자에 의한 공격이 아니라 외부의 공격 때문이라는 사실을 알았더라면, 그들은 핵 프로그램 개발을 더욱 가속화했을 것이다. 반대로 이란이 계속해서 자신들의 능력을 의심하고 사고 조사와 정비를 위해 핵 프로그램 가동을 중단했다면, 미국은 평화 협상을 위한 시간을 더 벌 수 있었다.

스턱스넷과 관련하여 가장 높이 평가할 수 있는 부분은 이 악성코드가 단지 시간을 벌었을 뿐 아니라 미국에 협상 카드를 쥐어 주었다는 사실이다. 〈뉴욕 타임스〉는 이란 핵 협상이 타결되고 난 후, 협상 타결에 미국의 이란을 방해할 수 있는 힘이 주효했다고 분석했다. 그 분석 기사는 오바마 정부가 외교와 경제제재의 효과에 대해서만 선전했지만 "이란의 핵 프로그램을 짧더라도 반복적으로 좌절시킨 비밀공작"도 그만큼 중요했다고 적었다. 그 비밀공작은 또한 "이란 엘리트들에게는 비밀 핵 프로그램이 안전하지 않다는 생각"을 심어 주었다.[44] 그러나 핵 협상 타결이 종합적으로 미국에게 이득이었는지는 개인마다 의견이 다를 수 있다. 트럼프 행정부는 이란 핵 협상을 파기했다.

이 모든 이야기에서 가장 놀라운 점은 아마도 스턱스넷이 세상에 공개되었다는 사실일 것이다. 일반인들은 잘 알지 못하는 사이버보안 분야의 전문가들이 모여서 미국 정부 최고위급에서 비밀리에 명령한 작전을 밝혀낸 것이다. 미국과 이스라엘은 막대한 비용을 투입하여 이 사이버 무기를 은밀히 실험했고 지구 반대편 이란의 핵시설에 사용하였다. 그리고 자신들의 비밀이 드러나는 걸 지켜보았다. 과거에도 비밀공작이나 첩보 작전을 불운 때문에 망치는 경우는 있었지만 스턱스넷은 단순히 운의 문제가 아니었다. 스턱스넷의 공개는 앞으로 자주 보게 될 패턴의 전조였다. 즉, 아무리 국가가 사이버 공간에서 막강한 힘을 가지고 있다 하더라도 사이버보안 전문가나 언론과 같은 시민들의 역할도 그에 못지않게 중요해졌다는 것이다.

스턱스넷을 유명하게 만든 건 결국 언론이었다. 2011년 여름, 킴 제터Kim Zetter는 〈와이어드Wired〉에 스턱스넷에 대한 심층 기사를 썼고 이후 스턱스넷의 역사에 대한 책을 썼다.[45] 그리고 이듬해 〈뉴욕 타임스〉의 데이비드 생어David Sanger 기자가 모두가 의심만 하던 미국과 이스라엘의 합작 사실을 밝혀냈고 작전의 승인과 실행에 대해 추가 내용을 더해 책을 발간했다.[46]

이 책들은 모두 스턱스넷과 와이퍼가 첨단 기술력의 승리이며 동시에 단기적으로 전략적 승리라고 평가했다. 그러나 해킹의 위력을 직접 체감한 이란의 지도부는 반격을 준비하기 시작했다. 핵 협상이 진행되는 동안에도 이란은 사이버 경쟁에 매진했다.

제 7 장

표적 파괴

연료탱크가 텅 빈 탱크로리 차량 행렬이 수 킬로미터 늘어져 있었다. 직원들은 업무 메일과 휴대폰을 사용할 수 없었고 문서를 직접 날라야 했다. IT 담당자가 외부에서 급하게 조달해 온 팩스 덕분에 조금 더 빨리 문서를 보낼 수 있게 됐다. 직원들은 컴퓨터 대신 타자기, 펜과 종이를 사용했다. 결제 시스템이 먹통이 되자 회사 경영진은 정상화될 때까지 석유를 무료로 제공하기로 했다. 아람코는 심대한 타격을 받았다. 전 세계에서 시가총액이 가장 크고, 전 세계에서 가장 큰 유전을 보유하고 있으며, 전 세계 연 석유 생산량의 10퍼센트를 차지하는 바로 그 아람코 말이다.[1]

아람코가 특별한 이유는 사우디아라비아 왕가가 이 회사의 모든 지분을 보유하고 있기 때문이다. 다른 석유회사보다도 아람코는 특히나 지정학의 일부분이다. 석유 매장량과 유가를 움직일 수 있는 힘은 사우드 왕가에게는 외교 전략의 중요한 도구로서, 그들은 필요할 경우 이 힘을 적극적으로 사용해 왔다. 외부 관찰자들 눈에 아람코의 방대한 석유 시설과 세계적 브랜드는 사우디아라비아의 국력이자 높은 국제적 위상의 상징이었다. 반대로 오바마 정부와 협력하여 자신들에게 경제제재를 가하고 있는 사우드 왕가에 복수할 수단을 찾고 있던 이란의 해커들에게 아람코는 완벽한 먹잇감이었다.[2] 2012년 8월, 이란의 해커들은 아람코에 대한 대단히 파괴적인 사이버 공격을 감행했다.

스턱스넷과 와이퍼는 은밀히 진행되었지만 이란은 소란을 일으키는 것이 목적이었다. 이란의 공격 규모는 무력 분쟁의 수준까지 달하지는 않았으나, 이 공격을 통해 이란은 글로벌 기업의 핵심 사업을 타격할 수 있는 사이버 전력을 보여주었다.[3] 이란의 사이버 작전은 첩보와 비밀 방해 공작의 도구로 사용되어 온 사이버 공격을 수면 위로 끌어올렸다. 이란은 사이버 공격을 통해 자신의 입장과 의도에 대해 신호를 보냈다. 하지만 위협 신호를 통해 상대방의 행동을 바꾸는 데는 결국 실패했다.

--- 샤문 ---

아람코 공격은 이란이 시도한 첫 번째 대규모 사이버 공격이었다.[4] 이

는 다른 공격들과 마찬가지로 스피어피싱으로 시작됐다. 2012년 중순경, 한 아람코 직원이 이메일을 열고 악성코드가 담긴 링크를 클릭했고, 자신도 모르게 이란 해커를 회사 네트워크에 들여놓았다.[5] 이 최초의 침입 이후 해커들은 다른 컴퓨터와 서버를 감염시키면서 활동 반경을 넓혔다. 그들은 아람코 내부 컴퓨터를 일종의 대리자로 삼아 그 컴퓨터에 지령을 내려 다른 컴퓨터를 통제했다.

이 악성코드는 표적 컴퓨터에 접근하면 샤문Shamoon이라는 이름의 폴더를 만들어 그곳에 기생했는데, 덕분에 이후 조사관들은 이 악성코드와 작전명을 샤문이라고 불렀다. 샤문의 악성코드는 세 가지 주요 기능으로 이루어져 있었다. 첫 번째 기능은 자가 복제하여 아람코 내부 컴퓨터 및 네트워크에 확산되는 것이었다. 그리고 표적 컴퓨터가 시작될 때 스스로 실행되는 기능이 있었다. 이는 사이버 전문가들이 말하는 악성코드의 지속성을 유지하기 위해 흔히 사용되는 기법이다. 지속성이란 컴퓨터 사용자가 컴퓨터를 다시 켜거나 악성코드를 제거하려는 조치를 취해도 계속해서 컴퓨터 안에 잠복할 수 있는 능력을 말한다. 표적 컴퓨터에 자리를 잡자 샤문은 나머지 두 가지 기능을 실행했다. 하나는 시스템의 파일들을 소거하는 것이고, 다른 하나는 해커들에게 공격 진행 상황을 알려 주는 것이었다.

이란 해커들은 데이터 소거 작업을 시작할 때 컴퓨터의 디스크드라이브를 먼저 삭제했다. 디스크드라이브는 하드드라이브에 파일을 읽거나 작성하도록 도와주는 장치다. 그다음 악성코드는 기존의 디스크드라이브를 자신들의 복제 드라이브로 대체했다. 이 복제 드라이브는 컴퓨터 운영체제에 의해 정상적으로 인식되었던 덕분에 발각을 피할 수 있었다. 그다음 악성코드는 중요한 파일이 담겨 있는 폴더를 검색했는데 문서, 사진, 음악, 영상 등 가치가 있을 만한 것들은 모두 찾아냈다. 폴더들을 찾은 뒤에는 이 파일들을 모두 덮어씌웠다. 이 방식은 데이터를 단순히 삭제하는 것보다 효과적이었다. 원본 자료의 복구가 어려워지기 때문이다.

여기까지 작업이 완료되면 그다음으로 샤문은 마스터 부트 레코드를 삭제했다. 마스터 부트 레코드는 하드드라이브의 가장 중요한 파일들이 저장되는 곳인데, 이를 통해 컴퓨터는 파일을 저장할 수 있고 컴퓨터를 켰을 때 작동할 수 있다. 이 장치가 없으면 컴퓨터는 정상적으로 작동할 수 없다. 이 정상적인 작동을 방해하는 것이 바로 해커의 목적이었다. 샤문은 이란의 석유부를 공격한 와이퍼보다 정교하지는 않았는데, 그럴 필요조차 없었다.

사이버보안 전문가들은 샤문의 세 번째 기능을 리포터Reporter 또는 보고자라고 불렀다. 리포터는 공격한 컴퓨터마다 컴퓨터의 IP 주소와 덮어씌운 파일 정보를 수집했다. 2차 세계대전 중에 공군 지휘관이 공중폭격을 한 뒤 피해 규모를 추산하여 공격 효과를 평가했던 것처럼, 이란 해커들도 자신들이 어느 정도 피해를 입혔는지 알고자 했다. 리포터는 이 정보를 거의 실시간으로 해커들에게 제공했고, 일반적인 군사작전에서는 상상할 수 없을 정도로 정확하게 피해 규모를 보고했다.[6]

해커들은 악성코드를 아람코 내부 전산망 전반에 심었고 공격 준비를 마쳤다. 2012년 8월 15일 아침, 마침내 샤문 작전이 개시되었다.

광범위한 아람코 네트워크 곳곳에서 악성코드가 윈도 컴퓨터의 파일들을 덮어쓰기 시작했다. 이 공격으로 컴퓨터 3만 5천 대가 작동 불능이 되었는데 이는 아람코가 보유한 컴퓨터의 대부분이었으며 과거 그 어떤 사이버 공격보다 피해가 컸다. 컴퓨터 화면에는 불타는 성조기가 띄워졌는데 미국-사우디 간 동맹을 규탄하는 의미로 보였다.[7] 아람코에 대해 과감하고 치명적인 공격이 진행되고 있다는 사실은 자명했다.

해커들은 메시지를 남겼다. 자신들을 아무도 들어 보지 못한 "정의의 칼날the Cutting Sword of Justice"이라고 소개한 그들은 사우디의 역내 외교 정책을 비판했다. 그들은 "전 세계에서 그리고 시리아, 바레인, 예멘, 레바논, 이집트 같은 주변 국가에서 벌어지고 있는 범죄와 잔학한 행위에 진절머리가 났기 때문에" 공격을 벌였다고 했다. 그들은 이 모든 것을 사우드 왕가의 책임으로 돌렸으며 악행에 가담한 아람코도 마찬가지라고 생각했다. 그들은 다음과 같이 적었다. "무슬림들의 석유 자원을 수탈하여 폭압적인 조치들을 지원하는 사우드 왕가가 이 참사를 만든 주범 중 하나다. 이는 부당한 탄압으로 악행을 자행하는 사우디아라비아와 다른 국가의 독재자들에게 보내는 경고다."[8] 샤문 공격은 그들에 대한 폭력적인 시위였다.

해커들은 타이밍에 맞춰 공격을 감행했다. 그들은 폭염이 내리는 라마단 기간 중에 공격을 감행했고, 때문에 당시 정보통신 및 사이버 보안 담당 직원들 중 절반이 휴가 중이었다. 아람코 직원들은 피해를 최대한 막기 위해 동분서주했다. 샤문이 아람코의 실제 석유 생산 및 배급 시설을 공격하지는 않았지만, 내부 시스템이 급작스럽게 멈추고 결제 시스템이 막히면서 회사 운영에 심대한 타격을 주었다. 이후 어떤 추가적인 공격과 피해가 있을지 두려웠던 직원들은 주요 데이터 센터와 다른 부문의 컴퓨터들을 인터넷으로부터 물리적으로 차단하기 위해 뛰어다녔다. 사고대응팀은 공격의 배후를 밝히기 위해 고군분투했다.[9]

이 사건을 통해 칼리드 알팔리Khalid-Al-Falih 아람코 CEO는 분명한 교훈을 얻었다. 아람코가 구글이나 애플처럼 인터넷에 의존하는 기업이 아니더라도, 오늘날 모든 기업은 일정 부분 IT 기업이고 사이버 공격에 의해 큰 손상을 입을 위험을 내포하고 있다는 교훈이었다. 그는 다음과 같이 말했다. "우리가 IT 시스템에 얼마나 의존적인지 절대 과소평가하지 마라. 이것들은 마치 산소와 같다. 없어도 잘 살 수 있을 것만 같지만 산소 없이 살 수는 없다."[10]

아람코가 대응에 애를 먹고 있는 동안 해커들은 다시 한번 칼날을 비틀었다. 그들은 아람코가 위기 속에서 소통하지 못하는 모습을 조롱하는 온라인 메시지를 보냈다. 이란은 메시지를 통해 자신들이 아람코 내부 전산망에 대한 정보를 충분히 갖고 있음을 내비쳤다. 그들은 주요 라우터의 로그인 정보와 CEO의 이메일 주소와 암호를 갖고 있었다. 그들은 또한 아람코의 사이버보안 공급업체를 공개했고, 아람코가 주요 시스템에 초기 설정 암호를 사용하는 것을 비웃었다. 그들은 자신들의 성과를 자랑하며 종지부를 찍었다. "우리는 임무를 달성했다."[11]

이란은 자신들이 입힌 지속적인 피해를 자랑스러워했다. 샤문은 아람코의 전산 설비를 완전히 파괴했다. 회사 운영을 서둘러 정상적으로 복구해야 한다는 압박 속에서 아람코는 엄청난 비용을 들여 대규모 사고대응팀을 채용했다. 감염된 드라이브를 대체하기 위해 하드드라이브도 급하게 필요했다. 아람코의 막강한 재원이 여기서 빛을 발했다. 그들은 전용기 여러 대를 투입하여 아시아의 하드드라이브 생산 공장에 직원들을 급파했다. 그리고 어떤 경쟁 기업보다도 가장 비싼 값을 불러서 하드드라이브 5만 대를 확보했다. 이를 위해 아마 수백만 달러가 소요됐을 것이고, 다른 회사들은 하드드라이브 가격 상승과 운송 지연 때문에 어려움을 겪었을 것이다. 그러나 이를 통해 아람코는 가장 빠르게 전산 설비를 복구할 수 있었다.

아람코를 완전히 복구하는 데는 5개월이라는 시간과 상상할 수 없는 비용이 소요되었다.[12] 아람코 공격의 배후에 대한 사이버보안 전문가들의 의견이 분분한 가운데 이란 해커들은 다음 공격을 준비하고 있었다. 이번 목표는 미국의 기업들이었다.

--- 아바빌 작전 ---

사우디아라비아의 석유산업과 가장 비슷한 미국의 산업은 아마 금융산업일 것이다. 금융산업은 미국 국력의 상징이자 무기였다. 미국은 오랫동안 금융기관에 대한 사이버 공격이 어떤 형태로 이루어질지 두려워했다. 특히 두려운 건 금융기관들의 신뢰를 흔드는 공격이었다. 금융기관들이 신뢰를 잃고 신용이 경색됐던 2008년 글로벌 금융위기의 기억이 아직 생생한 시점에 미국은 사이버 공격이 전 세계 소비자들과 기업들의 신뢰를 송두리째 흔들어 놓을 것을 우려했다.

2012년 9월, 이란은 이 악몽을 현실로 만들었다. 해커들은 이 작전을 아바빌 작전Operation Ababil이라고 불렀다. 그들은 다른 해커들이 오랜 기간 사용했던 해킹 수법인 분산 서비스 거부 공격, 즉 디도스 공격을 실행했다. 디도스 공격의 원리는 단순하다. 평상시 인터넷 서버는 전 세계로부터 수신되는 요청과 명령을 처리할 수 있지만 만약 엄청난 양의 무의미한 요청과 명령이 서버에 집중되면 서버 오류가 발생하거나 정상적인 요청을 처리할 수 없게 된다. 쓸모없는 정보의 범람이 서버를 마비시키는 것이다.

디도스 공격은 2000년에 처음 주목받았다. 그해 2월, 온라인 아이디 "마피아보이Mafiaboy"로 유명한 캐나다의 15세 소년 마이클 캘스Michael Calce가 당시 최대 검색엔진이었던 야후를 비롯해 이베이, CNN, 아마존을 디도스 공격으로 마비시켰다. FBI와 캐나다 경찰이 합동 수사로 그를 체포하면서 마피아보이의 공격은 유명세를 치렀다.[13]

마피아보이의 무모한 장난 이후 디도스 공격의 수준과 빈도는 늘어났고, 청소년이 장난으로 갖고 놀던 해킹 수법은 정부 해커들의 무기가 되었다. 전 세계 해커들은 인터넷 서버를 교란하거나 지연시키는 갖가지 방법을 고안해냈다. 2007년에는 러시아 정부를 지지하는 해커들이 에스토니아에 디도스 공격을 감행했다. 이 공격으로 시민들은 정부, 은행, 방송사 사이트에 접속할 수 없었다. 에스토니아는 지구상에서 가장 인터넷이 발달한 곳이었기에 특히 피해가 컸다.[14]

2008년 여름, 전운이 고조되는 가운데 같은 러시아 해커들이 조지아를 공격했다. 조지아 대통령 미하일 사카슈빌리의 대통령실 홈페이지와 여타 사이트가 디도스 공격의 표적이 되었다. 일부 사이버 공격은 러시아의 군사작전과 연계해서 실행되었는데, 군부대와 사이버 해커들이 호흡을 맞춘 첫 사례였다.[15]

디도스 공격의 핵심은 충분히 많은 양의 의미 없는 데이터를 공격대상 시스템에 퍼붓는 것이다. 해커는 보통 많은 수의 컴퓨터를 해킹하여 그 컴퓨터들을 사용하여 데이터를 퍼붓는다. 사이버보안 전문가들은 이 감염된 컴퓨터들을 봇이라고 부르며, 해커의 명령에 따라 함께 공격하는 봇들의 집합을 봇넷botnet이라고 한다.

2011년 12월경, 이란 해커들은 봇넷을 모으기 시작했다. 그들은 인터넷에서 워드프레스와 같이 홈페이지 콘텐츠 관리 도구를 사용하는 컴퓨터와 서버를 찾았다. 해커들은 그중에서도 보안 업데이트를 하지 않은 컴퓨터들을 노렸다. 보안 패치를 하지 않은 홈페이지 관리 도구는 해커가 침투할 수 있는 문을 열어주었다. 이 수법으로 이란 해커들은 전 세계의 컴퓨터와 서버 수천 대를 손에 넣었다.

컴퓨터의 실제 주인들은 몰랐지만 그들의 컴퓨터는 이미 이란 해커가 장악하고 있었다. 컴퓨터 내부에 침입한 해커들은 악성 프로그램을 설치하여 해당 컴퓨터들이 특정 표적에 데이터를 전송할 수 있도록 했다. 해커들은 미국 등 다른 국가에 있는 서버를 임차하여 이 봇넷들을 관리했다. 그리고 봇넷들을 활용해서 표적을 정찰하고 공격 명령을 내렸다.

이란 해커들은 2012년 상반기 동안 미국 기업들을 산발적으로 공격했지만, 본격적인 공세는 9월부터 시작됐다. 9월 18일, 한 조직이 페이스트빈Pastebin에 등장했다. 이 웹사이트는 누구나 글을 작성할 수 있는 곳이다. 이 조직은 스스로를 "이즈 앗-딘 알카삼의 사이버 전사들Cyber Fighters of Izz ad-din Al Qassam"이라고 불렀는데, 이즈 앗-딘 알카삼은 20세기 초 시리아의 성직자로 영국과 프랑스의 지배에 저항하고 시오니즘에 맞서 싸운 인물이다. 그들은 미국 내 어떤 목사가 퍼트린 이슬람을 조롱하고 비판한 영상에 대한 복수로 미국을 공격하겠다고 선언했다. "무슬림의 순진함Innocence of Muslims"이라는 이 영상은 전 세계에서 반대 시위를 불러일으켰고 시위 과정에서 50명이 죽기도 했다. 또한 이 영상은 리비아 벵가지에 있는 미국 대사관에 대한 테러 공격의 발단이 되기도 했으며 그 공격으로 주리비아 미국 대사와 미국인 세 명이 숨졌다. 사이버 전사들은 자신들의 목표가 뱅크오브아메리카와 뉴욕증권거래소라고 밝혔다.[16] 다음날 그들은 체이스 은행을 공격 대상에 추가했다.[17]

이후 해커들은 몇 주에 걸쳐 단계적으로 공격을 펼쳤다. 하루 종일 여러 번에 걸쳐 전 세계에서 인터넷 트래픽이 몰려들었다. 이러한 공격은 가장 기초적인 사이버 공격이다. 해커들은 비밀 정보를 빼내거나 하드드라이브를 제거하려고 하지 않았고 은행 잔고를 조작하거나 심지어 악성코드를 심으려는 시도도 하지 않았다. 단순히 이 기관들의 서버를 마비시켜 온라인 상거래를 방해하는 것이 목적이었다.

디도스 공격의 위력을 측정할 때, 사이버보안 전문가들은 초당 얼마나 많은 데이터를 표적에 쏟아부을 수 있는지를 척도로 한다. 2000년 마피아보이는 초당 800메가비트의 데이터를 표적에 쏟아부었다. 그에 반해 이란이 초당 쏟아낸 데이터의 양은 그에 80배에 달하는 65기가비트였다. 이는 2000년과 비교하여 급속하게 증가한 인터넷 트래픽과 함께 이란 해커들의 수준 높은 실력 덕분이었다. 미국의 기소자료에 따르면 이란 해커들의 공격 규모는 이후 더 커져서 초당 140기가비트의 데이터를 퍼부었다고 하는데 이는 해당 은행의 최대 수용 능력의 3배였다.[18]

이렇게 많은 데이터가 쏟아지면 은행 네트워크에 영향을 줄 수밖에 없었다. 이란의 계속된 공격으로 9월부터 10월 초까지 상당 기간 동안 해당 기관들의 웹사이트는 먹통이 되었다. 은행과 금융기관들은 네트워크 수용 능력을 확대하고 사이버보안을 강화하기 위해 애썼지만, 그러는 동안 고객들은 수차례 온라인 뱅킹을 사용하지 못했다. 10월 8일, 해커들은 무슬림을 모독하는 영상을 인터넷에서 내리지 않는 한 공격은 계속될 것이라고 재차 경고했다.[19]

미국 정부의 고위 관료들은 대응책을 논의했다. 이 논의의 핵심은 바로 '이게 대체 무슨 공격인가?'였다. 이는 매우 수준 높은 정교한 디도스 공격이기는 했지만 정부 내부에 깊숙이 침투하는 사이버 스파이보다는 덜 위협적이었다. 영구적인 피해를 입고 장비 수천 대를 구입해야 했던 아람코 공격과 비교하여 이번 디도스 공격의 피해는 제한적이어서 그저 기물 파손 정도로 보였다. 하지만 공격 배후가 누구인 지도 중요했다. 미국 정보기관은 이란의 소행이라고 단정했다.[20] 이것 이 만약 국가 간의 싸움이라면 보다 강력한 대응이 필요했다.

10월 11일, 리언 패네타Leon Panetta 미국 국방부 장관은 사이버 작전에 대해 연설했다. 신중히 준비된 그의 발언문은 현재 진행되고 있는 사이버 공격에 대해서는 언급하지 않았으나 이란의 아람코 공격에 대해서는 "민간 기업에 대한 역사상 가장 심각한 공격"이라고 언급했다. 패네타 장관은 사이버안보 법안과 보안 규정 강화를 촉구하며 사이버 공격의 위험에 대해 경고했다. 그는 "사이버 진주만 공격"이라는 표현을 사용했고, 핵심 기반시설에 대한 공격에 대해 언급했다. 그는 심각한 수준의 사이버 공격을 방어하기 위해 최선을 다할 것이며 배후의 해커들을 끝까지 찾아내 잡을 것이라고 공언했다.[21] 이란의 사이버 공격으로 발생한 은행들의 네트워크 방어 및 복구 비용이 수천만 달러에 달했지만, 패네타 장관이 말한 심각한 수준의 공격에는 미치지 못했다.[22] 오바마 정부는 내부 논의 끝에 이란에 강력하게 대응하지 않기로 결정했다.

며칠 뒤 해커들이 패네타 장관의 연설에 답신을 보냈다. 그들은 국방부 장관의 연설을 걸리적거린다고 표현했고 그의 이름 옆에 남성의 성기 모양을 그려 넣었다. 무엇보다도 중요한 것은 그들이 반이슬람적 영상이 아직 인터넷에서 내려가지 않았기 때문에 계속 공격하겠다고 선언한 것이었다.[23] 그들의 공격은 이슬람교 명절인 이드 알-아드하 축제일까지 지속되었다. 공격을 멈추기 전 이란은 패네타 장관을 다시 한번 모욕했다.[24] 그들의 언사가 어떠한 신호일 수도 있었지만, 그건 사전에 계획된 위협보다는 분노의 표출에 가까웠다.

이란의 공격이 12월 재개되고 이듬해 1월까지 이어졌지만, 강도는 전보다 약해졌다. 해커들은 매주 자신들의 표적과 성과를 업데이트했지만 언론의 관심은 잦아들었고 금융기관들의 사이버보안도 점차 개선됐다.[25] 해커들은 유튜브 영상들이 모두 삭제되어야 한다고 강조했지만 영상 하나만이 삭제되었을 뿐 영향은 크지 않았다.[26] 2013년 이란 해커들의 공격은 금융기관들의 단단한 방어 때문에 큰 피해를 입히지 못했고 이에 대중에 미치는 영향도 감소했다.

해커들은 작전이 진행되는 내내 자신들이 이란 정부 및 아람코 공격과는 무관하며, 요구하는 것은 반이슬람적 영상의 삭제뿐이라고 주장했다. 그러나 미국 정보기관은 이 주장이 거짓이라고 판단했다.[27] 그들은 이란 정부의 해커로 이란 고위 지도부의 지시와 지원을 받고 있었으며, 그들의 공격은 이란 핵시설을 공격한 미국과 동맹국들에 대한 보복이었다. 똑같은 해커들이 아바빌 디도스 공격과 아람코 공격을 모두 주도했는지는 불분명하나 미국 정보기관은 두 작전 모두 이란이 자국의 사이버 공격 능력을 배양하려는 전략의 일환이라고 보았다. 이란은 스턱스넷과 와이퍼 공격 이후 이 공격들을 면밀히 분석했고 수십억 달러를 투입하여 사이버 전력을 강화했다.[28]

미국 정보기관은 아바빌 작전이 끝나도 이란에서 향후 다시 사이버 공격을 해 올 것이라고 예측했다. 이러한 예측을 내놓은 분석관은 이란이 미국이나 영국을 대상으로 아람코처럼 영구적인 피해를 발생시키는 공격은 하지 않을 것이라고 추측했다. 그러나 현재 진행 중인 사건이 이란의 셈법을 바꿀 수도 있다고 단서를 달았다.[29] 그 단서가 결국 옳았다.

--- 샌즈 카지노 ---

셸든 아델슨Sheldon Adelson은 세계에서 가장 부유한 인물 중 하나로 300억 달러가 훌쩍 넘는 재산을 갖고 있다. 그는 글로벌 카지노 사업인 라스베이거스 샌즈 카지노로 부를 축적했는데, 이 카지노는 미국, 싱가포르, 마카오에 거점을 두고 있다.[30] 아델슨은 자신의 부를 가지고 주로 두 가지 일에 집중했다. 첫째, 그는 미국의 가장 열성적인 정치 후원자 중 하나로 공화당 후보에게 수억 달러를 지원했다.[31] 둘째, 그는 이스라엘의 열렬한 지지자로 이스라엘에서 언론사 3개를 운영했으며 보수 성향의 베냐민 네타냐후 총리와도 개인적 친분이 있었다.[32]

2013년 10월, 이스라엘과 이란의 관계가 악화되고 있던 시점에 아델슨은 뉴욕에서 한 패널로 참석했다. 그는 핵 위기를 외교적으로 해결하려는 노력에 회의적 입장을 내비쳤다. "뭐 때문에 우리가 협상을 하는 건가?" 그는 수사적으로 물었다. 그는 이란과 이렇게 대화해야 한다고 주장했다. "나는 이란에게 이렇게 말할 거야. 이봐, 저기 사막 보이지? 내가 준비한 것을 봐." 그는 이란이 지켜보는 가운데 핵폭탄을 터트려야 한다고 주장했다. 핵폭발로 "인명 피해는 없을 것이다. 아마

방울뱀이나 전갈 몇 마리만 죽을 거다." 핵무기를 개발하려는 이란에게는 확실한 경고가 될 것이다. "말살되고 싶은가? 한번 멋대로 해 봐라."[33] 아델슨이 주장한 건 옛날 방식의 위협 신호였다.

이란은 아델슨의 말을 흘려듣지 않았다. 이란의 최고 지도자 알리 하메네이는 2주 후 다음과 같이 회답했다. "미국은 함부로 지껄이는 자들의 주둥이를 때리고 입을 찢어야 한다."[34] 그리고 얼마 지나지 않아 이란은 말 대신 행동을 보여주기로 했다. 다만 아델슨 또는 그의 자산에 대한 물리적 공격은 긴장을 고조시킬 뿐 아니라 현장에 설치된 수많은 보안장치라는 장애물을 넘어야 한다. 그렇기에 이란은 강력하고 파괴적이지만 책임을 부인할 수 있고 확전되지 않을 수준의 공격 수단이 필요했다. 답은 해킹이었다.

조사에 따르면 이란 해커들은 아델슨이 패널에서 발언하고 한 달 후부터 그의 회사에 대한 활동을 개시했다. 면밀한 정찰의 결과인지 단순한 우연인지 알 수 없으나, 이란은 펜실베이니아에 위치한 작은 카지노인 샌즈 베들레헴을 공격 대상으로 삼았다. 그 카지노에는 슬롯머신이 약 3천 대 있었고 자체적으로 컴퓨터 네트워크를 운영하고 있었다. 2014년 1월, 이란 해커들은 최소 세 차례 카지노 직원들의 계정을 해킹하여 샌즈 베들레헴의 업무망VPN에 강제로 침입하려고 했다. 그들은 직원 계정의 비밀번호를 알아낼 때까지 계속 로그인을 시도해 보는 방식의 소프트웨어를 사용했다. 카지노 직원들은 이 해킹 시도를 알았지만 특별한 조치를 취하지는 않았다. 그들은 그저 추가로 보안 강화 조치를 취하고서 이를 지켜보았다. 한동안은 그들의 방어가 해커를 막아 낼 수 있었다.

2월 1일, 이란 해커들은 다른 방식을 시도했다. 그들은 샌즈 베들레헴의 IT 직원이 소프트웨어를 개발하고 시험하는 별도의 서버에서 취약점을 발견했다. 이 서버를 해킹하여 그들은 업무망에 침투할 수 있었고, 널리 사용되는 악성 프로그램인 미미캐츠Mimikatz를 사용하여 직원들의 계정 암호를 수집했다. 해커들은 이 암호들을 사용하여 베들레헴의 네트워크에 침입할 수 있었지만, 글로벌 샌즈 네트워크에는 접근할 수 없었다.

베들레헴 네트워크에 침입하고 약 일주일 후, 샌즈 본사의 베들레헴 카지노 출장이 잡히면서 해커들에게 기회가 열렸다. 본사에서 온 임원은 베들레헴의 컴퓨터를 사용하여 본사 네트워크에 접속하였고, 해커는 그의 계정 암호를 훔칠 수 있었다. 이 암호는 그들이 훔친 다른 수많은 암호와 달리 그들을 라스베이거스 본사 네트워크로 인도했다. 바로 해커들이 원하는 목적지로 갈 수 있는 문이었다.

라스베이거스 샌즈 네트워크에 침입한 해커들은 공격을 준비했다. 아람코 공격과 유사하게 그들은 샌즈의 데이터와 컴퓨터를 노렸다. 그들은 샌즈 시스템에서 데이터를 완전히 삭제하고 이를 다른 데이터로 덮어씌워 복구를 방해하는 악성코드를 특수 제작했다. 그들의 목표는 최대한 많은 피해를 줄 것처럼 보였다.

2월 10일 월요일 아침, 공격 준비가 끝났다. 해커들은 막대한 피해를 줄 목적으로 악성코드를 활성화시켰다. 악성코드는 샌즈 네트워크 내의 컴퓨터와 서버 수천 대를 마비시켰고, 라스베이거스에서만 전체 컴퓨터 중 75퍼센트가 피해를 입었다. 사고대응팀은 서둘러 피해를 최소화하기 위해 대응했다. 샌즈의 IT 직원은 곧바로 사무실을 일일이 다니면서 모든 컴퓨터의 전원을 꺼 버렸다.[35] 샌즈의 내부 문서를 손에 넣은 해커들이 다음에 무슨 짓을 할지 모르는 상황에서 샌즈 경영진은 회사 내부 상당 규모의 네트워크를 차단하기로 결정했다. 내부 문서를 수집한다는 것은 해커들이 겉으로 드러나는 파괴 공작 외에 첩보 목적도 가지고 있음을 보여주었다.

위력적인 사이버 공격을 당한 샌즈에게는 다른 한편으로 다행인 점도 있었다. 이란의 공격이 미국 내 샌즈 네트워크와 해외 지사 간의 연결을 끊으면서 의도치 않게 악성 프로그램이 해외에 있는 컴퓨터들까지 확산되는 걸 막은 것이다. 피해는 막심했지만 미국 안에 국한됐다. 만약 사전 정찰로 더 많은 정보를 파악하여 세밀하게 계획된 공격을 했다면 피해는 더욱 컸을 수 있었다.

다음날에도 해커들은 공격을 이어 나갔다. 그들은 분명한 메시지를 보냈다. 이란 해커들은 다른 회사가 호스팅하던 샌즈의 홈페이지를 장악하였고, 그 홈페이지의 문구와 사진을 바꿨다. 바뀐 사진에는 아델슨과 네타냐후 이스라엘 총리가 함께 있었고 그 옆에 샌즈 카지노들의 위치가 그려진 지도가 불타고 있었다. 경고 메시지도 있었다. "대량살상무기 사용을 부추기는 것은 '어떤 경우에도' 범죄다." 메시지를 보낸 건 "대량살상무기 반대 조직"이라는 단체였고 그들은 아델슨에 대한 직접적인 경고도 덧붙였다. "당신의 세 치 혀 때문에 당신 목이 날아갈 수도 있다."[36]

그다음 해커들은 자신들이 회사의 민감한 정보를 손에 넣었다는 것을 보여주었다. 그들은 주민번호를 포함한 직원들의 개인정보를 공개했다. 샌즈 경영진이 공격을 대수롭지 않게 여기자 그들은 유튜브에 11분짜리 영상을 올렸다. 영상은 처음에 이란을 공격해야 한다는 아델슨의 발언을 보여준 다음, 많은 시스템의 비밀번호를 포함하여 폴더 수천 개에 달하는 내부 문서들을 해커들이 가지고 있음을 보여주었다. 해커들을 막으려 했던 사고대응팀의 노력이 너무 늦었던 것이다. 샌즈는 최종적으로 피해 규모가 4천만 달러에 달한다고 추산했는데, 이는 해킹 역사상 기록적인 규모였다.[37]

--- 소음과 격노로 가득 찬 신호 ---

이로써 미국이 오랫동안 두려워했던 사건 혹은 두려워했던 사건의 축소판이 마무리되는 듯 보였다. 외국 해커들은 미국 금융기관과 샌즈 카지노에 대한 공격으로 두 차례나 미국에 성공적인 사이버 공격을 가했다. 아울러 사우디아라비아에 대한 공격은 미국의 동맹국에 대한 공격이었다. 이 공격들은 유명 기업들의 핵심 비즈니스를 타격했고 수천만 달러의 손실을 발생시켰다. 파괴적인 사이버 공격은 더 이상 가상의 위협이 아닌 실질적인 정책 문제로 부상했다.

스턱스넷과 와이퍼 공격이 유리한 환경 조성을 위한 작전이었다면 이란이 벌인 노골적인 사이버 공격들의 목적은 상대방에게 신호를 보내는 것이었다. 그러나 이란의 신호는 효과적으로 전달되지 않았는데 이는 다음 세 가지 이유 때문이었다. 첫째, 메시지가 너무 단순했다. 이란이 스턱스넷 공격과 반이란 인사들의 발언에 불만을 품은 것은 누구나 아는 사실이었다. 이 불만을 표출하는 것은 이란의 전략적 관점이나 의도에 대해 아무런 새로운 정보도 제공하지 않는다. 샤문 공격 없이도 누구든 사우디아라비아와 이란의 사이가 좋지 않다는 사실을 알고 있었다. 아바빌 작전 이전에도 이란이 스턱스넷 공격에 분노했다는 건 잘 알려진 사실이었다. 마찬가지로 아델슨이 이란의 사막에서 핵실험을 하자는 도발적인 발언을 하긴 했으나 이란과 아델슨은 예전부터 앙숙 관계였다. 신호를 보내는 목적은 상대방에게 자신의 우선순위에 대한 신뢰할 만한 정보를 전달하여 상대의 행동을 바꾸는 것이다. 하지만 이란의 사이버 작전은 그러지 못했다.

둘째, 국가가 자신의 말에 책임을 질 수 있어야 의미 있는 신호를 보낼 수 있다. 이란의 공격은 그들이 사이버 전력을 강화하고 있음을 보여주었지만, 해커들이 이란 정부와의 관계를 부인하면서 국가전략으로서의 의미를 퇴색시켰다. 관계를 부인하는 해커들의 말을 믿는 사람은 별로 없었지만 그럼에도 국가가 책임을 부인하면 그들의 행동은 위협적이지 않다. 군사동원령과 같은 일반적인 군사행동은 국가의 의지를 분명히 반영하고 지속적인 효과를 갖는데 반해 이란의 해킹은 국가가 그 책임을 부정했기 때문에 마치 일회성의 도발로 비쳤다. 아람코 해커들이 임무가 완성됐다고 언급한 것 역시 이란이 장기적인 그림을 그리고 있다는 인상을 주지 않았다. 이런 측면에서 보면 이 공격들은 충동적인 공격이었을 수 있다. 당시 NSA 국장이던 키스 알렉산더는 이란이 해킹 작전을 사전에 계획하지 않고 "감정적으로 움직이기 때문에" 종잡을 수 없다고 표현했다.[38]

셋째, 국제관계에서 미묘한 신호의 핵심은 상대방에게 철저히 계산된 정도의 피해를 주면서 더 큰 피해를 줄 수 있다고 위협하는 것이다. 하지만 이란의 공격에는 이런 효과가 전혀 없었다. 이란의 사이버 전력은 대부분의 공격 직후 소진됐다. 아람코와 샌즈의 경우, 이란은 공격 이후 대상 네트워크들에 대한 자신들의 접근 권한과 공격 능력을 상실했고, 디도스 공격은 추가로 줄 수 있는 피해가 미미했다. 샌즈 카지노 공격에서 이란은 자신이 줄 수 있는 피해보다 더 적은 피해를 입혔지만 이건 계산된 것은 아니었고 그들의 실수 때문이었다.

더 큰 피해를 입힐 수 있는 여력이 부재한 상황에서 이란의 사이버 공격은 파괴적이었지만 미국이나 사우디아라비아의 행동을 바꾸기에는 역부족이었다. 샌즈 카지노 공격은 당시 기준으로 미국에 대한 가장 치명적인 사이버 공격이었지만 이에 대해 마이클 헤이든 전 NSA/CIA 국장은 정부 차원의 대응이 필요 없다면서 다음과 같이 말했다. "만약 내가 현직에 있을 때 샌즈 공격이 있었다면, 나는 이를 무시했을 것이다." 그의 말은 샌즈가 정부기관이 아니기 때문에 샌즈에 대한 공격이 미국에 대한 공격은 아니라는 뜻이었다.[39] 마찬가지로 사우디아라비아도 샤문 공격으로 대이란 관계가 악화됐지만 이에 대해 직접 보복 공격에 나서지는 않았다. 아델슨도 이란 정권에 대한 입장을 우호적으로 바꾸거나 이스라엘에 대한 지지를 접지 않았다.

이란은 신호를 전달하는 데는 실패했지만 사이버 공격이 얼마만큼 진화했는지는 여실히 보여주었다. 그들은 사이버 공격의 새로운 장을 열었고, 미국과 러시아 같은 초강대국들도 이란과 같은 새로운 방식의 사이버 공격 수법을 개발하기 시작했다. 보다 중요한 것은 이란 해커들이 이목을 끌 수 있는 사이버 공격 방법을 보여줬다는 점이다. 물론 그들의 시도가 신호를 보내기에는 효과적이지 못했지만 말이다. 이란 해커들은 이러한 수법의 공격으로 피해를 줘도 상대방이 즉각 대응하기는 어렵다는 사실을 보여주었다. 이란의 사례는 다른 국가들에게 참고 사례가 됐고, 그들은 이를 교훈 삼아 사이버 공격으로 더욱 구체적이고 실질적이며 계산된 위협을 가할 수 있게 되었다. 그리고 2014년, 실제로 이를 행동에 옮긴 국가가 나타났다.

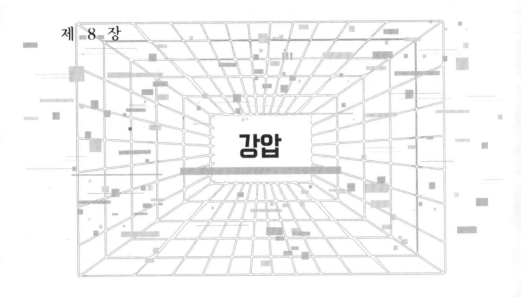

제 8 장

강압

"대통령님께 세스 로건의 형편없는 영화에 대해 브리핑해 드릴 줄 꿈에도 몰랐습니다." 오바마 대통령의 보좌관이 말했다. 백악관 내 정보 브리핑에서 나온 말이다. 오바마는 보좌관에게 〈인터뷰The Interview〉가 왜 형편없는 영화인지 물었다. 보좌관은 준비된 답을 했다. "대통령님, 그건 세스 로건이 만든 영화니까요."[1]

영화 〈위험한 게임〉이 레이건 대통령에게 사이버안보에 대한 관심을 불러일으켰고 〈데어 윌 비 블러드〉가 NSA의 방첩 작전에 영감을 주었다면, 〈인터뷰〉는 실제 사이버 공격의 단초가 됐다. 세스 로건과 제임스 프랭코가 출연한 영화 〈인터뷰〉는 CIA의 김정은 암살 작전에 관한 이야기다. 두 배우는 기자 역할을 맡았다.

이 영화는 처음부터 도발적일 수밖에 없었다. 영화의 원래 제목은 "김정은을 죽여라"였고 편집되지 않은 원본 영화의 결말은 김정은의 얼굴이 폭발하는 장면이었다. 제작사는 영화가 실제 북한을 배경으로 하기 때문에 더욱 "강렬하다"고 말했다. 소니 픽처스의 공동 대표인 에이미 파스칼은 각본을 마음에 들어 했다. 시사회 관객들도 매력적인 영화라고 평가했다.[2]

그러나 북한의 생각은 달랐다. 2014년 6월 〈인터뷰〉의 예고편이 공개된 후 북한의 외무상은 미국 정부를 강력히 비판하는 성명을 발표했다. 북한 정부는 그 영화가 자신들의 지도자를 모독하는 도발적인 공격이라고 여겼고 미국 정부의 작품이라고 생각했다. 그들은 이 영화가 창작의 자유나 풍자의 결과물이 아니며 미국이 "깡패 영화 업자를 매수하여" 만든 것이라고 보았다. 북한은 자신들의 "최고 수뇌부를 모독 중상하고 해치려는 기도"를 영화로 만드는 것은 "테러 행위"이자 "전쟁 행위"로써, 북한 정권은 "단호하고 무자비한 대응 조치"를 취할 것이라고 발표했다.[3]

북한의 반발에도 불구하고 영화 제작은 멈추지 않았다. 소니 픽처스 경영진이 미국 정부와 북한의 협박에 대해 논의한 것으로 보이기는 하지만, 둘 다 북한의 공격 가능성에 대해 크게 우려하지 않았다.[4] 로건 감독은 트위터에서 이를 신랄하게 비꼬았다. "보통 사람들은 내 영화를 돈 주고 보기 전까지는 욕하지 않는다."[5] 비록 마지막 장면을 편집하는 등 영화 일부분이 조금 순화되긴 했지만 영화 개봉은 차질 없이 진행되었고, 영화는 가장 큰 대목이라 할 수 있는 크리스마스에 개봉하기로 결정됐다.

미국 정부 내에서는 영화 〈인터뷰〉가 화젯거리가 되지 못했지만, 북한은 이 영화를 2014년 하반기 가장 중요한 정책 문제로 받아들였다. 영화는 북한 입장에서 강압coercion의 문제였는데, 강압은 냉전 시대부터 이론적으로 잘 알려진 개념이다. 더 구체적으로 말하면 이는 강압 중에서도 강요의 영역이었는데, 강요는 상대방의 행동을 바꾸게하는 것이 목표다. 북한이 미국 영화사(북한은 그들이 미국 정부의 명령을 받는다고 생각하지만)가 물러서도록 강요할 수 있는가? 북한이 어떻게하면 소니 픽처스에 상황의 심각성을 인지시킬 수 있으며 또 어떻게협박해야 그들이 행동을 바꿀 것인가?

강압은 외교 정책의 주요 목표 중 하나다. 왜냐하면 강압을 통해전면전 없이도 원하는 것을 보다 쉽게 얻을 수 있기 때문이다. 이는 가장 순수한 형태의 신호다. 이란의 경우 그들은 과거에 일어난 일을 바꿀 수 없었지만, 북한은 아직 개봉 전이었기 때문에 소니 픽처스의 생각을 바꿀 기회가 남아 있었다.

이를 위해 북한은 자신의 사이버 전력을 활용하기로 했다. 2009년에 발표된 미국의 국가정보예측보고서는 북한의 사이버 전력을 형편없다고 폄하했다. 그 이래로 북한은 괄목상대할 발전을 이루었다.[6] 2011년, 북한은 한국의 핵심 기반시설, 언론, 금융기관을 공격했다(당시 공격으로 금전적 이득을 취하지는 않았다). 이듬해 북한은 한국의 여타다른 언론기관을 노렸고 다시 1년 뒤 한국의 은행과 언론기관에 대한와이핑 공격을 감행했다.[7] 인구의 40퍼센트가 영양실조에 걸린 국가

로서는 대단한 사이버 공격 능력을 보여준 셈이었다.[8]

　한국에 대한 대대적인 공격이 있던 다음 해, 북한은 미국의 영화사를 노리기 시작했다. 그 결과 역사상 가장 많은 논란을 불러일으켰지만 동시에 제대로 연구된 적 없는 사이버 공격이 벌어졌다. 그리고 이 공격은 이후 해커들이 정보 유출을 전략적으로 사용하게 되는 시초가 되었다. 북한의 공격은 강압의 도구로서 매력적인 사이버 공격의 예를 보여주면서도 동시에 그 한계를 여실히 드러냈다.[9]

--- 공격 ---

2014년 9월 24일, 소니 픽처스의 한 직원이 네이선 곤잘레스라는 사람으로부터 이메일을 받았다. 곤잘레스의 메일 주소는 bluehotrain@hotmail.com이었고 메일 안에는 링크가 있었다. 링크를 클릭하면 다른 사업의 광고 영상으로 연결됐다. 파일명에는 '영상'과 '어도비 플래시'라고 적혀 있었는데, 이는 파일이 플래시 프로그램을 사용하여 재생되는 영상이라고 속이기 위해서였다. 수상하게도 이 메일을 보낸 사람 이름에는 네이선 곤잘레스가 아닌 다른 임원의 이름이 적혀 있었다.

　다른 피싱 메일들처럼 이 메일 역시 전부 가짜였다. 이메일을 보낸 사람은 네이선 곤잘레스도, 그 다른 임원도 아니었다. 그건 일반 인터넷 유저의 메일 주소가 아니었다. 그리고 그 광고 영상은 보기보다 위험한 파일이었다. 첨부파일은 해당 직원의 컴퓨터에 악성코드를 설치하는 실행 파일이었다. 대상 컴퓨터에 설치되면 악성코드는 북한 해커의 첫 번째 지령을 수행했다. 바로 악성코드에 담긴 IP 주소 다섯 곳에 컴퓨터를 연결하는 것이다. 북한 해커가 이 IP 주소들을 소유했는데 그중 하나는 중국 주소였다. 악성코드가 이들 주소에 연결되면 주소의 컴퓨터들이 다음 지령을 내보냈다. 악성코드는 9월 24일과 10월 6일 사이에 최소 일곱 차례 그 주소들과 교신했다.

북한 해커들은 이 악성코드를 통해 소니 내부 전산망 전반에 침투했다. 악성코드는 내부망의 문서 디렉토리 구조를 파악하고 컴퓨터에 저장된 정보를 복사하였으며 더 많은 악성코드를 심고 추가 지령을 조용히 기다렸다.[10] 다시 말해 이 코드는 모든 기능을 수행할 수 있었고 해커는 소니의 전산망을 원격으로 조정할 수 있었다.

북한이 소니 내부 전산망 상당 부분에 피해를 입히고 그 과정에서 증거를 파손했기 때문에 우리는 다음에 어떤 일이 일어났는지 일일이 파악할 수 없다. 북한 해커들은 분명 2014년 하반기 상당 기간 동안 소니 내부망을 헤집고 다녔을 것이다. 그들은 내부 전산망 구조에 대해 많은 정보를 수집했고, 주요 서버와 데이터 저장소에 접근했으며, 최종 공격을 위해 정찰을 실시했다. 한 전문가는 소니가 전혀 눈치채지 못하는 사이에 "북한 해커들이 최초 침입 후 소니 내부 전산망을 모두 자유롭게 드나들 수 있었을 것"이라고 분석했다.[11] 해커들은 또한 개인 메일과 경영 문서와 같은 소니의 귀중한 기밀자료들을 손에 넣었다.

스피어피싱 이후 약 두 달 뒤인 11월 21일, 북한은 다음 단계로 넘어갔다. 그들은 소니 임원 5명에게 "신의 사도들God'sApstls"이라는 이름으로 메일을 보냈다. 그들은 엉터리 영어로 메시지를 보냈다. "우리는 소니로부터 굉장한 피해를 입었다. 보상하라. 우리는 금전적 보상을 원한다. 피해를 보상하지 않으면 소니는 통째로 날아갈 것이다. 너희는 우리를 잘 알고 있다. 우리는 절대 오래 기다리지 않는다. 현명하게 처신해라."[12] 이 메일을 받은 한 임원은 고의적으로 무시했든지 아니면 평소에 너무 많은 메일을 받아서이든지 이를 열어 보지도 않은 것 같다. 다른 임원은 스팸메일 필터 때문에 메일을 받아 보지도 못했다.[13] 소니에 따르면 최소 임원 한 명 정도가 이 메일을 읽었고 FBI에이를 전달했다.[14] 그러나 위협이 구체적이지 않았고 내용도 불분명했기 때문에 메일은 무시됐다. 해커들은 물러서지 않았다.

11월 22일 또는 23일, 북한 해커들은 데스토버Destover라는 악성코드를 소니 전산망에 심었다. 소니의 갖가지 내부 개인정보를 수집했던 북한의 정보 수집 단계가 마무리됐다. 이제 자신들의 위협을 무시한 대가를 치를 차례였다. 데스토버는 이를 위한 도구였다.

소니에 대한 북한의 공격은 매우 체계적이었다. 데스토버는 윈도에 기본적으로 사용되는 보안 프로그램에 발견되지 않도록 설계됐다. 해커가 공격 대상 컴퓨터에 악성코드를 옮겨 활성화시키면 코드는 미리 정해진 순서대로 공격을 실시하는데, 목표는 피해를 최대화하는 것이었다. 해커들은 대상 컴퓨터 각각의 부문에 여러 데스토버를 한꺼번에 심었고 이들은 합동 공격을 펼쳤다.

첫 번째 공격 대상은 마스터 부트 레코드였다. 하드드라이브 내 중요 정보를 모아 두는 곳으로 이란 해커들도 샤문 공격에서 이 마스터 부트 레코드를 노렸다. 북한도 이란과 같이 성공을 거두었다. 데스토버는 컴퓨터에 설치된 하드드라이브를 하나하나 훑으면서 마스터 부트 레코드를 덮어썼다.

마스터 부트 레코드에 오류가 발생하면 데이터는 그대로 있지만 읽을 수 없게 된다. 하지만 컴퓨터 포렌식 기술을 적용하면 데이터를 복구하고 정상적으로 작동하게 할 수 있다. 따라서 북한 해커들은 데이터를 복구할 수 없도록 하는 것을 두 번째 목표로 삼았다. 컴퓨터 내 설치된 모든 하드드라이브의 모든 폴더를 훑고 파일을 찾았다. 데스토버는 가치가 있어 보이는 데이터를 찾으면 이를 덮어써서 복구를 어렵게 했다. 그러고 나서 파일을 하드드라이브에서 완전히 삭제했다. 데스토버는 데이터 외에도 소프트웨어 프로그램 같은 다른 것들도 모두 삭제하여 더 큰 피해를 주었다.

데스토버의 세 번째 공격은 아무런 피해도 입히지 않았다. 그 대신 이 악성코드는 해커가 선택한 웹페이지, 그림, 음향 파일을 실행했다. 이 공격은 아무런 실질적인 효과가 없었지만, 누가 왜 사이버 공격을 시도했으며 앞으로 더 큰 피해를 볼 수도 있다는 경고 메시지를 똑똑히 전했다.[15] 이 세 번째 공격이 진행되면서 누구든지 대규모 사이버 공격이 벌어지고 있다는 사실을 알 수 있었다. 이렇게 보면 북한의 공격은 스턱스넷이나 와이퍼보다 이란의 사이버 공격과 닮았다. 북한은 자신들의 공격을 만천하에 알리고 싶어 했다.

추수감사절 직전 월요일인 11월 24일, 공격이 시작됐다. 데스토버의 세 갈래 공격이 동시에 소니 전산망 전반에 걸쳐 이루어졌다. 컴퓨터와 서버들은 작동을 멈추었다. 소니 픽처스 직원들의 화면에는 해골 그림과 "당신은 #GOP에 의해 해킹당했다"라는 문구가 떴다. GOP는 해커들이 스스로 지은 "평화의 수호자Guardian of Peace"의 약자였다. 문구 아래 새로운 메시지가 떴다. "우리는 이미 당신들에게 경고했다. 이건 시작에 불과하다. 우리의 요구가 수용될 때까지 계속 공격할 것이다. 우리는 너희의 비밀과 일급 기밀을 포함한 내부 자료를 갖고 있다. 따르지 않으면 전 세계에 이 정보를 공개할 것이다. 11월 24일 밤 11:00(그리니치 표준시)까지 결정하라." 메시지 아래에는 링크가 다섯 개 걸려 있었는데, 이는 모두 소니 픽처스의 내부 정보가 저장된 장소로 연결됐다.

3500명에 달하는 소니 픽처스 캘리포니아 사무소 직원들은 이를 "죽음의 화면"이라고 불렀다.[16] 하지만 이 화면은 사실 연막이었고, 화면에 정신이 팔려 있는 동안 데스토버는 직원들의 컴퓨터를 망가트리고 있었다. 일부 직원들은 컴퓨터 전원 코드를 뽑아서 해커들의 공격을 막을 수 있었다. 하지만 직원들 대부분은 무엇을 해야 하는지 모른 채 끔찍한 화면을 보고만 있었다. 그들이 다른 직원을 부르고 내부 경보를 울리는 동안, 데스토버는 그들의 파일을 모두 삭제했다.

소니 픽처스가 입은 피해는 막대했다. 한 분석에 따르면 소니 픽처스는 이 공격으로 전산 설비 가운데 70퍼센트를 상실했다.[17] 주요 서버는 다운됐고, 추가적인 피해를 막기 위해 정상적인 서버들도 멈추어야 했다. 회사 내부 상점들은 카드가 되지 않아서 현금만 받아야 했다. 직원들 사이에 모든 기기를 업무망으로부터 분리해야 한다는 말이 급속히 퍼졌다. 덕분에 제대로 작업을 할 수 있는 직원은 없었다. 한 직원은 언론과 인터뷰에서 회사가 인터넷이 없었던 10년 전으로 퇴보한 것 같다고 말했다.[18] 아람코와 샌즈 카지노처럼 소니 픽처스도 컴퓨터가 일상 업무에 얼마나 중요한지 깨닫는 데 오랜 시간이 걸리지 않았다.

소니 픽처스는 회사를 정상화하기 위해 최선의 노력을 다했다. 직원들은 개인 메일을 사용했고 직접 인편으로 문서와 대본들을 전달했다.[19] 회사 지하실에서 찾은 낡은 블랙베리 휴대폰 190대를 회사 임원과 주요 직원들에게 나눠 주었다.[20] 경리부 직원들은 직원들 임금을 제시간에 맞춰 주기 위해서 오래된 컴퓨터라도 찾으려고 노력했다.[21] 임원진들은 진 켈리 빌딩(유명 배우이자 무용가에 이름을 딴 건물)에 비상지휘소를 차렸지만 뭘 해야 할지 몰랐다. 그들은 지휘소에서 직원들에게 침착하게 대응하라는 메시지를 작성했고 지면으로 나눠 주었다.

소니 픽처스 경영진은 해커들의 추가 공격을 우려했다. 특히 그들은 해커가 말한 11월 24일 11시 시한이 다가오자 초조해했다. 그러나 시한이 지나도 추가적인 공격이나 메시지는 없었다. 11월 25일, 소니 픽처스 최고 경영진은 직원들에게 다시 지면으로 메시지를 전달했다. 비상 상황이었지만 경영진의 메시지는 평소와 비슷했다. 메시지는 다음과 같았다. "현재 시스템 장애를 해결하려 노력하고 있는 가운데 직원 여러분들의 수고와 창의적 사고, 긍정적 태도에 감사드린다."[22] 사이버 공격은 끝난 듯 보였고 경영진들은 추수감사절 연휴 이후에나

회사가 정상화될 것이라고 조심스럽게 말했다.[23]

--- 유출 ---

11월 25일, 소니의 미개봉 영화들이 인터넷에 유출되기 시작했다. 해커들은 12월 개봉 예정이었던 유명 뮤지컬 영화의 리메이크작 〈애니 Annie〉와 전기 영화 〈미스터 터너Mr. Turner〉를 업로드했다. 〈스틸 앨리스 Still Alice〉와 〈그녀의 팔에 사랑을 새겨줘To Write Love on Her Arms〉도 파일 공유 사이트에 등장했다. 얼마 전 개봉한 브래드 피트 주연의 〈퓨리Fury〉도 마찬가지였다. 소니는 불법 파일을 인터넷에서 내리기 위해 노력했지만 한발 늦은 조치였다. 해커가 불법 파일을 업로드한 지 닷새 만에 120만 명이 〈퓨리〉를 불법 시청했고 수십만 명이 다른 영화들을 봤다.[24] 이렇게 영화 다섯 편이 온라인에 갑작스럽게 유출되자 소니 픽처스 경영진은 다시 두려움에 빠졌다. 소니 픽처스에 대한 사이버 공격은 끝난 게 아니라 새로운 단계에 접어들었을 뿐이었다.

상황은 점점 더 악화됐다. 11월 28일 토요일 아침, 몇몇 기자가 심상찮은 이메일을 받았다. 미디어 스타트업 〈퓨전Fusion〉의 편집장 케빈 루즈도 이메일을 받았다.[25] 메일을 보낸 사람은 소니 픽처스를 해킹한 조직의 "두목"이라고 주장했다. 메시지는 유출된 영화들을 언급하고 매우 탐나는 조건을 제안했다. 바로 소니 픽처스의 내부 문서였다. 그들은 "수십 테라바이트"에 달하는 문서를 갖고 있다고 주장했다. 실로 엄청난 양이었다.[26] 그들은 문서 일부가 해커들이 애용하는 페이스트 빈에 올려져 있다고 전했으며, 이를 볼 수 있는 패스워드를 알려주었 다. 그들이 알려준 암호 diespe123은 소니 픽처스의 몰락을 암시하고 있었다.*

훗날 루즈는 이메일을 처음 받았을 때 스팸메일이라 생각했다고 말했다. 그는 그냥 한번 "즉흥적으로" 메일을 열어 보았다.[27] 놀랍게도 그 안에는 진짜 자료들이 있었다. 그는 소니 픽처스 영화사의 내부 자 료가 저장된 26개 저장소에 접근할 수 있었다. 루즈는 소니 픽처스 홍 보팀에 유출에 대한 코멘트를 요청했지만 소니 픽처스는 답하지 않았 다.[28]

당연히 루즈와 다른 기자들은 기사를 쓰기 시작했다. 루즈의 첫 기사는 12월 1일 실렸는데, 기사는 한 스프레드시트를 집중적으로 다 뤘다. 이 표에는 모든 회사가 공개되기를 원치 않는 직원들의 연봉 자 료가 담겨 있었다. 이 표에 따르면 소니 픽처스의 남녀 직원 간에는 엄 청난 임금 격차가 존재했는데 특히 백만 달러 이상의 연봉을 받는 임 원 17명 중 16명이 남자였고(그중 14명이 백인이었다), 여자는 단 한 명 이었다.[29] 다음 날 기사에서 루즈는 유출된 자료에 소니 픽처스 직원 3800명의 주민번호와 생일 등 개인정보가 포함되어 있다고 밝혔다.[30] 그리고 곧 개인정보 도용 시도가 이루어진 것으로 보아, 이 개인정보 들이 범죄자들의 손에도 넘어간 것으로 보였다.[31]

옮긴이 SPE는 소니 픽처스 엔터테인먼트(Sony Pictures Entertainments)의 약자다.

루즈는 퇴직금을 포함한 해고된 직원들에 대한 정보도 유출됐다고 기사에 썼다. 유출 자료에는 많은 직원에 대한 성과 평가 자료도 있었는데, 해당 직원이 "도주 우려"가 있는지에 대한 상사의 평가도 있었다.[32] 심지어 그 안에는 딜로이트 직원 3만 명의 연봉 자료도 있었다. 소니 픽처스 직원 중 하나가 딜로이트에서 이직했는데, 그가 이직할 때 그 자료들을 모두 가지고 온 것으로 보였다. 북한의 넓은 어망에 모두 걸려든 것이다.[33]

소니 픽처스는 데이터 유출과 네트워크 장애에 더해 노사 분쟁과 여론 악화 위기에까지 휩싸였다. 영화 〈인터뷰〉와는 무관한 소니 픽처스 직원들 대부분이 어느 날 갑자기 외국 정부의 공격 표적이 된 것이었다. 몇 주 전 화면에 뜬 해골 그림과 대규모 전산 장애는 그저 어처구니없는 일이었고 직원 자신들과 직접적인 관련은 없었다. 그러나 개인정보가 유출되기 시작하자 사이버 공격의 여파가 피부로 느껴지기 시작했다. 한 직원은 루즈에게 이렇게 말했다. "지난주에는 사무실에서 벌어진 일들을 보고 다들 이게 무슨 장난인가 싶었다. 그러나 주민번호가 유출된 것을 보고 다들 상황의 심각성을 실감했다."[34] 경영진의 불통과 회사가 제공한 쓸모없는 신용 확인 서비스 등은 직원들을 화나게 했다.[35] 일부 직원들은 직접 루즈나 다른 기자에게 연락하여 자신의 개인정보가 그 파일에 들어 있는지 묻기도 했다. 그리고 예외 없이 그들의 정보는 파일에 모두 포함돼 있었다.[36]

12월 5일, 북한 해커들은 소니 픽처스에 대한 압박을 더욱 강화했다. 그들은 소니 픽처스 직원들에게 메일을 보내 회사의 행동에 대한 반대 성명에 동참하라고 했는데, 그 반대 행동이 무엇인지는 구체적으로 말하지 않았다. 그들이 받은 건 분명 협박 메일이었다. 메일은 "더 많은 피해를 입고 싶지 않으면" 반드시 서명해야 한다고 했다. 또한 "[서명]하지 않으면 당신뿐 아니라 당신의 가족도 위험하다"고 적었다.[37] 해커들은 이미 많은 개인정보를 갖고 있었고 그중에는 직원들의 집주소도 포함됐기 때문에 이건 단순한 공갈이 아닐 수도 있었다. 상황이 더욱 악화되자 북한의 관영통신은 북한 정부와 사이버 공격 간의 연관성을 부정하면서도 그 공격이 "옳은 행동"이라고 편들었다.[38]

12월 8일 월요일, 해커들은 자신들의 범행 동기를 명확히 밝혔다. 그들의 메시지는 다음과 같았다. "우리는 이미 소니 픽처스 경영진에게 요구를 분명히 전달했지만 그들은 받아들이지 않았다. … 지역의 평화를 깨고 전쟁을 일으킬 수 있는 테러 영화의 상영을 당장 중단하라. … 소니 픽처스와 FBI 당신들은 우리를 찾을 수 없다. … 소니 픽처스의 운명은 소니 픽처스의 현명한 대응과 조치에 달렸다."[39] 이미 많은 직원과 전문가들이 영화 〈인터뷰〉가 해킹의 원인일 것이라고 짐작했었지만, 이 메시지는 해킹의 궁극적인 목표가 소니 픽처스에 피해를 입히는 것이 아니라 이들을 강압하여 북한이 자신들 마음에 들지 않는 영화의 상영을 취소시키는 것임을 확인해 주었다.[40]

그러나 그들의 메시지는 함께 공개한 새로운 정보의 홍수 속에 묻히고 말았다. 그중에는 소니 픽처스의 계약 관련 정보들도 있었는데, 소니 픽처스가 어떤 경비를 지불했고 개봉될 영화들의 예상 실적은 어떠한지 등이 담겨 있었다. 또한 소니 픽처스 상영 예정작 각본과 이들이 어떤 시장 분석을 통해 영화의 제작 여부를 결정하는지, 유명 배우들의 인기도 조사와 그들의 연락처와 가명도 적혀 있었다. 회사에서 진행 중인 소송과 여타 민감한 법률 문서도 함께 유출됐다.

그러나 가장 영양가 있는 정보는 따로 있었다. 그건 바로 에이미 파스칼의 메일이었다. 소니 픽처스의 공동 대표로서 파스칼은 할리우드에서 가장 영향력 있는 인물 중 하나였다. 영화 제작 여부에 대한 그의 권한은 결정적이었다. 할리우드에서 그를 모르는 사람은 없었는데 그가 늘 이메일을 통해 수많은 스타, 제작자, 회사 대표들과 끊임없이 소통했기 때문이다.

북한의 해커들이 소니 네트워크를 몇 달에 걸쳐 정찰하는 동안 그들은 5천 건이 넘는 파스칼의 메일을 복사해 갔다. 그리고 그것들을 이제 인터넷에 공개했다. 비밀이 보장되리라 믿고 그와 동료들이 나눈 직설적이고 불경한 사견들이 온 천하에 공개되었다. 할리우드의 이면에서 어떤 일이 벌어지고 있는지 궁금했던 사람들에게 파스칼의 이메일은 커다란 선물과도 같았다.

가감 없이 공개된 메일 내용들은 사람들에게 매우 흥미로운 사실을 보여주면서도 동시에 불쾌감을 주었다. 영화 제작자 스콧 루딘은 스티브 잡스 전기 영화의 극본과 관련하여 유명한 시나리오 작가 애런 소킨과 열띤 협상을 벌이던 와중 배우 앤젤리나 졸리를 "통제 불능의 자존심이 강한" "재능이 없는 건방진 년"이라고 했다. 파스칼은 레오나르도 디카프리오의 행동을 "가증스럽다"고 표현했다. 다른 할리우드의 권모술수도 유출되었는데 파스칼은 입이 거칠고 험한 스콧 루딘을 이용해서 유명 감독 데이비드 핀처와 싸우기도 했다.[41] 파스칼과 루딘은 이메일로 인종차별적인 농담을 주고받기도 했다. 그들은 파스칼이 후원 행사에서 오바마 대통령을 만나면 〈장고: 분노의 추적자〉, 〈노예 12년〉, 〈버틀러: 대통령의 집사〉를 재미있게 봤냐고 물어봐야 한다고 농담했다. 모두 흑인 배우가 나오는 영화다.[42]

파스칼과 그의 남편 버나드 웨인라우브 전 〈뉴욕 타임스〉 기자와의 메일도 유출되었다. 그들의 이메일이 논란이 된 이유는 그들이 부부 사이이기 때문만이 아니라 웨인라우브가 다른 〈뉴욕 타임스〉의 칼럼니스트 마우린 다우드가 파스칼에 대해 적은 칼럼을 사전에 공유했기 때문이었다.[43] 〈뉴욕 타임스〉와 웨인라우브 모두 사전에 공유되었다는 사실을 부인했지만 증거는 없었다. 유출된 메일들을 통해 우리는 미디어 거물들의 삶을 엿볼 수 있었다.[44]

주요 언론사와 기자들은 유출된 내용들을 기사로 쓸 수밖에 없었다. 앤젤리나 졸리, 애런 소킨, 데이비드 핀처와 같은 인물들은 그 자체만으로도 화제가 됐지만 비공개 협상, 회사 대표들의 폭언, 할리우드와 언론 간의 유착관계는 완전히 다른 이야기였다. 온라인 뉴스 사이트 〈거커Gawker〉나 〈버즈피드Buzzfeed〉는 파스칼의 메일로 잔치를 벌였고 메일 내용을 길게 인용하거나 자신들의 다른 연예 기사에 활용했다.[45] 〈뉴욕 타임스〉, 〈월스트리트 저널〉, 〈로스앤젤레스 타임스〉와 같은 주류 언론사들도 여기에 동참했다. 그들은 최초 유출부터 2015년 2월 파스칼의 해고에 이르기까지 자세한 기사들을 썼다.[46]

일부는 이러한 언론의 행태를 비판했다. 애런 소킨은 〈뉴욕 타임스)에 다음과 같이 자신의 견해를 밝혔다. "평화의 수호자에 편승한 모든 언론사들은 부도덕하며 비열하다." 농구에 빗대어 그는 "해커들은 그저 공을 높이 올리기만 하면 됐다. 그들은 언론이 알아서 공을 골대에 넣을 걸 알고 있었다."[47] 반대로 〈뉴욕 타임스〉의 보도 윤리 담당 편집장인 마거릿 설리번은 유출된 소니 픽처스의 이메일은 "정당한 뉴스감"이라고 되받아쳤다.[48]

언론 윤리에 대한 토론과는 별개로, 이 사건을 통해 해커들은 강력한 무기를 우연히 발견하게 된 셈이었다. 이 작전의 핵심은 소니에 대한 사이버 공격이었고 그들의 전산 시설에 심각한 피해를 주는 것이었다. 그러나 정작 대중의 관심을 끈 것은 해커들이 유출한 정보를 바탕으로 쓰인 각종 기사들이었다. 심지어 몇 년이 지난 뒤에도 〈뉴욕 타임스〉와 다른 신문사들은 이메일 유출과 파스칼의 해고가 미디어 산업에 미치는 영향에 대해 기사를 썼다.[49] 소니 픽처스는 마치 제비가 물어 온 박과 같았고, 박이 터져야만 그 안의 진짜 보물이 모습을 드러내는 것이다.

--- 개봉하느냐 마느냐 ---

12월 16일, 〈인터뷰〉의 예정된 개봉일이 일주일 남은 시점에서 북한은 다시 한번 판을 크게 키웠다. 그들은 소니 픽처스의 CEO 마이클 린튼의 메일을 공개하면서 다음과 같이 적었다. "소니 픽처스가 얼마나

형편없는 영화를 만들었는지 곧 전 세계가 보게 될 것이다. 온 세상이 공포로 가득 찰 것이다." 더 충격적인 것은 그들이 영화를 상영하는 극장들에 대한 테러 협박을 한 것이었다. "2001년 9/11 테러 사건을 기억하라. 우리는 당신들이 그 시각에 영화관에서 멀리 떨어져 있기를 충고한다(만약 당신의 집이 근처라면 도망쳐라)."[50]

물리적 위협에 대한 반응은 엄청났다. 주연 배우 세스 로건과 제임스 프랭코는 모든 홍보 행사를 취소했다.[51] 소니 픽처스는 〈인터뷰〉의 뉴욕 시사회를 취소했다. 다음 날 주요 영화관 체인들은 안전 등의 이유로 〈인터뷰〉 상영을 철회했다.[52] 독립 극장을 대표하는 전미극장주협회는 영화 상영을 연기할 것을 권고했다. 영화관들이 반발하자 소니 픽처스는 크리스마스 개봉을 취소하고 주문형 비디오 시스템 VOD 형태로만 배급하기로 했다.[53] 그러나 추가 논의 이후 소니 픽처스는 배급 자체를 취소하고 공개적으로 "상영 계획 없음"이라는 입장을 밝혔다.[54]

CNN이 입수한 바에 따르면 12월 18일, 북한이 소니 경영진에게 비공개 메시지를 보내 "매우 현명한" 결정이라고 전했다 한다. 동시에 그들은 추가 요구사항을 밝혔다. "우리는 이 영화가 배급, 유출, DVD, 해적판 등 어떤 형태로든 공개되지 않기를 바란다. … 그리고 우리는 예고편과 다운로드 등 영화와 관련된 모든 것들이 인터넷에서 즉각 삭제되기를 바란다." 다시 말해 그들은 마치 〈인터뷰〉가 처음부터 존재하지 않았던 것처럼 되기를 바랐다. 해커들은 소니 픽처스에 "우리는 아직도 당신들의 사적이며 민감한 데이터를 갖고 있다"고 경고했다. 그러면서도 그들은 "당신들이 문제를 일으키지 않는다면 데이터의 안전은 보장한다"고 약속했다.[55] 이는 이틀 전 물리적 위협과 대조되는 한층 부드러워진 협박이었지만 분명 강압적인 협박이었다.

이 시기에는 사이버 공격의 배후가 북한임이 비교적 분명한 상태였다. 12월 19일, FBI도 같은 결론을 내리면서 이러한 분석들에 힘을 실었다.[56] 처음부터 언론과 사이버보안회사들은 북한의 소행이라는데 의심을 비쳤지만 곧 증거들이 드러났다.[57] 〈뉴욕 타임스〉는 NSA가 첩보 수집 목적으로 북한의 네트워크를 해킹하였으며 북한 내부에 추가로 정보원이 있다고 보도했는데, 이 보도는 미국이 북한의 사이버 작전에 대한 많은 정보를 갖고 있음을 시사했다.[58]

해킹이 북한의 소행이라는 FBI의 발표 이후 오바마 대통령도 힘을 보탰다. 그는 연말 기자 간담회에서 소니 픽처스의 우려는 이해하지만 그들의 결정은 잘못됐다고 비판했다. 그는 다음과 같이 말했다. "소니 픽처스는 실수를 했다. 우리는 다른 나라의 독재자가 미국에서 검열을 하는 것을 용납할 수 없다. 만약 그들이 풍자 영화를 개봉하지 못하도록 협박한다면, 앞으로 그들이 마음에 들지 않는 다큐멘터리나 뉴스 보도에 어떤 짓을 할지도 생각해 봐야 한다." 그는 "제작자들이나 배급사들이 민감한 문제를 건드리기 싫어서 자가 검열을 하게 된다면" 더 큰 문제라고 말했다.[59]

오바마 대통령 입장에서는 북한의 행동과 소니 픽처스의 대응을 비난하는 것 외에 마땅히 쓸 만한 카드가 없었다. 표현의 자유가 아무리 중요하더라도 미국이 〈인터뷰〉 때문에 한반도에서 전쟁을 하는 건 말이 안 되는 일이다. 미국은 북한에 추가 제재를 내릴 수 있었고 실제로도 그렇게 했지만, 지구상에서 가장 폐쇄적인 국가에 제재를 조금 더 가한다고 하여 그들의 행동을 바꿀 수는 없었다. 마찬가지로 미국은 북한 해커들을 기소하기도 했지만, 그들을 송환하여 법정에 세우는 것을 기대할 수는 없었다. 대통령 차원의 공개적인 비난 외에는 카드가 없었다.

마이클 린튼 소니 픽처스 CEO는 오바마의 비판에 다음과 같이 직접 답했다. "대통령이 상영 철회 결정이 내려지기까지 어떤 일들이 벌어졌었는지 알고 있는지 모르겠다. 우리의 결정이 실수라는 생각에 동의하지 않는다." 그는 아울러 소니 픽처스가 〈인터뷰〉 상영을 포기하지 않았음을 내비쳤다. "우리는 포기하지 않았다. 그리고 우리는 물러서지도 않았다. 우리는 늘 미국 대중이 이 영화를 보기를 갈망한다." 그러나 북한의 사이버 공격과 테러 위협에 배급사들이 겁에 질린 상황에서 소니 픽처스 입장에서도 별다른 카드가 없었다.[60]

하지만 〈인터뷰〉의 제작자에게 오바마의 말은 전환점이 되었다. 마치 백마 탄 기사가 나타난 것처럼 말이다. 소니는 마찬가지로 외국 해커들과 악연이 깊은 구글과 영화를 온라인으로 상영하기로 합의했다. 또한 독립 영화관 수백 곳에서 크리스마스부터 영화를 상영하기로 결정했다. 하루아침에 우스꽝스러운 코미디 영화가 표현의 자유와 외세 간섭에 대한 저항의 상징이 되었고, 낮은 가격인 5.99달러에 온라인에서 볼 수 있게 됐다. 〈인터뷰〉는 개봉 한 달 만에 온라인 개봉 영화 중 최고 흥행 성적을 내며 4천만 달러 수입을 거두었다. 영화관 표

는 매진되었고 넷플릭스에서도 상영됐다. 놀라운 사태 전환이었다.[61]

북한은 이 결과에 분노했다. 북한은 영화 〈인터뷰〉를 "우리의 최고 존엄을 헐뜯으며 테러를 선동하는 불순한 반동 영화"라고 맹비난했다. 또한 오바마가 "소니 픽처스에 무차별한 배포를 강요하고 미국 내 영화관들과 극장들을 회유 공갈하여 이 불순한 반동 영화의 파급을 부추기는 데 앞장선 주범"이라고 했다. 이에 더해 그들은 인종차별적 언어를 사용하며 오바마가 "열대우림 속에서 서식하는 원숭이 상 그대로 언제 봐도 말과 행동이 경망스럽기 그지없다"고 말했다.[62] 북한 정부는 〈인터뷰〉의 개봉을 저지하려는 자신들의 노력이 결국 영화의 상업적 성공으로 이어졌다는 사실을 인정할 수밖에 없었다.

--- 사이버 강압의 실패 ---

〈인터뷰〉가 처음 공개된 날부터 북한이 해야 할 일은 명확했다. 그들은 영화 상영을 막아야만 했다. 소니 픽처스에 대한 협박이 통하지 않자 그들은 해킹을 활용해 소니 픽처스의 행동을 강압적으로 바꾸려 했다. 그건 적절한 결정이었다. 사이버 작전을 통해 신호를 보내기 위해서 이보다 좋은 기회는 없었다. 아래 그 이유들을 열거해 보겠다.

첫째, 북한은 소니 픽처스의 영화 상영을 저지하고자 하는 강한 의지가 있었다. 영화 〈인터뷰〉는 북한 최고 지도자를 모욕했다. 북한 지도자 권력의 원천은 일부 그의 신적인 존재감으로부터 비롯된다.

미국의 대통령이나 다른 민주국가의 지도자들은 늘 비판의 대상이며 좋지 않은 모습으로 그려지는 데에도 익숙하지만 김정은은 그렇지 않았다. 따라서 〈인터뷰〉 상영 저지가 북한 입장에서 국가적 과제였음에는 이견이 없다.

둘째, 북한의 메시지는 명확했고 그 위협은 실질적이었다. 소니 픽처스는 〈인터뷰〉 제작을 결정했을 때 그에 수반되는 위험에 대해 추상적으로라도 알고 있었다. 북한 정부는 영화 상영 몇 달 전부터 이에 대한 불만을 공개적으로 표출했고, 상영 시 심각한 결과를 초래할 것이라고 경고했다. 소니 픽처스는 처음에는 협박을 믿지 않았지만, 실제 사이버 공격을 받고 난 뒤 북한의 말이 단순한 공갈이 아님을 알았다. 북한은 다른 단체로 위장하기는 했으나 메일을 통해 소니 픽처스 임원진과 직접 소통할 수 있었고 온라인에 메시지를 게재할 수도 있었다.

셋째, 북한은 실제 피해를 입힐 수 있었다. 해커들이 소니 픽처스의 전산망에 깊숙이 침투함으로써 정보를 훔치고 전산 체계를 파괴할 수 있었다. 그들은 최소 3800만 건에 달하는 파일을 훔쳤는데 해외 토픽감의 정보, 영업 기밀, 사생활 정보가 가득했다. 북한은 광범위하고 강력한 해킹을 통해 소니 픽처스에 치명적인 첫 번째 타격을 날릴 수 있었다.

넷째, 북한은 소니 픽처스의 전산 시설을 심각히 손상시킨 뒤에도 더 큰 피해를 입힐 수 있다고 위협할 수 있었다. 북한은 분명히 더 큰 피해를 입힐 수 있는 잠재적 힘을 갖고 있었다. 정보를 대량 유출시킨 것에서 볼 수 있듯, 소니 픽처스가 요구를 수용하지 않으면 북한 해커들은 더한 짓도 할 준비가 되어 있었다. 그리고 시간이 소니 픽처스 편도 아니었다. 데이터는 북한 손에 있었고 그걸 다시 되찾을 방법도 없었다. 북한이 카드를 쥐고 있었고 모두가 그 사실을 알고 있었다.

다섯째, 북한에게는 〈인터뷰〉가 매우 중요한 문제였지만 소니 픽처스 입장에서는 그저 제작한 수많은 영화 중 하나에 불과했다. 우스꽝스러운 코미디 영화로 괜찮은 흥행 성적을 거둘 수야 있겠지만 블록버스터급 흥행을 기대하기는 어려웠다. 소니 픽처스가 처음에 상영을 철회한 결정에서 볼 수 있듯이 〈인터뷰〉가 회사에 아주 중요한 영화는 아니었다. 다른 제작사들도 그렇게 생각했다. 해킹 사건이 지속되면서 폭스사는 북한을 배경으로 하는 스티븐 캐럴 주연의 풍자 영화 제작을 3월부터 시작했다가 중단했다.[63]

그러나 이처럼 매우 이상적인 조건에도 불구하고, 해킹은 신호를 보내기에 적합한 도구가 아니었다. 이 영화가 북한에는 사활이 걸린 문제였고, 그런 자신들의 입장을 분명히 전달할 수 있었으며, 소니 픽처스가 요구를 따르지 않을 경우 실질적인 피해를 줄 수 있었고, 더 큰 피해를 위협할 수도 있었던 데다가, 소니 픽처스 입장에서 이 영화의 가치가 크지도 않았지만, 결국 북한은 원하는 것을 이루지 못했다. 심지어 사이버 공격이 아닌 극장들에 대한 물리적 위협을 가했을 때에야 비로소 북한은 영화 상영을 막을 수 있었다. 덕분에 금방 잊힐 코미디 영화였던 〈인터뷰〉는 민주주의와 표현의 자유에 관한 논란의 중심이 됐다. 그 많은 이점에도 불구하고 북한은 자신들이 벌인 사이버 강압 시도가 실패했다고 인정해야 했다.

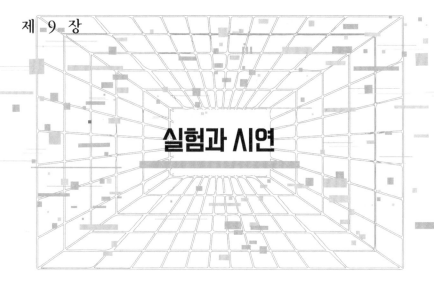

제 9 장

실험과 시연

많은 이들이 상상한 사이버 공격에 대규모 정전 또는 블랙아웃은 꼭
빠지지 않는다. 온 나라가 암흑천지에 빠지는 모습은 많은 사람들의
공포심을 자극한다. 블랙아웃은 선정적인 언론 보도나 블록버스터 영
화에서 자주 묘사됐다. 학자들과 정부 관계자들은 반복적으로 블랙
아웃의 위험성에 대해 경고했다. 전문가들은 전력망이 사이버 공격을
받을 경우 피해 규모가 수천억 달러에 달할 것이라고 예측했다. 또 민
간 전력망에 의존하는 핵심 국가안보 체제에 대한 피해를 우려했다.[1]
보험사들은 수천만 명이 정전으로 피해를 받을 것이라고 보았고 저명
한 기자들은 희박한 증거를 바탕으로 《라이트 아웃》*Lights Out*과 같은 책
을 쓰기도 했다.[2] 사이버 공격은 보통 시각화하기 어렵기 때문에 어둠
에 잠긴 밤의 모습이 사이버 전쟁을 상징하기도 한다.

그리고 실제로 실험해 본 결과, 해킹으로 전력망을 구성하는 산업용 제어 시스템의 핵심 부문을 파괴할 수 있었다. 2007년 미국 정부는 이러한 사이버 공격을 공개 시연했다. 미국 에너지부는 단 21줄짜리 코드로 디젤 발전기를 물리적으로 파괴할 수 있음을 보여주었다. 코드는 시스템의 제동장치를 빠르게 여닫으면서 발전기의 오작동을 유도하고 부품에 굉장한 압력을 가했다. 통상적인 비유를 들자면, 차가 앞으로 움직이는 가운데 기어를 후진으로 두는 것과 같은 압력이 발생한 것이다. 이 극적인 시연 영상은 발전기에서 연기가 나고 흔들리다가 끝내 파괴되는 모습을 보여주었다. 결국 부품들이 부서지고 떨어져 나갔는데 매우 빠른 속도로 수 미터를 날아갔다.[3]

하지만 모두가 두려워했던 사이버 공격에 의한 블랙아웃이 실제로 일어났을 때에는 아이러니하게도 큰 주목을 받지 못했다. 블랙아웃은 우크라이나에서 일어났다. 우크라이나는 러시아와 분쟁을 겪고 있었고 미국에 전략적으로 중요한 국가였지만 이에 대한 미국 대중의 관심은 적었다. 우크라이나에서 대정전은 2015년 크리스마스 이틀 전에 일어났는데, 대부분 언론은 그때 이미 연말 분위기를 즐기고 있었다. 또한 많은 기자들이 이듬해 2월부터 시작될 미국 대통령 경선에 정신이 팔려 있었다. 그러나 이 사건이 주목을 받지 못한 근본적인 이유는 그간의 예측과 달리 사이버 공격에 의한 블랙아웃이 지속적이거나 압도적이지 않았기 때문이다. 사이버 공격으로 수십만 명이 6시간 동안 암흑에 빠져 있었지만 사람들이 사이버 전면전에 대해 경고한 것처럼 도시가 파괴되거나 사람들이 굶어 죽지는 않았다.

꼭 1년 만에 우크라이나의 전력망은 다시 한번 사이버 공격을 받았다. 또다시 도시가 어둠에 잠겼다. 하지만 이번에도 연말 연휴와 겹쳤고 트럼프 행정부의 인수 과정에서 벌어진 논란들 때문에 언론의 주목을 받지 못했다. 통설이 뒤집힌 것이다. 모두가 예상한 사이버 진주만 공격은 더 이상 국가 전력망에 대한 공격이 아니라 러시아의 선거 개입(10장 참조)이었다.

상세한 사후 조사 결과 덕분에 우리는 이제야 이 사건의 중요성을 재조명할 수 있다. 우크라이나 전력망 공격에서 얻을 수 있는 교훈은 세 가지다. 첫째, 이 사건은 사이버 공격이 핵 공격과는 다르다는 것을 보여준다. 핵미사일과 달리 사이버 무기는 원거리에서 발사하여 국가를 통째로 괴멸시킬 수 없다. 전력망에 대한 공격이 향후 더 강력해지더라도 사이버 무기의 위력을 핵무기의 파괴력과 비교할 수는 없을 것이다. 우크라이나 사례에서 볼 수 있듯이 사이버 공격을 핵무기에 비유하는 것은 잘못된 비유다.

둘째, 이 사건은 사이버 작전이 일반 군사작전과 유사하다는 주장에 대해서도 반례를 보여준다. 국가들이 군사력을 사용할 때 보통 다른 국가들은 그 의미를 해석할 수 있다. 우리는 해커들이 우크라이나에 대해 더 강력한 공격을 안 한 건지 또는 못한 건지 알 수 없기 때문에 그 공격이 일종의 신호였는지 실험이었는지 아니면 실패한 공격이었는지 알 수 없다. 러시아는 우크라이나에서 비정규전의 일환으로 다양한 군사 및 정보 작전을 실시했는데, 이러한 맥락을 감안하더라도 우리는 러시아가 정확히 무슨 목적으로 전력망에 대한 사이버 공격을 감행했는지 알 수 없다. 일반적으로 해킹의 목적은 학자나 정책 결정자들이 생각하는 것보다 불분명하고, 기술의 복잡성 때문에 더욱 모호하다. 사이버 공격으로 현실 세계에서 가시적인 효과를 거둘 수 있더라도, 그걸 통해 상대방에게 의도를 전달하는 건 어려운 일이다.

셋째, 이 사건은 사이버 전술과 운용이 중요하다는 것을 보여주었다. 정교하게 조율된 공격을 펼치기 위해서는 수개월에 걸친 준비와 정보 수집, 코드 개발이 필요하다. 그리고 이 과정에서 아주 사소한 실수라도 큰 영향을 끼칠 수 있다. 각 단계를 이해하고 그들의 의미를 파악하는 것은 마찬가지로 높은 수준의 작전술이 필요하다. 작전 전반을 이해해야만 그 속의 작은 뉘앙스의 차이를 알 수 있다.

--- 1차 블랙아웃 ---

우크라이나는 총 24개 지방으로 이루어져 있고 각 지방마다 전력회사가 다르다. 2015년, 러시아 해커들은 그중 전력회사 세 곳의 시스템 운영자와 IT 관리자에게 피싱 메일을 보냈다. 첨부된 파일은 악성코드가 심어진 마이크로소프트 오피스 파일이었다. 그 첨부파일을 열면 자동 매크로가 실행됐다. 해커들이 수십 년 동안 매크로를 사용해 왔지만, 여전히 이 수법은 잘 먹혀들었다.

사용자가 매크로를 작동시키면 블랙에너지3BlackEnergy3이라는 악성 프로그램이 하드드라이브에 자동으로 설치됐다. 이 프로그램은 러시아 해커들을 위한 전초기지 역할을 했다. 이는 통신 채널을 열어 원격으로 지령을 받고 컴퓨터에 더 많은 악성코드를 설치할 수 있도록 했다. 이 시점부터 러시아 해커들은 우크라이나 전력회사 내부 전산망에서 작전을 개시할 수 있었다.[4]

전력회사들은 망 분리와 다층 방어 전략을 통해 클릭 실수 한 번으로 전체 전력망이 해킹 공격에 노출되지 않도록 방비하고 있었다. 전력회사들은 가장 핵심적인 시스템을 보호하기 위해 전력망을 관리하는 컴퓨터와 다른 일반 업무를 보는 컴퓨터를 분리해 두었다. 시스템 운영자들은 두 네트워크 사이에 방화벽을 세워 침입자들을 막았다. 따라서 업무망에 침입한 해커들이 자신들이 공격할 발전소 제어망에 침입하기 위해서는 추가 노력이 필요했다.

까다로운 표적을 노리는 해커들은 종종 이런 장애물에 부딪히곤 한다. 신호정보기관 해커들은 이러한 보안 조치를 우회하기 위해서 방화벽 프로그램의 취약점을 공격한다. 방화벽의 취약점을 파고들어 불법적으로 문을 여는 것이다. 유출된 문서에 따르면 NSA와 다른 정보기관들은 필요할 때를 대비하여 전 세계 여러 보안 시스템의 취약점을 모으고 있다.[5]

러시아 해커들은 다른 방법을 택했다. 그들은 몇 달 동안 우크라이나 전력회사의 업무망을 정찰했다. 그들은 컴퓨터들이 서로 어떻게 연결됐는지, 회사의 중요 정보는 어떻게 보관하는지, 누가 전력 흐름을 관리하는지 파악했다. 이 정찰 작전 중에 해커들은 윈도 도메인 컨트롤러라는 핵심 장치를 해킹했다. 도메인 컨트롤러가 중요한 이유는 그것이 네트워크의 모든 사용자 계정을 관리하고, 네트워크를 드나들 수 있는 열쇠를 쥐고 있기 때문이다. 이 컨트롤러를 장악한 해커들은 주요 계정과 암호를 손에 넣었다.

발전소의 제어망을 보호하는 방화벽이 모든 외부와의 연결을 차단하는 것은 아니다. 방화벽은 원격으로 전력망의 핵심 부분을 관리할 수 있도록 특정 직원들의 외부 접근을 허용한다. 접근 권한을 가진 직원들은 암호화 통신 연결을 통해 발전소의 전력망 시스템을 통제하거나 설정을 변경할 수 있다. 이 원격 접속 시스템은 해커들에게 손쉬운 지름길이었다. 해커들은 우크라이나 전력회사들이 세워 놓은 방어선을 어렵게 뚫을 필요 없이 내부 직원으로 가장하여 정문으로 들어가기만 하면 됐다. 그 직원들로 로그인만 하면 발전소 제어망에 침입할 수 있었고 모든 통제 권한을 가질 수 있었다.

제어망 내부에는 원격감시제어시스템, 즉 스카다SCADA가 설치돼 있었다. 스카다는 전 세계에서 핵심 기반시설을 관리하는 데 널리 사용된다. 만약 해커가 이 시스템을 해킹하고 조작할 수 있다면 스카다는 굉장한 무기가 될 수 있다. 미국과 이스라엘이 스턱스넷 해킹을 통해 그 가능성을 현실로 만들었으며, 러시아도 우크라이나에서 같은 시도에 나섰다.

해커들은 우크라이나 전력망을 제어하는 네트워크에 침투하여 공격 대상 지역의 전력을 관리하는 스카다도 해킹했다. 아마추어 해커들에게 이는 엄청난 성공이었고, 만약 그들이 아마추어였다면 곧바로 전력망을 꺼 버릴 수도 있었다. 수많은 해커들이 수년 동안 꿈꿔 오던 전력망 해킹이 바로 눈앞에 있었던 것이다. 그러나 러시아 해커들은 그런 유혹에 넘어가지 않았다. 대신 그들은 계속 조심스럽게 정찰을 지속했다. 그들은 전력회사 세 곳을 해킹하고 각각의 회사가 어떻게 전력 배전망을 운영하는지 연구했다. 해커들은 다단계 공격 계획을 준비했고 각 단계는 첫 번째 공격이 개시되기 한참 전부터 준비가 완료돼 있었다. 그리고 마침내 때가 왔을 때, 해커들은 다섯 방면으로 공격을 개시했다.[6]

첫 번째 공격은 전력을 제어하는 차단기를 조작했다. 해커들은 스턱스넷의 설계자들처럼 악성코드를 자체 제작할 필요가 없었다. 그들은 훔친 비밀번호로 운영자로 로그인하고 산업용 제어 시스템을 직접 조작할 수 있었다. 실제 공격이 일어났을 때, 허둥지둥 대는 발전소 직원의 아이폰에 그 놀라운 모습이 담겼다. 영상 속에는 마우스 커서가 직원의 통제를 벗어나 스스로 차단기를 여는 모습이 담겨 있었다. 발전 전문용어에 따르면 차단기 개방은 전류를 흐르지 않도록 하는 것이고 차단기 차단은 전류를 흐르도록 하는 것이다. 따라서 해커들은 많은 차단기를 개방시키면서 정전을 일으켰던 것이다.[7]

두 번째 공격은 예비 전력 시스템을 노렸다. 이것은 보통 무정전 전원공급장치UPS라고 불리는데, 해커들의 공격으로 무용지물이 되고 말았다. 이 장치는 위기 상황 시 발전소에 차단된 전원을 공급하여 빠르게 전력 시스템이 정상화될 수 있도록 하는 중요한 역할을 한다. 해커들은 이 복구 시스템이 작동하지 않도록 했다. 전원이 나가면 발전소 역시 암흑에 빠져 버리는 것이다. 이를 통해 거둘 수 있는 효과는 두

가지였다. 첫째는 발전소의 위기 대응 능력을 약화하는 것이고, 둘째는 심리적인 효과를 주는 것이다. 발전소가 정전되는 것만큼 어이없는 일은 없기 때문이다.

가장 교활하고 창의적인 공격은 세 번째였다. 해커들은 자신들의 공격이 오래 지속되지 않을 거라는 사실을 알고 있었다. 발전소 직원들이 분명 차단기를 다시 차단하고 전력을 복구할 것이다. 하지만 해커들은 많은 변전소들이 시리얼 이더넷 변환기serial-to-Ethernet converters라는 장비에 의존하고 있음을 알았다. 이 장치는 일반 컴퓨터의 명령어를 전력망과 연결된 컴퓨터가 읽을 수 있도록 변환해 주는 역할을 한다. 해커들은 이 장치의 작동 원리를 파악하고 중요한 순간에 먹통이 되도록 했다.

이 때문에 발전소 직원들은 바로 전력망을 복구할 수 없었다. 그들은 발전소의 자동화 시스템을 사용할 수 없게 됐으므로 일일이 변전소를 방문하여 수동으로 설정을 바꿔야 했다.[8] 많은 경우, 전력회사는 새로운 변환기를 구입해 다시 기존 시스템에 연결시켜야 했다. 유명한 산업용 제어 시스템 전문가이자 우크라이나 공격의 조사 책임자였던 로버트 M. 리Robert M. Lee는 다음과 같이 정리했다. 해커들이 "돌이킬 수 없도록 다리를 불태운 것이나 다름없었다."[9] 이는 전례가 없는 공격적이면서도 기술적으로 뛰어난 해킹 작전이었다.

네 번째 공격은 방해 공작과 심리전의 연장선상에서 벌어진 전화 디도스 공격이었다. 해커들은 일단 정전이 발생하면 우크라이나 시민들 수십만 명이 전력회사에 전화를 걸 거라고 예측했다. 만약 통화가 연결되지 않는다면 시민들의 실질적이면서도 정신적인 고통은 커질 것이다. 전력회사는 고객과 소통할 수 없을 것이고, 시민들은 자국의 핵심 기반시설에 대한 신뢰를 잃고 언제 전기가 다시 들어올지 모른다는 생각에 막연한 무력감을 느낄 것이다. 전화선을 마비시키기 위해 해커들은 무의미한 전화를 끊임없이 걸도록 했다. 이 전화들은 모두 모스크바에서 걸려 온 것으로, 실제 고객이 통화할 수 없도록 하기 위한 수법이었다.[10]

다섯 번째 공격은 다른 공격들보다 직접적이었다. 킬디스크KillDisk라는 이름의 악성코드가 컴퓨터가 정상적으로 부팅되고 작동될 수 있도록 하는 마스터 부트 레코드를 노렸다. 이 수법은 이란과 북한도 사용한 수법이었다. 해커들은 킬디스크를 사용하여 위급 상황에서 전력회사의 전산 작업을 방해했다. 이 공격은 정전에 대한 위기 대응을 어렵게 하면서도 동시에 위기 상황에 익숙하지 않은 직원들에게 정신적 피해도 추가로 줬다.

이 다섯 방면의 공격 준비가 모두 갖춰졌을 때 해커들은 자유롭게 운신할 수 있었다. 우크라이나 전력회사들이 해킹을 눈치채지 못했기에, 해커들은 만반의 준비를 하고 공격의 주도권을 쥘 수 있었다. 덕분에 공격은 해커들이 원하는 시간과 장소에서 시작될 수 있었다. 많은 사람들이 두려워했던 사이버 공격이 현실로 이루어진 것이다. 해커들은 잠복하여 숨어 있다가 국가 핵심 기반시설을 덮쳤다.

2015년 12월 23일 현지 시각 오후 3시 30분, 해커들은 공격을 시작했다. 그들은 리허설을 여러 번 마친 오케스트라의 지휘자처럼 준비된 공격을 차례차례 실행했다. 해커들은 프리카르파트야오브레네르고Prykarpattyaoblenergo 전력회사의 차단기를 개방했고 그들이 관리하는 전력을 끊었다. 또한 예비전원공급장치의 설정을 변경하여 발전소의 전력도 끊었다. 시리얼 이더넷 변환기 또한 먹통이었다. 아울러 해커들은 전력업체에 무의미한 전화를 계속 걸어 그들과 고객 간 소통을 막았다. 마지막으로 그들은 킬디스크를 작동시켜서 주요 컴퓨터의 데이터를 삭제했고, 일부 경우에는 정확히 정해진 시간에 작동시켜 직원들이 복구 작업을 하는 도중에 컴퓨터가 오작동하도록 했다.

해커들은 이제 루비콘강을 건넜다. 마침내 많은 전문가들이 두려워하던 사회 기반시설에 대한 대규모 사이버 공격이 이루어졌다. 정전은 지역에 따라 한 시간에서 여섯 시간 지속되었다. 수십만 명이 전력을 잃었고 전기 기사들은 시스템을 일일이 수동으로 바꿔 전력이 복구되도록 동분서주했다. 모든 작업이 정상화되기까지 최대 1년이 걸렸다.[11] 그리고 1년 뒤, 해커들은 또 다른 공격을 준비했다.

--- 2차 블랙아웃 ---

2016년 12월 17일, 다시 한번 도시의 불이 꺼졌다. 이번에는 우크라이나 수도, 키이우였다. 우크레네르고Ukrenergo 전력회사 변전소의 전력 공급이 끊겼고 도시의 20퍼센트인 300만 명이 피해를 입었다. 이 변전소는 200메가와트의 전력을 공급했는데 이는 2015년 해킹당했던 전력회사들이 공급한 전력을 다 합한 것보다 많았다.[12] 이후 사이버 포렌식 분석 결과, 2016년 공격은 겉으로 보기에는 2015년 공격과 유사했지만 자세히 들여다보면 흥미로운 차이점들이 있었다. 국제 정세를 분석할 때 우리는 이런 작은 차이들을 간과하지만, 그 차이가 매우 다른 결과를 만들 수 있다.

2016년 해커들의 작전 보안은 2015년보다 훨씬 뛰어났다. 따라서 2016년 사이버 공격과 관련하여 아직 밝혀지지 않은 것들이 많다. 특히 해커들이 어떻게 악성코드를 표적 컴퓨터에 심었는지에 대해서는 공개된 자료가 없다. 가장 유력한 방법은 일반적으로 널리 사용되며 2015년에도 사용되었던 스피어피싱이지만, 그에 대한 확증은 없다. 가장 뛰어난 산업용 통제 시스템 전문가들이 장기간 조사를 펼쳤지만 여전히 미스터리인 부분이 많이 남아 있다.

그러나 우리가 알 수 있는 한 가지 핵심은 바로 2016년 사용된 악성코드가 고도로 자동화, 모듈화되어 있었으며 매우 강력하다는 것이다. 다시 말해 전력망에 대한 2차 해킹은 1년 전에 비해 훨씬 더 정교해졌다.[13] 해커들은 눈에 띄는 실수를 몇 가지 저질렀지만, 그럼에도 불구하고 그들은 복잡한 전력 체계를 해킹하여 와해시킬 수 있는 능력을 보여주었다. 우크레네르고 변전소 시스템이 자동화되었기 때문에 해커들이 이를 특정하여 노렸을 수도 있다.[14] 조사관들은 2차 공격이 어떻게 이루어졌는지 분석하면서 해커들의 야심 찬 계획과 능력에 경악했다.

2015년 발전소 공격 당시 해커들은 악성코드를 사용하여 표적 네트워크에 침입했다. 그들은 악성코드로 직원들의 로그인 정보를 알아내어 전력 제어 시스템을 조작할 수 있었다. 불법적인 펌웨어 업데이트와 같은 다른 악성코드들은 전원 복구를 지연시키는 데 유용했다. 그러나 전력망을 직접적으로 조작한 것은 발전소 직원으로 가장한 해커들 자신이었다.

2016년 발전소 공격은 달랐다. 이번에는 악성코드가 스스로 작동하여 피해를 줄 수 있었다. 전력망을 조작하기 위해 특수 설계된 악성코드는 처음이었다. 산업용 제어 시스템 보안에 두각을 보이는 보안업체인 드라고스Dragos는 이 악성코드에서 "충돌Crash"이라는 단어와 "주요 제어 시스템을 중단시키는 기능Override"이 자주 사용된 것에 착안하여 이를 "크래시오버라이드CRASHOVERRIDE"라고 명명했다.

해커들은 이처럼 강력한 악성코드를 만들기 위해 산업용 제어 시스템을 노린 과거의 사이버 공격들을 연구했다. 가장 악명이 높은 것은 스턱스넷 공격이었다. 6장에서 보았듯이 스턱스넷의 설계자들은 이란의 우라늄 농축 과정에 대해 매우 상세히 알고 있었다. 그들은 원심분리기의 작동 원리를 이해하고 있었고 어떻게 악성코드로 원심분리기의 오작동을 유도할 수 있는지 알았다. 그들은 또한 악성코드를 유사 또는 복제 장비에 직접 실험하고 정밀한 맞춤형 공격을 위해 악성코드를 개량했다. 크래시오버라이드의 설계자들은 완벽하진 않지만 이러한 교훈들을 따르기 위해 노력했다.

크래시오버라이드는 다른 악성코드들도 참고한 것으로 보인다. 먼저 하벡스Havex라는 스파이 프로그램이 있다. 하벡스는 러시아 해커들의 작품으로 한 분석에 따르면 러시아 해커들은 하벡스를 사용하여 전 세계 2천여 곳의 산업 현장을 감시했다. 이 악성코드는 다양한 산업용 장비들이 서로 데이터를 공유할 수 있도록 만드는 개방형 플랫폼 통신opc(이하 OPC로 표기) 프로토콜을 노렸다. 해커들은 영리하게도 OPC를 이용해 정보를 수집했다. 하벡스 자체는 공격 기능이 없었지만, 공격을 위해 정보를 수집할 수는 있었다.[15] 크래시오버라이드도 OPC 프로토콜을 이용하여 공격 대상 네트워크를 정찰했다.

크래시오버라이드에 영감을 준 다른 악성코드는 블랙에너지2 BlackEnergy2였다. 이는 2015년 공격 때 발전소 업무망 침입에 도움을 준 블랙에너지3의 이전 버전이다. 블랙에너지2는 주요 기반시설 운영자들이 시스템 제어에 주로 사용하는 인터페이스를 감시할 수 있었다. 해커들은 블랙에너지2를 사용해서 인터페이스와 네트워크에 대한 정보를 수집했다. 인터페이스에 대한 공격은 물리적 피해로 이어지기 힘들지만, 인터페이스가 네트워크에서 중요한 역할을 수행하기 때문에 시스템에 대한 정보를 얻기에는 요긴했다. 인터페이스들은 종종 산업용 제어 시스템과 인터넷 양쪽 모두에 연결되어 있어 해커들에게 좋은 침입 경로를 제공한다.[16] 여기에 착안하여 크래시오버라이드도 인터페이스를 노렸다.

하벡스나 블랙에너지2와 달리 크래시오버라이드의 목적은 정보 수집이 아니었다. 실제로 크래시오버라이드에는 정보 수집에 필수적인 기능이 부재했다. 이 악성코드에는 데이터를 복제하여 외부로 추출하는 기능 같은 것이 없었다. 그 대신 공격을 위한 여러 모듈을 갖추고 있었다.

첫 번째 모듈은 실행 장치였다. 공격을 준비하기 위해 표적 컴퓨터에 이 모듈을 먼저 심는다. 버전에 따라 한두 시간이 지난 뒤 데이터 삭제 모듈이 가동되어 컴퓨터 내 주요 부문의 데이터를 덮어쓴다. 삭제 모듈은 또한 제어 시스템의 구성 파일을 찾아 삭제한다. 이 공격은 변전소의 자동화 관련 파일을 삭제하는 데 집중했고, 발전소 직원들이 원격으로 각 변전소 상황을 점검하고 차단기를 제어하지 못하도록 막았다. 추가로 해커들은 컴퓨터가 정상적으로 작동하지 못하도록 윈도 파일도 삭제했다.

해커들은 그다음 공격 대상 기기를 찾고 공격했다. 모듈 세 개가 산업용 제어 프로토콜을 사용해서 시스템을 "온"에서 "오프"로 바꿨다. 해커들은 해당 시스템에 관한 데이터와 몇 가지 지령만으로 자동화 모듈을 이용하여 공격할 수 있었다. 다른 모듈은 해커의 지령도 필요 없었다. 이 자동화 모듈들은 직접 시스템 스위치를 찾아서 조작하기도 했다.

그러나 여기서부터 크래시오버라이드 코드 분석이 어려워진다. 이 코드에는 여러 가지 공격 수단이 있었는데 그중에는 분석관들이 이해할 수 없는 것들도 있었다. 크래시오버라이드에는 적어도 추가적인 공격 기능이 하나 더 있었는데 해커들이 이 기능을 사용하지 않았던 것이다. 이 기능에 대해 이해하려면 전력망의 핵심 장비 중 하나인 보호계전기에 대해 먼저 알아야 한다. 이 핵심 장비는 발전소 설비를 물리적인 충격으로부터 보호하는 용도로 사용하는 것인데 장비 손상을 막기 위해 전류를 차단시킨다. 만약 문제가 발생했을 때 보호계전기가 처리하지 못하면, 2003년 뉴욕 블랙아웃처럼 대규모 정전이 일어날 수 있다. 그러나 보호계전기가 아예 작동하지 않아서 발전소 설비들이 물리적으로 파괴되는 것보다는 정전이 더 나을 수 있다.

크래시오버라이드의 마지막 공격 기능은 이 보호계전기를 망가트리는 것이었다. 해커들의 정확한 목표에 대해서는 알 수 없지만, 이에 대해 드라고스는 충격적인 분석을 내놓았다. 차단기를 조작하는 공격은 더 파괴적인 공격의 전조에 불과했다는 것이다. 그러나 그러한 파괴적인 공격은 실제 실현되지 않았다. 데이터 삭제 모듈은 2단계로 발전소 직원들이 피해 현황을 파악할 수 없게 하려는 목적이었을 것이다. 그리고 마지막 단계로 해커들은 보호계전기를 은밀히 꺼 버리고 아무도 눈치채지 못하게 하려고 했던 것 같다. 만약 발전소 직원들이 2015년도처럼 수동으로 전력을 복구하려고 했다면 의도치 않게 전력량이 치솟았을 것이다. 보호계전기가 작동하지 않는다면 과부하된 전력이 전력망의 주요 설비에 손상을 줄 수 있었다. 즉, 정전은 더 큰 타격을 위한 미끼에 불과했을 수도 있다.[17]

드라고스는 또 다른 가능성도 제시했는데, 해커들이 보호계전기를 꺼서 "고립 효과islanding event"를 노렸을 수도 있다. 즉, 해커들이 변전소의 차단기를 반복적으로 개방하고 차단해서 발전소의 다른 안전장치가 변전소에 전력 공급을 차단하게 할 수도 있었다.[18] 전력 과부화든 고립 효과든, 해커들이 이러한 대규모 공격을 기획했었다면 결과적으로 그들은 실패했다. 보호계전기를 해제시키는 크래시오버라이드의 코드에 버그가 있었던 것이다. 만약 이 오류가 없었더라도 다른 안전장치들이 있었기 때문에 공격이 해커들의 계획대로 진행됐을지는 알 수 없다.

결국 우크라이나 발전소 직원들은 수동으로 전력 공급을 복구하였고 보호계전기가 그대로 작동했기 때문에 설비에 큰 피해는 없었다. 덕분에 정전은 오래 지속되지 못했다. 그럼에도 불구하고 해커들은 1년 만에 우크라이나의 전력망을 두 번이나 해킹하여 도시들을 어둠 속에 잠기도록 했다. 기술적인 조사를 통해 해킹이 어떻게 일어났는지는 알 수 있었지만 누가 왜 했는지는 알 수 없었다.

--- 단지 실험일 뿐이었을까? ---

조사관들은 2015년과 2016년 발전소 해킹이 그 수법은 매우 달랐지만 같은 해킹 조직의 소행이라는 결론을 내렸다. 만약 다른 조직 두 곳이라면, 그들이 서로 긴밀히 연계되었을 가능성이 높았다. 조사관들은 컴퓨터 포렌식 증거와 다른 기밀정보를 바탕으로 확신에 찬 결론을 내릴 수 있었다.[19]

조사관들은 또한 이 두 차례 공격의 배후로 샌드웜Sandworm을 지목했다. 샌드웜이라는 이름은 그들의 코드 속에 고전 SF 소설인 《듄》에 대한 언급이 있었기 때문이다. 샌드웜은 《듄》에 등장하는 외계 종족이다. 이 해커 조직이 왜 코드에 듄을 언급했는지는 알 수 없다. 블랙아웃 공격 전에도 사이버보안 전문가들은 샌드웜을 추적하고 있었다. 마치 연쇄살인을 조사하는 경찰처럼 사이버보안 전문가들은 다른 해킹 간에 중첩되는 스파이 기술, 도구, 수법 등을 분석했다.

전문가들은 블랙아웃 이전부터 샌드웜이 우크라이나와 세계 각지의 많은 표적들을 해킹한 사실을 알고 있었다. 샌드웜은 빠른 작전 속도와 호전적인 태세를 보여주었지만 종종 눈에 띄는 실수를 하기도 했다. 유명 사이버보안업체 파이어아이FireEye는 샌드웜이 우크라이나뿐 아니라 다른 국가의 산업용 제어 시스템도 노리고 있다고 분석했다. 전문가들은 샌드웜이 공격을 감행하지는 않았지만 블랙에너지2를 사용해서 2014년 미국 내 다수의 산업 현장을 감시하고 있다고 분석했다.[20] 여러 전문가들은 샌드웜이 러시아 군사정보기관인 GRU와 연계돼 있다고 추정했다.[21]

해킹이 누구의 소행인지는 비교적 분명했지만 왜 했는지는 여전히 미스터리로 남아 있다. 샌드웜 해커들이 왜 하필 그때, 그곳의 전력 공급을 끊었을까? 우크라이나에 대한 러시아의 야욕은 이미 잘 알려진 사실이었고 특히 2014년 러시아의 크림반도 합병과 양국 간 분쟁 이후 더욱 그러했다. 그러나 전시 상황임을 감안하더라도 전선에서 멀리 떨어진 우크라이나 도시의 전력 공급을 끊는 것이 어떤 전략적 이득이 있었는지 불분명하다.

부분적인 해석을 위해서도 지정학적 맥락을 살펴보는 것은 중요하다. 당시 러시아와 우크라이나는 전력 공급을 둘러싸고 분쟁을 겪고 있었다. 친러시아군은 크림반도를 장악한 뒤 우크라이나인 소유의

에너지 회사를 국영화했고, 이는 우크라이나 측에 큰 혼란을 안겨 줬다. 우크라이나 정부는 이에 대응하여 러시아 재벌이 소유하고 있는 우크라이나 전력회사를 국영화하는 방안에 대해 논의했다. 또한 친우크라이나 단체가 크림반도의 전력 체계를 물리적으로 손상시키고 정전을 일으켜 200만 명이 피해를 입은 사건도 있었다.[22]

2015년 블랙아웃은 이런 상황 속에서 발생했다. 그러나 친우크라이나 단체가 전력 공급을 끊었을 시점에 이미 러시아 해커들이 우크라이나 발전소 네트워크에 침입해 있었기 때문에 인과관계는 명확지 않다. 긴장이 고조되고 있는 상황에서 사이버 공격이 일종의 경고였다고 생각할 수도 있다. 그 공격이 러시아인 소유의 전력회사를 건들지 말라는 경고이거나 크림반도 전력업체 공격에 대한 보복일 수 있었다. 이 분야 전문가인 로버트 M. 리는 만약 후자일 경우 이는 마피아와 다를 게 없는 행동이라고 지적했다. "너희가 감히 크림반도 전력망을 건드려? 나도 똑같이 네 전력망을 망가트릴 수 있어."[23] 그러나 이 해석을 입증할 확실한 증거는 없다. 소니 픽처스 해킹과 달리 해커들은 어떤 요구나 메시지도 공개하지 않았다.

또한 해킹 이유를 밝히기 위해서는 먼저 풀어야 할 난제가 있다. 전문가들의 분석에 의하면 해커들은 자신들의 힘을 100퍼센트 발휘하지 않았다. 2015년에 해커들은 수개월 동안 공격 대상을 연구하고 계획을 세웠지만 자신들이 입힐 수 있는 최대한의 피해를 입히지 않았다. 그들은 우크라이나의 다른 전력망을 추가로 공격하여 더 큰 피해를 입힐 수 있었지만 그렇게 하지 않았거나 못했다. 그들이 지닌 전반적인 해킹 능력이나 준비 상태를 보았을 때, 더 큰 피해를 줄 수 있었지만 의도적으로 하지 않은 것으로 보인다.

2016년 블랙아웃은 심지어 더 복잡하다. 해커들은 크래시오버라이드 악성코드를 우크라이나 전역에 심을 수 있었다.[24] 만약 그랬다면 정전 규모와 지속 기간은 극적으로 증대됐을 것이다. 그렇지만 해커들은 키이우에 있는 변전소 하나만을 노렸다. 보호계전기에 대한 공격 실패도 이해할 수 없는 부분이다. 해커들은 고도로 자동화된 시스템을 대상으로 굉장한 규모의 피해를 줄 수 있는 방법을 알고 있었지만 매우 제한적인 공격만 가했다. 물론 공격 범위를 스스로 제한한 것이 아니라 실수였을 가능성도 있다. 해커들이 악성코드가 보호계전기를 불능화시켜서 발전소 직원들이 수동으로 전력을 복구했을 때 과부하로 발전 설비에 물리적 타격을 주려고 했을 수도 있다. 진실을 알기는 힘들지만 만약 이것이 해커의 실수였다면 우크라이나 입장에서는 천만다행이었다.

만약 의도적으로 공격 규모를 제한한 것이라면, 이것은 일종의 실험이었을 수 있다. 해커들이 크래시오버라이드를 우크라이나에 실험적으로 사용하여 코드가 실제 어떻게 작동하는지 보고 추후 사용하기 위해 개선하려고 했을지도 모른다. 로버트 M. 리는 이 가능성이 가장 유력하다고 보았는데 그는 공격이 "최종 결과물보다는 개념 증명이나 시운전처럼 보였다"고 말했다.[25] 일부 언론은 러시아가 우크라이나를 실험장으로 삼았다고 추측했다. 우크라이나에서 실제 실험을 진행할 경우 모의 시설을 만들 필요가 없기 때문이다. 이 실험장 가설은 러시아의 다른 행태도 설명할 수 있는데, 예를 들어 러시아는 우크라이나 정부기관에 대한 사이버 공격을 실시할 때 자신들의 능력을 일부만 사용했다.[26]

실제로 크래시오버라이드는 모듈화되어 있고 변형이 쉽기 때문에 전 세계 다른 산업용 제어 시스템을 공격하는 데 효과적인 무기다. 이 프로그램을 조금만 변형한다면 미국의 전력망을 노릴 수도 있었을 것이다. 물론 미국의 발전소들이 우크라이나 공격을 사전에 연구했다면 공격이 더 어려울 수는 있다. 크래시오버라이드를 연구한 로버트 M. 리는 이 코드가 광범위하게 사용될 수 있도록 설계됐다고 결론 내렸다. "이 악성코드는 여러 차례 사용하기 위해 설계된 것으로 보인다. 우크라이나뿐만 아니라 다른 곳에서도 말이다."[27]

이 실험을 시연함으로써 어떤 메시지를 보내려는 시도였을 수도 있다. 모든 공개 무기 실험은 일정 부분 어떠한 신호를 보내려는 의도가 있으며, 특히 사이버 공격이 실행하기 어렵다는 점을 감안해 볼 때 이러한 시연은 큰 함의를 가질 수 있다. 러시아가 크래시오버라이드를 개발, 사용하고 미국의 산업용 제어 시스템에 대한 광범위한 정보 수집을 한 것은 어쩌면 미국에 자신들이 전력망을 와해할 수 있는 사이버 공격 능력을 보유했으며 언제든지 그 능력을 사용할 수 있다는 신호를 보내는 것일 수도 있다. 만약 보호계전기에 대한 공격이 성공적이어서 더 큰 피해를 야기했다면 이 메시지는 더욱 위협적이었을 것이다. 만약 그렇다면 크래시오버라이드는 미국에 겁을 주려는 의도였을지 모른다. 미국이 2016년 가을 러시아 핵심 기반시설에 대한 사이버 공격 능력을 준비했다는 언론 보도에 대한 응수였을지도 모르겠다.[28] 물론 이는 단지 추측일 뿐이다.

이 공격이 어떤 메시지를 담고 있었다 하더라도 우리는 그 메시지가 무엇인지 알 수 없으며 따라서 해킹 전반에 대한 이해도 부족하다. 이는 단지 우크라이나와의 분쟁과 관련된 메시지였을 수도 있고 더 넓게 지정학적 이슈라든가 러시아의 사이버 전력 강화에 대한 메시지였을 수도 있다. 서로 다른 방식과 잠재적 파괴력을 가진 두 차례의 블랙아웃이 각각 다른 메시지를 담았을 수도 있다. 수많은 국제정치학자들이 국가가 어떻게 재래식 군사력과 핵무기를 이용하여 서로에게 메시지를 보내는지에 대해서 연구했지만, 이러한 연구들은 기술적으로 복잡한 사이버 전력을 사용한 메시지를 해석하는 데는 큰 도움이 되지 않는다. 더군다나 이 메시지를 기술적으로 상세하게 분석하여 무엇이 의도된 것이고 무엇이 단순한 실수였는지 구분할 수 있는 정책 결정자는 소수에 불과하다. 그렇기 때문에 만약 두 차례의 정전이 어떤 분명한 메시지를 보내려는 시도였다면, 그 시도는 실패했다.

따라서 이란과 북한의 사례와 마찬가지로 우크라이나 발전소 공격 사례를 통해 우리는 사이버 작전이 신호를 보내기에는 적합한 도구가 아님을 알 수 있다. 어떤 의미에서 2015년과 2016년 일어난 사이버 공격은 오랜 기간 상상해 온 가상의 시나리오를 현실로 만든 것과 같았다. 한 국가가 사이버 공격으로 다른 국가의 핵심 기반시설을 공격하고 이를 통해 상대가 굴복하도록 협박하는 시나리오 말이다. 수십 년 동안 사이버 공격으로 인한 대규모 정전은 SF 소설이나 학문적 추측의 영역이었다. 남중국해에서 위기가 발생하면 중국이 무력 시위용으로 전력망을 공격한다거나 러시아가 대미 적대 정책의 일환으로 이를 사용할 것이라는 추측들도 있었다.[29] 이 가상 시나리오에서 대규모 정전이 가져올 피해는 정도에 따라 달랐지만 공격의 의도는 늘 불분명했다. 수십 년 만에 마침내 사이버 공격에 의한 대규모 정전이 두 차례나 발생했지만 그 피해 규모는 예상보다 작았으며 그 공격들은 아무런 메시지도 전달하지 못했다. 그것이 일종의 메시지인지 실험인지 아니면 더 강력한 공격에 실패한 것인지(특히 2016년의 경우) 알 수 없었다.

대규모 정전을 통해 우리는 사이버 공격이 과거에 비해 더욱 강력해졌으며 해커들이 더욱 공격적으로 변모했다는 사실을 알 수 있었다. 해커들은 우크라이나에 최대 전력을 쏟아붓지 않았지만, 그들의 악성코드가 보여준 잠재적 파괴력은 굉장했다. 이 악성코드들은 영화관이나 은행, 핵시설이든 어디든 다양한 표적에 사용되어 더 광범위하고 파괴적인 효과를 가져올 수 있었다. 그리고 실제 더 광범위하고 파괴적인 사이버 공격이 발생했다.

[0.13436424411240122,[0.13436424411240122,
0.8474337369372327, 0.8474337369372327,
0.7637746189766614]}D.7637746189766614]}]
[{: [0.2550690257394217,[0.2550690257394217,
0.49543508709194095]D.49543508709194095]},
{: [0.4494910647887381,[0.4494910647887381,
0.6515992972722763]}D.6515992972722763]}]

제3부 // 교란

제 10 장

선거 개입

1940년 6월, 미국 공화당 전당대회 전날 밤이었다. 당 지도부는 대통령 선거 후보 선출에 대해 갑론을박을 벌이고 있었다. 다수는 유럽에서 벌어지고 있는 2차 세계대전에 참전하는 데 반대하고 고립주의를 주장하는 한 후보를 강력히 지지했다. 그 중요한 순간 〈뉴욕 헤럴드〉가 놀라운 뉴스를 발표했다. 전당대회 참석 당원 중 5분의 3이 나치에 고전하고 있는 영국을 전적으로 지지한다는 조사 결과였다. 여론조사의 출처는 "독립 조사기관"인 주식회사 마켓 애널리스트였다.

하지만 그 기관은 물론이고 여론조사도 처음부터 존재하지 않았다. 이 모든 건 공화당이 참전을 지지하는 후보를 선출하도록 영국 정보기관이 지어낸 것이었다. 영국 정보기관의 날조는 친영국 공화당원들의 주장에 힘을 실었고 공화당은 결국 언더독이었던 웬델 윌키

Wendell Willkie를 대선 후보로 선출했다. 전 민주당원이었던 윌키는 대선 캠페인 중 루스벨트 대통령이 영국 해군에 미국의 전함을 증여하는 걸 묵인해 주었고 이는 영국에 큰 도움이 되었다. 무엇보다도 윌키는 결국 대선에서 루스벨트에게 패배했고 루스벨트의 대영국 지원 정책은 지속될 수 있었다.

영국의 선거 개입은 거기서 끝나지 않았다. 영국 공작원들과 미국 내 협조자들은 미국 의회 내 참전에 반대하는 의원들을 노렸다. 공작원들은 이 의원들이 나치와 나치 지지자들로부터 뇌물을 받았다고 거짓으로 고발했다. 공작원들은 선거 직전에 이 문제들을 터트려 참전을 지지하지 않는 의원들이 수세에 몰리도록 했다. 공작원들은 매주 영국 본부에 몇 건의 기사를 미국 신문에 실었는지 보고했고, 그들은 자신들의 목표가 "체제를 위협하는 프로파간다"를 퍼트리는 것임을 잘 알고 있었다. 영국 정보기관은 자신들의 노력 덕분에 유럽 동맹국들에 대한 미국의 지원이 크게 증가했다고 보았다.[1]

외세의 선거 개입은 이번이 처음이 아니었으며 마지막도 아니었다. 냉전 중 미국과 소련은 총 100여 건의 선거에 개입했다.[2] 그리고 수많은 독재자들이 자신들의 국내 선거를 조작해 왔다. 이러한 맥락에서 보면 해커들도 결국 선거 개입에 손을 뻗칠 수밖에 없다. 2014년 러시아 해커들은 우크라이나 선거 전에 우크라이나 선거 시스템 데이터를 삭제했고, 선거 당일에는 가짜 투표 결과를 퍼트리려고 했다. 그들은 다른 선전 매체를 통해 흘렸던 내용처럼 친러 후보가 이겼다는 가짜 정보를 퍼트렸으나 우크라이나의 대응으로 성공하지 못했다.[3]

80년이 지났지만 영국이 행한 공작 만한 선거 개입 공작은 없었으며 이는 2016년 러시아가 벌인 선거 개입의 전조와 같았다. 이 사건은 외세가 가짜 정보의 확산, 대중매체 조작, 철저히 계산된 유출과 거짓, 이미 존재하는 사회문제에 대한 선전 선동으로 미국 대선에 개입한 일이며 그 영향은 시간이 지난 지금도 정확히 알 수 없다. 오늘날 사람들 입에 가장 많이 오르내리는 사이버 공격은 러시아의 해킹과 유출 공작이지만, 우리는 영국의 사례로부터 역사적 맥락을 배울 수 있다. 무엇보다 영국의 사례에서 볼 수 있듯이 사이버 작전의 핵심은 컴퓨터에 대한 공격이 아닌 그 공격이 사람들과 사회를 교란시키는 효과에 있다.

　2016년, 러시아의 입장을 대변하는 메시지들이 미국의 일반 언론과 소셜미디어를 통해 유권자들에게 퍼졌다. 러시아 공작원들이 직접 메시지를 퍼트리기도 했지만 시민들과 기자들이 자신도 모르게 퍼 나르기도 했다. 우리가 일반적으로 "가짜뉴스"라 부르는 것들은 사실 해킹으로 훔친 개인정보로 사회를 여러 갈래로 분열시키려는 야심차고 공격적이며 다방면적인 공작의 결과다. 여러 전문가의 의견에 따르면, 결과적으로 사이버 공격과 선동 작전이 결합하여 팽팽했던 미국 대선 결과에 영향을 주었다.

　2016년 러시아의 선거 개입에 대해 그간 많은 논의가 있었지만, 해커들이 어떻게 개입하였으며 무엇이 그들의 작전을 도왔는지 살펴볼 필요가 있다. 스턱스넷처럼 이는 단순한 가능성의 영역을 뛰어넘어 가능성을 현실화한 작전이었다. 이 작전은 현대 선거 개입의 전형이었고, 어떻게 선전과 정보 작전이 오랫동안 행해져 온 외국의 간섭 행위를 또 다른 차원으로 발전시켰는지 보여주었다. 우리는 2016년에 어떤 일이 벌어졌는지 이해하는 차원을 넘어 민주주의의 미래를 위해 이 선거 개입의 서사에 대해 알아볼 필요가 있다.

--- 십자포화 속의 민주당 ---

정보기관이 선거 후보의 컴퓨터를 해킹하는 건 특별한 일은 아니다. 중국 해커들은 2008년 오바마와 매케인 선거 캠프를 모두 해킹한 것으로 알려져 있다.[4] 2012년 공화당 대선 후보였던 밋 롬니Mitt Romney는 심각한 해킹 위협에 시달려 부통령 후보 선정과 같은 주요 결정 사항에 대해서는 암호명을 쓰거나 인터넷에 연결되지 않은 컴퓨터를 사용했다고 한다.[5] 미국 대선에 대한 국제적인 관심을 감안할 때 이러한 예방 조치들은 당연할 수 있다. 전 세계 모든 첩보기관은 미국의 차기 대통령과 그 참모들이 무슨 생각을 하는지 알고 싶어 한다.

미국의 정보기관도 마찬가지로 누가 다른 국가의 차기 지도자가 될 것이며 그들의 정책이 무엇일지 파악하는 임무를 수행한다. 이를 위해 해킹을 사용하기도 한다. 예를 들어 2012년 NSA는 엔리케 페냐 니에토Enrique Peña Nieto 멕시코 대선 후보와 그 측근들의 이메일을 해킹했고 차기 멕시코 대통령의 정치적 견해, 정책, 측근들에 대한 정보를 캐냈다.[6] 아울러 NSA는 앙겔라 메르켈이 독일 총리가 되기 전 다른 공

직에 있을 때부터 그를 감시하고 있었다.[7]

따라서 2015년 러시아 해커들이 민주당 전국위원회DNC(이하 DNC로 표기)를 해킹한 것은 놀랄 만한 사건은 아니었다. 사이버보안 전문가들은 1년이 넘도록 미국의 다른 기관들을 노렸던 이 해커들을 추적하고 있었다. 대다수 전문가들은 이 해커들이 러시아 연방보안국FSB(이하 FSB로 표기)과 연관되어 있을 것이라 추측했는데, 연방보안국의 전신은 잘 알려진 소련 국가보안위원회KGB다. 또한 러시아의 또 다른 정보기관인 대외정보국SVR과도 협력하고 있을 것이라고 분석했다.[8] DNC에 침투한 후 러시아 해커들은 가장 먼저 은밀하고 지속적인 코드를 심어 오랫동안 표적을 감시할 수 있도록 했다.

이 악성코드는 감지하기 어려웠고 DNC 네트워크 내부 해커들의 거점이 됐다. 러시아 해커들은 매우 강력하면서도 단순한 이 코드를 통해 추가적인 악성 프로그램을 심었는데, 그중 하나는 암호화 통신을 통해 공격 지령 서버와 교신할 수 있는 모듈이었다. 그들은 악성코드를 윈도 운영체제 내 다른 여러 컴퓨터를 관리하는 부분에 심었고, 이를 통해 광범위한 네트워크를 장악할 수 있었다.

작전 기반을 마련한 해커들은 추가적인 작업을 위해 비밀번호 탈취 프로그램을 설치하여 DNC 직원들의 로그인 정보를 쓸어 담았다. 이 암호들을 사용해 해커들은 DNC 네트워크 내부로 이동할 수 있었고, 이를 통해 더 많은 컴퓨터를 해킹하고 더 많은 내부 정보를 훔쳤다. 그리고 그들은 컴퓨터 사이를 옮겨 다니면서도 작전 보안을 철저히 했다. 예를 들어 그들은 새로운 컴퓨터를 해킹할 때마다 여러 가지 암호화 프로그램을 사용하여 수사관이나 네트워크 운영자의 눈을 피했다. 이런 능숙하고 세심한 작전 수행을 고려할 때 이 작업은 숙련된 해커들의 소행임에 틀림없었다.

그러나 예방 조치에도 불구하고 러시아 해커들은 미국 방첩기관의 감시망에 걸려들었다. 2015년 어느 시점부터 미국 정부는 DNC 해킹을 감지했고 DNC의 담당 네트워크 운영자에게 이 사실을 알렸다. 2015년 9월, 한 FBI 요원이 DNC 대표 번호로 전화하여 이 사실을 알렸다. 전화를 받은 직원은 IT 담당 부서로 전화를 돌렸다. 이후 다음과 같은 DNC 내부 공지가 회람됐다. "FBI는 DNC 내부에서 적어도 컴퓨터 한 대 이상이 해킹당했으며 DNC가 이에 대해 인지하고 있는지 문의했다. 또한 인지하고 있다면 DNC가 어떤 조치를 취했는지 문의했다." FBI는 또한 이 해킹이 "공작들The Dukes"에 의한 해킹이라고 구체적으로 알렸는데, 이는 사이버보안 업계에서 이미 유명한 해킹 조직이었다. 당시 이 이름을 인터넷에 검색해 보았다면 이 그룹이 러시아, 구체적으로 FSB에 속한 해킹 그룹이라는 분석 보고서를 찾을 수 있었을 것이다.

DNC의 담당 IT 직원은 네트워크 내부에서 어떤 일이 벌어지고 있는지 알아내기 위해 노력했다. 그는 자신이 가진 제한된 사이버보안 프로그램들을 사용해서 분석해 봤지만 아무것도 찾을 수 없었다. 아무것도 찾지 못했고, 더군다나 전화를 걸었던 FBI 직원이 스스로 신원을 증명할 만한 정보를 주지 않았기 때문에 DNC는 이후 상황을 점검하기 위해 걸려 온 FBI의 전화를 받지 않았다. DNC로부터 아무런 응답이 없었지만, FBI도 DNC의 고위직을 접촉한다거나 직접 찾아가 관련 문제에 대해 논의하지 않았다. FBI 사무소와 DNC는 서로 1.5킬로미터 정도밖에 떨어져 있지 않았다. FBI는 러시아 해커들이 DNC 메일 서버를 해킹했을 가능성을 염두에 두고도 DNC에 후속 조치 메일도 보내지 않았다. 수사는 지연됐고 해커들은 계속해서 DNC 내부에서 활동을 지속했다.

11월, FBI에서 다시 연락이 왔고 이들은 이번에는 더 단호히 경고했다. FBI는 DNC의 감염된 컴퓨터에 내부 정보를 러시아로 전송할 수 있는 악성코드가 심겨 있다고 알려주었다. 불법적인 데이터 추출은 의심할 수 없는 해킹의 증거였다. FBI와 DNC 모두 경각심을 가져야 했지만 그들의 대응은 여전히 느렸다. 몇 달 후에야 두 기관 직원들이 대면 만남을 가졌다. DNC는 그제야 FBI로부터 걸려 온 전화가 장난전화가 아니며 이 문제를 더 이상 간과할 수 없음을 깨달았다.

마침내 DNC는 자신들이 공격을 받고 있다는 사실을 깨달았다. 1972년 워터게이트 사건*처럼 러시아 해커들도 DNC를 노렸고, 그들의 공격 규모는 훨씬 더 컸다. 아이러니하게도 워터게이트 사건에서 절도범들이 노렸던 파일 캐비닛이 아직도 보존되어 있었는데, 그것은 해커가 노린 DNC 서버와 멀지 않은 곳에 놓여 있었다. 해킹 공격을 받고 있다는 사실을 인지한 DNC는 문제를 해결하려고 노력했다. 2016

옮긴이 1972년 닉슨 대통령의 재선을 위해 괴한들이 워싱턴 워터게이트 빌딩 DNC 사무실에 도청장치를 설치하려다 발각되면서 발생한 정치 스캔들.

년 4월, DNC는 부족했던 사이버 방어 능력을 개선했다. 하지만 그때는 이미 한발 늦은 뒤였다.[9]

--- 또 다른 해커들 ---

그때는 이미 다른 해커들이 DNC에 대한 공격을 시작한 뒤였다. 우크라이나에서 정전을 일으켰던 러시아 군사정보기관(이하 GRU로 표기)이 2016년 3월 말부터 행동을 개시했다. NSA와 다른 사이버보안업체들은 이 해커들도 오랫동안 추적하고 있었다.[10] GRU는 매우 조직화, 분업화되어 있었다. 일부 조직은 악성코드 개발을 담당했고 다른 조직은 네트워크 침입을 전문으로 수행했다. 또 다른 조직은 비트코인과 같은 암호화폐 채굴을 담당했는데, GRU는 암호화폐로 자신들의 해킹 기반시설을 유지했기 때문에 추적이 어려웠다. 또 다른 내부 조직은 선동 업무를 수행했는데, 이들은 이 사건에서 중요한 역할을 수행할 조직이었다.[11]

GRU가 다른 러시아 해킹 조직들의 활동에 대해 인지하고 있었는지는 알 수 없다.[12] GRU는 민주당을 공격했는데 공격 대상은 DNC, 힐러리 클린턴 선거운동본부, 민주당 의회선거위원회DCCC(이하 DCCC로 표기) 등을 포함했다. 해커들은 향후 작전 수행을 위해 이 기관들의 기술적 환경에 대해 연구했다.[13] 그들은 직원들에게 피싱 메일을 보내기도 했다. 소니 픽처스를 공격했던 북한 해커들은 메일에 악성코드를 첨부해 보냈지만, 러시아 해커들은 민주당 주요 인사들에게 메일을 보내 그들의 비밀번호를 훔쳤다.

GRU는 작전 초기에 대어를 낚는 데 성공했다. 바로 힐러리 클린턴 캠프의 선대본부장인 존 포데스타John Podesta였다. 포데스타는 빌 클린턴 대통령의 비서실장을 역임했고, 유명 싱크탱크의 설립자였으며, 오바마 대통령의 선임고문직을 맡는 등 민주당의 오랜 실세였다. 그는 황금 인맥, 정치 열정, 당내 높은 위세까지 갖춘, 클린턴 캠프에 없어서는 안 될 존재였다. 포데스타보다 더 중요하고 더 많은 정보를 갖고 있는 사람은 얼마 없었고, GRU는 그들도 노렸다.

포데스타가 받은 스피어피싱 메일은 무해한 것처럼 보였다. 메일 내용은 다음과 같았다. "안녕하십니까. 누군가 당신의 구글 계정에 로그인을 하려고 시도했습니다. 구글은 이 시도를 차단했습니다. 당신은 즉시 비밀번호를 변경해야 합니다." 포데스타는 이 메일을 의심했고 IT 담당 직원에게 메일을 전달했다. 왜 그랬는지 알 수 없으나 담당 보좌관은 이 메일이 진짜 같으며 비밀번호를 바꿔야 한다고 답했다. 포데스타는 가짜 메일의 안내에 따라 비밀번호를 바꿨고 그 과정에서 비밀번호를 해커에게 넘겨주었다. 이로 인해 그가 10년 동안 주고받은 메일이 러시아 해커 손에 넘어갔고, 그들은 2016년 3월 16일경 5만 건이 넘는 메일들을 복사하여 가져갔다. 나중에 해당 보좌관은 오타였다고 해명했다. 그가 원래 하려던 말은 해당 메일이 진짜 "같지 않으며"였다고 한다. 선거본부에서 이미 비슷한 스피어피싱 메일을 많이 받았기 때문에 그는 해당 메일이 가짜라는 걸 알고 있었다고 진술했다. 그게 정말 오타였다면, 그건 치명적인 실수였다.

포데스타가 가장 잘 알려진 러시아 해킹의 피해자이지만 그 말고 도 피해자가 많았다. 3월 22일, 전 DNC 지역본부장으로 클린턴 캠프 에서 일하고 있던 윌리엄 라인하트William Rinehart도 포데스타가 받은 메 일과 유사한 메일을 열었다. 메일은 마찬가지로 로그인 시도를 차단 했다고 했는데 우크라이나에서 로그인 시도가 이루어졌다고 적혀 있 었다. 라인하트는 하와이 출장 중이었고, 그는 현지 시각 새벽 4시에 메일을 읽었다. 그는 나중에 〈뉴욕 타임스〉와의 인터뷰에서 반쯤 잠든 상태로 메일을 열고 비밀번호를 입력했다고 말했다.[14] 어찌 됐든 라인 하트의 이메일 로그인 정보도 GRU 손에 넘어갔고, 러시아 해커들은 그의 중요한 메일들을 모두 싹 쓸어 갔다.

러시아의 해킹 대상 목록은 상당히 길었다. 2016년 3월 초부터 4 월 말까지 스피어피싱 공격이 지속됐다. 이 기간 동안 GRU 해커들 은 힐러리 캠프 인사 중 109명에게 메일을 보냈고, 총 214건의 맞춤 형 피싱 메일을 보냈다. 힐러리의 수석 정책보좌관인 제이크 설리번 Jake Sullivan에게는 메일 14통을 보냈다. 힐러리 클린턴의 개인 메일에도 두 차례 메일을 보냈지만 무시당했다. 그의 캠프 인사들 중 36명이 메 일을 열어 보았고 그중 일부가 자신들의 비밀번호를 유출했다.[15] 해킹 작전은 여름 내내 지속되었고 해커들은 계속해서 새로운 표적을 찾았 다. 그들은 대선 또는 다른 목적의 스피어피싱 메일을 총 4천 개 메일 주소로 9천 통 보냈다.[16]

구글에서 보낸 메일로 위장한 것 외에 클린턴 캠프 인사로 위장한 메일도 있었다. 해커들은 한 클린턴 캠프 인사의 이메일 주소와 매우 흡사한 메일 주소를 만들어 다른 직원 30명에게 보냈다. 메일에는 힐러리의 지지율이 담긴 엑셀 스프레드시트를 볼 수 있는 링크가 있었다. 그 링크를 클릭하면 GRU가 운영하는 사이트에 접속되고 악성코드에 노출됐다.[17]

4월 12일, GRU는 스피어피싱을 통해 DCCC 내부 직원의 암호를 탈취했고, 그를 통해 DCCC 네트워크를 해킹할 수 있었다. 해커들은 네트워크 내부에 있는 컴퓨터 최소 10대 이상에 X-에이전트X-Agent를 심었다. 사이버보안 전문가들은 GRU가 몇 년에 걸쳐 X-에이전트를 설치, 사용, 발전시켜 온 것을 관찰해 왔다. 러시아 해커들은 수백 번의 작전에 이 악성 프로그램을 사용했고, 일부 모듈은 2004년부터 사용됐다.[18]

X-에이전트는 정부 해커들이 일반적으로 사용하는 기능을 제공한다. 이 프로그램은 공격 대상의 문서를 수집하고, 비밀번호를 탈취하며, 그들의 작업 활동을 추적한다. GRU 해커들은 X-에이전트에 지령을 내려 표적의 키보드 입력 기록과 작업 화면을 캡쳐했고, 해커들이 저장할 수 있도록 파일을 추출했다.[19]

일부 DCCC 직원은 DNC 네트워크에도 접속할 수 있었는데, 이는 협력기관 간에 정보와 자원을 공유하기 위해 흔한 일이었다. GRU는 이 점을 알았고 악용했다. 4월 18일, GRU는 X-에이전트를 사용해서 DNC 네트워크에도 접속이 가능한 DCCC 직원의 로그인 정보를 입수했다. 그리고 이를 활용해서 이미 FSB가 해킹했던 DNC 네트워크에 접속했다. 네트워크에 침투한 해커들은 X-에이전트를 추가적으로 심었고, 최소 컴퓨터 33대가 감염됐다.[20] 그리고 해커들은 자신들의 흔적을 지우고 수사에 혼란을 주기 위해 로그를 삭제하고 일부 파일의 타임 스탬프를 조작했다. 주요 민주당 인사, 위원회, 대선캠프를 해킹한 GRU는 여러 네트워크에 막대한 접근 권한을 가질 수 있었다. 사이버 작전의 세계에서 이 접근 권한은 곧 막강한 권력이다.

--- 자료 유출 ---

GRU는 표적 네트워크에 침투하여 얻은 접근 권한을 사용하여 공격을 시작했다. 해커들은 이미 포데스타를 비롯한 내부 직원들의 이메일을 갖고 있었지만, 민주당의 내부 문서도 손에 넣고자 했다. DNC와 DCCC 내부에서 해커들은 스크린숏 수천 장과 대량의 키보드 입력값을 확보했다. 해커들은 두 위원회가 선거 승리를 위해 어떻게 협업하는지 파악했다. 해커들은 VIP석에서 일반적으로 공개되지 않는 정보를 관람할 수 있었다.

정보 수집 작전이 본격적으로 진행되고 있는 가운데 해커들은 기묘한 수를 두었다. 4월 12일, 그들은 루마니아 업체를 통해 암호화폐로 37달러를 지불하여 "electionleaks.com" 도메인을 등록했다. 그러나 실수로 이 도메인 권한을 상실하였고 일주일 뒤인 4월 19일에 "DCLeaks.com"을 다시 등록했다.[22] 이 도메인은 2016년 4-5월 사이에는 사용되지 않았지만, 돌이켜보면 이는 해커들의 목적이 단순히 정보 수집이 아니었음을 보여주는 단서였다.

두 번째 단서는 GRU가 민주당 내부망에서 검색한 정보들이다. 그들이 원한 정보는 대선 후보들에 대한 일반적인 사이버 정보 수집 작전들과는 달랐다. 그들은 힐러리 클린턴이 당선되면 어떤 정책을 펼칠지 그의 정책 우선순위가 무엇인지에 대해서는 관심이 없었다. 이는 아마도 힐러리가 반러시아 정책을 펼칠 것을 알고 있었기 때문일 수도 있다. 대신 GRU 해커들은 미래를 예측하는 데는 별 쓸모가 없어도 정치적으로 큰 화제가 될 정보를 찾았다.

GRU 해커들은 "힐러리", "트럼프", "크루즈" 같은 검색어를 사용하여 내부망을 훑었다. 그들은 실제 외교 정책과는 관련이 거의 없지만 정치적으로는 뜨거운 감자인 리비아 벵가지 사건 조사 파일을 통째로 복사해 가져갔다. 그들은 또한 민주당의 공화당 후보 관련 조사 파일과 선거 승리를 위한 현장 작전 계획 등을 가져갔다. 민주당 조직들의 재정 현황에도 큰 관심을 보였다.[23]

그들이 관심을 가진 문서들의 용량을 합치면 기가바이트가 넘었다. 이 많은 양의 데이터를 한번에 추출한다면 네트워크 보안 담당자가 눈치챌 수 있었고 자신들의 존재가 발각될 수도 있었다. 작업을 은밀히 하기 위해 해커들은 파일들을 압축하여 추출했다. 그리고 암호화 기술을 사용하여 파일 내용을 감추고 파일들을 민주당 내부망에서 대량으로 추출하여 러시아로 전송했다.[24]

해커들은 DNC 내부 메일들도 노렸다. 5월, 해커들은 내부 메일 수천 건을 보관하고 있는 기관의 메일 서버를 노렸다. DNC 네트워크 시스템에 접근 권한을 갖고 있던 그들은 직원 개개인의 메일을 해킹하지 않고도 한번에 메일들을 열람할 수 있었다. 그들은 메일들을 통째로 복사하여 공격 지령 서버를 통해 추출하였고 추후 사용하기 위해 보관해 두었다.[25] 그들은 DNC의 클라우드 시스템도 해킹하여 그곳의 정보도 복사해 갔다.[26] 이 기관들은 철저하게 털린 것이다.

엄청난 양의 정보를 손에 넣은 GRU는 다음 단계로 넘어갔다. 6월 초, 해커들은 DCLeaks.com에 정보를 공개하기 시작했다. 웹사이트는 어떤 외국 정부와의 관계도 부인하였으며 대신 자신들이 "미국의 핵티비스트Hacktivist*로서 표현의 자유, 인권, 국민의 정부를 존중한다"고 적었다. 그들은 자신들의 목적이 "미국의 정책 결정 과정과 주요 정치인들의 삶에 대해 진실을 알리는 것"이라고 엉터리 영어로 적었다.[27] 이 사이트는 GRU 해커들이 민주당과 다른 기관들을 해킹하여 수집한 정보들을 공개한 첫 번째 플랫폼이었다.

유출된 파일은 주로 민주당의 주요 인사 또는 반러 정치인의 것이었고 둘 다 해당되는 사람들도 있었다. 초기 유출 자료에는 조지 소로스가 설립한 오픈 소사이어티 재단의 내부 문서, 당시 나토 최고사령관 필립 브리드러브Phillip Breedlove의 메일, 미국 중부사령부 장성과 소령에 대한 문서, 빌 클린턴과 힐러리 클린턴에 대한 문서 일부, 공화당 관

옮긴이 해커hacker와 행동주의자activist의 합성어로 정치, 사상적 목적을 위해 해킹을 수단으로 사용하는 개인 또는 집단을 칭하는 말이다.

련 문서 등이 포함되었다. 이 웹사이트는 처음에는 주목받지 못했다.

2016년 6월, 민주당이 조치를 취했다. 민주당은 오랜 기간 러시아 정보기관과 싸워 온 선도적인 사이버보안업체인 크라우드스트라이크CrowdStrike를 고용하여 내부망을 청소하고자 했다. 크라우드스트라이크와 같은 보안업체를 고용하는 건 통상적인 일이었지만, 여기에 민주당은 추가적으로 일반적이지 않은 조치를 취했다. 6월 14일 자 〈워싱턴 포스트〉 기사와 15일 나온 크라우드스트라이크 보고서를 통해 러시아가 DNC를 해킹했다고 발표한 것이다. 민주당은 이미 확보한 기술적 증거를 토대로 러시아 정보기관을 배후로 직접 지목했다.[28]

이때부터 상황은 급격히 악화되기 시작했다. 6월 16일, "구시퍼 2.0Guccifer 2.0"이라고 자칭한 익명의 단체가 등장했다. 그들은 잘 알려진 루마니아 출신 해커 구시퍼를 오마주한 듯했다. 구시퍼 2.0은 거친 언어를 사용하여 크라우드스트라이크가 틀렸다고 주장했다. 그 단체는 본인들이 러시아인이 아닌 루마니아인으로 단독으로 DNC를 해킹했다고 주장했다. 자신들의 주장을 증명하기 위해 이들은 민주당 내부 문서 11건을 공개했고, 그 문서들은 곧 진본으로 판명됐다. 그들은 자신들이 갖고 있는 문서 수천 건을 위키리크스와 공유했다고 말했다.

곧 그들 주장의 허점이 발견됐다. 사이버보안 전문가들은 구시퍼가 업로드한 파일이 러시아어 세팅을 사용하며 "펠릭스 제르진스키"라는 이름을 쓰는 누군가에 의해 수정됐다는 걸 발견했다. 제르진스키는 소비에트 비밀경찰을 설립한 인물이다. 사이버보안업체들과 전문가들의 추가 조사를 통해 이들에 대한 더 많은 증거가 수집되었다.

그 증거들 중에는 DNC 해킹과 여타 다른 러시아 해킹 간에 해킹 인프라를 공유한 정황도 있었다. 독일 의회에 대한 공격과도 유사성을 보였다.[29] 그들의 주장이 틀렸음을 보여주는 다른 우스운 일화로 구시퍼를 온라인으로 인터뷰하던 기자가 모국어를 사용할 것을 권하자 그가 루마니아어를 못하는 것이 드러난 일도 있었다.[30]

여기에 위키리크스Wikileaks가 등장했다. 민주당의 해킹 발표와 구시퍼의 등장 전부터 위키리크스의 설립자 줄리안 어산지는 2016년 대선에 관여하길 원했다. 6월 12일, 어산지는 민주당에 타격을 줄 내부 메일을 위키리크스에 공개하겠다고 공약했다. GRU와 위키리크스가 최초로 접선한 일자가 6월 14일이기에 때문에 그가 왜 그런 발언을 했는지는 알 수 없으나, 그들이 비밀리에 사전에 정보를 공유했을 가능성도 배제할 수 없다.[31]

GRU와 위키리크스는 계속해서 소통했다. 6월 22일, 위키리크스는 구시퍼에게 메시지를 보내 추가 자료를 요구했다. 위키리크스는 자신들이 이를 공개하면 구시퍼보다 더 많은 주목을 받을 수 있다고 약속했다. 7월 6일, 위키리크스는 구시퍼에게 다시 한번 메시지를 보냈고, 클린턴 캠프와 관련된 정보를 요구했다. 그 메시지에는 힐러리가 버니 샌더스 지지자들을 흡수하기 전에 타격을 입혀야 하기 때문에 타이밍이 중요하다고 적혀 있었다.[32] 7월 14일, GRU는 위키리스크에 해킹을 통해 확보한 대용량의 암호화된 파일을 보냈다. 메일 제목은 "거대한 자료 보관소"였고 메시지 내용은 "새로운 시도"였다.[33]

결국 어산지는 자신이 한 약속을 지켰다. 7월 22일, 힐러리를 당

대선주자로 공식 선출하는 민주당 전당대회 사흘 전에 위키리크스는 DNC 내부 문서를 공개했다. 최대 규모의 유출이었고 매우 중요한 문서들이 포함돼 있었다. GRU 해커들이 복사한 2만 건에 가까운 메일들도 포함돼 있었다. 가장 충격적인 내용은 당내 경선에서 중립을 지켜야 할 DNC 당직자들이 노골적으로 샌더스 대신 힐러리를 지지한 것이었다. 자료가 유출되고 이틀 뒤, 즉 전당대회 하루 전날, DNC 위원장인 데비 와서먼 슐츠Debbie Wasserman Schultz가 자리에서 물러났다.

힐러리는 모두가 당연히 그가 당선될 것이라고 여겼던 대선 승리를 쟁취하기 위해 그해 여름 내내 선거운동에 매진했고 그동안 문서 유출도 지속됐다. 민주당 관련 기관에 대한 문건들이 계속해서 인터넷에 유출됐다. 유출된 문서는 모두 진본이었지만 일부는 러시아 해커들이 자신들의 입맛에 맞춰 날조한 것도 있었다. 예를 들어 야당 관련 연구 보고서 상단에 "기밀"이라고 적어서 더 많은 기자들의 관심을 끌려고 한 것도 있었다.[34] 그들은 또한 충격적인 금액의 정치 후원금이 민주당에 들어간 것처럼 문서를 조작했는데, 예를 들어 브래들리 재단이 불법적으로 힐러리에게 1억 5천만 달러를 후원했다거나 오픈 소사이어티 재단의 예산에 러시아 내 반체제 운동을 후원하는 내용을 추가하기도 했다.[35]

이 기간 GRU 해킹과 관련하여 세 곳을 주목할 필요가 있다. 첫째는 도널드 트럼프 캠프 측으로, 그들이 러시아 해커들을 지지했다는 증거들이 있다. 트럼프의 변호사였던 마이클 코언Michael Cohen은 나중에 캠프 참모였던 로저 스톤Roger Stone이 어산지가 곧 클린턴 캠프에 불리한 메일을 "엄청나게 많이" 공개할 거라고 말하는 것을 들었다고 증언했다. 코언은 "트럼프가 이에 대해 '엄청 좋은 일 아닌가'라고 답했다"고 말했다.[36] 로저 스톤은 트럼프 캠프를 대표하여 2016년 여름에 위키리크스와 접촉했고, 그로부터 얻은 정보를 캠프에 다시 전달했다는 혐의를 받았다. 로버트 뮬러Robert Mueller 특검의 조사에 따르면 스톤은 트럼프 캠프와 러시아 정부 관계자 간의 "많은 연결고리" 중 하나였던 것으로 보인다. 다만 뮬러의 최종 보고서는 러시아의 선거 개입과 관련하여 "트럼프 캠프 또는 그 관계자들이 러시아 정부와 음모를 꾸미거나 공조한 사실을 찾지 못했다"고 결론 내렸다.[37]

뮬러의 보고서에 따르면 첫 메일 유출이 있은 뒤 미상의 인물이 트럼프 캠프의 고위 인사에게 "지시하여" "로저 스톤과 접촉하여 위키리크스가 클린턴 캠프에 불리한 추가적인 정보를 갖고 있는지 알아보라고 했다." 로저 스톤에 대한 기소문에는 그와 위키리크스가 2016년 여름과 가을에 거쳐 직접 또는 중간 브로커를 통해 나눈 대화가 구체적으로 명시돼 있다. 스톤은 자신이 알고 있는 정보를 활용하여 향후 언제 추가적인 문서 유출이 있을지에 대해 트럼프 캠프에 사전에 언질을 주었다.[38]

트럼프 당시 대선 후보는 추가적인 유출을 원하는 속내를 숨기지 않았다. 그는 7월 27일 기자회견에서 "러시아 당신들이 지금 내 말을 듣고 있다면 사라진 이메일 3만 건을 찾아 주길 바란다"고 말했는데, 이는 클린턴이 국무장관으로 재직할 당시 업무 메일로 썼던 개인 메일 계정에서 선별적으로 삭제된 메일들을 가리킨 것이었다.[39] 러시아 해커들은 트럼프의 기자회견 후 5시간 만에 클린턴 가족 계정 이메일에 스피어피싱 메일을 보냈는데 이는 처음 있는 일이었던 것으로 보인다.[40]

두 번째로 주목할 집단은 여타 선거 캠프들이었다. 대부분은 유출 자료를 무시했지만, 그중에는 GRU에 적극적으로 접근하여 정보를 요구한 사람도 있었다. 공화당의 플로리다 선거 컨설턴트 애런 네빈스Aaron Nevins는 트위터를 통해 구시퍼에 접촉하여 "플로리다 관련 정보가 있으면 보내 달라"고 적었다.[41] 러시아 해커들은 이에 응답하여 DCCC로부터 훔친 수 기가바이트가 넘는 투표율 및 유권자 모델링 정보를 보내 주었다. 거기에는 민주당의 플로리다 의원 선거 관련 분석과 선거구별 투표율 독려 전략 등이 담겨 있었다.

네빈스의 노력이 선거에 실질적인 영향을 끼쳤을 수도 있다. 플로리다 지역의 한 공화당 정치 컨설턴트는 유출된 자료가 그의 득표 전략에 도움이 됐다고 말했다. 그러나 선거에서 승리한 후보는 유출된 자료가 아무 영향도 주지 않았다고 주장했다. 네빈스의 입장에서야 당을 위해 유출된 자료를 사용하는 것은 당연했다. 선거에서는 무엇이든 용납이 된다. "서로의 이익이 맞는다면, 정치판에서는 누구 손이든 잡을 수 있다"고 네빈스는 말했다.[42]

마지막으로 가장 중요한 집단은 바로 미국의 국가안보 기관들이었다. 그들은 이상하리만큼 조용했다. 2016년 여름에 국가안보 기관들은 러시아의 해킹에 대해 공개적으로 발언하거나 대응하지 않았다. 당시 백악관 사이버안보조정관이던 마이클 대니얼Michael Daniel은 러시아의 해킹 징후가 분명해졌던 늦봄에서 초여름 사이 미국이 대응 방안을 모색하고 있었다고 말했다. 그들이 검토한 대응 방안 중에는 러시아에 보복하여 그들을 억제하거나 러시아 해킹에 직접적으로 개입하는 방법 등이 포함되었다.

그러나 미국 국가안전보장회의NSC는 보복 대신 러시아 해킹에 대비하여 네트워크 보안을 강화하고 있던 미국 선거관리위원회를 우선 지원하기로 결정했다. 백악관은 러시아와 직접적으로 대립할 경우 상황이 악화되어 선거일 당일 투표 조작을 포함한 사이버 전면전이 벌어질 수도 있음을 두려워했다. 상황을 악화시키지 않는 범위 내에서 자신들의 투지를 명확히 전달할 자신이 없었던 미국은 한발 물러설 수밖에 없었다.[43]

8월과 9월 사이, 미국 정보기관과 의회 지도부는 회의를 갖고 러시아의 해킹을 규탄하는 초당적 성명에 대해 논의했지만 결국 합의점을 찾지 못했다. 합의가 실패한 주된 이유는 공화당의 상원 원내대표인 미치 맥코널Mitch McConnell이 러시아 개입에 대한 정보기관의 분석을 믿지 못했기 때문이었다.[44] 오바마 행정부는 독자적으로 러시아 해킹을 규탄하기로 했다. 2016년 9월, 오바마 대통령은 기자들에게 자신이 국제회의에서 푸틴을 만나 "당장 그만두시오. 그렇지 않으면 심각한 결과를 초래할 거요"라고 경고했다고 말했다.[45] 10월 7일, 국토안보부와 NSC는 해킹 및 자료 유출과 관련하여 러시아를 비난하는 성명을 발표했다.[46] 미국 정부가 그보다 강력한 규탄을 쏟아 낼 능력 또는 의지는 없어 보였다.

이후 쏟아진 다른 사건들 때문에 정부 성명은 언론의 관심을 끌기 어려웠다. 〈워싱턴 포스트〉는 매우 저속한 표현으로 여성을 모욕하는 트럼프 후보의 녹취 파일을 공개했다. 그는 인터뷰를 하기 위해 방송 스튜디오로 가는 길에 〈액세스 할리우드〉 진행자에게 다음과 같이 말했다. "나는 기다리지도 않는다. 상대가 스타면 여자들은 다 하게 해준다. 뭐든지 할 수 있다. 여자의 거기를 움켜잡는 것도. 뭐든지 다 할 수 있다고." 후보들의 실언은 정치판에서 좋은 먹잇감이다. 밋 롬니는 연방 세금을 내지 않는 47퍼센트 국민들을 이렇게 표현하기도 했다. "그들은 정부에 의존하는 사람들이다. 그들은 자신이 피해자인 줄 알고 정부가 자신을 돌볼 의무가 있다고 생각한다." 오바마도 2008년에 벽지에 사는 미국인들이 "점점 더 괴팍해진다. 그들은 총기나 종교, 자신들과 다른 사람들에 대한 증오에 의존하게 된다"라고 말한 적이 있다.[47] 그러나 트럼프의 말은 특히 더 충격적이었다. 때문에 정부의 무미건조한 보도자료는 금방 잊혀졌다.

1시간 뒤 또 다른 속보가 러시아에 관한 보도자료를 완전히 덮어버렸고 트럼프의 성희롱 발언까지도 어느 정도 덮었다. 위키리크스가 존 포데스타의 메일을 공개하기 시작했던 것이다.[48] 그의 메일 중에는 힐러리가 월가 은행들에서 했던 연설의 일부분이 포함돼 있었는데, 이는 민주당 경선 중에 논란이 됐던 이슈 중 하나였다. 위키리크스는 10월 동안 수많은 포데스타의 메일을 나누어 공개했고 언론은 이를 계속 보도했다. 공개된 내용들은 모두 이목을 끌었다. 심지어 리소토를 잘 만드는 방법에 대한 포데스타의 조언까지 언론의 주목을 받았는데, 사람들은 다른 걱정거리가 없는 듯했다.[49] 러시아 해킹에 대한 미국 정부의 성명은 물론 〈액세스 할리우드〉 녹취 파일조차 옛이야기가 되어 버렸다.

위키리크스가 트럼프에 불리한 기사들을 덮기 위해 타이밍을 맞춰 포데스타의 메일을 유출했는지는 알 수 없다. 밝혀진 증거에 따르면 위키리크스가 자체적으로 10월에 자료 유출을 준비한 것으로 보이며, 동시에 트럼프 캠프의 고위 관계자들이 이 사실을 알고 있었던 것으로 보인다. 10월 7일 이메일 유출이 있기 전, 트럼프의 측근 로저 스톤은 트럼프 캠프의 고위 관계자와 트럼프 지지자들에게 위키리크스가 곧 민주당을 난처하게 만들 자료들을 뿌릴 것이며 매주 자료를 공개할 것이라고 이야기했다. 포데스타의 메일이 공개되고 난 뒤 익명의 트럼프 캠프 고위 관계자는 로저에게 "수고했음"이라는 문자를 보냈다.[50]

--- 증폭 ---

선거 기간이 막바지에 다다르자 러시아 해커들은 추가적인 해킹보다 선전과 허위 정보 확산에 집중했다. 그들의 작전 목표가 바뀐 이유는 선거 일주일 전 오바마 대통령이 푸틴에게 직접 경고를 했기 때문일 수도 있다.[51] 그러나 이 작전 목표의 전환은 분열적이며 친트럼프 성향의 메시지를 미국 내에 퍼트리고 증폭시키기 위한 러시아의 다년간

의 계획 중 일부였을 가능성이 더 높다. 러시아의 선전 선동 작전은 해킹의 도움을 받으면서도 동시에 해킹 작전을 지원했다. 우리는 뮬러 특검의 보고서와 기소문 덕분에 당시 언론 기사나 사후 분석이 다루었던 것보다 훨씬 더 자세히 러시아의 선전 선동 작전을 재구성할 수 있다.

러시아는 최소 2014년부터 작전을 준비했다. 당시 러시아 공작원들은 미국의 다양한 단체들이 어떻게 소셜미디어를 사용하는지 연구했다. 그들은 온라인 모임의 규모, 게시물 업로드 빈도수, 코멘트와 댓글 등 사용자 참여에 대해 추적했다. 러시아 요원들은 상트페테르부르크에 위치한 실체가 모호한 조직인 인터넷 조사기관Internet Research Agency에서 일했다. 이 기관은 미국에서 허위정보 작전을 펼친 러시아 기관들 중에서도 가장 잘 알려진 기관이다.[52] 인터넷 조사기관의 직원들은 신분을 위장하고 2014년 미국을 여러 차례 방문했다. 그리고 2014년 5월부터 2016년도 미국 대선을 공격하는 방안에 대해 논의하기 시작했다.[53]

2016년 그들은 미국인으로 위장하고 미국의 정치 단체들과 소통하면서 미국 정치에 대한 이해를 높였다. 이들과 교류한 뒤 러시아는 가장 박빙이 될 만한 주에 집중했는데, 그들은 이를 "보라색 주"*라고 자주 표현했다.[54] 러시아 공작원들은 가짜 SNS 계정 수백 개를 만들었

옮긴이 공화당의 상징인 붉은색과 민주당의 상징인 파란색이 경합하여 보라색으로 나타나는 주를 말한다.

다. 그들은 각 계정마다 그들의 시간대, 관심사, 정치적 성향 등을 정하여 하나의 인격체를 창조했다. 그들의 목표는 각종 급진적인 단체들과 사회에 불만을 가진 사람들의 목소리를 증폭시키는 것이었다.[55] 일부 계정은 새로운 콘텐츠를 업로드하는 일에 몰두했고 다른 계정들은 이들을 퍼 날랐다.[56]

러시아 공작원들은 미국 사회에 스며들기 위해 최대한 노력했다. 러시아 IP 주소가 드러나지 않도록 미국에서 서버를 임차하여 그들의 인터넷 트래픽이 미국에서 발생하는 것처럼 보이도록 했다. 또한 그들은 정체를 감추기 위해 미국 포털들이 제공하는 가짜 이메일 계정들을 만들었다.[57] 공작 책임자들은 미국의 휴일 목록과 같은 현지 정보를 배포하여 매일매일 올리는 게시글이 미국인이 쓴 것처럼 보이도록 했다.[58]

그들은 각 요원, 게시물, 테크닉, 계정의 성과를 정량적으로 평가하여 자신들의 작전을 계속 발전시켜 나갔다. 책임자들은 데이터 패턴을 읽고 시사점을 찾았다. 예를 들어 그들은 인터넷에서 폭발적인 반응을 받은 게시물의 글, 이미지, 비디오 간 황금 비율을 찾아냈다.[59] 러시아 공작원들은 마치 마케팅 캠페인에서 쓸 법한 광고 효과 분석을 하고 있었다.

그들이 가짜 계정으로 페이스북에 그룹을 만드는 건 자연스러운 다음 수순이었다. 러시아 공작원들은 미국인인 척하면서 국경 문제, 인종, 종교, 지역감정 등 다양한 주제의 그룹을 만들고 운영했다. 대표적인 예로는 "안전한 국경Secured Borders", "흑인 운동가Blacktivist", "미국 무슬림 연합United Muslims of America", "예수의 군대Army of Jesus", "텍사스의 심장Heart of Texas" 등이 있었다. 2016년 대선이 가까워졌을 무렵 이 그룹들의 회원 수는 수십만이 넘어갔다. 일부 회원들은 러시아의 가짜 계정들이었지만 외국의 선전 선동 작전에 넘어간지 모르는 미국인들도 다수 있었다.[60]

그들의 목적은 분명했다. 2016년 책임자들은 가짜 계정과 그룹을 운영하는 공작원들에게 명확한 지령을 내렸다. "기회가 될 때마다 힐러리와 나머지들을 공격하라(우리가 지지하는 샌더스와 트럼프는 빼고)." 요원들이 운영하는 페이스북 그룹에 힐러리를 비판하는 내용이 올라오면, 관리자들은 담당 공작원을 문책하고 힐러리에 대한 비판은 "필수적"이라고 강조하면서 개선을 요구했다.[61]

러시아가 만든 콘텐츠 중 일부는 대선 캠프들에 의해 공식적으로 사용됐다. 트럼프 캠프 직원과 관계자 들은 러시아 공작원들이 만든 특정 반힐러리, 친트럼프 메시지를 퍼 나르기도 했다. 그들은 자신들의 계정을 사용해서 러시아의 프로파간다를 게시하고 리트윗하면서 확산시켰다. 러시아 요원들은 게시물이 인기를 얻으면 그것의 확산 경로를 세밀히 연구했다.[62]

선거일이 다가오면서 러시아는 미국 유권자들에게 더 많은 영향을 줄 수 있는 날카로운 메시지를 만들었다. 그들은 민주당 지지 성향의 소수인종 유권자들이 투표소에 가지 않도록 방해하기도 했다. 러시아가 운영하는 "깨어 있는 흑인들Woke Black"이라는 인스타그램 계정은 힐러리 클린턴을 폄하하는 속칭을 사용하면서 다음과 같은 게시글을 올렸다. "트럼프에 대한 과장된 이야기들과 증오가 흑인들로 하여금 킬러리Killary를 뽑도록 강제하고 있다. 우리는 차악을 선택해서는 안 된다. '아예 투표를 하지 않는 것'이 훨씬 더 나은 선택이다."[63] "흑인 운동가" 인스타그램 계정에서는 소수인종들이 이길 가능성이 없는 군소 후보인 질 스타인Jill Stein을 뽑도록 종용했다. "나를 믿어라. 이건 절대 표를 버리는 게 아니다." 그들은 사람들을 안심시켰다.[64] 결과적으로 1억 2600만 명이 러시아가 운영하는 페이스북 계정들에서 올린 선동적인 게시물에 노출됐다.[65]

가짜뉴스도 작전의 일부였다. 이 기간 페이스북의 게시물 공유를 분석해 보면 가장 인기가 많았던 가짜뉴스(러시아를 포함한 다양한 출처의 가짜뉴스)가 주류 언론의 톱기사들보다 많이 공유됐다. 힐러리를 공격하는 가짜뉴스들이 인기가 많았는데 그중에는 힐러리가 이슬람 테러 집단에 무기를 팔았다는 내용, 그가 대통령직을 수행하는 것이 불법이라는 내용, 그가 FBI 요원의 암살을 계획했다는 내용 등이 있었다. 교황이 트럼프를 지지했다는 소식도 널리 확산된 가짜뉴스 중 하나다.[66] 한 조사에 따르면 미국인의 25퍼센트가 선거 한 달 전 가짜뉴스 웹사이트를 방문했으며, 보수 성향의 미국인이 그렇지 않은 사람들보다 그럴 경향이 높았다.[67] 2016년도 여론조사에 따르면 미국인 네 명 중 세 명이 가짜뉴스 헤드라인을 기억하고 그 내용이 최소 어느 정도 사실이라고 답했다.[68]

페이스북과 함께 러시아 공작원들은 가짜 트위터 계정 수천 개를 만들었다. 여기서도 마찬가지로 그들은 미국인으로 위장했다.[69] 대선이 다가오자 그들은 힐러리를 공격하는 해시태그를 확산시켰는데 그 중에는 "#힐러리를감옥으로Hillary4Prison", "#미국을다시위대하게MAGA", "#트럼프기차에탑승TrumpTrain", "#Trump2016", "#나는힐러리를지켜 주지않을거야IWontProtectHillary" 등이 있었다.[70] 그들은 또한 가장 팔로워 수가 많은 트위터 계정으로 힐러리가 경합 주인 노스캐롤라이나와 플로리다에서 투표 조작을 계획하고 있다고 주장했다.[71]

유료 광고도 여기에 한몫했다. 2015년부터 러시아 공작원들은 페이스북과 트위터에 매달 수천 달러씩 사용했다. 미국에서 선거운동 목적으로 외국 자금을 사용하는 건 불법이었지만 페이스북과 다른 회사들은 이를 제대로 검증하지 않았다.[72] 2016년 러시아 해커들은 미국인들의 신분을 도용하여 자신들의 불법적인 유료 광고가 걸리지 않도록 했다. 러시아 요원들은 도용된 주민번호와 다른 개인정보들을 사용해 미국인으로 가장하여 은행 계좌를 만들 수 있었다.[73]

적어도 2016년 4월부터 11월 선거일까지 러시아가 후원한 반힐러리 친트럼프 광고가 게재돼 있었다. 이 광고들은 그간 러시아가 다른 매체를 통해 퍼트린 프로파간다들을 떠올리게 했다. 힐러리가 테러리스트를 지원한다든가, 소수인종의 표를 받을 자격이 없다든가, 총기 소유의 완전 금지를 지지하고, 부패하였고, 반기독교적이라는 내용들이었다. 다른 광고들은 트럼프를 테러리스트들을 타도할 지도자이자 총기 소유 권리를 위해 맞서고 미국을 수호할 지도자로 찬양했다. 러시아는 페이스북의 마이크로 타깃팅 알고리즘을 사용하여 각 광고를 해당 주제에 관심을 갖고 있는 특정 유권자들에게 노출했다.

마치 합법적인 선거운동을 하듯 말이다. 러시아 요원들은 페이스북에 최소 3500건의 광고를 게재했다.[74]

이 광고들이 유권자의 행동에 얼마나 영향을 끼쳤는지는 알기 어렵다. 페이스북 영업 담당자는 일반적으로 유료 광고와 페이스북 콘텐츠로 선거 결과를 바꿀 수 있다고 주장하지만 말이다. 페이스북의 사례 연구에 따르면 패트릭 투미Patrick Toomey 펜실베이니아주 상원의원은 2016년 페이스북 광고에 많은 선거 비용을 썼고 덕분에 간신히 재선에 성공했다. 페이스북은 자신들의 데이터 분석 자료에 기반해 투미 의원의 유료 광고가 지지자들의 투표율과 전반적인 지지율을 올렸다고 주장했다.[75] 페이스북에서 유료 광고를 하면 유권자에 영향을 준다는 페이스북의 주장이 맞다면, 러시아의 유료 광고도 영향을 줬을 것이다.

러시아 공작원들의 마지막 작전은 인터넷상에서의 분열과 갈등을 현실 세계로 불러내는 것이었다. 2015년 11월에 열린 "남부 연합 집회"를 시작으로 러시아 요원들은 주요 경합 주인 펜실베이니아나 플로리다를 포함해 미국 전역에 걸쳐 집회 시위를 열었다. 일부 집회는 참석자가 저조했지만 시민 수백 명이 참석한 집회도 있었다. 그들은 주최자의 정체에 대해서는 모른 채 집회에 참석했다. 관리자들은 집회가 어떻게 진행되었는지 "세밀하게 모니터링"했다.[76]

러시아는 일부 성공을 거두었다. 표면적으로 힐러리에 대한 무슬림들의 지지를 보여주기 위해 설계된 집회에서 러시아는 참석자들이 힐러리가 미국에 이슬람 율법 적용을 지지한다는 잘못된 발언이 적힌 피켓을 들도록 했다. 그리고 이 사진을 찍어 다른 그룹에서 미국인들이 힐러리를 믿으면 안 된다는 메시지를 퍼트렸다. 다른 집회에서 러시아 공작원들은 "힐러리를 타도하라", "트럼프를 위한 행진"이라는 배너 아래 미국인들을 고용하여 선거운동을 하도록 했다. 고용된 한 명은 죄수복을 입고 철장에 갇힌 힐러리로 분장하였고 다른 한 명은 그를 실은 퍼레이드 차량을 운전했다. 트럼프 캠프는 공식 페이스북 계정에서 이 중 일부 집회를 홍보하기도 했다.[77]

같은 일시와 장소에 서로 대립되는 집회를 조직한 경우도 있었다. 러시아 공작원들은 자신들이 운영하는 서로 대립되는 모임의 지지자들을 모아 놓고 서로에게 고함을 치도록 만들었다. 예를 들어 러시아는 "이슬람의 지혜를 지키자"라는 집회를 텍사스주 휴스턴시에서 조직하고 "텍사스의 이슬람화를 막자"라는 반대 시위를 같은 장소에서 벌였다.[78] 그곳에는 시위대 간 물리적 충돌을 막기 위해 경찰이 배치되어야 했다.

갈등을 조장하는 게시물, 가짜뉴스, 유료 광고, 집회 시위 중 어떤 방법이 더 효과적인지는 러시아도 몰랐을 것이다. 그러나 그들은 고민할 필요가 없었다. 그들은 분열을 부추기고 샌더스와 트럼프를 지원하는 방법이라면 뭐든지 시도할 수 있었고, 점차 자신들의 수단을 발전시켜 나갔다. 일반 상업적 광고와 마찬가지로 여러 방법이 서로를 보완, 보충하기 때문에 정확히 무엇이 얼마만큼 영향을 주었는지 알기는 어렵다. 그러나 그들은 서로 결합되어 선거에 영향을 주었다. 해킹과 유출은 부패한 힐러리의 이미지를 부각시켰다. 미국인으로 위장한 가짜 계정들은 이러한 이미지를 더욱 각인시켰고, 실제 미국인들이 참여하는 모임들을 조직하였으며, 오프라인에서 집회를 열기도 했다. 이 과정 속에서 유료 광고는 모든 것을 도왔고 또한 집회의 참석률을 높이기도 했다. 이건 러시아 입장에서는 선순환이었고 미국 입장에서는 악랄한 국기 문란 행위였다.

--- 단순한 도구 ---

러시아는 2016년도 대선에 개입하여 미국 민주주의의 기반을 흔들고자 했다. 그들은 미국을 향해 어떤 신호를 보내려고 한 것이 아니었다. 미국의 국론을 분열하고 선거 판도에 영향을 줘서 러시아에게 유리한 국제 환경을 조성하려고 했던 것이다. 미국 정보기관과 법무부의 기소문에 따르면 러시아는 두 가지 중대 목표를 갖고 있었다. 우선 미국 내부 갈등의 심화, 그리고 2016년도 초중순부터는 도널드 트럼프의 당선이었다. 첫 번째 목표와 관련하여 러시아는 일정 부분 성공을 거두었다. 소셜미디어에 대한 광범위한 연구에 따르면 러시아의 활동 이후 인터넷에서 정치 양극화 갈등이 눈에 띌 만큼 증가했다.[79]

　　두 번째는 조금 더 복잡하다. 트럼프가 선거에서 이기자 한 익명의 관계자는 러시아 고위급 인사에게 "푸틴이 이겼다"라고 문자를 보냈다. 이는 너무 자화자찬하는 것일 수도 있다.[80] 선동가와 공작원들은 늘 자신들의 역할을 과대 포장한다. 그러나 2019년 트럼프 대통령은 한 트윗에서 자신이 "당선되도록 도운" 러시아의 역할을 인정한 듯 보인다. 이후 그는 다시 자신의 당선과 러시아와는 "아무런 관련이 없다"고 한발 물러섰다.[81]

불확실성으로 가득 찬 2016년 대선을 정확히 분석하는 건 어려운 일이다.[82] 3개 주에서 7만 7천 표로 성패가 갈렸던 초박빙의 선거였기 때문에 무엇 하나라도 달랐다면 결과도 달라졌을 수 있다. 힐러리의 개인 메일 사용에 대한 제임스 코미 FBI 국장의 서한, 힐러리의 선거 전략, 유출된 메일에 대한 언론의 끝없는 보도, 그리고 다른 많은 것들이 유권자들의 결정에 영향을 주었고, 그중 하나라도 달랐더라면 선거 결과는 달라졌을 수 있다.[83]

러시아의 공작이 왜 그토록 효과적이었는지 분석하는 일은 더욱 쉽다. 다른 변수를 무시하고 러시아의 공작에만 집중할 수 있기 때문이다. 선동의 핵심은 쐐기라는 단순한 도구의 원리와 같다. 쐐기는 이미 틈이 벌려져 있을 때 더 효과적이다. 쐐기가 얼마나 강력한지, 얼마나 힘을 주었는지도 중요하지만 결국 대상이 얼마나 약한지도 중요하다. 따라서 이 책에서 다룬 다른 어떤 사례보다 2016년 선거 개입은 사이버 공격의 대상이 중요한 경우였다.

소련의 선동가들은 이를 오래전부터 알고 있었다.[84] 그들은 가장 효과적인 선전 선동 공작은 처음부터 완전히 거짓을 지어내는 것이 아니라 이미 존재하는 편견을 이용해야 한다는 사실을 알고 있었다. 진위 여부를 떠나 미국의 일부 유권자들은 힐러리 클린턴이 부패하고 이기적이라고 생각했다. DNC 고위 관계자가 경선에서 버니 샌더스를 떨어트리려고 한 내용이 유출되면서 이런 편견을 더욱 부추겼다. 소셜미디어 캠페인과 오프라인 집회들은 이를 더욱 악화시켰다. 더 일반적으로 러시아의 쐐기는 미국 사회 내에 존재하는 여러 사회 갈등을 더욱 악화시켰다. 러시아는 새로 인종 간 대립이나 이념적 갈등을 만들어 낼 필요가 없었다. 대립과 갈등은 이미 존재했고 러시아는 이를 이용하기만 하면 됐다.

언론 환경도 러시아의 공작을 도왔다. GRU 공작원들은 기자들과 소통했고 DCLeaks.com에 아직 공개되지 않은 자료들을 건네주었다.[85] 기자들은 관련 기사를 쓰고 유출 자료를 홍보했다. 실제 위키리크스가 유출한 자료에 그렇게 엄청난 스캔들이 얼마 없었음에도 언론은 이를 대대적으로 보도했다.

〈뉴욕 타임스〉에서 힐러리 선거 운동을 취재했던 저명한 기자 에이미 초직Amy Chozick은 당시 팽배했던 언론 관행에 대해 얘기했다. 당시 기자들 대부분은 다음과 같이 생각했다. "이미 메일은 유출됐고, 유권자들의 알 권리가 있으므로 유출된 자료를 '확인'하고 '맥락을 제공하는 것'이 〈뉴욕 타임스〉의 책무다." 선거가 끝나고 사실이 밝혀진 뒤에야 그와 동료들은 자신들이 "러시아 첩보원의 사실상의 수하"에 불과했음을 깨달았다.[86]

러시아가 유출한 자료들을 퍼트린 건 기자들뿐만이 아니었다. 트럼프 당시 후보도 공개 발언을 통해 러시아를 도와준 셈이다. 포데스타 메일 유출이 진행되던 선거운동 마지막 한 달 동안, 그는 연설과 집회에서 위키리크스를 최소 137차례 언급했다. 포데스타의 메일이 처

268

음으로 유출되고 사흘 후, 그는 환호하는 지지자들에게 "나는 위키리크스를 사랑한다"고 외쳤다.[87] 러시아에 직접 사라진 힐러리의 메일을 찾아 달라고 부탁했지만, 그는 나중에 러시아가 자료 유출의 배후라는 사실을 부정했다. 대선 토론에서 트럼프는 누가 유출의 배후인지 알아내는 것은 불가능하며 이는 집구석에 앉아 있는 몸무게가 180킬로그램 나가는 해커의 소행일 수 있다고 말해 논란이 되기도 했다.[88]

광란의 대선이 끝났음에도 상황은 그다지 나아지지 않았다. 미국 정부는 2016년 러시아의 선거 개입을 다가올 더 큰 공격의 전조로 삼아 방비를 강화할 수도 있었다. 공화당과 민주당은 초당적 협력을 통해 외국의 선거 개입에 대항할 수도 있었다. 그러나 미국의 뿌리 깊은 갈등은 더욱 깊어져만 갔다. 더 큰 문제는 이것이 의견이나 가치의 차이에서 진실에 대한 견해 차이로 발전했다는 것이다. 트럼프의 보좌관 켈리앤 콘웨이Kellyanne Conway가 말한 "대안적 진실"이 이러한 분열의 모습을 잘 나타내 준다.[89] 기초적인 사실들은 민주주의 사회가 외부의 날조에 흔들리지 않도록 하는 토대 역할을 하는데, 이 토대가 없다면 그 민주주의 사회는 앞으로도 쐐기에 취약할 수밖에 없다.

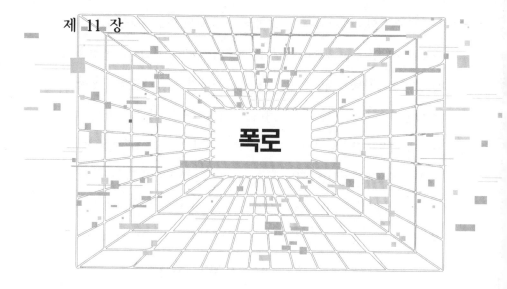

제 11 장

폭로

전설에 따르면 이스라엘의 유명한 정보기관 모사드는 다음과 같이 적에게 저주를 내렸다고 한다. "신문에서 너에 대해 읽을 수 있기를." 항상 음지에서 일하는 첩보원들에게 가장 큰 악몽은 예기치 못하게 양지로 나오는 것이다. 대중의 세밀한 감시는 작전 능력을 상실시킬 수 있고, 비밀공작을 노출시킬 수 있으며, 향후 작전에 제약을 가할 수도 있다.

폭로에 관한 모사드의 저주는 인터넷 시대 한참 전의 일이지만 이는 디지털 세상에서 더 의미가 크다. 5장에서 살펴본 방첩에 대한 논의가 보여주듯이 만약 적의 해킹 수법에 대해 알 수 있다면 그들의 공격을 더욱 잘 방어할 수 있다. 첩보기관이 자신들의 해킹 도구와 수법을 잘 간수하지 못한다면 상대방에게 무방비 상태가 되며 심지어 그들이 해킹 도구를 도용하여 직접 사용할 수도 있다.

이러한 비밀 유지의 중요성 때문에 2016년 여름에 보도되기 시작한 내용들은 미국 정부를 패닉에 빠트렸다. 그해 8월 〈뉴욕 타임스〉의 헤드라인은 "NSA가 해킹당했나?"였다. 〈워싱턴 포스트〉의 기사는 선언적이었다. "강력한 NSA의 해킹 도구, 인터넷에 공개되다."[1] 새로운 기사가 날 때마다 기밀로 분류된 NSA의 해킹 능력과 수법에 관한 새로운 사실들이 보도되었다. 다른 기관들도 발 빠르게 움직였다. 사이버보안 전문가들은 이에 대한 분석 보고서를 발표했다. 스노든 폭로 때처럼 NSA는 다시 언론의 주목을 받았다. 좋은 일 때문은 아니었다.

부정적인 언론 보도는 계속됐다. 군 장성과 정보기관 고위 관료가 유출에 대한 책임을 묻기 위해 마이클 로저스 NSA 국장의 해임을 권유했다는 루머가 돌았다.[2] 2017년 5월, 전 세계 해커들이 NSA의 해킹 도구를 자신들의 해킹에 사용하기 시작하면서 NSA는 더 큰 곤욕을 치러야 했다. 〈워싱턴 포스트〉는 긴 기사 제목과 함께 잃어버린 해킹 도구에 대해 심층 취재했다. "NSA는 자신들의 강력한 해킹 도구가 유출될까봐 걱정했다. 그리고 실제 그 일이 벌어졌다."[3] 〈뉴욕 타임스〉도 몇 달 뒤 영향력 있는 전 NSA 직원들의 증언을 담은 후속 기사를 냈고 작전 보안의 실패와 발생한 피해에 대해 짚었다. 최악의 한 해를 보낸 NSA에 대해 〈뉴욕 타임스〉는 다음과 같은 기사 제목으로 사건을 정리했다. "보안 침해와 기밀 유출이 NSA의 근간을 흔들었다."[4]

이 유출과 헤드라인들은 미국 정보기관에 대한 계산된 공격의 일부였다. 이는 미국에 피해를 입히기 위한 폭로였고, 방첩과 사보타주의 결합이었다.

폭로의 힘은 강력하다. 정체불명의 해커들은 미국의 해킹 도구를 공개함으로써 미국의 사이버 전력을 약화시켰다. 그들은 비판과 루머로 NSA의 명성에도 흠집을 냈다. 이 해커들은 아무에게도 들키지 않고 적당한 때에 기밀 프로그램과 관련 문건들을 공개했다. 궁극적으로 그들이 유출한 해킹 도구로 인해 역사상 최악의 사이버 공격이 두 차례나 발생했다. 해커들이 NSA의 단단한 보안을 뚫고 그들의 비밀을 훔쳐 전 세계에 공유했기 때문에 가능한 일이었다. 이는 현대 해킹의 역사에서 가장 풀기 어려운 미스터리에 관한 이야기다.

--- 그림자 브로커 ---

서론에서 다룬 것처럼 그림자 브로커는 먼저 온라인 게시글을 올리면서 행동을 개시했다. 2016년 8월 13일, 미국 대선이 한창 진행 중이며 러시아 선거 개입에 대한 증거들이 나오기 시작할 무렵, 그림자 브로커는 NSA의 해킹 도구들을 경매하겠다고 밝혔다.

그림자 브로커는 자신들의 매물이 가끔씩 공유되는 악성코드 샘플 따위가 아니라고 확실히 말했다. 그들은 훨씬 더 값어치 있는 물건들을 갖고 있었다. 그들은 NSA의 해킹 작전을 관찰하고 NSA를 직접 해킹하여 얻은 해킹 도구들을 통째로 갖고 있다고 으스댔다. 매물은 가장 높은 값을 부르는 사람에게 넘길 계획이었다. 그들은 이 해킹 도구들이 매우 강력하기 때문에 누구든 이를 갖는다면 전 세계 컴퓨터를 빠르게 장악할 수 있고 엄청난 힘을 갖게 될 것이라고 선전했다.

이는 가상의 이야기에서만 있을 법만 일이었다. 비디오게임 매스 이펙트 시리즈에서 그림자 브로커라는 캐릭터는 첩보를 거래하는 조직을 운영한다. 그의 좌우명은 다음과 같다. "네가 어둠 속을 헤매는 동안 나는 너의 비밀을 모두 알고 있다." 다양한 고객들에게 비밀을 훔치고 팔면서 그는 이득을 챙긴다. 그는 늘 변장이나 대리인을 통해 자신을 보호한다. 심지어 그림자 브로커의 조직원들도 그의 정체를 모른다. 가장 중요한 점은 그가 어떤 고객에게도 결정적인 정보를 넘기지 않는다는 것이다. 고객들은 정보를 조금 더 얻기 위해 그를 다시 찾을 수밖에 없다. 그림자 브로커는 여러 비밀을 갖고 있으면서 늘 다른 사람들보다 한발 앞설 수 있었다.[5]

현실 세계의 그림자 브로커는 자신들의 매물이 진품임을 증명했다. 그들은 NSA 해킹 프로그램으로 연결되는 링크와 NSA 작전명이 적힌 폴더들이 가득한 스크린숏을 공개했다. 그들이 샘플로 공개한 해킹 프로그램은 방화벽의 취약점을 이용하는 강력한 해킹 도구였고 전문가들과 기자들은 그것이 미국의 해킹 무기임을 곧 알아챘다.[6] 소문은 금방 업계에 퍼졌다. 그림자 브로커의 말은 허풍이 아니라 진실이었다.

그림자 브로커는 NSA가 관심을 가질 거라고 예상했다. 그들은 NSA를 "이퀘이션 그룹Equation Group"이라 부르며 놀렸다. 이퀘이션 그룹은 러시아 보안업체 카스퍼스키가 붙인 이름이다. 그림자 브로커는 스스로 어떤 파일들이 매물로 나와 있는지 조롱하듯이 묻고 거기에 다음과 같이 답했다. "이퀘이션 그룹은 무엇을 잃어버렸는지도 모른다. 이퀘이션 그룹이 가장 높은 값을 불러서 비밀을 지키길 바란다."[7] 그림자 브로커는 만약 NSA가 어떤 파일들이 도난당했는지 알고 싶다면 매스 이펙트 게임에서처럼 다른 이들보다 높은 값을 부르라고 말하고 있었다.

이 사건은 언론의 흥미를 유발했다. 그림자 브로커가 처음부터 원한 건 관심이었다. 그러나 그들이 늘 원하는 만큼의 관심을 받았던 건 아니다. 그들은 첫 트윗에 주요 언론기관인 〈뉴욕 타임스〉, BBC, CNN, 〈월스트리트 저널〉, 〈타임〉은 물론 흥미롭게도 러시아 언론사인 RT, 위키리크스, 음모론 사이트인 인포워Infowars의 태그도 달았다. 그들은 사이버보안업계의 관심을 특히 원했는데 기술 전문지 〈와이어드Wired〉와 〈바이스Vice〉, 보안업체인 카스퍼스키와 시멘텍도 태그했다.[8] 그림자 브로커의 긴 메시지를 들여다보면, 그들이 언론과 업계가 무엇을 하길 원하는지 분명히 알 수 있다. "당신들은 많이 써라."[9]

그림자 브로커는 언론뿐 아니라 해커들도 관심을 가질 것이라는 사실을 알고 있었다. 유출된 NSA의 해킹 도구는 전 세계 다른 해커들에게 도움이 될 수 있었다. 그림자 브로커는 일부 해킹 프로그램들을 무료로 공개하면서 "당신들은 많이 해킹하라"고 말했다. 경매에 참여하여 낙찰받는다면 더 많은 해킹 도구들을 사용하여 "이퀘이션 그룹처럼 해킹할 수 있다." NSA만 가능했던 일들을 일반 해커도 할 수 있게 되는 것이다. 그림자 브로커는 NSA의 NOBUS 기조에 균열을 가져왔

다.[10]

그림자 브로커가 등장하기 몇 분 전, HAL999999999라는 트위터 유저가 카스퍼스키에게 이상한 메시지를 보냈다. 그는 베일에 가려져 있는 카스퍼스키의 창업자, 유진 카스퍼스키Eugene Kaspersky와 대화하고 싶어 했다. 그러고서 그는 제한된 시간 내에 답해야 한다면서 "유통기한 3주"라고 보냈다. 카스퍼스키 직원들은 그림자 브로커의 트윗을 보고 나서야 이 메시지를 확인했다. 카스퍼스키는 이 메시지가 그림자 브로커의 경매와 관련이 있다고 생각했다. 다른 웹사이트에도 등록되어 있는 트위터 아이디를 바탕으로 카스퍼스키는 메시지를 보낸 사람이 할 마틴임을 알아냈다. 할 마틴은 NSA의 계약 업체 중 하나인 부즈 앨런 해밀턴Booz Allen Hamilton의 직원이었다. 카스퍼스키는 이를 NSA에 신고했다.[11]

2주 후인 8월 27일, 20명이 넘는 FBI 요원과 SWAT 기동대원들이 마틴의 집을 급습하여 그를 체포했다. 그는 테라바이트 규모의 NSA 기밀자료를 집에 보관하고 있었으며, 이후 언론 보도에 따르면 그가 가진 자료 중에는 NSA의 해킹 도구 중 75퍼센트가 포함되어 있었다.[12] 그림자 브로커가 첫 트윗을 올리기 사흘 전에도 그는 NSA 기밀자료를 집에 가져갔다. 과거 스노든의 폭로 사건도 있었기 때문에 어떤 수사관이든 오컴의 면도날 이론*을 적용해 보면 마틴이 바로 그림자 브로커라는 결론에 도달했을 것이다.

옮긴이 여러 경합하는 이론 중에 가장 단순한 것이 진실일 가능성이 높다는 원칙.

그러나 오컴의 면도날 이론이 틀렸을 수도 있었다. 마틴이 구금되어 있는 동안 그림자 브로커는 또 다른 게시물을 올렸다. 김정은의 목소리를 흉내 내는 아시아인 억양으로 적힌 그 글은 새로운 NSA 기밀 자료를 유출하지는 않았다. 대신, 그림자 브로커는 입찰자들이 많지 않다고 불평하고 자신들의 목적은 돈이라고 강조했다. 메시지 말미에는 입찰자가 충분하지 않으면 어떤 일이 벌어질지에 대한 오싹한 경고가 담겨 있었다. "아무도 관심이 없다면 우리는 지하세계에서 거래할 것이다. 그곳에서 벌어지는 일들이 퍽이나 투명하겠군." 그림자 브로커는 NSA와 같은 특정 한 기관에 물건을 넘기는 게 아니라 지하세계의 불특정 다수 해커들에게 이를 넘기겠다고 협박했고, 만약 그렇게 된다면 파이브 아이즈가 가졌던 강력하고 은밀한 사이버 공격 무기들을 더 많은 범죄자들이 사용할 수 있게 되는 것이었다.[13]

그림자 브로커는 김정은 말투는 버렸지만 여전히 분노에 찬 상태로 세 번째 메시지를 보냈다. 그림자 브로커는 유출된 해킹 프로그램들의 엄청난 가치에도 불구하고 관심을 주지 않는 언론에 혹평을 쏟아냈다. 그들은 자신들의 경매가 "말이 안 되는 것 같지만 진짜다"라고 적었다. 그림자 브로커는 다시 한번 자신들이 원하는 건 명성이 아니라 돈이라고 강조했다. 그들은 매물의 가치에 대해 얘기했다. 그들은 지난번 공개한 무료 샘플은 방화벽을 공격하는 도구였지만 진짜 매물에는 "윈도, 유닉스, 리눅스, 라우터, 데이터베이스, 이동통신, 전기통신", 즉 다시 말해 거의 모든 것을 해킹할 수 있는 도구들이 들어 있다고 선전했다.[14]

2016년 10월은 운명의 달이었다. 10장에서 다룬 것처럼 〈워싱턴 포스트〉는 트럼프의 외설적인 발언에 대해 보도했고 민주당 문건 유출 사건은 점점 더 커지고 있었다. 미국 정부는 러시아 정부에 선거 개입과 관련해 경고했다. 오바마 대통령은 러시아에 공격을 멈추라고 경고했고 미국이 적당한 때에 러시아에 사이버 공격을 가할 것이라는 내용이 NBC 뉴스에 누설됐다. 바이든 부통령도 한 인터뷰에서 이를 부정하지 않는 모습을 보였다.[15] 이 소란에 더해 10월 5일, 마틴이 체포되었음이 알려지면서 NSA의 무능력에 대한 논쟁에 다시 불이 붙었고 그림자 브로커의 정체에 대한 추측도 다시 재점화됐다.[16]

그림자 브로커는 불에 기름을 끼얹었다. 10월 15일, 그들은 해킹 도구 경매가 유찰되어 종료됐음을 알렸고 미국 법무부 장관 로레타 린치Loretta Lynch와 빌 클린턴 간의 노골적인 성적 대화가 담긴 가짜 녹취록을 공개했다.[17] 2주 후 그들은 정치적 발언을 이어 나갔다. 그림자 브로커는 미국이 부패했으며 투표율이 낮다는 점을 강조하고, 다가올 대선을 해킹 또는 다른 방법으로 방해하는 건 좋은 일이라고 말했다. 그들은 미국이 다른 나라 선거에 간섭했으므로 무고하지 않다고 지적했다. 또한 선거 개입이 이란의 핵 프로그램을 공격한 데 대한 그들의 복수라고 말했다.

격렬한 비판과 함께 그림자 브로커는 NSA에 대한 추가 정보를 발표하면서 이를 자신들만의 "사탕을 주지 않으면 장난을 치는trick or treat" 핼러윈 놀이라고 했다. 그들은 특히 중국을 포함한 NSA의 전 세계 공격 대상 목록을 공개하였고 해킹을 당한 피해자들이 어떻게 하면 NSA가 침입한 증거를 잡을 수 있는지 알려주었다. 그들은 바이든 부통령의 사이버 공격 위협을 "더러운 할아버지"의 발광이라고 치부했다. 그림자 브로커는 아직 여유만만한 태도로 질문을 던졌다. "얼마나 더 안 좋은 꼴을 보고 싶나? 출혈을 멈추고 싶다면 돈을 지불하라. 그럼 다음 단계로 넘어가겠다."[18]

또한 그림자 브로커는 그 전 메시지에서처럼 언론에 집중했다. 그들은 언론 보도가 충분치 않다고 하며 자신들의 스타일을 바꾸는 게 도움이 되는지 추측하기도 했다. "그림자 브로커는 저속한 용어, 편견, 조롱을 자제하기 위해 각별히 노력하고 있다. 이제 NBC, ABC, CBS, FOX가 보도해 줄까?"[19] 그러나 선거 전후 러시아의 선거 개입 문제가 그림자 브로커보다 훨씬 더 많은 언론의 주목을 받았다. 기자들이 그림자 브로커에 대해 비교적 침묵했던 이유는 그들이 특별히 애국적이어서가 아니라 단지 다른 취잿거리가 너무 많았기 때문이었다. 그림자 브로커는 관심을 받고 싶다면 더 큰 일을 저질러야 했다.

--- 추가 폭로 ---

해가 넘어가면서 미국은 격동의 시기로 접어들었다. 오바마 정부는 트럼프 인수위에 정권을 이양했다. 언론사들은 러시아의 선거 개입, 정권 교체, 정치 음모와 관련하여 유출된 흥미로운 내용들을 앞다퉈 보도했다. "가짜뉴스"와 "탈진실post-truth"은 일상용어가 됐다. 탈진실은

2016년 옥스포드 사전이 뽑은 올해의 단어이기도 하다.[20] 그림자 브로커는 소음을 뚫고 자신들의 목소리가 들리도록, 특히 NSA가 들을 수 있도록 노력했다.

2016년 12월 14일, 보세푸스 클리투스Boceffus Cleetus라는 가명을 쓰는 사용자가 트위터와 미디움에 글을 올렸다. 그의 메시지에서는 미국 대중문화가 많이 언급됐고, 화자는 만화에 나오는 카우보이 목소리를 흉내 냈다. 보세푸스는 그림자 브로커가 NSA 해킹 도구를 올려놓았다는 제로넷을 기반으로 하는 새로운 사이트를 알려주었는데, 제로넷은 P2P 웹 호스팅 기술로 차단하기가 어려우며 암호화폐 지지자들이 애용하는 사이트다. 보세푸스는 자신이 그저 "제로넷의 신봉자"이며 그림자 브로커의 사이트를 우연히 "찾았다"고 했다. 그러나 그가 그림자 브로커와 연관성이 없다는 사실은 믿기 어렵다.[21]

보세푸스가 그림자 브로커의 꼭두각시든 아니든 그가 한 말은 옳았다. 그림자 브로커는 제로넷에서 NSA 해킹 도구를 팔기 시작했다. 그들은 지난 8월에 시도한 경매 방식은 접기로 한 듯 보였다. 대신 그들은 단품 판매를 시작했고 각 해킹 도구의 가격을 적어 놓았다. 거래가 믿을 수 있으면 그들은 자신들이 진짜 그림자 브로커라는 것을 증명하기 위해 NSA 해킹 도구에 대한 새로운 스크린숏을 제공했고 메시지를 그들만이 사용할 수 있는 암호화 키로 인증했다. 관심을 더 끌기 위해 그들은 한 차례 트윗을 보냈고 기술 관련 전문 매체인 〈마더보드〉와 짧은 인터뷰를 했다.[22]

그들이 내놓은 매물은 방대했다. 자신들이 지난 8월 주장한 바를 증명하듯이, 그들이 공개한 해킹 도구들은 처음 공개했던 방화벽 해킹 프로그램과는 비교도 되지 않는 것들이었다. 그들은 다양한 표적을 공격할 수 있는 NSA의 갖가지 해킹 프로그램을 손에 넣었으며, 사용 가능한 사이버 공격 무기 수백 개를 모아 놓았다. 해킹 도구와 함께 NSA의 은밀한 사이버 작전 매뉴얼도 제공되었다. 파일에는 NSA의 기밀 작전명들이 잔뜩 들어 있었다. 해킹 도구와 매뉴얼은 모두 몇 년 지난 것들이었지만, 그들은 NSA가 어떻게 전 세계를 대상으로 첩보 작전을 펼치는지 충분한 정보를 제공하였다.

"thegrugq"로 알려진 저명한 사이버보안 전문가는 이를 NSA가 "제대로 한 방 먹은 상황"이라고 표현했고, 해킹 도구들이 조금 지난 것들이라도 이로 인해 "NSA의 작전에 관한 세부 사항이 많이" 노출됐다고 평가했다.[23] 그림자 브로커는 자신들이 얼마나 큰 피해를 주고 있는지 잘 알고 있었고 합당한 가격만 제시한다면 언제든지 멈출 수 있다고 했다. 그림자 브로커는 〈마더보드〉와의 인터뷰에서 다음과 같이 말했다. "그림자 브로커는 무책임한 범죄자가 아니다. 그림자 브로커는 이익을 쫓을 뿐이다. 그림자 브로커는 '책임 있는 당사자'에게 상황을 수습할 수 있는 기회를 주고 있다."[24]

그렇지만 책임 있는 당사자가 나서지는 않은 것으로 보인다. 적어도 그림자 브로커가 원하는 방향으로는 말이다. 그림자 브로커는 새해를 맞아 러시아가 미국 대선에 개입했다고 생각하는 사람들을 조롱하는 트윗을 날렸다.[25] 2017년 1월 7일, 그들은 윈도를 해킹할 수 있는 NSA 해킹 도구를 판매하겠다고 알렸다. 그러고서 며칠 뒤 그림자 브로커는 "고별" 게시물을 올렸다. 그들은 충분한 입찰이 없었기 때문에 지속적인 위험을 감수하기보다 여기서 장사를 접기로 했다고 말했다. 그들은 다음과 같이 적었다.[26] "추측들이 난무했지만 그림자 브로커가 원한 것은 비트코인뿐이다. 무료 샘플과 정치적 발언들은 모두 마케팅을 위한 것이었다."[27] 그들은 자신들의 주장을 증명하기 위해 비트코인 주소를 다시 한번 게재하여 적당한 매수자만 나오면 여전히 거래가 가능하다는 뜻을 내비쳤다.

고별 메시지 말미에 있는 링크 두 개는 짧았지만 강력한 물건을 숨기고 있었다. 이 링크를 클릭하면 누구든지 61개에 달하는 NSA의 해킹 도구를 다운받을 수 있었고, 해킹 도구 중에는 주요 보안 프로그램을 우회할 수 있는 것도 있었다. NSA의 해킹 프로그램이 갑자기 인터넷에 풀리자 사이버보안업체들은 서둘러 고객들에게 위험을 알리고 보안 업데이트를 시행했다. NSA에게 더 최악인 것은 전 세계 보안업체들이 유출된 해킹 도구들을 참고하여 내부 네트워크 활동 로그 속에서 NSA의 해킹 여부를 탐지하고 그들의 해킹 수법을 파악할 수 있게 된 것이었다.

다량의 해킹 도구를 무료로 공개했지만, 대형 언론들은 여전히 그림자 브로커가 원했던 관심을 주지 않았다. 다만 이들은 기술 전문 매체들로부터 어마어마한 주목을 받았다. 전 NSA 해커인 제이크 윌리엄스Jake Willams는 그림자 브로커가 오바마 정부 막바지에 이토록 과감한 행동을 보인 것에 대해 "모든 걸 잿더미로 만들었다"고 표현했다.[28] 그림자 브로커는 마지막 일침을 가했고, 트럼프 정부가 출범하면서 그림자 속으로 사라질 것처럼 보였다.

실제 그림자 브로커는 한동안 잠잠했다. 그들은 트럼프 대통령이 시리아의 화학무기 사용에 대한 응징으로 시리아 공군 기지에 공습을 명령한 2017년 4월에야 다시 나타났다. 이번에 그림자 브로커는 새 대통령에게 직접 메시지를 보냈다. "실례하지만, 뭔 짓거리를 하는 거지? 그림자 브로커는 당신에게 투표했다. 그림자 브로커는 당신을 지지한다. 그림자 브로커는 당신에 대한 신뢰를 잃고 있다. 트럼프가 그림자 브로커를 도우면 그림자 브로커는 트럼프를 돕는다. 당신은 '당신의 지지층'과 '지지 운동', 당신을 당선시킨 사람들을 버리고 있는 것처럼 보인다."

"당신의 지지층을 잊지 마라"라는 제목 아래 1500자가 넘는 장황한 글이 이어졌다. 정치적 갈등에 대해 잘 꿰고 있는 듯 보이는 그림자 브로커의 글은 미국-러시아 관계부터 백인들의 특권까지 미국의 다양한 정책과 이슈 들을 망라했다. 그들은 트럼프가 "글로벌주의자"들에게 고개를 숙이는 것을 비판하고 그에게 강성 지지자들이 원하는 것에만 집중할 것을 권했다. 추천된 여러 정책 중에서도 그림자 브로커는 트럼프가 푸틴과의 관계를 "곱절"로 강화할 것, 국수주의 및 고립주의 정책을 지지할 것, 2016년 대선이 해킹당했거나 조작됐다는 조사를 무시할 것을 권유했다.

그림자 브로커의 글 중 가장 중요한 부분은 그들의 정치적 충고나 미완성의 정책들이 아니었다. 그건 바로 글 하단에 해독할 수 없는 한 문장이었다. CrDj";Va.*NdlnzB9M?@K2#>deB7mN.[29] 이 암호는 지난 8월 경매에 그들이 가장 처음 올렸던 파일을 열 수 있는 암호였다. 이 암호만 있으면 누구든지 수백만 달러에 달하는 해킹 프로그램을 손에 넣을 수 있었다. 한때 극비로 여겨지던 해킹 도구들이 무료로 공개됐고 누구든 그것들을 자신의 목적에 맞게 사용할 수 있게 된 것이다. 그것들은 이제 NSA에는 아무 가치도 없었다.

다음 날 그림자 브로커는 에드워드 스노든, 미국 헌법재판소 등 다양한 주제에 대한 장문의 글을 또 올렸다. "늘 원하는 건 비트코인뿐이다"라는 주장을 뒤엎고, 그들은 NSA의 사이버 전력을 공개하는 다른 이유를 둘러댔다. "기밀자료 같은 헛소리는 집어치워라. 비밀 예산이나 비밀공작도 더 이상 안 된다."[30] 다시 말해, 그림자 브로커는 NSA의 전력을 공개하고 그들을 대중의 감시하에 두면서 NSA의 능력을 약화하고 제약하려고 한 것이다. 그림자 브로커는 미국의 외교 정책에 대해 전반적으로 비판적이었지만, 그들이 노리는 건 분명 NSA였다.

폭로전은 계속됐다. 그림자 브로커는 이 문제를 추적해 오던 사이버보안 전문가 제이크 윌리엄스가 전직 NSA 최정예 해킹팀의 해커였음을 폭로했다. 이 폭로는 미국 법무부가 야후를 해킹한 러시아 정보요원 두 명과 불법 해커 두 명을 기소한 후 몇 주 지나서 이뤄졌다. 또한 당시 한 전직 NSA 요원이 외국 정부에서 맞불 작전으로 NSA 요원들을 찾아내 기소할 수 있다는 우려를 표명했다.[31]

그림자 브로커가 이러한 두려움을 이용하는 것처럼 보였다. 그들은 자신들이 다른 전직 NSA 직원들의 정체를 "계속해서" 밝힐 의도는 없지만 "입이 가벼운 사람은 예외다"라고 말했다.[32] 위협은 분명했다.

그들은 NSA의 해킹 도구뿐 아니라 그 직원들의 정체까지도 폭로할 수 있었다. 단지 조직에 피해를 줄 뿐만 아니라 그 조직을 위해 음지에서 일하던 사람들의 정체까지 공개할 수 있었다.

2017년 상반기 동안 그림자 브로커의 일방적인 소통은 계속됐다. 그림자 브로커는 마치 양면게임을 하듯 한편에서는 언론, 대중과 소통하고 다른 한편으로는 NSA를 상대했다. 그들이 내놓은 메시지들은 둘 중 하나를 집중 공략했다. 그림자 브로커는 다음 메시지에서 자신들의 다양한 목적을 인정하면서도 NSA를 가지고 놀았다. 그들은 자신들이 주도권을 쥐고 있다는 점을 분명히 했다. "그림자 브로커는 너희에게 그림자 브로커가 보여주고 싶은 카드만 보여주고 있다. 우리 메시지의 타깃이 일반 대중이 아닐 때도 있다."[33] 그들은 부활절 직전 금요일인 성금요일에 이 경고 메시지를 보내 왔다.

성금요일 메시지는 단순한 경고로 그치지 않았다. 이는 NSA에 심각한 타격을 가했다. 그림자 브로커는 새로운 NSA 해킹 도구 23개를 공개했는데 그중에는 매우 강력한 무기도 있었다. 그중 하나인 더블펄서DOUBLEPULSAR는 컴퓨터의 운영 체계 깊숙한 곳에 숨어 탐지되지 않고 해커의 다양한 지령을 수행할 수 있는 악성코드였다. 더블펄서를 역설계한 보안 전문가들은 이 코드의 복잡성과 위력이 지난 10년간 공개된 악성코드 중 가장 강력한 것이라고 평가했다.[34]

전 세계 해커들은 앞다퉈 더블펄서를 사용했다. 그림자 브로커가 코드를 공개한 지 2주 만에 해커들은 더블펄서를 사용해서 컴퓨터 총 50만 대를 감염시켰는데 그 대부분이 미국 내 컴퓨터였다.[35] 한때

NSA는 더블펄서를 사용하여 전 세계 표적들을 감시했었다. 이 해킹 능력을 공개함으로써 그림자 브로커는 미국의 칼끝이 자신을 향하게 만들었다. 더블펄서가 만든 혼돈은 인터넷 보안을 약화시켰고 미국인들에게 특히 더 큰 피해를 입혔다.

그림자 브로커는 파이브 아이즈의 또 다른 주요 해킹 도구인 이터널블루ETERNALBLUE도 공개했다. 이 악성 프로그램은 윈도 컴퓨터를 노렸는데 그 효과가 굉장했다. NSA와 파이브 아이즈 동맹국들은 5년 이상 동안 이 프로그램을 주무기로 사용했다. 이터널블루가 얼마나 강력한지 전 NSA 직원은 〈워싱턴 포스트〉에 "다이너마이트로 물고기를 잡는 것 같다"고 말했다. 또 다른 직원은 이 도구를 사용해 얻은 정보들이 "믿기지 않을 정도"라고 했다.[36] 그림자 브로커는 NSA의 화살집에서 강력한 화살들을 꺼내 전 세계 해커들에게 나눠 주었다. 12장과 13장에서 우리는 이터널블루 유출로 인해 발생한 두 차례의 대규모 사이버 공격과 금전을 목적으로 한 사이버 범죄들을 다룰 것이다.[37]

그림자 브로커는 추가로 NSA 작전과 공격 대상에 대해 폭로했다. 그들은 NSA가 전 세계 금융 네트워크에서 정보를 빼내기 위해 사용한 해킹 도구를 공개했고 이를 통해 카타르, 아랍에미리트, 팔레스타인, 쿠웨이트, 예멘의 주요 은행들을 해킹했음을 보여주는 문건도 공개했다. 이 중에는 NSA에 의해 해킹당한 해외 금융기관의 네트워크 운영자 계정 목록도 포함됐는데, 기자들이 확인한 결과 실제 계정과 일치했다.[38]

그해 5월, 그림자 브로커는 계속해서 NSA를 조롱했다. 동시에 그들은 스스로를 책임감 있는 사업가라고 주장하며 자신들의 행동을 정당화했다. 더 중요한 부분은 그들이 비즈니스 모델을 구독 서비스로 바꿨다는 것이다. 그들은 자신들의 새로운 비즈니스 모델을 다음과 같이 설명했다. "마치 이달의 와인 클럽과 같다. 매달 구독료를 납부하는 회원만 데이터를 받아 볼 수 있다." 회원들은 와인 대신 새롭고 더 강력한 해킹 프로그램을 받아 볼 수 있었고 뿐만 아니라 금융 시스템과 러시아, 중국, 이란, 북한의 핵 프로그램에 대한 NSA의 작전 정보도 받을 수 있었다.

그림자 브로커는 다시 한번 NSA를 염두에 두고 다른 제안을 건넸다. 그들은 소리치듯이 모두 대문자로 다음 메시지를 적었다. "또는 데이터를 사람들에게 팔기 전에 책임 있는 당사자가 잃어버린 모든 데이터를 산다면, 그림자 브로커는 금전적으로 계속 위험을 감수할 필요가 없고 영원히 사라질 것이다."[39] 누구도 그림자 브로커가 거래를 지킬 것인지에 대해 확신할 수 없었다. 하지만 그건 상관없는 문제였다. 최소한 공개적으로 NSA는 침묵을 지켰다.

--- 누가, 왜, 어떻게? ---

회원 전용 구독 서비스를 도입한 이래 그림자 브로커는 더 이상 대중 앞에 나타나지 않았다. 2017년 여름, 그들은 더 이상 인터넷상에 해킹 프로그램을 공개하지 않았지만 구독 회원들에게는 NSA의 해킹 프로그램을 구준히 제공했다고 주장했다. 물론 이 주장을 확인할 방법은 없다. 더 큰 문제는 그림자 브로커가 또 다른 전직 NSA 해커의 정체를 폭로했다는 사실이었다. 이 NSA 요원은 중국을 대상으로 한 해킹 작전에 참여했다. 이로 인해 그림자 브로커가 NSA 네트워크 깊숙이 침투하여 어떤 NSA 직원이 무슨 작전을 수행했는지까지 알고 있다는 우려가 커졌다. 그러나 그림자 브로커의 폭로전은 거기서 끝나는 듯 보였다.[40] 종합하자면 그림자 브로커의 이야기는 큰 한방 없이 용두사미로 막을 내린 셈이었다.

하지만 그들의 이야기는 여전히 풀리지 않는 미스터리로 남아 있다. 동시다발적으로 벌어지는 단편적인 일들을 신경 쓰다 보면 문제의 핵심을 놓치기 마련이다. 그림자 브로커는 누구인가? 그들이 NSA로부터 무엇을 훔쳐 갔는가? 그것은 어떻게 가능했는가? 우리는 이 질문들에 대한 답을 알 수 없지만 여러 정보를 종합하여 그럴싸한 가설들을 만들어 볼 수 있다.

처음부터 가장 많은 주목을 받은 질문은 그림자 브로커의 "정체"에 관한 것이었다. 2016년 8월에 그림자 브로커가 등장하자마자 전문가들은 두 가지 가설을 세웠다. 일부는 그림자 브로커가 불만을 가진 NSA 직원 또는 계약직 직원이라고 추측했다.[41] 그가 회사의 중요한 자산을 이용해서 금전적 이익을 노렸을 수도 있다. 그림자 브로커가 NSA의 다양한 해킹 도구와 문서를 갖고 있다는 점이 이 가설을 뒷받침해 준다. 2019년, 익명의 트위터 계정이 미국 정부의 내부자들 중에 그림자 브로커가 있다고 주장했지만 증거는 제시하지 않았다. 이 익명의 계정은 NSA에 대해 잘 알고 있는 것처럼 보였다.[42] 만약 이것이 사실이라면 그림자 브로커 사건에 외국 정부가 관여하지는 않았던 것이다.

이와 반대로 또 다른 잘 알려진 사이버보안 전문가는 적대적인 외국 정부가 그림자 브로커 작전을 진두지휘했다고 추측했다. 브루스 슈나이어Bruce Schneier와 맷 테이트Matt Tait는 러시아가 해킹과 정보 유출 작전을 애용하며, 그림자 브로커가 높은 위험을 감수하는 것을 감안할 때, 러시아 정부가 그림자 브로커 작전을 직접 지휘했을 것이라고 추측했다.[43] 전문가들은 그림자 브로커가 2016년과 2017년에 걸쳐 정치적 발언을 쏟아 낸 것을 보았을 때 단순히 불만을 가진 내부자처럼 보이지는 않는다고 판단했다.

만약 러시아 정보기관이 직접 그림자 브로커 계정을 운영하지 않았더라도, 유출된 수사 자료에 따르면 러시아 정부가 간접적으로 관여했을 가능성은 있다.[44] 정확한 방법은 불분명하다. 2016년의 구시퍼 2.0 사례에서처럼 러시아 정보기관이 직접 작전을 수행했을 수도 있다. 또는 러시아 정보기관이 조직을 고용하여 NSA 자료를 주고 하청 조직이 그림자 브로커 작전을 수행했을 수 있다. 러시아 정부가 어떤 제약도 없이 사이버 작전에 범죄 조직들을 동원한다는 사실은 잘 알려져 있다.[45]

"무엇"의 문제도 중요하다. 미국 정부에서 누가 이 작전의 배후인지 짐작하고 있다는 언론 보도가 맞다고 하더라도 그들이 무엇을 가져갔는지는 여전히 의문이다. 가져간 것과 가져가지 않은 것을 구별하는 건 매우 중요한 일이었다. 공개된 그림자 브로커의 장물들은 해킹 도구부터 매뉴얼, 작전 노트까지 이미 충분히 충격적이었지만, 그들이 그보다도 더 많은 것을 가져갔을 가능성도 배제할 수 없었다.

다음 질문은 당연히 "어떻게"다. 그림자 브로커는 어떻게 이 일급 기밀에 해당하는 자료들을 손에 넣었을까? 2016년 중순 널리 통용됐던 가설은 바로 중간 서버staging server 이론이다. 이 가설은 그림자 브로커가 NSA의 기밀 내부망을 해킹했을 가능성은 낮다고 보았다. NSA 요원들은 보통 작전 수행을 위해 해킹 도구를 안전한 내부망에서 중간 서버로 옮기고 그 중간 서버에서 표적을 직접 공격하는데, 외국 정보기관이 이를 발견하고 중간에서 가로챘을 가능성이 제시되었다. 5장에서 보았듯 NSA는 중국의 중간 거점들을 비슷한 방법으로 공격했다.

그러나 중간 서버 이론에는 몇 가지 큰 오류가 있다. 첫째, NSA는 자신들의 암호명을 숨기기 위해 작전 개시 전 늘 해킹 도구의 이름을 바꾼다. 둘째, NSA처럼 작전 보안에 철저한 정보기관들은 많은 양의 데이터를 내부망 밖으로 가져가지 않으며 더군다나 그걸 한 서버에 저장하지 않는다.[46] 셋째, NSA 요원들이 작전 중 그토록 많은 실수를 저질렀다 하더라도 그리고 러시아 정보기관의 실력이 아무리 뛰어나다 하더라도 그토록 많은 해킹 도구를 가져갔을 가능성은 낮다.

해킹 도구 유출이 계속되면서 중간 서버 이론은 점차 설명력을 잃어 갔다. 12월에 있었던 대규모 유출 이후에는 더욱 그러했다. 그 시점에 공개된 유출 자료들은 너무나 광범위했고 해킹 도구의 공격 대상이 너무 다양해서 이 모든 것들이 하나의 중간 서버에 저장됐을 가능성은 희박했다. 2017년 봄, NSA의 작전 노트와 계획이 공개되면서 중간 서버 이론은 완전히 신빙성을 잃었다. 해킹 도구가 아닌 이 자료들을 안전한 내부망 밖으로 옮길 만한 작전적 가치가 없었기 때문이다.

2016년 8월에 이뤄진 할 마틴의 체포는 보다 신빙성 있는 가설을 제공했다. 그가 수감되어 있는 동안에도 자료 유출은 계속됐으므로 마틴이 그림자 브로커는 아니더라도 그림자 브로커가 그로부터 자료를 받았거나 혹은 마틴 몰래 가져갔을 가능성이 있었다. 정에 해킹 조직 TAO를 지원하는 직무를 포함해 20년간 재직한 마틴의 접근 권한은 상당했다. 실제 검사들은 그가 기밀자료 "수천 장"과 수 테라바이트가 넘는 민감한 데이터를 집에 가져갔다는 혐의를 제기했다.[47] 그러나 수사관들은 그가 많은 수의 NSA 해킹 도구를 집에 가져가긴 했으나 그것을 팔거나 배포했다는 증거는 찾지 못했다.

2017년 또 다른 가설이 주목을 받았다. 또 다른 NSA 직원인 응히아 호앙 포Nghia Hoang Pho는 2014년 또는 2015년에 많은 양의 내부 자료를 USB에 담아 집으로 가져갔다. 포는 결국 내부 기밀자료 절도죄로 유죄를 선고받았는데, 그는 작업 능률을 올리기 위해 집으로 가져갔다고 해명했다. 포가 악의를 갖고 그랬는지 또는 외국 정부와 내통했는지에 대한 증거는 없었다.

그렇지만 포가 자료를 보관했던 그의 집 컴퓨터에는 카스퍼스키의 안티바이러스 프로그램이 설치되어 있었다. 카스퍼스키는 처음 할 마틴을 NSA에 신고한 바로 그 러시아 회사다.[48] 카스퍼스키는 유명한 보안업체로 전 세계 고객들의 데이터에 접근할 수 있다. 이 회사는 포가 컴퓨터에 자료를 저장했을 당시 NSA의 해킹 도구에 대해 대규모로 조사하고 있었다.[49] 따라서 카스퍼스키의 소프트웨어는 포의 컴퓨터에 저장된 NSA 자료들을 찾아냈고 추가 연구를 위해 사본을 카스퍼스키 본사에 보냈다. 그러나 이것들이 그림자 브로커가 유출한 파일들과 같은 파일인지는 알 수 없다. 이후 이스라엘 방첩 요원들이 카스퍼스키의 서버를 해킹했고, 거기서 NSA 자료를 발견하여 서방 정보기관들에 알렸다.[50]

카스퍼스키가 이 파일들을 손에 넣고 난 뒤 어떤 일이 벌어졌는지는 불분명하다. 재판 자료는 포의 자료가 외국 정부(아마도 러시아)의 손에 들어갔을 가능성을 제시했지만 구체적인 방법을 적시하지는 않았다. 당시 NSA 국장이었던 마이클 로저스Michael Rogers 제독은 폭로의 위험을 적나라하게 표현했다. 그는 포가 "미국의 지도자들이 최우선 국가안보 문제를 해결하기 위해 필요한 정보를 제공하는 NSA의 가장 정교하고 중요한 정보 수집 기법"을 가져가 손상시켰다고 말했다. 또한 그는 다음과 같이 경고했다. "하나의 기법만 손상되어도 국가안보를 위한 정보 수집이 어려워진다."[51] 포가 5년 6개월 형을 선고받은 뒤 법무부는 포 때문에 "NSA가 막대한 경제적, 작전적 손해를 감수하고 기관과 전력을 보호할 수 있는 계획을 폐기해야 했다"고 말했다.[52]

카스퍼스키는 자신들을 통해 러시아나 다른 적대적 행위자에게 파일이 넘어가지 않았다고 반박했다. 문제가 공식적으로 불거지자 카스퍼스키는 CEO 유진 카스퍼스키의 지시하에 문제의 파일들이 NSA의 기밀문서임을 확인하고 파기했다고 밝혔다. 그러나 파기 시점에 대해서는 말을 아꼈다. 카스퍼스키는 또한 포의 컴퓨터에 설치된 보안 프로그램 로그에 따르면 포가 어느 시점부터 복제판 윈도를 사용하기 위해 안티바이러스 프로그램을 껐는데, 이때 정체불명의 해커로부터 악성코드를 다운로드 받았다고 설명했다. 카스퍼스키에 따르면 해커는 그 뒤 몇 차례나 포의 컴퓨터를 해킹했다. 카스퍼스키는 해당 해커가 그림자 브로커의 자료 유출과 연관이 있거나 또 다른 제3자에게 자료를 넘겼을 가능성을 암시했다.[53]

그러나 카스퍼스키의 설명을 믿기 어려운 이유들도 있다. 카스퍼스키가 러시아 정부와 결탁하고 있다고 오랫동안 의심해 온 사람들이 있었다. 물론 그림자 브로커 사건 이전까지 둘 사이의 관계를 증명할 직접적인 증거는 없었으며, 카스퍼스키 지지자들은 이 회사가 마틴을 신고하여 미국을 도운 전례가 있다고 주장하기도 했다. 유진 카스퍼스키는 수년간 어떤 정부의 사이버 첩보 작전도 도운 적이 없다고 강력히 주장했지만, 그 주장이 거짓일 가능성도 있다. 또는 회사 대표가 모르는 사이에 카스퍼스키 직원이 포의 자료를 포함한 여타 자료들을 러시아 정보기관에 넘겼을 수도 있다. 마지막으로 카스퍼스키가 러시아 정부의 감시 대상이었을 수도 있다. 카스퍼스키의 통신설비는 러시아에 있었고 러시아의 수동적 정보 수집의 대상이었을 가능성이 높다.[54] 위에 나열한 요인들이 복합적으로 작용했을 수 있다.

그림자 브로커가 어떻게 불법적인 자료들을 손에 넣었는가에 대한 답은 한 가지가 아닐 수도 있다. 그림자 브로커가 러시아 정보기관의 위장 단체거나 러시아 정부와 밀접한 범죄 해킹 조직이라면 수년간 방첩 활동을 하고 있었을 수도 있다. NSA가 다른 나라의 해커들을 연구하고 추적하는 것처럼 러시아도 미국의 해커들을 관찰하고 있었을 것이다. 그림자 브로커가 자료를 얻은 출처는 해킹당한 하나의 중간 서버나 안티바이러스 프로그램을 잘못 설치한 내부 직원 한 명이 아닐 수도 있다. 이는 집념을 갖고 수년간 방첩 작전에 몰두한 적 해커가 성공을 거둔 것일 수도 있다. 우리는 NSA의 적들이 얼마나 집요하고 공격적인지 상기할 필요가 있다. 그러나 아직 풀리지 않는 중요한 질문이 하나 남아 있다.

--- 왜? ---

그림자 브로커가 NSA의 비밀을 한 차례 또는 여러 차례의 해킹으로 얻었든 그 해킹이 러시아 정부의 지휘하에 또는 하청 기관에 의해 이루어졌든 간에, 대체 그들은 왜 훔친 자료들을 유출했을까? 자료를 유출하면서 그들은 많은 기회를 스스로 차 버렸다. 이너털블루와 같은 해킹 도구와 NSA로부터 훔친 정보로 무장한 그림자 브로커는 아마 전 세계에서 엄청난 수의 컴퓨터들을 해킹할 수 있었을 것이다. 또한 그들은 NSA를 상대로 정교한 방첩 작전을 수행할 수 있었을 것이고 NSA는 누군가 자신들을 관찰하고 있다는 사실조차 몰랐을 것이다. 이러한 기회들을 차 버리고 폭로전에 나선다는 것은 곧 이에 대응하여 NSA가 내부 조사에 나설 수 있고 내부의 보안 취약점을 찾아 개선할 수도 있음을 의미했다. 또한 미국이 대대적인 보복에 나설 수도 있었다. 물론 그런 일은 일어나지 않은 것으로 보인다.

그림자 브로커가 러시아 정부라는 가설이 맞다는 가정하에 생각할 수 있는 한 가지 가능성은 러시아가 그림자 브로커를 통해 미국에 신호를 보내려고 했다는 것이다. 2016년 여름은 NSA와 다른 미국 정보기관들이 러시아의 해킹 활동을 추적하고 있던 와중이었기 때문에 러시아가 NSA 내부 문건을 공개한 이유는 미국에게 물러서라는 경고였을 수도 있다. 이게 만약 사실이라면 대량의 정보 유출은 굉장히 과감한 신호였다.[55] 대선 전후와 정권 교체기에 그림자 브로커가 정치적 글을 계속적으로 쓴 이유도 더 큰 폭로의 가능성을 위협하면서 미국을 억제하려는 목적이었을 수 있다. 그러나 이 가설을 입증할 만한 공개 자료는 많지 않다. 만약 이 모든 것이 러시아의 신호였다면, 그 신호가 정확히 무엇이었는지 그리고 미국 정부가 이를 의도된 대로 받아들였는지에 대해 제대로 알려진 바가 없다.

반대로 돈이 목적이었을 수도 있다. 그림자 브로커가 지속해서 합당한 가격을 제시하면 자신들의 물건을 넘겨줄 수 있다고 강조한 점은 러시아 정부가 그림자 브로커를 조종했다는 가설과는 맞지 않는다. 러시아의 목적이 돈은 아니기 때문이다. 그렇다면 그림자 브로커의 정체는 금전적인 목적을 가진 중개인 또는 아예 다른 범죄 조직, 불만을 가진 내부자일 가능성도 있다. 만약 이들 중 하나의 소행이라면 그림자 브로커가 계속해서 언론의 관심이 적다거나 입찰자가 적다고 불평한 것도 설명이 된다.

마지막 가설은 가장 단순하고 또 가능성도 가장 높다. 바로 그림 자 브로커의 목적이 폭로를 통한 일종의 사보타주였다는 것이다. 사 보타주는 유리한 환경을 조성하기 위해 쓸 수 있는 고전적인 방법 중 하나다. NSA의 전력을 공개함으로써 그림자 브로커는 NSA가 강력한 해킹 도구를 사용할 수 있는 능력을 약화시켰다. 전 CIA 국장이자 국 방장관인 리언 패네타는 "이 유출들이 우리의 정보와 사이버 능력을 심각하게 손상시켰다"고 말했다. 그는 유출로 인한 작전적 피해가 엄 청나다고 말했다. "이런 일이 일어날 때마다 우리는 처음부터 다시 시 작해야 한다."[56] 적대적인 외국 정보기관이 미국에 이런 종류의 타격 을 주고자 하는 건 당연한 것이고, 아마 내부 배반자도 비슷한 동기가 있을 수 있다.

그림자 브로커의 정보 유출 타이밍도 치명적이었다. 미국이 러시 아의 선전 선동 작전에 맞서 싸우고 이슬람국가IS에 대한 군사적 작전 과 병행하여 사이버 작전을 추진하고 있을 때, 그림자 브로커가 미국 의 사이버 무기들을 불태운 것이다. 당시 국방장관이었던 애쉬 카터 Ash Carter의 사후 평가에 따르면 IS에 대한 사이버 작전은 소기의 성과 를 달성하지 못했다.[57] 물론 이 작전 실패의 원인은 그림자 브로커와 는 무관한 문제 때문이었겠지만 그렇다고 미국의 사이버 전력 노출이 도움이 된 것도 아니었을 것이다.

더 큰 문제는 그림자 브로커가 NSA의 기밀자료 관리 부실 문제를 부각하여 비판의 대상이 되도록 만들었다는 것이다. 사생활 보호 강 화를 지지하는 사람들은 늘 NSA의 정보 수집 관행에 비판적이었지만 이 일로 인해 주요 IT 기업들도 우려를 표하기 시작했다. 12장에서 다룰 대규모 사이버 공격을 가능하게 한 이터널블루에 대해 마이크로소프트 대표 브래드 스미스Brad Smith는 "NSA로부터 훔친 이 취약점 때문에 전 세계 고객들이 고통을 받았다. 정부가 만들어 낸 해킹 도구가 유출돼 광범위한 피해를 끼친 것이 한두 번이 아니다. 재래식 무기를 예로 든다면 미군이 토마호크 미사일을 잃어버린 것과 같다." 스미스는 NSA의 공격적인 해킹과 자체 보안을 지키지 못하는 무능력 때문에 전 세계 사용자들이 사이버보안 위협에 직면했다고 주장했다.[58]

그림자 브로커는 분명 스노든보다도 미국의 안보와 정보 수집 능력에 더 큰 피해를 주었다. 스노든은 내부 기밀자료를 기자들에게 주었고 그들이 공공의 이익을 판단하여 공개하도록 했다. 물론 NSA와 기자들 사이에 이견이 있기도 했지만, 적어도 기자들은 사전에 정부와 상의했고 보도 계획을 알려 주었다. 정부는 일부 문서가 부분적으로 또는 전체적으로 공개되면 되는지 안 되는지 주장이라도 해 볼 수 있었다.[59] 이런 사전 편집 때문에 공개된 스노든 자료는 비민주 국가에 대한 NSA의 해킹 작전들은 다루고 있지 않았다.

그림자 브로커는 반대로 장물을 그대로 인터넷에 올렸다. 자신들의 주장과는 반대로 그들은 NSA의 해킹 도구를 올리는 걸 즐겼고, 이터널블루와 더블펄서와 같은 도구들은 폭발적인 연쇄 효과를 가져왔다.[60] 그들은 또한 특정 시스템과 기관에 대한 NSA의 작전을 폭로했는데, 예를 들어 그들이 폭로한 중동에 대한 정보 수집 작전은 어떤 기준으로 보아도 정당한 첩보 활동이었다. 그들은 더욱 민감한 표적에 대한 정보, 예를 들어 중국과 러시아의 핵 및 탄도미사일 프로그램에 대한 작전 정보도 공개하겠다고 위협했는데, 실제 이루어지지는 않을 것으로 보인다.[61]

그림자 브로커의 폭로는 흥미로우면서도 우려되는 가능성을 하나 제시한다. 과거 스노든의 폭로가 진행되던 와중에 사람들은 스노든이 유출한 문서가 아닌 문서들도 그가 누설했다고 믿었다. 예를 들어 독일의 시사 주간지 〈슈피겔〉이 2013년 12월 공개한 NSA의 고급 네트워크 기술Advanced Network Technologies 디렉토리는 스노든이 아닌 다른 누군가에 의해 유출된 것이었다.[62] 이 문건의 공개로 NSA는 당시 자신들의 작전 관행을 바꿔야 했다. 또한 NSA가 사생활 보호 프로그램을 사용해서 앙겔라 메르켈 독일 총리와 인터넷 사용자들을 감시하고 있다고 고발한 기사들도 있었다. 이 기사들의 출처는 스노든 문서인 것처럼 보이지만 다른 익명의 출처도 포함돼 있다.[63]

그렇다면 우리는 그림자 브로커 사건을 포함해 이 모든 사건들이 동일한 외국 해커 집단에 의해 계획된 것이라는 도발적인 가설을 세워 볼 수 있다. 이 가설은 증명할 증거는 희박하지만 꽤 흥미로운 가설이다. 만약 러시아가 그림자 브로커 사건에 관여돼 있고 이것이 단 한 번의 해킹이 아닌 지속적인 방첩 활동의 결과라는 가설과 결합한다면 모든 것이 설명된다. 만약 사실이라면 그동안 미스터리로 남았던 스노든이 공개하지 않은 다른 자료들의 출처도 밝혀지는 셈이다. 2016년 대선 개입에 성공하여 더욱 대담해진 러시아가 정보 유출 작전을 무차별적인 사보타주 작전으로 선회했을 수도 있다.

출처와 동기가 무엇이든 폭로는 피해를 입혔다. 페네타 국방장관이 말한 것처럼 NSA가 심각한 침해 이후 자신들의 해킹 도구와 작전 절차를 다시 세워야 했다는 것이 중요하다. NSA는 해킹 도구가 노리는 프로그램 제공 업체에 보안 업데이트를 할 수 있도록 알려줘서 미국인들의 컴퓨터를 보호해야 한다. 그러나 만약 NSA가 없어진 물건을 정확히 모르면 과도한 패치가 이루어질 수도 있다. 강력한 예방책으로, NSA가 그림자 브로커가 가져가지는 않았지만 가져갔을 것으로 생각하는 해킹 프로그램의 정보를 보안업체들에게 넘겨줄 수도 있다. 그럴 경우 해킹 프로그램을 낭비하는 셈이 된다.[64] 그림자 브로커가 만들어 낸 불확실성에 시민을 보호해야 하는 NSA의 의무가 더해져 NSA가 제 살을 깎을 수도 있었다.

물론 공개된 자료만을 가지고 미국 정부가 누가, 무엇을, 어떻게, 왜 했는지에 대한 정보를 실제 얼마만큼 갖고 있는지 파악하는 건 불가능하다. 언론에 유출된 조사 결과에 따르면 미국 정보기관은 어떤 형태든 러시아가 그림자 브로커와 연관되어 있다고 보았다. 또한 유출된 자료는 포의 컴퓨터에 설치된 카스퍼스키 프로그램이 러시아에 기밀정보를 넘겼다고 보았지만, 그 말고도 다른 경로가 있는지는 확실치 않다. 이 내부 조사 결과가 얼마나 신빙성이 있는지 알 수 없으며 미국 정부도 아직 모르는 것이 많을 수 있다.

이 질문들 중 일부는 그림자 브로커가 무엇을 가져갔고 왜 일부를 공개했는지와 관련이 있다. 최소한 2018년에도 미국 정부는 상기 질문들의 답을 찾고 있었던 것으로 보인다. 복수의 언론 보도에 따르면

CIA가 그림자 브로커가 무엇을 가져갔는지 알아내기 위해 유럽에서 첩보 작전을 수개월간 진행했다고 한다. 이 작전은 그림자 브로커가 정보 유출을 본격화한 2017년부터 시작됐다. CIA는 러시아 정보기관들과 긴밀한 관계를 갖고 있는 한 러시아 중개업자와 만났으며 이 중개업자는 NSA가 잃어버린 파일들의 사본을 팔겠다고 제안했다.

그렇지만 이 거래는 예상치 못한 전개와 반전을 맞는다. 미국은 이 중개업자가 잃어버린 모든 파일들을 갖고 있는지 확신할 수 없었다. 중개업자가 트럼프와 러시아 간 연결고리에 대한 자료를 넘겨주겠다고 제안하자 CIA는 그를 더욱 경계하였다. 트럼프 대통령이 이미 미국의 정보기관들을 고운 시선으로 보고 있지 않았기 때문이다. CIA는 자신들이 그런 정보들을 "원치 않음"을 분명히 했지만 여전히 이 중개업자가 미국 정부를 분열시키려는 러시아 선동 작전의 일부일 가능성에 대해 두려워했다. CIA는 만약 이 작전이 노출되면, 트럼프 대통령이 자신을 정치적으로 공격하려는 의도로 보지는 않을까 두려워했다. 결과적으로 CIA의 기우는 맞았다. 작전은 실제 노출됐고 트럼프는 예상한 대로 반응했다.

러시아 중개업자 입장에서는 상대가 진짜 미국 정보기관이라는 보증이 필요했다. 그를 안심시키기 위해서 미국은 NSA가 트위터에 올릴 내용을 사전에 알려주었다. 소셜미디어 게시물에 대한 사전 정보로 거래자들 간의 신뢰가 형성되었고 중개업자는 이 거래가 미국 정부의 공식 승인을 받았다고 믿었다.

그러나 결과적으로 중개업자는 약속을 지키지 않았다. CIA로부터 첫 거래 대금을 챙긴 뒤, 그는 그림자 브로커의 진짜 파일을 넘겨주었지만 그 파일들은 이미 인터넷에 공개된 것들이었다. 미국 측은 추가로 10만 달러를 간접적으로 전달했지만 중개업자는 트럼프와 러시아의 유착관계에 대한 정보만 줄 수 있다고 주장했다. 그는 도난당한 파일들에 대한 정보는 조금밖에 주지 않았다. CIA가 그를 압박하자 그는 러시아 정보기관으로부터 그림자 브로커에 대한 정보는 누설하지 말라는 지령을 받았다고 실토했다.

보도에 따르면 미국의 정보 요원은 중개업자에게 미국 편으로 전향하여 관련 정보를 넘기든지 유럽을 떠나 러시아로 영원히 귀국하든지 선택하라고 했다고 한다. 그는 고민도 하지 않고 후자를 선택했다.[65] 그는 떠났고, 폭로전의 상흔만 선명히 남았다. NSA의 가장 중요한 비밀들이 온 인터넷에 도배된 반면, 그림자 브로커의 비밀은 영원한 미스터리로 남았다. 그들이 게임의 판도를 바꾼 것이다.

제 12 장

절도, 몸값, 조작

이 지폐들은 슈퍼노트Supernote라고 불린다. 이 지폐는 목화 75퍼센트, 리넨 종이 25퍼센트로 이루어져 있는데, 생산하기 어려운 조합이다. 지폐 각각에는 필수적인 적색과 청색 가시색사가 담겨 있다. 위조방지를 위한 색사는 정확한 위치에 놓여 있으며 가까이서 보면 워터마크도 있다. 벤저민 프랭클린의 날카로운 표정도 완벽하고 이 100달러 가치의 지폐가 위조지폐라는 표식은 어디에도 없다.

대부분의 위조지폐 감별기는 슈퍼노트를 감지하지 못한다. 이 위조지폐는 수십 넌간의 노력 끝에 생산됐다. 많은 전문가들이 슈퍼노트의 출처로 북한을 지목하였으며, 김정일이 처음 권력을 잡은 1970 넌대에 그의 명령으로 제작되었기 때문에 김정일의 작품이라고 주장하기도 한다.[1] 김정일은 가짜 100달러 지폐를 만들어 북한 정권이 필요로 하는 외화를 확보하는 동시에 미국 경제를 위태롭게 할 수 있다고 합리화했다. 이 사기극은 하나의 교란 작전이었다.

북한은 위조지폐 생산 황금기에 매년 1500만 달러에서 2500만 달러를 벌어들였다고 한다.[2] 이 지폐는 전 세계로 퍼졌는데 나이 든 아일랜드 남성이 배포하고 마카오의 소규모 은행에서 세탁됐다고 알려졌다. 북한은 위조지폐 생산과 다른 범죄 행위를 연계했다. 그들이 자행했던 불법 활동은 아편과 필로폰 밀매, 가짜 비아그라 판매, 외교 행낭을 통한 멸종위기종 밀수 등 다양했다.[3] 미국의 한 전문가는 북한 정권이 한때 불법 밀매로 1년에 5억 달러를 벌어들였다고 추정했다.[4]

2000년대 초반 미국은 북한의 불법 활동, 특히 위조지폐 사용을 막기 위한 노력을 강화했다. 미국은 130개국에서 대대적인 수사를 펼쳐 불법 밀매 네트워크에 잠입하였고 위조지폐 수백만 달러어치를 압수했다. 마치 드라마의 한 장면처럼 수사 당국은 뉴저지 애틀랜틱 시티에서 결혼식을 위장하여 용의자들을 유인하였고 그들을 체포했다. 미국 재무부는 애국자법Patriot Act에 의거 강화된 권한을 사용하여 마카오의 자금 세탁 은행에 금융 제재를 가했고 2500만 달러 규모의 자산을 동결시켰다.

미국의 일망타진 작전은 성공한 듯 보였다. 2008년에는 슈퍼노트의 사용이 눈에 띄게 줄어들었다. 이 작전에 참여했던 한 FBI 요원은 다음과 같이 설명했다. "슈퍼노트가 사라졌다는 말은 북한이 위조지폐 생산을 중단했다는 얘기다. 아마도 북한은 슈퍼노트 판매망을 잃고 나서 위조하기 쉬운 다른 대체물을 찾았을 것이다."[5] 좁혀 오는 미국의 수사망과 2013년 100달러 지폐 도안이 교체됨에 따라 북한은 다른 외화벌이 수단을 강구해야 했다.

그들이 도입한 새로운 수단 중 하나가 해킹이라는 사실은 별로 놀랍지 않다. 북한 정권은 전도유망한 청년들을 발탁해 중국에 컴퓨터 공학 연수를 보냈으며 심지어 외교관으로 위장하여 미국에 보내기도 했다. 교육받은 북한 해커들은 보통 해외, 특히 중국에 거주하면서 그곳에서 작전을 수행했다. 중국은 인터넷 연결도 더 잘 되어 있고, 북한 정권과의 연관성도 부인할 수 있었으며, 미국의 수사망에서도 벗어날 수 있었다.[6]

북한 해커들은 체계적인 노력을 통해 전 세계 금융기관들을 노렸다. 그들은 과감한 방법을 사용했는데, 늘 성공하는 것은 아니었다. 주요 금융기관들과 국제 은행 시스템의 연결고리를 조작한 것은 그들이 거둔 가장 큰 성공 중 하나였다. 해커들은 이 국제 은행 시스템의 정상적인 사용자로 위장하여 수천만 달러를 자신들 계좌로 이체했다. 그들은 로그 파일과 은행 거래 내역을 조작했고 덕분에 국제 금융기관들은 한바탕 자신들의 보안 체계를 개선하는 소동을 치렀다. 가장 유명한 해킹 사건은 북한이 소중한 데이터를 대가로 몸값을 서투르게 요구하다가 아마도 의도치 않게 전 세계의 컴퓨터 수십만 대를 마비시킨 일일 것이다. 그들은 성공과 실패를 거듭하면서 자신들의 해킹 기술을 연마했다.

북한이 늘 성공한 건 아니지만, 그럼에도 글로벌 금융 시스템을 조작하려는 북한의 해킹 시도들은 수익을 가져다줬다. 북한이 해킹 작전으로 얻은 수입은 막대하다. 유엔은 그 규모가 총 20억 달러에 달한다고 예측했는데, 국가 총 GDP가 280억 달러밖에 되지 않는 국가에 이는 큰돈이다.[7] 사이버 작전은 또한 북한 정권의 핵무기와 대륙간 탄도미사일 개발에 일조했다. 북한의 해킹은 이전 불법 밀매에 비해 엄청난 규모로 이루어졌다. 그들은 이를 통해 슈퍼노트로 거둬들일 수 있는 수익보다 훨씬 더 많은 수익을 올릴 수 있었다.

그러나 위조지폐 발행과 마찬가지로 금전적 이득이 해킹의 유일한 목적은 아니다. 또 다른 목적은 금융 기록을 삭제하고 시스템을 왜곡하여 세계 시장경제를 교란하는 것이었다. 이는 매혹적인 전략이지만 동시에 큰 위험부담이 따른다. 미국은 이라크 전쟁을 앞두고 사담 후세인의 은행 계좌로부터 돈을 빨아들이는 방법을 고려했지만 결국 실행하지는 않았다. 자신들의 행위가 다른 국가 해커들의 사이버 금융 범죄를 조장해 미국과 세계 경제의 안정성을 해칠까봐 우려했기 때문이다.[8] 2014년 오바마 정부의 NSA 감사위원회는 미국이 금융 기록을 절대 해킹하거나 조작하지 않겠다고 선언해야 한다고 주장하기도 했다. 위원회는 만약 금융 시스템을 해킹할 경우 글로벌 경제 시스템의 신용에 엄청난 부정적 효과를 줄 수 있다고 경고했다.[9] 하지만 북한은 그런 역효과를 전혀 두려워하지 않았다.

--- 수십억 달러 사기 ---

은행 강도는 절대 좋은 생각이 아니다. 범죄일 뿐 아니라 투자 대비 수익도 변변찮다. 미국의 경우, 은행 강도는 평균적으로 4천 달러 정도를 벌 수 있으며 네 번째 시도부터 잡힐 가능성이 높다.[10] 해외에서도 형편은 조금 더 낮지만 비슷하다. 몇 달간 지하 터널을 파서 브라질 중앙은행을 노린 2005년 사건처럼, 과감한 범죄 계획의 경우 수천만 달러를 벌 수도 있지만 대규모 은행털이는 대부분 실패할 가능성이 높다.[11]

북한의 공작원들은 은행을 털 수 있는 더 나은 방법을 찾았다. 그들은 강화 콘크리트 벽이나 지하 터널을 뚫을 필요가 없었고 무력이나 위협을 가할 필요도 없었다. 그들은 대신 단순히 은행 컴퓨터들을 속여 돈을 받아 내면 됐다. 이를 위해 그들은 국제 금융 업무의 핵심인 국제 은행 간 통신 협회 결제망, 일명 스위프트SWIFT에 눈을 돌렸다. 스위프트는 1970년대부터 사용됐다. 스위프트를 통해 200개가 넘는 국가들의 금융기관 1만 1천여 곳이 일일 수천만 건의 거래를 처리한다. 하루 거래 금액은 수십조 달러에 달하며 이는 대부분 국가들의 연간 GDP를 상회한다. 금융기관들은 스위프트 프로그램의 특별 계정을 사용하여 전 세계 다른 은행들과 업무를 처리한다.

방글라데시 중앙은행은 보유금 중 일부를 뉴욕 연방준비은행에 보관하여 국제 거래 결제에 사용한다. 2016년 2월 4일, 방글라데시 중앙은행은 서른 건이 넘는 거래를 처리했다. 이 거래 요청은 스위프트를 통해 전송됐는데, 뉴욕 연방준비은행에 보관된 보유금 중 약 10억 달러를 인출하여 스리랑카, 필리핀 등 다른 나라 계좌에 이체하는 것이었다.

같은 시각, 지구 반대편 방글라데시 중앙은행의 프린터가 작동을 멈췄다. 이는 3평짜리 창문도 없는 작은 방에 놓인 평범한 HP 레이저젯 400 모델 프린터였다. 이 프린터의 중요 기능은 바로 하루 종일 은행의 스위프트 거래 내역을 인쇄하는 것이었다. 2월 5일 아침에 출근한 은행 직원들은 빈 인쇄함을 발견했다. 그들은 수동으로 인쇄해 보려고 시도했지만 인쇄되지 않았다. 스위프트 결제망과 연결된 컴퓨터 단말기가 찾는 파일이 없다며 오류 메시지를 띄웠다. 때문에 직원들은 자신들 은행에서 처리되는 거래 내역을 볼 수 없었다. 고장 난 프린터는 도둑을 보고도 짖지 않는 개와 같았다. 무언가 굉장히 잘못됐음을 보여주는 징조였지만 당시에는 아무도 눈치채지 못했다.

이는 단순한 기계 고장이 아니었다. 이는 북한의 빈틈없는 준비와 공격의 결과물이었다. 해커들은 영리하게 스위프트를 직접 노리지 않고 그것과 연결된 시스템을 공격했다. 방글라데시 중앙은행의 스위프트 특별 계정은 새로운 거래를 개시, 승인, 전송할 수 있는 막대한 권한을 갖고 있었다. 북한 해커들은 은행의 네트워크와 사용자 정보를 수집하여 궁극적으로 이 특별 계정을 손에 넣었다.

북한은 스위프트의 작동 원리를 이해하고 필요한 인증 정보를 확보하기 위한 정보 수집에 많은 시간을 할애했다. 해커들이 수개월 동안 은행 전산망 내부를 헤집고 다니며 작전을 준비하는 동안에도 은행은 이를 인지하지 못했다. 이는 은행이 특별히 수색을 열심히 하지

306

않았기 때문이기도 하다. 해킹 사건 이후 이루어진 경찰 조사에 따르면 방글라데시 중앙은행은 값싼 장비를 사용하고 보안 프로그램을 설치하지 않는 등 허술한 사이버보안 태세를 갖추고 있던 것으로 드러났다. 해커들은 이를 노리고 민감한 정보에 접근한 것으로 보인다.[12]

스위프트 특별 계정을 손에 넣은 해커들은 정상적인 형태로 거래를 할 수 있었다. 그들은 또한 발각당하지 않기 위해 스위프트 프로그램의 자체적인 불법 거래 방지 검사를 우회할 수 있는 악성코드를 설치했다. 더욱 심각한 것은 그들이 거래 내역을 조작하여 돈이 어디로 이체되는지 파악하기 어렵게 만들었고, 이로 인해 방글라데시 중앙은행과 같이 거래 대금이 큰 금융기관들이 의존하는 거래 내역의 신뢰성을 해쳤다는 것이다. 이 거래 내역에 대한 공격은 시스템의 심장을 노린 것이나 다름없었다. 또한 그들은 악성코드로 프린터를 무용지물로 만들어 자신들의 불법적인 거래를 처리할 수 있는 시간을 벌었다.

이렇게 방글라데시 중앙은행 직원들이 전혀 모르는 가운데 북한 해커들은 뉴욕에 이체를 요청했다. 그러나 뉴욕 연방준비은행 직원들은 뭔가 잘못됐음을 눈치챘다. 방글라데시 중앙은행이 요청한 여러 건의 이체 요청 중에 이체 대상이 다른 은행이 아닌 개인 계좌인 것을 보고 이상함을 감지했던 것이다. 그들은 일부 이체 요청을 문제 삼았고 재확인 요청을 회신했다. 그러나 방글라데시 중앙은행 직원들은 피해 복구에 정신을 쏟고 있었기에 응답하지 않았다.

방글라데시의 은행 직원들은 시스템이 모두 복원되고 나서야 상황의 심각성을 인지했다. 복구된 프린터가 인쇄한 거래 내역에는 수상한 거래들이 다수 포함돼 있었다. 중앙은행 직원들이 뉴욕 연방준비은행에 연락을 취해 봤지만 이미 늦었다. 미국은 주말을 맞이했고 직원들은 모두 퇴근하여 자리에 없었다. 북한 해커들이 운이 대단히 좋았거나 매우 정교하게 타이밍을 계산한 것이었다. 방글라데시 중앙은행 직원들은 뉴욕의 직원들이 복귀할 때까지 진땀을 빼야 했다.

월요일은 좋은 소식과 나쁜 소식을 함께 가져왔다. 좋은 소식은 철두철미한 뉴욕 연방준비은행 직원들 덕분에 8억 5천만 달러에 달하는 대부분의 불법적 거래를 막을 수 있었다는 것이다. 그중에는 스리랑카의 "샤리카 제단Shalika Fandation"이라는 엉뚱한 수신처에 2천만 달러를 이체하라고 요청한 사례도 있었다. 해커들이 의미한 바는 "샤리카 재단Shalika Foundation"으로 추정되는데 철자를 제대로 쓰더라도 이런 비영리기구는 존재하지 않는다. 이 오타로 뉴욕 직원들이 사기를 알아챌 수 있었기 때문에 아마 이는 해킹 역사상 가장 비싼 오타였을 것이다.

나쁜 소식은 이체 4건이 처리됐고 거래액이 1억 100만 달러에 달했다는 것이다. 8100만 달러 규모의 이체 3건은 필리핀의 리잘 은행으로 들어갔고 나머지 2천만 달러는 스리랑카의 판아시아 은행으로 이체됐다. 방글라데시 중앙은행 직원들은 빠르게 대응하여 판아시아 은행이 거래를 중지하고 이체금을 돌려주도록 설득할 수 있었다. 하지만 리잘 은행의 경우 이미 이체금을 다시 카지노와 연결된 여러 다른 계좌로 송금한 후였다. 그리고 이른바 운반책들이 이 계좌들에서 2월 5일부터 9일에 거쳐 돈을 출금했는데, 9일은 심지어 방글라데시 중앙은행이 리잘 은행에 금융 사기에 대해 경고한 뒤였다. 리잘 은행 계좌에 보낸 8100만 달러 중 6만 8천 달러만 남고 나머지는 사라져 버렸다.

영국의 보안업체인 BAE 시스템BAE Systems은 해커들을 추적했고 북한이 배후라는 중요한 단서들을 찾아냈다. 그들은 방글라데시 해킹에서 사용된 일부 코드가 북한이 2014년 소니 픽처스 공격을 포함해 예전부터 사용하던 코드와 동일한 것을 발견했다. 심지어 코드의 오타도 소니 픽처스 공격 당시 사용했던 악성코드의 오타와 동일했는데 이는 같은 해커가 해킹 도구를 재사용했다는 것을 보여준다.[13] 수사 결과는 분명했다. 북한 해커들이 자신들의 사무실과 집에서 편안하게 거래 내역을 조작하고, 은행 간 신용거래 체계를 공격하여, 역사상 가장 큰 은행털이에 성공한 것이다.[14]

--- 조직적 범죄의 부상 ---

방글라데시 중앙은행 공격이 인상적이긴 했지만 이는 전 세계적으로 벌어진 북한의 조직적 범죄 가운데 일부에 불과했다. 또 다른 동남아시아 은행도 북한으로부터 동일한 공격을 받았으나 은행 이름은 공개되지 않았다.[15] 북한 해커들은 매우 조직적으로 그리고 단계적으로 해당 은행을 공격했다. 그들은 해당 은행의 홈페이지를 호스팅하는 서버를 노려 침입한 것으로 보인다.

2015년 12월, 해커들은 홈페이지 호스팅 서버에서 은행 내 다른 서버로 옮겨 갔다. 그 서버는 스위프트 프로그램을 통해 은행과 글로벌 금융 시스템과 연결된 것이었다. 다음 해 1월, 해커들은 추가 공격 도구를 사용하여 은행 내부망을 해킹했고, 악성코드를 설치하여 스위프트와 연결되도록 했다. 1월 29일, 해커들은 자신들의 능력을 시험해 보았다. 방글라데시 공격과 유사한 시점이었다.

2월 4일, 방글라데시 중앙은행에 이체 요청을 하던 그때에 해커들은 이 동남아시아 은행의 스위프트 프로그램도 조작했다. 그러나 방글라데시 공격과 달리 그들은 불법 이체를 시작하지는 않았다. 3주보다 조금 더 지난 시점에 북한 해커들은 작전을 중단했다. 중단한 이유에 대해서는 알려진 바가 없다.

방글라데시 중앙은행에서 돈을 가져간 뒤로도 그들은 이 동남아시아 은행을 계속 주시했다. 4월이 되자 그들은 은행의 스위프트 서버에 키보드 입력값 저장 소프트웨어를 설치했고 더욱더 높은 권한의 계정을 손에 넣기 위해 관련 정보를 훔치려고 했다. 돈을 강탈하기 위해서는 이 은행의 스위프트 계좌로 통하는 열쇠와 같은 인증 정보가 필수적이었다.

그러나 BAE 시스템의 조사가 이루어지면서 스위프트가 위험을 감지했다. 방글라데시 사건 이후 금융 시스템에 대한 위기의식을 느낀 스위프트는 5월에 보안 업데이트를 단행했다. 해커들은 이 보안 업데이트를 우회해야만 자신들의 임무를 달성할 수 있었다. 이를 위해 7월경, 그들은 새로운 악성코드를 실험하기 시작했다. 8월, 이들은 아마도 돈을 빼내려는 목적으로 다시 한번 악성코드를 스위프트에 설치했다.

그러나 북한은 작전을 치밀하게 사전 준비하고 실행에 옮겼음에도 불구하고 중대한 걸림돌에 직면했다. 이 은행이 방글라데시 중앙은행보다 대비가 잘 되어 있었고 보안도 잘 갖춰져 있었던 것이다. 2016년 8월, 해커가 처음 네트워크에 침입한 지 7개월이 경과했을 때 은행이 해킹 사실을 인지했다. 그들은 러시아의 유명한 사이버보안업체 카스퍼스키를 고용하여 조사에 착수했다. 해커들은 수사망이 좁혀오자 작전을 재빨리 중단하고 흔적을 지우기 위해 다량의 정보를 삭제했다. 하지만 완전히 지우지는 못했다. 카스퍼스키는 남은 흔적을 토대로 그들이 사용한 악성코드가 방글라데시 중앙은행 공격에 사용됐던 코드와 중첩된다는 사실을 밝혀냈다.

BAE 시스템과 카스퍼스키의 조사 덕분에 북한의 조직적 해킹 작전의 윤곽이 드러났다. 상기 두 은행을 제외하고도 북한이 노린 은행들은 많았다. 특히 2017년 1월, 북한은 폴란드의 금융 감독 기구를 해킹하여 그들의 홈페이지에 악성코드를 심었다. 홈페이지 방문객의 다수는 은행이었다. 북한은 이 악성코드를 통해 주로 은행과 통신업체 등 전 세계 100여 개 기관을 공격했다. 공격 대상 목록에는 세계은행, 브라질, 칠레, 멕시코의 중앙은행, 그리고 다른 주요 금융기관들이 있었다.[16]

북한이 노린 건 일반적인 통화뿐이 아니었다. 점점 가치가 오르고 있는 비트코인과 같은 암호화폐도 그들의 조직적 범죄의 대상이었다. 그들은 한국의 유빗YouBit과 같은 비트코인 거래소를 공격했다. 유빗의 경우 손실액의 절대적인 가치를 밝히지는 않았지만, 북한 해커들이 거래소가 보유한 암호화폐 중 17퍼센트를 탈취한 것으로 알려져 있다.[17] 그룹-IB라는 보안업체의 분석에 따르면 북한이 잘 알려지지 않은 암호화폐거래소 해킹으로 거둬들인 수익이 5억 달러에 달한다고 한다.[18] 이 수치가 정확한지 확인하거나 암호화폐거래소 해킹과 관련하여 세부 사항을 알아내는 건 불가능에 가깝지만, 보도된 손실액의 규모만 보더라도 북한이 얼마나 많은 소규모 사설 금융기관들을 약탈했는지 짐작할 수 있다. 그리고 이런 약탈 행위들은 대부분 시야 밖에서 이루어졌다.

보안업체들의 공통적인 의견에 따르면 북한은 파괴적인 목적의 작전에 사용하던 해킹 도구와 설비를 외화벌이와 금융 교란 목적으로 전환했다. 2009년 미국 디도스 공격, 2013년 한국 데이터 소거 공격, 2014년 소니 공격을 자행했던 북한은 이제 금융기관들을 노리고 있었다.[19] 세계에서 가장 고립됐으며 강력한 제재를 받는 북한은 불법적인 핵무기 개발에 돈을 쏟아부었고 그 재원 중 일부를 해킹으로 충당했다. 이 또한 국가전략과 사이버 작전의 결합의 사례로 볼 수 있다. 그리고 여기서 끝이 아니었다.

--- 랜섬웨어 그리고 그 후 ---

2016, 2017년, 북한의 해킹 목적과 역량은 익히 알려져 있었다. BAE 시스템의 기술 보고서와 카스퍼스키가 이를 짚어 주었다. 국제 금융

업계에서 북한발 위협이 논의됐지만 대응 방안이 딱히 없었다. 사이버보안을 강화하는 것 외에는 좋은 대안이 없었던 것이다. 북한은 핵무기 개발로 이미 국제사회에서 고립된 상태였다. 오바마 정부가 소니 픽처스 해킹 이후 제재를 부과한 것처럼 추가적인 경제제재를 가한다고 하여도 북한의 조직적인 해킹 공격을 멈출 수 없었다.[20]

이때 북한은 다시 한번 판을 키웠다. 그들은 또 다른 오래된 아날로그 범죄 행위를 디지털 세상으로 가져왔다. 바로 인질을 잡아 몸값을 챙기는 일이다. 그러나 여기서 인질은 사람이 아니라 데이터였다. 보통 스파이들이 기관의 비밀을 복제하기 위해 노력하는 반면 북한은 마치 금전적 이익을 노리는 범죄 집단처럼 비밀을 쫓지 않았다. 그들은 랜섬웨어Ransomware라는 수법을 사용했는데 이는 해커가 표적 컴퓨터의 하드드라이브를 암호화하고 백업을 삭제하는 행위다. 피해자는 복호화 키를 알 수 없다. 별도의 백업을 해 놓지 않은 피해자가 복호화 키를 가질 수 있는 유일한 방법은 해커에게 몸값을 치루고 이를 받는 것뿐이다. 데이터의 가치 때문에 대부분 기관들은 몸값을 지불했다.[21]

2017년 2월, 북한은 초기 단계의 새로운 랜섬웨어를 시험 중에 있었다. 북한 해커들은 아직까지도 알려지지 않은 한 기관을 감염시켰고, 악성코드는 빠르게 확산되어 컴퓨터 약 100대를 감염시켰다. 글로벌 사이버보안 업계에서 이는 매우 미미한 사건이기 때문에 아무도 관심을 갖지 않았다. 3-4월, 북한 해커들은 무작위로 선택한 기관 다섯 곳을 추가 감염시켰다. 이것도 여전히 소규모 피해였기 때문에 별 주목을 받지 못했다.

같은 해 5월, 북한 해커들은 또 다른 버전의 악성코드를 테스트했다. 이번에는 혁신적인 시도를 가미했다. 이 새로운 랜섬웨어는 피싱 메일이나 수동으로 전염되는 방식이 아닌 스스로 복제, 확산될 수 있는 능력을 가지고 있었다. 악성코드는 한 컴퓨터를 감염시키고 다른 컴퓨터들을 추가로 감염시켰으며 거기서 또다시 다른 컴퓨터들을 감염시켰다. 악성코드의 기하급수적인 증식은 곧 피해자가 폭발적으로 늘어날 수 있음을 의미했고 더 많은 피해자는 더 많은 몸값을 의미했다. 스턱스넷처럼 이 악성코드는 웜바이러스 방식으로 확산됐다. 그리고 슈퍼노트와 거래 내역 조작처럼 이 웜 공격은 북한에 수익을 가져다주었을 뿐 아니라 광범위한 교란 효과까지 있었다. 전 세계 기관들은 급격하게 전이되는 감염 위협이 두려워 안전하다고 생각했던 인터넷 연결 또는 기관 간 교류를 꺼리게 될 것이었다.

웜바이러스의 개념과 위력은 오래전부터 알려져 있었지만, 이를 제대로 개발하기는 어렵다.[22] 하지만 북한 해커들은 손쉬운 방법을 하나 알고 있었다. 그들은 NSA의 강력한 해킹 도구 중 하나로 몇 달 전 그림자 브로커가 유출한 이터널블루의 전염 기법을 차용했다. 일부 네트워크 운영자들은 유출된 이터널블루에 대비하여 보안 패치를 설치했지만, 하지 않은 이들도 많았다. NSA가 오랜 기간 활용했던 취약점을 이용해서 북한은 자신들만의 웜을 탄생시킬 수 있었다. 그들은 2017년 5월 12일, 이터널블루의 전염 메커니즘으로 무장한 새로운 랜섬웨어를 배포했다.[23]

사이버보안업계는 곧 이 사실을 알아챘다. NSA 해킹 도구의 강력한 힘을 빌린 북한의 웜바이러스는 보안 패치를 받지 않은 전 세계 컴퓨터에 급속도로 확산되었다. 사이버보안 전문가들은 이 악성코드를 정밀하게 분석했다. 웜바이러스의 파괴적인 효과와 더불어 이 프로그램을 "워너크립터WanaCryptor"라고 지칭한 코드 내 아티팩트 때문에 이 공격은 워너크라이WannaCry 공격이라고 명명되었다. 추가 디지털 포렌식 조사로 워너크라이와 이전 북한의 사이버 공격 간의 유사점이 발견됐다. 전문가들은 워너크라이가 정부 해커들에 의해 자행된 전대미문 규모의 사이버 공격이라고 결론지었다.

얼마 지나지 않아 150여 개국의 컴퓨터 수십만 대가 감염되어 파일이 잠겼다. 영국 국영의료서비스NHS는 가장 심각한 타격을 입은 기관 중 하나였는데, 공격으로 인해 일부 수술이 지연되고 응급실 환자를 다른 병원으로 급하게 이송하기도 했다.[24] 일부 랜섬웨어 피해자들은 서둘러 몸값을 지불하기도 했다.[25]

그러나 곧 몸값을 지불하지 말라는 말이 돌기 시작했다. 지불한 사람들도 파일을 돌려받지 못했던 것이다. 이 랜섬웨어 코드에는 누가 해커의 요구대로 암호화폐를 지불했는지 구분하는 메커니즘이 없었다. 이 코드의 부재는 매우 서툰 프로그램 개발의 증거이거나 또는 이 악성코드가 여전히 개발 중이었고 배포될 의도가 없었음을 의미한다. 아마도 후자일 가능성이 더 높다. 북한 해커들이 NSA의 코드가 얼마나 강력한지 몰랐거나 이 코드를 사용하면서도 웜바이러스가 얼마나 빨리 확산될지 몰랐을 수 있다. 어찌됐든 폭발적인 감염 확산은 마치 브레이크가 고장 난 열차가 내리막을 달리는 것과 같았다. 웜은 점

점 더 통제가 어려워졌고 심지어 설계자들도 통제하기 어려운 건 마찬가지였다.[26]

파이브 아이즈는 이터널블루가 이런 식으로 사용되는 것을 원치 않았다. 이터널블루는 표적 네트워크 내에서 조심스럽고 은밀하게 확산되도록 만든 악성코드였지 인터넷에서 무한 증식되도록 설계되지 않았다. 워너크라이 사건은 그림자 브로커의 여파로 벌어진 사건 중에서도 가장 심각한 사건이었다. 만약 그 정체불명의 해커들이 NSA에 침입하여 훔친 해킹 도구들을 만천하에 공개하지 않았다면, 이 폭주하는 웜바이러스 감염도 없었을 것이다.

그러나 갑자기 감염 확산이 멈추었다. 완전히 멈추진 않았지만 최소한 감염 속도가 급격히 느려졌다. 영국의 보안 전문가 마커스 허친스Marcus Hutchins가 악성코드 내에 적혀 있는 웹 주소를 발견했던 것이다. 주소는 iuqerfsodp9ifjaposdfjhgosurijfaewrwegwea.com이었다.[27] 알아들을 수 없는 언어로 적힌 이 웹 사이트 주소는 분명 사람을 위한 주소는 아니었다. 허친스는 주소에 적힌 사이트가 존재조차 하지 않는다는 사실을 알아냈다. 누구도 이 도메인을 소유하고 있지 않았던 것이다. 그는 10달러를 지불하고 이 도메인을 샀다. 그리고 다시 악성코드 분석에 열중했다.

몇 시간 후 그의 친구가 감염 확산이 멈췄다고 알렸다. 웜바이러스는 허친스가 등록한 도메인에 접속할 수만 있으면 공격을 멈췄다. 그러나 워너크라이 코드가 도메인에 접속할 수 없으면 공격을 시행했다. 허친스가 도메인을 등록함으로써 웜의 확산을 막을 수 있는 의도치 않은 비밀 킬스위치를 작동시킨 것이다.[28] 그 결과 북한의 첫 대규모 랜섬웨어 실험은 서투르게 시작하여 부끄러운 종결을 맞았다. 40억 달러의 피해를 발생시켰지만 북한 정권이 벌어들인 돈은 푼돈에 불과했다.[29]

실패에도 불구하고 북한은 좌절하지 않았고 랜섬웨어 공격을 포기하지도 않았다. 2017년 10월, 북한은 또 다른 공격을 준비했다. 이번에는 계획을 바꾸어 랜섬웨어로 돈을 직접 벌어들이는 게 아니라 랜섬웨어를 다른 작전을 위장하기 위한 연막으로 사용하기로 했다. 디지털 인질 작전을 벌여 커다란 혼란을 야기하고 그 틈을 타 정신이 팔린 은행의 턱밑에서 불법으로 돈을 이체할 계획이었다.

새로운 표적은 대만의 극동국제은행Far Eastern International Bank이었다. 다른 피해자들에게 한 것처럼 북한은 한동안 표적의 전산망을 정찰했다. 그들은 사용자 아이디와 비밀번호를 수집했고 10월 1일, 악성코드 준비를 완료했다. 이 악성코드는 여러 가지 구성 요소로 이루어져 있었다.

이 악성코드는 가장 먼저 제거가 어렵도록 컴퓨터 운영 체계 내에 설치되어 그곳에서 잠복했다. 또 다른 기능으로 악성코드가 사전에 수집된 정보를 활용하여 네트워크의 주요 부분에 확산되도록 했다. 세 번째 부분은 사용자의 파일을 목록화하여 암호화했고, 그런 후에 몸값을 요구하는 메시지가 떴다. 또 다른 부분은 북한 해커들이 원격으로 지령을 내릴 수 있도록 공격 지령 서버와 연결했다.

은행이 랜섬웨어 공격에 정신이 팔린 동안 북한 해커들은 일련의 금융 거래를 시행했다. 그들은 스위프트를 통해 캄보디아, 미국, 스리랑카 계좌에 이체를 시도했다. 조사 결과에 따르면 그들은 애초에 총 6천만 달러를 송금하려고 시도했다.[30] 그러나 해커들이 잘못된 값을 입력하는 바람에 모든 이체가 이루어지지 않았다. 그럼에도 1400만 달러가 이체됐다. 10월 3일, 스리랑카 실론 은행에 일부 이체됐고, 캄보디아와 미국 계좌에도 송금됐다.

다음 날 자금 운반책이 스리랑카에 도착하여 수십만 달러를 문제 없이 인출했다. 그러나 이틀 후 그들이 다시 돈을 찾으러 왔을 때에는 스리랑카 경찰들이 대기하고 있었다. 스리랑카 경찰은 운반책과 공범을 체포했다.[31] 이후 극동국제은행이 분실한 금액의 대다수를 되찾을 수 있었던 것으로 보도되었다.[32] 그러나 정작 해커들은 국제법망을 피해 체포되지 않았고, 다시 한번 공격을 가할 준비를 할 수 있었다.

--- 글로벌 인출 작전 ---

북한 해커들은 한때 그들의 실력으로는 달성할 수 없었던 핵심 해킹 기술들을 터득할 수 있었다. 그들은 세계 각국의 은행 네트워크에 깊숙이 침입하여 악성코드를 설치하고 대대적인 정찰 작전을 벌이면서도 발각되지 않을 수 있었다. 그들은 스위프트 시스템에 대한 고도의 지식을 갖추었고 금융기관들이 실시하는 스위프트의 긴급 보안 업데이트에 대응해서도 자신들의 전술과 해킹 도구를 지속적으로 개량했다.

그러나 문제는 대부분의 경우 빼돌린 돈을 인출하는 데 실패했다는 것이다. 암호화폐거래소에 대한 공격을 제외하면 은행들 대부분이 마지막 인출 단계에서 그들을 막을 수 있었다. 북한 해커들은 더 나은 인출 방법을 필요로 했다.

2018년 여름, 북한 해커들은 새로운 전술을 시도했다. 이는 6월경 인도의 코스모스 협동조합 은행에 대한 공격으로부터 시작됐다. 해커들은 코스모스 은행 내부 전산망에 침입하여 은행이 어떻게 운영되는지 상세히 파악했고, 은행 인프라의 상당 부분에 대한 비밀 접근 권한을 손에 넣었다. 여름 내내 북한 해커들은 새로운 종류의 공격을 준비하는 듯했다. 그들은 이번에는 ATM 카드와 온라인 자금 이체를 통해 돈을 빼돌리려고 준비했다.

ATM 현금 인출을 통한 범행은 대단히 단순한 작업으로 이러한 북한의 공격 이전에도 시도된 방법이다. 해커들은 은행 고객의 계좌와 비밀번호 정보를 탈취하고, 운반책은 ATM에 가서 그 계좌로부터 현금을 인출하는 것이다. 은행 창구 직원을 만나지 않아도 되고 은행 지점에 물리적으로 들어가지 않아도 되기 때문에 이 방법은 체포 가능성이 매우 낮다. 버지니아주에서 일어났던 내셔널 뱅크 오브 블랙스버그의 사례처럼 이전까지 ATM 인출 작전은 소규모로 이루어졌다.[33] 이 작전의 가장 힘든 부분은 은행 고객의 카드와 비밀번호를 훔치는 것이다.

북한이 행동에 나서기 전에 미국 정보기관들이 먼저 냄새를 맡았다. 북한이 구체적으로 어떤 은행을 노리는지 알 수는 없었으나, FBI

는 8월 10일, 은행들에 경고 메시지를 보냈다. FBI는 한 지역 은행이 해킹 공격을 받아 ATM 현금 인출 범죄가 곧 발생할 수 있다고 경고했다. 이 해킹 공격은 인출을 반복적으로 시도할 수 있기 때문에 수사관들이 "무제한 인출"이라고 부르는 공격이었다.[34] FBI는 각 은행들이 철저히 대비하고 보안을 강화할 것을 촉구했다.

그러나 소용없는 노력이었다. 북한은 8월 11일 행동을 개시했다. 단 2시간 안에 28개국에서 운반책들이 움직였다. 운반책들은 실제 카드와 똑같이 작동하는 복제된 ATM 카드를 사용하여 전 세계 ATM에서 100달러와 2500달러 사이의 금액을 인출했다. 과거 북한이 벌인 공격에서는 큰 금액을 이체하려고 했기 때문에 발각되기 쉬웠고 은행들이 거래를 취소하기도 쉬웠지만 이번 작전은 광범위하고, 유연하며, 빨랐다. 그들은 총 1100만 달러를 가져갈 수 있었다.

여기서 한 가지 의문을 가질 수 있다. 북한의 작전이 어떻게 가능했을까? 돈을 여러 번 인출하려면 매번 코스모스 은행의 부당 인출 방지 체계를 속여야 했다. 북한이 은행 고객들의 계좌 정보를 알아낼 수 있었더라도 그 많은 고객들의 비밀번호까지 알아내는 건 쉬운 일이 아니다. 만약 비밀번호가 없다면 인출 요청이 거부됐어야 한다.

이와 관련하여 BAE 시스템은 현재까지 드러난 증거에 들어맞는 가설을 제공했다. BAE 시스템의 분석에 따르면 북한은 코스모스 은행 전산망을 거의 완전히 해킹하여 은행의 부당 인출 방지 체계까지 조작할 수 있었다. 따라서 매번 ATM 인출 요청이 국제 은행 시스템을 통해 코스모스 은행에 전송되면, 은행이 아닌 해커들이 관리하는 가짜 인증 체계로 전송되었던 것이다.[35] 이 인증 체계는 요청을 승인하고 코스모스의 불법 거래 감지 시스템을 우회했을 것이다. 이후 인도의 한 고위 경찰 간부가 이럴 가능성을 인정했다.[36]

현금 인출 작전이 성공하자 해커는 다시 원래 계획을 실행했다. 이틀 후 그들은 스위프트를 통해 코스모스 은행으로부터 홍콩에 있는 한 미상의 회사로 이체 3건을 시도했다. 이체 금액은 200만 달러에 달했다. ALM 무역회사는 불과 몇 달 전 설립되어 등록을 마친 회사였다. 아무런 특징도 없는 회사명과 온라인상 정보 부족으로 이체된 금액의 행방을 파악하는 건 무척 어렵지만, 아마도 이 회사를 통해 북한이 돈을 가져간 것으로 보인다.[37]

우리는 코스모스 해킹 공격을 통해 북한의 절도, 랜섬웨어, 재정 기록 조작이 외화벌이 수준을 넘어 더 심각한 영향을 미칠 수 있다는 것을 알 수 있다. 코스모스 은행의 주요 시스템들은 해킹 때문에 9일 동안이나 중단되었다. 9일이면 은행업계에서는 영겁의 시간에 가깝다.[38] 향후에는 해커들이 불법 거래를 남발하여 스위프트 체계에 대한 신뢰도를 흔드는 등 더욱더 직접적인 방법으로 시장을 교란시킬 수 있다.

북한은 해킹을 통한 조직적인 범죄 행위를 멈추지 않을 것이다. 그들의 악성코드는 지속적으로 진화했고 발전했다. 해킹 실력으로 볼 때 NSA와 비교할 수는 없더라도, 북한 해커들은 목표를 향한 집념으로 실력 차를 극복할 수 있다. 그들은 후폭풍을 전혀 두려워하지 않고, 컴퓨터 수천 대를 마비시키거나 매우 중요한 재정 기록을 조작하는 걸 즐기는 것처럼 보인다. 북한은 정권이 필요로 하는 자금을 축적하면서 점진적으로 북한에 유리한 전략적 환경을 만들고 있다. 비록 때때로 역풍을 맞기도 하지만, 북한의 해커들은 정권을 위해 막대한 자금을 벌어들였고 글로벌 금융 시스템의 안정성을 위협했다. 슈퍼노트의 시대는 저물었지만 세계 경제를 교란시키는 북한의 사기 범죄는 끝나지 않았다.

제 13 장

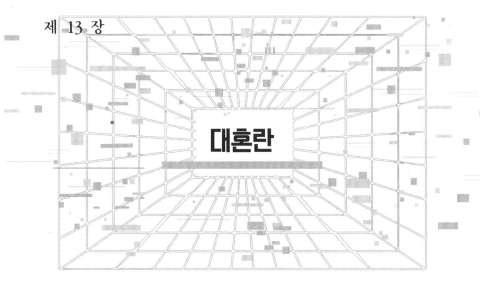

대혼란

매년 6월 28일, 우크라이나는 제헌절을 기념한다. 이날은 1996년 우 크라이나 의회가 헌법을 승인하여 소비에트연방 해체 후 독립국으로 서 우크라이나의 위상을 공고히 한 것을 기념하는 공휴일이다. 보통 친유럽, 친미 성향을 갖는 우크라이나 서부에서는 이날을 더 크게 기 념한다. 서부는 러시아의 영향에 대한 국민들의 반감이 비교적 더 강 한 지역이다.

2017년 제헌절은 여느 때와 달랐다. 우크라이나에게는 기념일이 었지만 러시아에게는 자신들의 힘을 과시할 기회였다. 당시 우크라이 나와 러시아는 우크라이나 동부에서 분쟁 중이었고, 제헌절은 러시아 가 더 과감한 공격을 취할 좋은 타이밍이었다. 그 공격은 전 세계를 마 비시키고 혼란으로 몰아넣을 공격이었다.

실제로 러시아는 특정 표적을 염두에 두지 않고 방해 공작을 펼쳤고 이는 곧 낫페트야NotPetya 공격이라고 불리기 시작했다. 과거 사이버 공격이 하나의 시설, 기업, 도시의 전력망 등 특정 표적을 노렸다면 이번 공격은 무차별적이고 광범위했다. 러시아 해커는 악성코드가 자가 복제하고 확산할 수 있도록 했다. 이러한 측면에서 스턱스넷과 비슷했지만 스턱스넷이 특정 표적에만 공격을 가하도록 설계된 것과 달리 낫페트야의 공격 대상은 광범위했다. 광대한 피해를 입히는 것이 목적이었다. 그리고 의도치 않게 확산된 워너크라이와 달리 낫페트야는 의도적으로 퍼졌다. 우크라이나에서 사업을 하고 우크라이나 정부에 세금을 내는 모든 사람들이 공격 대상이었다. 사이버 공격은 우크라이나 제헌절 하루 전날 시작됐고, 그 규모는 이제껏 경험하지 못한 수준이었다.

무차별적 공격은 곧 낫페트야가 우크라이나에만 머물지 않고 국경을 초월하여 확산될 수 있음을 의미했다. 그 결과, 낫페트야 공격은 우크라이나가 겪고 있는 다른 분쟁들과 달리 서방에도 각인될 수 있었다. 특히 낫페트야 공격으로 다국적기업인 머스크Maersk, 페덱스FedEx, 머크Merck가 큰 손실을 입었다.

낫페트야 공격은 기업들에 손실을 입혔을 뿐 아니라 여러모로 남다른 의미가 있다. 먼저 이 공격을 통해 러시아 정부 해커들의 능력과 러시아의 호전성이 드러났다. 이는 또한 어떻게 일반 기업들과 평범한 시민들이 국가 간 분쟁의 최전선에 설 수 있는지 보여주는 사례이기도 하다. 아울러 향후 사이버전의 양상을 미리 보여주었다. 더욱더 강력하고 자율적인 사이버 공격은 마치 비유도 미사일처럼 해커들이 일정한 방향을 정해서 쏘기만 하면 예측할 수 없는 막대한 피해를 입힐 수 있다. 국제질서를 어지럽히길 원하고 비례의 원칙이나 민간인 보호 따위 신경 쓰지 않는 이들에게는 안성맞춤인 무기다.

낫페트야는 역사상 가장 큰 피해를 발생시킨, 그리고 아마도 가장 중요한 사이버 공격일 것이다. 수치화할 수 있는 피해만 100억 달러이며 이 공격은 전 세계 모든 기업들이 사이버보안을 의무적으로 강화하도록 강제했다.[1] 이 악성코드는 그림자 브로커가 유출한 NSA의 해킹 도구를 사용했으며 그 도구로 미국과 동맹국들을 겨누었다. 주요 국가들은 낫페트야 공격을 비난하였고, 국가 지도자들은 이 사이버 공격을 기점으로 더욱더 치명적이고 무차별적인 사이버 공격의 시대가 열릴 것에 대해 우려했다. 사이버 공격의 자동화와 급속 전파 가능성 때문에 방해 공작의 규모가 무한대로 커질 수 있다는 건 자명한 사실이었다.

--- 양의 탈을 쓴 족제비의 탈을 쓴 늑대 ---

소프트웨어를 업데이트하라는 익숙한 메시지가 떴다. 통상적이라면 보안 전문가들이 이러한 업데이트를 권고한다. 보안 패치가 해킹을 막는 데 필수적이라는 걸 잘 알고 있기 때문이다. 그리고 보통 이 메시지는 성가신 대화창으로 나타난다. 새로운 윈도 오피스, 윈도 운영체제 또는 다른 소프트웨어 설치가 준비됐다며 알려주는 이 메시지를 사람들은 귀찮아서 창을 최소화해 버리기도 한다. 어떤 경우에는 사용자를 귀찮게 하지 않기 위해 백그라운드 업데이트가 실행되기도 한다. 방법이 어찌됐든 소프트웨어 업데이트는 대부분 보안을 강화해 주기 때문에 필요한 일이다.[2]

2017년, 러시아 GRU의 해커들은 이 개념을 완전히 뒤엎었다. 이들은 2015년과 2016년 우크라이나 전력망을 공격한 해커들로 추정된다. GRU 해커들은 새로운 공격을 준비 중에 있었다.[3] 그들의 공격 대상은 메독MeDoc이라는 프로그램이었는데, 이 프로그램은 우크라이나에서 상당한 점유율을 갖고 있었다. 메독은 세금 납부에 필수적인 프로그램이었기 때문에 우크라이나 국내 기업의 약 80퍼센트가 이를 사용했다. 해커들의 목표는 바로 이 기업들이었다.[4] 해커들이 메독을 공격 수단으로 삼은 이유는 프로그램의 기능 때문이 아니라 광범위한 점유율 때문이었다.

그 다음 해커들은 메독을 개발한 린코스 그룹Linkos Group을 공격했다. GRU 해커들은 주요 시스템을 해킹하고 관리자 비밀번호를 훔친 다음 더욱 치명적인 공격을 시도했다. 바로 소스코드 조작이었다. 2012년과 2014년에 주니퍼의 소스코드를 조작하여 백도어를 심었던 것처럼, 러시아 해커들은 메독의 소스코드를 조작했다. 소스코드 크기가 1.5기가바이트에 달할 정도로 방대하기 때문에 이를 조작하는 건 쉬운 일이 아니었다. 만약 이 코드를 모두 적는다면 25만 페이지에 달할 정도였다. 해커들은 이 방대한 규모 속에서 영리하게 코드를 바꾸고 발각되지 않았다.

그 결과 린코스가 실시한 2017년 4월, 5월, 6월 업데이트는 오히려 메독 소프트웨어의 보안을 약화시켰다. 사용자들은 새로운 향상된 버전의 프로그램을 다운로드 받는다고 생각했지만 실은 러시아 해커가 만든 악성코드를 다운로드 받은 것이었다. 주니퍼를 해킹한 해커들은 암호화 기능을 수정하고 백도어를 심었을 뿐이지만 러시아 해커들은 한발 더 나아갔다. 그들은 새로운 버전의 메독을 다운로드 받는 모든 사람의 컴퓨터를 감시할 수 있었다. 더욱 큰 문제는 이를 통해 러시아 해커들이 우크라이나 전역에 있는 컴퓨터 수천 대에 추가로 악성코드를 설치할 수 있었다는 것이다.

GRU 해커들은 신중하고 능숙했다. 그들은 2017년 상반기 수개월 동안 자신들의 악성코드를 조금씩 수정해 나갔다. 해커들은 악성코드에 지령을 내리고 정보를 받을 수 있는 별도의 채널을 만들지 않고 메독 프로그램이 회사 서버와 주고받는 기존 채널을 변형하여 사용한 덕분에 탐지를 피할 수 있었다. 6월 말, 그들은 마지막 코드 수정을 마쳤고 메독 프로그램은 6월 22일 아무도 모르는 사이에 이를 충실히 업데이트하였다.

6월 27일 아침, 해커들은 공격을 개시했다. 가장 먼저 그들은 훔친 관리자 비밀번호로 컴퓨터의 중요 서버에 로그인했고 시스템을 완전히 장악했다. 그 다음 해커들은 사전에 준비한 대로 서버의 설정을 변경했다. 새로 변경된 설정은 모든 데이터와 웹 트래픽을 메독의 정상적인 업데이트 서버로부터 해커들이 조종하는 다른 서버로 다시 보냈다. 일반 사용자들은 어떤 끔찍한 일이 벌어지고 있는지 전혀 몰랐다.

해커들의 서버는 라트비아에 위치하고 있었다. 이에 대해 알려진 바는 없다. 전문적으로 서버 공간을 임차하고 다시 전매하는 기업이 이 서버를 운용했지만 그 서버가 호스팅하는 웹사이트는 없었다. 이 기업의 등록 정보에 나온 회사명은 인터넷에서 찾을 수 없었고 전화번호도 마찬가지였다. 이 서버는 수사에 혼선을 주기 위해 6월 27일 저녁 완전히 포맷됐다.

서버가 운영되던 짧은 기간 동안 미친 피해는 상당했다. 전 세계 메독이 설치돼 있는 컴퓨터들이 해커가 통제하는 서버에 접속하자 메독 내에 심어 둔 악성코드가 활성화됐다. 그 악성코드는 사전에 설정해 둔 지령에 따라 더 많은 악성코드를 설치했고 공격이 시작됐다. 해커들이 다시 메독 시스템을 원래 설정으로 되돌리기 전까지 3시간 동안 그들은 정상적인 메독 업데이트 경로를 통해 악성코드를 전 세계 컴퓨터에 배포했다. 그 사용자들은 이 사실을 몰랐고, 정상적인 보안 패치 대신 급속히 확산되는 사이버 공격의 대상이 됐다.

그들 컴퓨터에 설치된 것은 매우 강력한 악성코드였고 곧 낫페트야라는 이름으로 유명해졌다. 이는 러시아 해커들이 기존에 존재하는 페트야Petya라는 랜섬웨어를 변형하여 만든 것이었다.[5] 해커의 서버가 메독을 실행하는 컴퓨터에 낫페트야를 설치하고 감염된 패치를 업데이트하면, 낫페트야는 일련의 파괴적인 작업들을 실행했다. 악성코드는 대부분의 작업을 스스로 실행하면서 매우 높은 수준의 자동화 기능을 보였다.

우선 낫페트야는 해커들이 주로 사용하던 수법을 사용하여 컴퓨터 운영 시스템 메모리에 저장된 관리자 암호를 검색했다. 이 암호는 컴퓨터 네트워크의 생명선과 같다. 이 암호를 확보하면 더 많은 작업을 수행할 수 있기 때문에 보통 해커들은 이를 노린다. 몇 개의 관리자 암호만으로 한 회사의 컴퓨터들을 통제할 수 있는 절호의 기회이기 때문이다. 낫페트야는 이 암호를 공격 초기에 확보함으로써 후에 더욱 많은 피해를 입힐 수 있었다.

그다음 낫페트야는 감염시킨 컴퓨터와 연결된 다른 컴퓨터들을 해킹했다. 스턱스넷과 워너크라이처럼 낫페트야는 웜바이러스였고 네트워크를 통해 온 세계로 퍼져 나갔다. 메독 백도어가 심어진 컴퓨터는 그저 최초 감염자일 뿐이었고 그들을 통해 더욱 많은 컴퓨터들이 감염되었다. 해커들은 이러한 컴퓨터 간 이동과 기하급수적 감염 확산을 위해 몇 가지 교묘한 트릭을 사용했다. 한 가지 트릭은 악성코드가 사전에 확보한 관리자 비밀번호를 새로운 컴퓨터에 적용하는 것이다. 다수의 컴퓨터가 동일한 비밀번호를 사용할 수도 있기 때문이다. 낫페트야가 다음 컴퓨터로 이동하면 우선 그 컴퓨터의 시스템 비밀번호를 복사하여 다시 사용한다. 감염이 또 다른 감염을 낳고 이것을 반복하는 것이다.

러시아 해커들은 다른 전염 방법도 준비해 두었다. 그들은 그림자 브로커가 유출한 NSA의 해킹 프로그램이자 약 한 달 전 북한이 워너크라이 공격에 사용했던 이터널블루를 재가공했다. 많은 기업들이 이터널블루에 대해 패치를 실시하고 취약점을 개선했지만, 여전히 취약한 컴퓨터들이 남아 있었다. 낫페트야는 NSA의 공격 기법을 사용하여 패치되지 않은 컴퓨터와 네트워크를 공격하고 더욱 뻗어 나갔다. 낫페트야도 그림자 브로커의 해킹과 비밀 폭로가 낳은 또 다른 파괴적인 결과 중 하나였다.

이터널블루와 비밀번호 탈취 기법의 결합은 강력했고 그 결과 낫페트야는 빠르게 확산됐다. 악성코드는 새로운 네트워크에 침입하면 분 단위가 아닌 초 단위로 움직였다.[6] 사이버보안 전문기업 시스코 탈로스는 낫페트야를 이제까지 나온 모든 악성코드 중에 가장 빠르게 확산하는 악성코드라고 결론지었다. 시스코의 크레이그 윌리엄스Craig Williams는 다음과 같이 말했다. "이 악성코드를 목격한 순간 이미 데이터 센터를 장악당한 것이다."[7]

낫페트야는 또한 컴퓨터 보안 프로그램에 탐지되지 않도록 설계됐다. 낫페트야는 컴퓨터에 안티바이러스 프로그램이 설치됐는지 먼저 확인하고, 만약 주요 회사(노턴, 시멘텍 등)의 보안 프로그램이 설치되어 있다면 임시 메모리로 이동하고 하드드라이브에서 스스로를 삭제하는 등 자신의 흔적을 지우는 조치를 취했다. 낫페트야는 또한 시스템의 주요 활동 로그 파일을 지워서 무슨 일이 발생했는지 재구성하기 어렵도록 만들었다.

만약 컴퓨터 수십만 대를 감염시킨 낫페트야가 단순한 스파이 프로그램이었어도 충분히 좋지 않은 상황이었을 것이다. 해커들은 이 악성코드를 통해 우크라이나에서 사업을 하는 기업들과 그들의 영업 기밀에 대해 많은 정보를 수집할 수 있었을 것이다. 메독의 매우 효과적인 업데이트 배포 경로와 해커들의 전염 기술이 합쳐져서 낫페트야는 전 세계로 뻗어 나갈 수 있었다. 안티바이러스 프로그램을 우회할 수 있는 코드는 발각의 가능성을 낮추고 해커들이 은밀하게 정보를 수집할 수 있도록 도왔을 것이다.[8]

그렇지만 러시아 해커들이 원한 건 정보 수집이 아니었다. 그들의 목적은 교란과 파괴 공작이었다. 해커들은 공개적으로 파괴적인 사이버 공격을 가하기 위해 장기적으로 가치가 있는 메독의 업데이트 경로와 그로 인한 모든 접근 권한을 노출시킨 것이다. 지속적으로 첩보를 수집할 수 있는 기회를 찰나의 공격을 위해 포기하는 것은 물론 있을 수 있는 일이며 이러한 행태를 통해 우리는 해커들의 심중을 파악할 수 있다. 여러 우크라이나 시스템과 소프트웨어에 침투하여 막강한 첩보 능력을 보유하고 있었기 때문에 해커들이 메독에 특별히 가치가 있다고 생각하지 않았거나 정보 수집보다 방해 공작이 더 중요했기 때문에 백도어를 불태워 버렸을 수 있다.

낫페트야는 비밀번호를 탈취하고 다른 컴퓨터의 확장을 완료한 다음 숙주 컴퓨터를 공격하기 시작했다.[9] 마치 낫페트야에 영감을 준 페트야 랜섬웨어처럼, 낫페트야는 현재 하드드라이브 복구가 진행 중이라는 화면을 띄웠다. 이는 새빨간 거짓이었다. 하드드라이브를 복구하는 대신 악성코드는 마스터 부트 레코드를 덮어씌우면서 하드드라이브를 파괴하고 있었다. 그리고 이란과 북한이 그러했던 것처럼 데이터를 암호화하여 사용자가 데이터에 접근하지 못하도록 만들었다. 이 절차가 완료되면 낫페트야는 사용자에게 파일 복구를 위한 몸값을 요구했다.

워너크라이 공격과 마찬가지로 몸값을 준다고 해도 받을 수 있는 복호화 키는 존재하지 않았다. 한편 워너크라이와 달리 이는 의도적인 것으로 보인다. 해커들조차 복호화를 하고 싶어도 할 수 없었다. 해커들은 낫페트야 공격을 금전적 목적을 가진 랜섬웨어 공격으로 가장했지만, 그들의 진짜 목적은 수많은 컴퓨터를 공격하여 거기 있는 중요 파일들을 삭제하기 위한 방해 공작이었던 것이다.

--- 이미 엎질러진 물 ---

글로벌 운송업은 마치 거대한 테트리스 게임과 같다. 물류의 흐름은 끝이 없다. 운송회사에서 항구로, 항구에서 화물선으로, 화물선에서 운송 트럭으로, 그리고 소비자에게 전달되기 위해 모든 조각이 잘 맞춰져야 한다. 작은 문제라도 방치하면 금방 문제가 커진다.

머스크Maersk는 전 세계 시장점유율이 15퍼센트에 달하는 세계 최대 해운사다. 이 회사는 물류 직원 및 금융 전문가 수천 명을 고용하여 거대한 컨테이너 선박들이 제 시간에 목적지에 도착할 수 있도록 한다. 이 수많은 직원들 중에 흑해에 있는 항구도시인 오데사에 사는 한 직원이 메독 프로그램을 설치했다. 2017년 이 컴퓨터에 메독의 불법 업데이트가 완료되고서 그 컴퓨터는 곧 낫페트야의 상륙 지점이 됐다. 거기서부터 낫페트야는 머스크의 글로벌 네트워크로 확산됐다.

6월 27일, 공격이 시작되자 머스크 직원들은 무언가 매우 잘못됐음을 깨달았다. 그들은 곧바로 복도를 뛰어다니고 보안 게이트를 뛰어넘으며 가능한 최대한 많은 컴퓨터의 인터넷 연결을 차단시키려고 노력했다. 그렇게 2시간 만에 머스크의 글로벌 네트워크는 모두 파괴되거나 차단됐다.[10]

모든 작업이 중단됐다. 북미, 유럽, 아시아 등지에 있는 머스크의 76개 선적항 중 17개 선적 게이트가 문을 닫았다. 부패성 화물을 실은 견인 트레일러 수백 대가 항구 밖으로 수 킬로미터 줄을 섰다. 전 세계를 아우르는 회사 내부 전산망에 익숙했던 직원들은 개인 휴대폰 메신저로 연락을 주고받아야 했다. 직원들은 가게로 달려가 가능한 많은 새 컴퓨터를 구입했다.[11] 매 15분마다 컨테이너 2천 개를 실은 대형 화물선을 출항시키던 해운사가 악몽과 같은 물류 참사에 직면하였다. 머스크의 대표는 "상상할 수 없는" 피해라고 말했다.[12]

복구는 어려웠고 더뎠다. 상호 긴밀히 연결된 머스크의 네트워크는 낫페트야가 확산되기 좋은 환경이었다. 낫페트야 공격은 회사의 정상적인 운영을 위해 필요한 핵심 도메인 컨트롤러를 포함해 주요 백업 데이터를 모두 삭제했다. 전 세계 시스템들이 서로 연동되도록 관리하는 컨트롤러 150대가 모두 손실됐다. 머스크 직원들은 각 사무실에 전화를 걸어 온전한 컨트롤러 구성 사본 파일이 있는지 물었다. 그러나 돌아온 대답은 모두 부정적이었다. 그러다 가나 사무소에 전화를 걸었을 때 마침내 그들은 불행 중 다행으로 희소식을 들었다. 공격이 시작되기 전 마침 가나 사무소가 정전이 되어 회사 네트워크와 연결이 끊겼던 것이다. 한 대 남은 컨트롤러에 소중한 데이터가 겨우 살아남아 있었던 것이다.

가나의 느린 인터넷 속도로 인해 하나 남은 백업 데이터를 업로드하는 작업에 수일이 걸렸기 때문에 머스크 직원들에게는 다른 계획이 필요했다. 가나 사무소 직원들은 비자가 없어서 회사의 복구 본부가 있는 영국에 입국할 수 없었다. 때문에 가나의 직원은 백업해 놓은 하드드라이브를 들고 나이지리아로 가서 이를 그곳 직원에게 전달했다. 그 다음 나이지리아 직원이 비행기를 타고 런던으로 갔다. 마치 알래스카의 썰매개가 디프테리아 치료제를 전달하기 위해 1천 킬로미터를 달렸던 이야기의 21세기판 재현과 같았다.

머스크는 한 분기에 입은 직접적인 피해만 2500만에서 3천만 달러에 달한다고 추산했다. 언론은 이를 보수적인 예측이라고 보았다. 머스크는 회사 전산 설비 전부를 재설치하거나 대체해야 했다. 이는 서버 4천 대, 컴퓨터 4만 5천 대, 애플리케이션 2500개를 포함한다. 몇몇 경우, 물류 혼란을 수습하고 대체 컨테이너를 찾는 데 3개월이 소요되기도 했다.[13] 머스크의 고객들이 이것 때문에 회사를 옮기기도 했다. 머스크는 공격을 받는 와중에도 필수 화물을 옮기기 위해 다른 해운사에 수백만 달러를 지불하고 대리 운송을 요청해야 했다. 머스크는 또한 사이버보안 개선을 위해 수백만 달러를 썼다. 그 결과 머스크는 2017년 예상 이익을 낮췄고 낫페트야를 주가 하락의 주요 원인으로 지목했다.[14]

공격받은 운송사는 머스크뿐이 아니었다. 세계 주요 택배 기업 중 하나인 페덱스도 큰 피해를 입었다. 2016년 페덱스는 TNT 익스프레스를 인수했다. TNT는 독립 운송사로 유럽 시장에서 높은 점유율을 보유하고 있었다. 이 회사의 직원은 8만 명 규모로 일일 운송량은 100만 건에 달했다.[15] TNT 인수는 페덱스에게는 큰 호재로 보였는데, 특히 페덱스의 라이벌 회사인 UPS가 4년 전 TNT 인수에 실패하기도 했기 때문이었다. 분명 글로벌 물류 운송 업계에서 물류망 통합은 매혹적인 비즈니스 기회였다.

하지만 더욱 단단한 통합은 곧 위험의 합산과 확산을 불러온다. 이런 통합된 시스템에서는 작은 네트워크의 지엽적인 문제가 눈덩이처럼 커져서 기업의 글로벌 운영에 타격을 줄 수 있다. 새로운 자회사가 예상치 못한 문제를 일으키는 등 기업 합병은 또한 예측하지 못한 위험을 야기할 수 있다. 페덱스는 자신도 모르게 2017년 6월 TNT와 기술적으로 통합을 단행하면서 심각한 사이버보안 위협까지 떠안게 된 것이다.

TNT는 우크라이나에서도 영업하고 있었고, 그렇기 때문에 당연히 러시아 해커가 해킹한 메독 프로그램을 사용하고 있었다. 낫페트야는 TNT의 네트워크를 휩쓸면서 파일들을 암호화했다. TNT의 사고대응팀은 곧 조치를 취했다. 그들은 피해를 최소화하기 위해 모든 위기 대응 계획을 가동하였다. 컴퓨터가 작동하지 않자 그들은 수동으로 택배를 분류하기 시작했다.[16] 페덱스는 6개월 동안의 복구 비용만 4억 달러에 달한다고 추산했다. 다른 부문의 성장이 피해를 조금 상쇄하긴 했지만, 이는 기본적인 회사 운영에 직접적이고 심대하게 타격

을 입은 것이었다.[17]

머스크와 페덱스는 가장 잘 알려진 피해 기업이지만 그밖에도 피해를 입은 기업들이 많았다. 기업 가치가 2천억 달러에 달하는 세계적인 제약사인 머크는 감염이 시작된 지 90초 만에 컴퓨터 1만 5천 대를 잃었다.[18] 머크는 성병 중 하나인 HPV 바이러스 예방에 필수적인 가다실9 백신 생산을 일시 중단해야 했다. 공격은 하필 가다실9 백신 수요가 전년보다 높은 시기에 이루어졌다. 이 때문에 머크는 미국 질병통제센터의 비축분을 대여할 수밖에 없었다. 머크는 정부 비축분을 신속히 반납할 수 없었고 2018년까지 물량 부족에 시달려야 했다. 과거에 이처럼 의약품 생산에 심각한 타격을 입힌 사이버 공격은 없었다. 머크의 피해 예상액은 6억 7천만 달러에 달했다.[19]

낫페트야 악성코드는 전 세계 기업들의 전산망을 타고 컴퓨터 수십만 대로 흘러 들어갔다. 악성코드는 각 회사들의 각기 다른 네트워크 설정에 맞춰 불규칙적인 형태로 확산됐다. 공격은 광범위할 뿐 아니라 예측 불가능한 형태로 발전했다. 우크라이나에서 사업을 한다는 이유로 기업들은 불운하게도 피해를 입었다. 다양한 종류의 다국적기업들이 수억 달러의 손실을 경험했는데, 일부는 윈도 컴퓨터를 모두 손실하여 처음부터 전산 설비를 다시 갖춰야 하는 경우도 있었다. 낫페트야 공격이 직접적으로 피해를 준 기업들은 건설사부터 헬스케어 회사, 제조사까지 다양했다.[20]

낫페트야가 전 세계적인 피해를 발생시키긴 했지만, 본래 이 악성코드의 주 표적은 우크라이나였다. 우크라이나 내 메독의 고객 수는

336

40만 정도 됐는데 대다수가 우크라이나 기업이었다. 메독 프로그램이 설치된 컴퓨터는 100만 대가 넘었다. 메독의 업데이트 배포 경로가 해킹당하면서 이 컴퓨터들은 모두 트로이의 목마를 하드드라이브에 들인 셈이었다. 감염된 컴퓨터는 피해자일 뿐 아니라 동시에 전염의 매개체로서 낫페트야를 네트워크 전체에 퍼트렸다.

낫페트야 공격은 우크라이나 사회를 덮쳤다. 한 연구에 따르면 우크라이나 내 300개 주요 기관이 공격당했고 피해를 입은 컴퓨터가 우크라이나 전체 컴퓨터의 10퍼센트에 달한다고 한다. 우크라이나 중앙은행도 고객 서비스와 은행 업무에 어려움을 겪었다. 우크라이나에서 두 번째로 큰 은행인 국영 저축은행Oschadbank은 보유 컴퓨터의 90퍼센트를 상실했다. 피해를 입은 은행은 스무 곳도 더 넘었다. 여러 도시의 ATM기들이 낫페트야의 랜섬웨어 메시지를 띄웠다. 키이우의 병원 네 곳도 사이버 전쟁의 포화를 받았다. 진료소들에 있던 컴퓨터는 먹통이 되거나 일부러 전원을 차단해야 했고, 의사들은 종이와 펜으로 진료 기록을 작성해야 했다.

우크라이나 연방정부의 거의 모든 기관도 공격을 받았다. 보건 의료를 담당하는 핵심 부처를 포함해 각 부처들은 디지털 피폭을 피하기 위해 인터넷을 스스로 차단했다. 연금과 금융 거래 업무도 담당하는 우크라이나 우체국은 인터넷을 미처 차단하기 전에 컴퓨터의 70퍼센트를 잃었다. 공항 안내판은 먹통이 됐고 키이우 지하철은 지불 시스템이 고장 났다. 키이우에서 약 96킬로미터 떨어진, 1986년 체르노빌 원전 사고가 일어났던 곳에서는 컴퓨터 전원을 차단하라는 확성기 소리를 들으며 방사능 모니터링 시스템을 수동으로 바꿔야 했다. 우크라이나 인프라 장관은 다음과 같이 이 사건을 직설적으로 정리했다. "정부가 죽은 것이나 다름없다."[21]

그러나 미국 입장에서 가장 뼈아픈 피해는 파손된 컴퓨터들이 아닐지 모른다. 그들에게 가장 심각한 문제는 NSA로부터 유출된 해킹 도구가 또다시 해킹에 사용되었고, 때문에 NSA가 다시 한번 불편한 여론의 감시 대상이 되었다는 것이다. 그림자 브로커로 인해 불거졌던 작전 보안에 대한 우려와 NSA의 해킹 작전 자제를 요구하는 목소리가 다시 커졌다. 심지어 NSA의 지지자들조차 낫페트야와 같은 위험과 이에 대한 NSA의 책임에 대해 짚었다. 마이클 헤이든 전 NSA 국장은 자신의 지난 과오에 대해 다음과 같이 말했다. "만약 그들이 자신들의 해킹 도구를 지킬 수 없다면, 나는 그들이 그 도구들을 가져야 한다고 주장할 수 없다. 이 문제가 해결되지 않는다면 NSA의 작전을 제약해야 한다는 정당한 근거가 될 수 있다고 본다."[22]

--- 반격 없는 일방적 피해 ---

낫페트야는 역사상 가장 큰 피해를 입힌 사이버 공격이었다. 낫페트야가 입힌 광범위한 피해는 오늘날 평범한 시민들과 기업들도 국가 간 사이버 전쟁으로부터 자유롭지 않다는 현실을 보여준다. 웜바이러스를 통해 사이버 공격의 범위를 확대하긴 쉽지만 동시에 통제하기

어렵다. 그러나 러시아 같은 나라들은 피해 범위를 축소하려는 노력에는 관심이 없다. 공격 대상에 제한이 없다면 적법한 군사 표적과 민간 피해의 구분은 없어진다. 공격 효과가 예측 불가능하고 불규칙적이라도 여전히 임무는 달성될 수 있다. GRU는 임무 달성을 위해, 적어도 그들이 말하는 임무 성공을 위해 사전에 표적을 정해 둘 필요가 없었다.[23]

지금까지 발생한 대부분의 사이버 공격은 보통 전시와 평시 사이에 존재하는 회색지대에 머물렀는데, 낫페트야의 경우 이 회색지대를 벗어나 국가 간 전쟁으로 확전될 준비가 돼 있었다. 그러나 확전은 일어나지 않았다. 러시아의 침략에 익숙한 우크라이나는 낫페트야 공격에 의연하게 대처하기 위해 최선의 노력을 다했다. 우크라이나 정부는 러시아를 비난하긴 했지만 이후 피해 완화 및 복구에 집중했다. 나토는 우크라이나에 추가적인 지원을 발표했지만 러시아를 억지하거나 응징하기 위한 추가적인 조치는 취하지 않았다. 2017년 내내 미국 및 다른 주요국들은 공격 배후에 대한 증거를 공개하지 않았고 또한 이에 대응할 것이라는 의지도 보이지 않았다. 러시아는 평소처럼 낫페트야 공격과 어떤 연관성도 부인했지만 그들의 말을 믿는 사람은 없었다.

국제사회의 반응이 비교적 잠잠한 가운데 낫페트야가 일으킨 대혼란을 어떻게 해석해야 할지 불분명하다. 일부 사이버 전문가들은 러시아가 기존 사이버 작전들의 흔적을 지우기 위한 일종의 대청소를 실시한 것이라고 분석했다. 또는 러시아가 통제력을 잃었던 것일 수도 있다. 다른 이들은 이것이 경고라고 보았다. 낫페트야 코드를 깊이 연구했던 시스코의 크레이그 윌리엄스는 이렇게 말했다. "이 공격이 일종의 사고였다고 보는 건 사람들의 희망사항일 뿐이다. 이 악성코드는 정치적 메시지를 보내기 위해 고안된 것이다. 즉, 당신이 우크라이나에서 사업을 할 경우, 나쁜 일들을 각오해야 할 것이라는 메시지 말이다."[24]

만약 낫페트야가 메시지라면 어떤 메시지인지 해독할 필요가 있다. 이건 우크라이나 정부나 미국 정부에 보내는 메시지가 아니라 전세계 비즈니스 리더들에게 보내는 메시지였다. 이러한 관점에서 낫페트야 공격은 우크라이나의 대외 투자 여건을 악화시키고 경제 환경을 바꾸려는 시도였다. 이 공격이 이미 러시아의 적개심에 대해 알고 있고 심지어 러시아와 전쟁 중인 우크라이나에 새로운 메시지를 주지는 않았다.

낫페트야는 다른 국가에 어떠한 신호를 보낼 때 중요한 정확성이 부족했다. 만약 주어진 상황이 조금 달랐다면 피해는 훨씬 더 심각했을 수 있었다. 예를 들어 머스크의 가나 사무소에 정전이 나지 않았다면 회사의 피해는 더욱 막심했을 것이다. 다른 한편으로 피해가 훨씬 적었을 수도 있었다. 예를 들어 머스크의 글로벌 도메인 컨트롤러가 다른 컨트롤러들과 연동되지 않았더라면 회사는 미미한 손실만 입었을 수도 있었다. 해커들은 머스크의 시스템 환경에 대해 정확한 정보 수집도 하지 않았기 때문에 무지했던 것으로 보이며, 따라서 대부분의 결과가 그저 운에 따랐을 뿐이었다.

낫페트야의 파괴적 효과는 공공연한 것이었지만 그 공격에 담긴 의도는 불명확했다. 사후 조사에 따르면 러시아 해커들은 공격한 네트워크의 최대 10퍼센트 정도에 해당되는 컴퓨터에 특정 파일을 남겨뒀다. 이 파일은 백신과 같은 기능을 하고 이에 낫페트야는 해당 파일이 남겨진 컴퓨터는 공격하지 않았다. 허나 이 백신을 남겨 둔 동기는 불분명하다. 낫페트야의 공격력을 제한하고 해커들이 다시 돌아올 수 있음을 암시하는 것일 수도 있다. 기술 전문가들은 남겨진 컴퓨터들이 해커들이 다시 침입할 수 있도록 문을 열어 둔 것이라고 보았다.[25]

낫페트야와 같이 무계획적이고 예측 불가능한 사이버 공격은 정밀한 신호 보내기에는 근본적으로 부적합하다. 신호의 불확실성이 크기 때문에 어떤 효과를 가져올지 또 어떤 메시지가 전달될지 알 수 없기 때문이다. 이와 매우 유사한 역사적 사례가 있다. 2차 세계대전 중 공중폭격은 매우 부정확했기 때문에 예측 불가능한 피해를 발생시켰고 원치 않는 확전을 불러왔다.[26] 초기의 공중폭격처럼, 무차별적인 방해 공작은 강력하지만 끝이 무딘 칼날과 같다.

2018년 2월, 공격이 있고서 7개월이 지나서야 트럼프 정부는 이 사건에 대한 대응 방안을 내놓았다. 백악관은 영국 등 동맹국들과 공동 보도자료를 통해 정보 당국이 이미 알고 있었던 사실을 다시 한번 확인해 주었다. 바로 러시아가 낫페트야 공격의 배후라는 사실 말이다. 트럼프 행정부는 "무모하고 무차별적인" 러시아의 사이버 공격에 "국제적인 응분의 조치"가 있을 것이라고 했다.[27] 그로부터 다시 한 달 뒤 트럼프 행정부는 새로운 대러 제재안을 발표했는데 대부분 낫페트

야와는 관련이 없어 보였다.[28]

그 결과 러시아의 사이버 공격에 대한 미국의 가장 큰 보복 조치는 러시아의 소행을 공개적으로 알리는 것뿐이었다. 일부에게는 이런 폭로가 효과적인 조치일 수 있다. NSA와 같은 기관들은 외부로부터의 발각을 피하고 연관성을 부인하기 위해 부단히 노력해 왔다. 그들이 음지를 강력히 지향했기 때문에 그만큼 그림자 브로커의 유출이 불러 온 타격이 컸던 것이다. 일부 해커들은 발각당할 경우 추가적인 노출 위험을 피하기 위해서 자신들의 해킹 설비를 모두 파괴하여 흔적을 지우고 작전을 포기하기도 한다.[29] 일반적으로 민주국가들의 해커들이 노출을 가장 두려워하는 듯하다.

그러나 노출을 두려워하지 않는 해커들도 있다. 특히 장기간 이루어지는 첩보 작전이 아닌 일시적인 공격을 추구하는 해커들에게 폭로는 위협이 되지 않는다. 러시아는 특히 자신들의 정체가 밝혀져도 개의치 않는 것 같으며 다른 권위주의 국가들의 해커들도 폭로나 국제적 비난을 신경 쓰지 않는다. 러시아 해커들을 포함하여 미국은 2014년부터 중국, 이란, 북한 해커들을 계기마다 기소하고 경제제재를 가하기도 했다. 공개적인 기소는 외국 정부가 산업 스파이, 미국 핵심 기반시설에 대한 염탐, 주요 사이버 공격까지 다양한 사이버 작전들을 승인하거나 수행하였다는 중요한 증거를 제공한다.[30] 그러나 이 국가들 중에 미국의 기소 때문에 사이버 전력을 감소시킨 국가는 없었다. 그들은 오히려 사이버 전력을 늘렸지 줄이지는 않았다.[31]

트럼프 행정부는 낫페트야에 대해 규탄함으로써 자신들이 국가

간 용납할 수 있는 수준의 해킹 범위를 분명히 했다고 생각했을지도 모른다. 또 동맹국들과 공동 보도자료를 내면서 러시아에 대한 국제적 압력을 배가시켰다고 믿었을지도 모른다. 그러나 힘의 논리 없이 말뿐인 대응과 제재는 무의미할 뿐이다. 그 조치들로는 어떤 효과도 얻지 못했다. 덕분에 세계에서 가장 파괴적이었던 사이버 공격은 이렇게 별다른 응징과 반격 없이 지나갔다.

【 【   결론   】 】

이 책을 관통하는 해킹의 반복적인 특징 세 가지가 있다. 해킹은 국제 환경 조성에 적합한 도구이면서도 국가 간 신호를 보내는 데는 부적합한 도구다. 그리고 해킹의 목표는 기술력이 발전하면서 점점 더 공격적으로 변모하고 있다.

이 책의 사례들은 해킹의 유연성을 보여준다. 스턱스넷이나 러시아의 2016년 대선 개입과 같은 해킹 사건들은 대단히 많은 주목을 받았다. 그러나 수동적 정보 수집이나 방첩 작전에 대한 대중의 관심은 적다. 우리는 많은 사례를 통해 해커들이 얼마나 다양하고 많은 일을 할 수 있는지 알 수 있었다. 각 장은 국가들이 여러 사이버 작전(첩보, 공격, 교란)을 사용하여 다른 국가들과의 경쟁에서 승리하려는 모습을 보여주었다. 해킹은 이제 국가전략의 일부분으로 자리 잡았다.

국제 환경을 유리하게 만드는 도구로서 사이버 작전의 잠재성은 더 무궁무진하다. 해킹은 일반적인 군사 전력과 직접적으로 연계하여 사용될 수 있다. 이런 가능성은 많이 논의됐지만 아직 실제 활용된 사례는 많지 않다. 앞에서 서술한 바와 같이 2008년 러시아는 조지아에 군사 공격과 함께 사이버 공격을 사용했지만, 그 효과에 대해서는 알려진 바가 없다.[1] 미국의 사이버사령부와 특수작전사령부 "오렌지 태스크포스"의 해킹은 공개되지 않기 때문에 국가들이 얼마나 해킹과 일반 군사작전을 융합할 수 있었는지 알기 어렵다.[2]

각 장에서는 사이버 작전 간의 차이점에 대해 얘기하고 있지만 우리는 동시에 그들의 공통점도 찾을 수 있었다. 해킹 과정의 핵심은 대부분 비슷하다. 표적에 대한 정보를 수집하고, 취약점을 이용하기 위한 악성코드를 개발하고, 표적 네트워크에 침입하고, 공격 지령 서버를 설치하고, 표적 네트워크 내에서 컴퓨터 간 이동하고, 추가적인 해킹 도구를 설치하고, 해킹 결과를 모니터링하는 것이다. 이 책은 다양한 사건과 지정학적 맥락에서 사이버 작전들의 공통점을 찾으면서 더 많은 독자들이 사이버 작전에 대해 더욱 쉽게 이해할 수 있도록 하고자 노력했다.[3]

--- 신호와 환경 조성 되짚기 ---

이 책에서 보여준 것처럼 사이버 작전은 다양한 목적을 수행할 수 있지만 좀처럼 한 가지 임무에는 효과적이지 못하다. 바로 국가 간 신호를 보내는 일이다. 사이버 전력은 다른 국가의 행동을 바꾸도록 신호를 보내기에는 적합하지 않았다. 이러한 측면에서 사이버 무기는 재래식 군사 무기나 핵무기와 다르다. 국가들은 사이버 작전을 통해 신호를 보내려고 시도했지만 대부분 실패했다. 사이버 억지 전략과 같은 주제는 현실과 부합하지 않는 측면이 있다. 왜냐하면 사이버 전력으로는 명확하고, 신뢰할 수 있으며, 정제된 신호를 보낼 수 없기 때문이다. 여기에는 다음 네 가지 이유가 있다.

첫째, 신호는 눈에 잘 띄는 것이 중요한데 사이버 전력은 대부분 비밀로 유지되어야 한다. 수십 년 동안 국제정치를 다루는 주류 학문과 정책은 공개적인 활동에 집중해 왔다. 학자들과 일반 대중은 보통 정상회담과 국제 외교를 떠올릴 것이다. 쿠바 미사일 위기처럼 많이 분석된 사례들은 국가 지도자들이 어떻게 결연한 의지를 보여주고 국익을 수호하는 방식으로 지정학적 위기를 극복하는지 보여준다. 수십 년 동안 이것이 우리가 아는 국가전략과 외교술의 모습이었다.

일반적인 군사행동들은 실제 전투보다 공개적인 신호를 보내는 목적에 초점을 맞추는 경우가 많다. 미국은 적을 실제로 공격하지 않으면서도 공개적이고도 효과적인 군사행동 레퍼토리를 가지고 있다. 레퍼토리에는 군사 동원령, 동맹국과의 연합훈련, 항행의 자유 작전, 무기 개발 등이 있다. 미국 정부는 패권 경쟁국인 중국이나 러시아에 신호를 보내고 싶으면 보통 이런 군사행동들을 취한다. 그리고 이런 활동들에 대해서는 그간 학술적 차원에서도 많은 연구가 있었다.

중요한 것은 이런 일반적인 군사활동은 신호를 보내면서 더욱 전력을 강화시킬 수 있다는 것이다. 연합훈련은 작전 태세를 강화한다. 군사 동원령도 준비 태세를 향상시킨다. 무기 생산과 개발은 국가의 세력 투사 능력을 높인다. 실질적인 군사 준비 활동은 무력 사용을 더욱 용이하게 한다. 그러므로 군사적 신호는 곧 무력 사용의 위협을 더욱 위협적으로 만든다.

이와 반대로 수동적 정보 수집, 은밀한 암호 해독, 소스코드 조작, 방첩 활동 등 대다수의 사이버 작전은 공개할 경우 그 임무 목표를 달성하지 못하게 된다. 심지어 스턱스넷이나 와이퍼와 같은 방해 공작의 경우에도 해커들은 작전 효과를 높이기 위해 비밀을 최대한 유지했다. 오바마 정부의 사이버안보조정관이었던 마이클 대니얼은 다음과 같이 설명했다. "알고 있으면 막기 쉬운 게 사이버 공격이다. 그래서 우리가 수많은 사이버 전력을 철저히 숨기는 것이다."[4] 이 책에서 수차례 다룬 것과 같이 노출된 해킹 기법은 덜 효과적이며 특히 방비가 잘 된 상대에게는 더욱 그렇다. 사이버 전력을 숨기는 건 NSA의 "Nobody But Us" 철학의 핵심이었고, 전력이 노출되자 NSA의 경쟁력도 약해졌다. 따라서 자국의 사이버 전력을 노출하여 다른 국가에 신호를 보내는 건 곧 그 해킹 도구의 유용성을 떨어트리는 일이므로 이를 자주 사용하는 국가는 없을 것이다.

이러한 측면에서 사이버 작전은 일반적인 군사작전 중에서도 연구가 많이 되지 않은 한 분야, 바로 특수전과 유사한 측면이 있다. 막강한 공격력, 표적에 대한 정밀성, 정확한 타이밍에 이루어지는 특수전은 효과적이며 그 효과는 또한 상대방에게 가시적이다. 특수전은 누적되거나 또는 개별적으로 전략적 효과를 발휘할 수 있다. 미군은 이라크, 아프가니스탄, 파키스탄에서 수많은 특수작전을 수행하여 국제 정세를 바꿨다. 미국의 특수부대원들은 미국에 해악을 끼치려는 적들을 암살했고, 테러 조직에 대한 정보를 수집했다. 정예 특수부대의 공작 임무들은 주류 군사작전의 일부로 여겨지지 않았고, 학계의 주목도 적었을 뿐 아니라 때때로 의회와 다른 감사기관의 감독도 받지 않았다. 이들은 국가전략에 대한 일반적 연구나 이해의 주변부로 밀려났다. 마치 사이버 작전들처럼 말이다.

사이버 작전이 신호를 보내는 데 적합하지 않은 두 번째 이유는 예측 불가능하고 정제되지 않는 성질 때문이다. 일반적인 국가의 외교 전략 수단들은 상대에게 정확히 계산된 피해를 주는 데 탁월하다. 토머스 셸링은 저서에서 강압을 통해 상대방의 행동을 변화시킬 수 있는 가장 좋은 방법은 적에게 가시적인 고통을 천천히 늘려 나가는 것이라고 했다. 예를 들어 프랑스가 2차 세계대전 막바지에 점령한 영토에서 철군하지 않자 미국은 군수 지원을 끊어 버려 프랑스가 말을 듣도록 강제했다. 미국의 지원 없이 병력 운용이 어려웠던 프랑스는 결국 물러설 수밖에 없었다. 이는 동맹국 간 끔찍한 내분을 막고 위기를 극복한 능수능란한 신호 보내기의 예다.[5]

이를 사이버 작전과 비교해 보자. 강력한 사이버 공격이 아무리 공개적인 방식으로 이루어지더라도 이는 여전히 "잠재적 폭력성" 또는 말을 듣지 않을 경우 더 많은 고통이 뒤따를 수 있다는 가능성을 보여주는 데 부적합하다. 많은 사이버 공격에서 피해 규모를 통제하기 어려웠다. 샌즈 카지노, 아바빌 작전, 크래시오버라이드는 의도된 것보다 적은 피해를 주었다. 반면 워너크라이는 예상보다 더 큰 피해를 주었다.

낫페트야는 예측이 완전히 불가능했다. 러시아는 특정 표적을 겨냥하지 않고 악성코드가 잡히는 대로 누구든 공격하여 불확실한 피해를 입히도록 설계했다. 주요 회사들의 IT 인프라 환경이 달랐다면 낫페트야로 입은 손실이 훨씬 더 적었을 수도 있다. 반대로 만약 기업들이 불운했다면 피해는 더욱 커졌을 수도 있다. 다른 사이버 작전들은 낫페트야보다는 정밀하지만, 그럼에도 불구하고 전반적으로 사이버 공격의 작전적 효과가 예상 불가능하고 그 효과를 세밀하게 조정할 수 없기 때문에 신호를 보내기에는 적합하지 못하다.

이에 더해 네트워크 방어를 통해 해커의 점진적인 공격을 차단할 수 있기 때문에 사이버 공격으로 잠재적 위협을 가하는 건 어렵다. 이 책에서 다룬 많은 사례에서 볼 수 있듯이 대부분의 경우, 방어하는 입장에서 공격이 시작됐다거나 곧 시작될 것이라고 인지한 경우에 네트워크 연결과 시스템을 차단하여 피해를 줄일 수 있었다. 물론 모든 시스템의 전원을 빠르게 차단할 수 있는 것은 아니다. 그리고 이러한 시스템 차단은 이미 탈취한 정보를 유출하는 형태의 해킹 공격에는 소용이 없다.

셋째, 공개적이며 통제 가능한 사이버 공격이라 할지라도 다른 국가의 전통적인 전략 수단들에 비하면 해석하기가 어렵다. 로버트 저비스Robert Jervis는 재래식 무기라 할지라도 신호를 해석하는 건 보내는 것보다 어렵다고 주장했다. 왜냐하면 신호를 보내는 입장에서는 상대방이 작은 디테일도 모두 포착할 수 있을 것이라고 가정하기 때문이다.[6] 물론 어떤 신호는 다른 신호보다 해석하기 용이하다. 미국이 항모전단을 동원한다면 이는 상대방에게 분명한 메시지를 줄 것이다. 상대방은 이 메시지를 미국이 공격할 준비가 돼 있다는 뜻으로 이해하고 두려워할 것이다. 냉전 시기에 미국이 미군 병력 수천 명을 유럽에 주둔시킨 것도 마찬가지로 확실한 메시지를 주었다. 서론에서 설명한 것처럼 이 주둔 병력만으로 소련의 군대를 물리칠 수는 없으나 최소한 그들이 목숨을 바쳐 싸울 수는 있었다. 소련은 수천 명에 달하는 미국 병사가 죽는다면 곧 미국과 전쟁이라는 사실을 잘 알고 있었다. 여기에는 어떤 모호함도 없었다.

그러나 대부분의 사이버 작전은 이러한 명확성과는 거리가 멀다. 적어도 공개된 정보만 놓고 보면, 우리는 아직도 우크라이나에서 일어난 정전(블랙아웃)이 일종의 실험이었는지 사이버 무기 시연이었는지 알지 못한다. 해커들이 왜 계획보다 적은 피해를 입혔는지 혹은 더 많은 피해를 입히려고 했지만 실패했는지 알려주는 확증이 없다. 마찬가지로 그림자 브로커 사건은 여러모로 미스터리인데 우선 그들의 정체부터가 아직까지도 밝혀지지 않았다. 이 사건은 너무 많은 뉘앙스와 복잡성을 품고 있어서 어디서부터 어떻게 해석해야 될지 모를 정도다.

또한 대부분의 지도자들과 국제정치학자들이 사이버 작전의 기본을 모르기 때문에, 비교적 간단한 사례라고 해도 이를 해석하는 건 무척이나 어려운 일이다. 예를 들어 2016년 우크라이나 전력망에 대한 자동화된 해킹 공격은 미국에 대한 위협으로 받아들일 수 있지만 2015년 수동으로 전력망을 끊은 공격은 그런 위협이 되지 않는다. 두 사건은 비슷한 결과를 낳았지만 그 차이를 구별하기 위해서는 악성코드에 대해 깊은 이해가 필요하다. 대부분의 지도자들과 학자들은 이런 이해가 부족하다.

관련하여 넷째, 효과적인 신호는 소통뿐 아니라 이를 행동으로 옮길 의지가 중요하다. 말뿐인 협박은 아무런 의미도 없다. 국가전략의 전통적인 수단들은 국가의 의지를 나타내기 쉬운데 이는 수천 년간에 걸쳐 이루어진 일이기 때문이다. 고대 그리스의 군인이자 역사학자 크세노폰은 배수의 진이 승리의 가능성을 높인다고 주장했다. 이는 적에게 우리는 어떤 경우에도 물러설 생각이 없고 계속 싸울 것이라는 신호를 보내기 때문이다. 그는 다음과 같이 적었다. "물러설 수 없고 승리만이 유일하게 우리를 구원할 수 있는 지형을 축복으로 여겨야 한다."[7] 사이버 공격은 인명 희생을 감수하지 않아도 되고, 확전의 가능성도 불분명하며, 공격을 시작하면 되돌리기 어렵고, 공개적으로 공격 준비 활동을 할 수 없기 때문에 이러한 결사항전의 의지를 보여주기 어렵다.

--- 무한한 가능성의 예술 ---

국가들은 신호 전달 대신 다른 국가들보다 앞서 나가기 위한 방편으로 사이버 전력을 사용해 왔다. 이 책은 수십 년 동안 벌어진 주요 사이버 작전들에 대해 다뤘다. 우리는 역사로부터 하나의 규칙성을 찾을 수 있다. 해커의 공격이 방어나 억제 전략보다 더 빠르게 발전하고 있다는 것이다. 우리는 많은 사이버 공격들을 방어하지 못했고 또 제대로 응징하지 못했다.

한참 전부터 정보기관들은 사이버 첩보 작전을 수행해 왔다. 그들은 적과 심지어 동맹국의 컴퓨터 네트워크까지 은밀히 염탐했고 광케이블 선로를 감청했다. 이 정보기관들과 군 기관들은 정보 수집에 그치지 않고 첩보 행위를 하기 위해 사용한 침입 경로를 통해 외국의 데이터를 파괴, 조작하기 시작했다. 그리고 이는 더욱 확장되어 낫페트야같이 상대 국가에 광범위한 사회 혼란을 야기하는 작전으로 발전했다. 매번 이에 대한 항의와 응징 시도들이 있었지만, 결국 사이버 작전의 범위는 억제되지 않고 점점 더 커졌다.

사이버 작전은 첩보, 공격, 교란 등 세 분야에서 모두 그 공격력과 규모가 커졌다. 정보 수집을 위해 중국 해커들은 미국 군사시설과 공공기관, 컴퓨터 산업 공급망의 주요 부분, 막대한 양의 데이터를 갖고 있는 클라우드 서비스 제공 업체까지 노렸다.[8] 전직 관료의 진술 및 유출된 문건들에 따르면 해저 케이블 생산, 건설, 복구 분야와 5G 이동통신 인프라 건설 분야에서 화웨이와 같은 중국 기업들의 선전은 중

국이 파이브 아이즈와 같은 수동적 정보 수집을 갖추게 될 것이라는 우려를 확대하고 있다.[9]

러시아도 사이버 첩보 작전을 확대하고 있다. 그들은 미국의 핵심 기반시설, 정부기관, DNC와 같은 정치 기관 등에 침투하였다.[10] 2019년에 러시아가 결함이 있는 국제 암호화 표준을 제출한 바 있다. 그들은 의도치 않은 오류라고 주장했지만 다른 암호 기술자들은 이 말을 믿지 않았고, 이를 주니퍼의 듀얼 EC 백도어와 RSA 백도어와 같다고 보았다.[11]

사이버 공격의 명성도 함께 커지고 있다. 미국은 테러단체 이슬람국가s에 대한 사이버 공격 개시를 대대적으로 홍보한 바 있다. 국방부 고위 관료들은 익숙한 용어로 사이버 공격을 묘사하기도 했는데 예를 들어 테러리스트들에게 "사이버 폭탄"을 투하한다고 으스대기도 했다.[12] 이 작전은 실제로 일부의 성공만을 거뒀지만 이와 무관하게 주요국들은 여전히 사이버 공격 무기를 개발, 배치하는 데 높은 관심을 보이고 있다.[13] 이란은 계속해서 역내 라이벌 국가들에 대해 사이버 공격을 시도하고 있다. 중국은 만리장성이라 불리는 검열제도를 사용하여 미국 웹사이트의 콘텐츠를 삭제하기도 했다.[14]

러시아 역시 사이버 공격을 지속하고 있으며, 2018년 평창 동계 올림픽 중에도 대규모 사이버 공격을 감행한 것으로 추정된다. 다만 이 공격은 강력한 사이버 방어에 부딪혔다.[15] 더욱 우려스러운 일은 러시아의 화학 연구실 소속 해커가 사우디아라비아의 석유화학 공장 안전장치를 해제하는 정교한 사이버 공격을 시도했던 것으로, 이는 엄청난 폭발사고로 이어질 수 있었다. 보안 담당자가 이 공격을 미연에 방지했지만 전문가들은 러시아의 악성코드가 과거에 비해 훨씬 진화했다고 분석했다. 미국 국토안보부는 스틱스넷과 2016년 우크라이나 블랙아웃에 대해 상기시키면서 이번 공격이 산업의 "안전장치를 원격으로 직접 조종하고 손상시킬 수 있는 부분에서 과거 두 사건보다 훨씬 발전된 기술을 보였는 바, 이는 거의 전례가 없는 수준이다"라고 말했다.[16]

사이버 교란 활동도 확장되고 있다. 소셜미디어 기업들은 플랫폼에 대한 디지털 위협에 고전하고 있다. 페이스북은 2019년 1분기 동안에만 가짜 계정 20억 개를 삭제했다. 그렇지만 이런 노력에도 불구하고 가짜 계정들이 여전히 많이 남아 있다. 페이스북 자체 추산에 따르면 전체 계정 중 가짜 계정의 비율이 증가하고 있으며 2019년에 최고조인 5퍼센트에 달했다고 한다. 일련의 언론 보도 및 학술 연구에 따르면 페이스북의 가짜 계정들은 전 세계에 걸쳐 선거 개입 작전에 직접적으로 사용되고 있다. 예를 들어 가짜 계정들은 러시아의 지원을 받는 독일 극우 정당을 지지하기도 했다.[17] 러시아 공작원들은 지속해서 소셜미디어 플랫폼에 유료 광고를 게재하여 미국의 선거 등에 개입하려 하고 있으며 중국의 공작원들은 홍콩 정치에 개입하려 하기도 했다.[18]

해킹 유출 작전도 여전히 성행 중에 있다. 2017-2018년 러시아 공작원들은 러시아 국익에 반하는 기관들에 대해 일련의 선전 선동 작전을 펼쳤고 일부 성공을 거두었다. 러시아가 올림픽에서 불법 도핑을 했다고 고발한 세계반도핑기구, 러시아의 전직 스파이 독살 시도를 조사한 화학무기금지기구, 러시아가 우크라이나에서 격추한 말레이시아 항공 17편에 대해 조사를 펼친 조사 당국 등이 공격 대상에 포함됐다.[19] 소셜미디어 계정들과 〈스푸트니크〉와 같은 관영 선전 매체들이 러시아의 프로파간다를 확산시켰다.[20]

이란 역시 자국의 이익을 위해 허위 정보전을 활용했다. 전문가들은 페이스북과 트위터의 가짜 계정들을 통해 급속히 확산되는 이란의 선전 선동 작전을 밝혀냈다. 이 작전의 목적은 전 세계 여론을 호도하는 것이었다. 이란은 미국, 사우디아라비아, 이스라엘 사이를 분열시키려 시도하기도 했다. 이들은 매우 정교하게 만들어진 가짜뉴스를 사용했는데, 이는 대상 국가의 온라인 미디어와 정치에 대한 높은 수준의 이해를 바탕으로 만들어진 것들이었다. 더욱 놀라운 건 이란 해커들이 온라인 커뮤니티들에서 해당 기사의 진위 여부를 밝혀내는지 주의 깊게 관찰했다는 사실이다. 만약 사용자들이 해당 기사가 거짓 기사임을 알아내면 해커들은 그 기사를 삭제하고 다시 정상적인 기사로 대체하여 독자들의 혼란과 수사의 혼선을 야기했다.[21]

이란은 또한 폭로 작전의 피해를 입기도 했다. 2019년, 불상의 조직이 이란의 해킹 작전에 대해 폭로했다. 이 조직은 그림자 브로커가 미국의 사이버 전력을 공개한 것처럼 이란의 해킹 도구를 인터넷에 공개했다. 또한 이들은 이란이 전 세계 다양한 기관을 해킹한 증거를 제공했고, 이란 정보기관이 사용한 해킹 인프라를 공개했으며, 사진을 포함한 이란 해커들의 정체를 폭로했다.[22] 또한 미국 사이버사령부도 공개적으로 이란의 사이버 전력에 대한 정보를 공유했다.[23] 이러한 다면적인 폭로 작전이 이란의 사이버 작전 능력을 약화시켰을 것은 분명하다.

침입의 진실Intrusion Truth이라는 조직은 비슷한 방법으로 중국 해커들의 정체를 밝혔다. 이 조직의 구성원에 대해서는 아직 알려진 바가 없으나 이들은 2017년부터 중국 해커들의 조직, 능력, 정체에 대해 상세한 정보를 공개했다. 그들이 공개한 정보들은 민간 사이버보안 전문가들이 확보할 수 없는 정보들을 포함했다. 이 단체는 성명을 발표하여 폭로의 목적이 중국의 사이버 첩보 작전을 방해하는 것임을 분명히 했다. "우리는 불법적이고 불공정한 활동의 배후를 밝히고, 해커들을 직접 거명하고, 그들의 소속 기관을 알림으로써 그들과 직접적으로 맞선다."[24] 이 사례는 사이버 작전의 지속적인 확장과 정보 작전과의 유사성을 보여준다.

강대국뿐 아니라 소국들도 사이버 경쟁에 점차 참여하고 있다. 아랍에미리트와 카타르는 해킹 유출 작전을 서로 수년간 주고받았다. 이는 누설 및 위조 문건의 확산이라는 국제적 추세의 일부였다.[25] 또한 세계 각지의 권위주의 정권들은 사이버 작전을 국내외 반체제 세력 탄압과 억압의 도구로 사용할 수 있다는 사실을 깨닫기 시작했다. 사우디아라비아는 왕가에 비판적인 인사들을 해킹하였는데 이 중에는 나중에 사우디아라비아 요원에게 잔혹하게 살해당한 기자 자말 카슈끄지도 있었다.[26] 서방과 이스라엘 보안 기업들은 전직 정부 해커들을 고용하고 다른 국가들에 마구잡이로 해킹 도구와 서비스를 판매하고 있다. 덕분에 중간 수준의 효과적인 사이버 전력을 가진 국가들이 급증했다.[27] 해킹 서비스는 국가안보의 영역을 벗어나 다른 목적을 위해 사용되기도 한다. 예를 들어 2017년 멕시코에서는 탄산음료 과세 지지 운동을 공격하기 위해 해커들이 고용된 바 있다.[28]

이러한 작전들은 최근 공개됐기 때문에 이야기의 전말을 알기 위해서는 더 많은 연구가 필요하다. 물론 시간이 지남에 따라 기자와 전문가들이(그리고 아마도 다른 해커들까지) 더 많은 정보를 밝혀낼 것이다. 분명 지금도 우리가 알고 있는 것보다 더 많은 사이버 작전들이 암암리에 벌어지고 있을 것이다. 사이버 작전의 확장은 멈출 생각이 없어 보인다.

국가만이 해킹의 허용 범위를 정하기 때문에 사이버 작전은 계속해서 제한 없이 확장될 것이다. 국가들은 어떤 수준의 해킹이 분쟁과 확전의 명분이 되고 또 어떤 수준의 해킹이 낫페트야처럼 몇 달 뒤 엄중한 성명으로 끝날 것인지 정한다. 현재까지 대부분의 국가들은 끝없는 경쟁의 일부로서 서로를 해킹하는 현 상황에 안주하고 있다. 한편 미국은 사이버 공격들이 점점 더 맹렬해지고 자신의 독주 체제가 흔들리면서 과거보다 강경한 자세를 취하기 시작했다. 2018년, 미국 사이버사령부는 보다 공격적인 접근법으로 전환한다고 발표했으며 일상적인 기밀 사이버 군사작전에 대한 권한을 부여받았다.[29]

미국의 새로운 전략은 다른 국가들과 일상적으로 "양해된 경쟁"의 일부분으로서 "항시적 교전"을 추구하는 것이다.[30] 폴 나카소네 NSA 국장 겸 사이버사령부 사령관은 적대 국가들도 마찬가지로 "전쟁의 임계점을 넘지 않는 수준에서 전략적 이익을 위해 사이버 경쟁을 벌이고 있다"고 말했다.[31] 전직 백악관 관료를 포함해 다른 미국의 정부 관계자들도 상대 핵심 기반시설에 대한 미국의 사이버 공격 가능성을 다음과 같이 암시했다. "우리는 어떤 가능성도 제한하고 싶지 않다."[32]

항시적 교전과 강력한 사이버 공격의 일상화는 정부 관계자들과 전문가들이 파국적인 사이버 전쟁을 두려워하며 모든 해킹 사건을 심각하게 여겼던 과거와 대비된다. 예를 들어 초창기 정부 해커의 사이버 첩보 작전 중 하나였던 달빛 미로Moonlight Maze 사건에서 러시아 해커는 미국의 일반 네트워크에 침입하여 기가바이트 규모의 데이터를 훔쳐 갔다. 1999년, 작전 중이던 존 햄리John Hamre 당시 미국 국방부 차관은 의회에서 "우리는 지금 사이버 전쟁 중이다"라고 말했다.[33] 그러나 돌이켜 보면 당시의 사건 규모는 이 책에서 다룬 사건들에 비해 미미하기 짝이 없다.

오늘날 사이버 작전의 규모는 20년 전과 비교해 봐도 몇 배는 더 크다. 크리스 잉글리스Chris Inglis 전 NSA 부국장은 러시아가 미국 핵심 기반시설에 악성코드 20만 개를 심어 두었다는 주장을 제기했는데, 미국도 분명 전 세계에서 이와 같은 작전을 수행 중일 것이다. 그러나 이 책에서 다룬 모든 사례에서 볼 수 있듯이 다수의 국가 지도자들은 이런 공격들을 전쟁 행위 또는 국가 위기라고 보지 않았고 일상적인 디지털 경쟁의 일부로 여겼다.[34]

이러한 측면에서 항시적 교전이라는 개념이 사이버 작전을 과소

평가한다고 오해할 수 있다. 어떤 것을 일상적이라고 정의한다면 그건 특별하지 않다는 의미가 될 수 있다. 그러나 사이버 작전이 매일같이 일어나며 전쟁의 임계점을 넘지 않는다고 하여 중요하지 않다고 생각하는 건 오산이다. 이 책은 여러 사례를 통해 해킹이 국제 정세를 바꿀 수 있음을 보여주었다. 점점 고조되는 사이버 작전들의 양태를 통해 우리는 해커들이 더욱더 다양한 임무를 수행하며 더욱더 강력한 사이버 무기를 개발하고 있음을 보았다. 이 정부 해커들은 국가의 지정학적 이익을 위해 움직이며 규범이나 조약, 보복의 위협으로는 그들을 막을 수 없었다.

한 가지 분명한 건 이익, 의견, 세계관이 대립하는 국가들 간의 해킹 경쟁이 지속될 것이라는 사실이다. 그들은 상대방의 정보를 수집하고 공격하며 교란시키는 컴퓨터 코드를 계속 개발할 것이다. 디지털 시대에 해킹은 조지 케넌이 말한 "영원히 반복되는 투쟁"의 일부분이다. 모든 강대국들은 이 투쟁을 멈추거나 멈추게 할 생각이 없다. 오히려 그들은 적극적으로 투쟁에 나서고 있다. 누구도 막을 수 없고 막지 않는 국가의 해커들이 세상을 바꾸고 있다.

[[　　　미주　　　]]

서론

1. 트윗과 원본 메시지는 삭제됐지만 인터넷 아카이브를 통해 접근 가능
하다. 이는 서론과 11장에 인용된 인터넷 게시글 대부분에 해당된다.
"The Shadow Brokers Twitter History," https://swithak.github.io/
SH20TAATSB18/Archive/Tweets/TSB/TSBTwitterHistory/;theshad
owbrokers, "Equation Group Cyber Weapons Auction-Invitation,"
Pastebin, August 13, 2016, archived at https://swithak.github.io/
SH20TAATSB18/Archive/Pastebin/JBcipKBL/.

2. Ellen Nakashima and Craig Timberg, "NSA Officials Worried about
the Day Its Potent Hacking Tool Would Get Loose. Then It Did,"
Washington Post, May 16, 2017.

3. Shane Harris, Gordon Lubold, and Paul Sonne, "How Kaspersky's
Software Fell Under Suspicion of Spying on America," *Wall Street
Journal*, January 5, 2018

4. Fred Kaplan, *Dark Territory: The Secret History of Cyber War* (New
York: Simon and Schuster, 2016), 2.

5. 비밀공작을 통한 신호 전송에 대한 소수의 연구에 따르면, 이러한 신호
전송은 매우 복잡하며 신호가 의도된 대로 해석될 것이라는 확신을 요구
한다. 이 책은 사이버 작전이 다른 비밀공작(비밀 해외원조 등)에 비해 잘못
된 확신을 갖는 경우가 훨씬 많음을 보여준다. Austin Carson and Keren

360

Yarhi-Milo, "Covert Communication: The Intelligibility and Credibility of Signalling in Secret," *Security Studies* 26, no.1 (2017): 124-156.

6. 신호 전송 중심의 학술 연구와 관련해서는 다음을 참조하라. James D. Fearon, "Signaling Foreign Policy Interests: Tying Hands versus Sinking Costs," *Journal of Conflict Resolution* 41, no. 1 (1997): 68-90; Andrew Kydd, "Trust, Reassurance, and Cooperation," *International Organization* 54, no. 2 (2000): 325-357; Scott D. Sagan and Jeremi Suri, "The Madman Nuclear Alert: Secrecy, Signaling, and Safety in October 1969," *International Security* 27, no. 4 (2003): 150-183.

7. Thomas Schelling, *Arms and Influence* (New Haven: Yale University Press, 1966), 47.

8. 다음 예시들을 참조하라. John Lewis Gaddis, *Strategies of Containment: A Critical Appraisal of American National Security Policy during the Cold War* (Oxford: Oxford University Press, 2005); Margaret MacMillan, *Paris 1919: Six Months That Changed the World* (New York: Random House, 2007); Michael J. Hogan, *The Marshall Plan: America, Britain and the Reconstruction of Western Europe, 1947-1952* (Cambridge: Cambridge University Press, 1987). "핵 혁명"이 신호 중심의 연구에 미친 영향에 대한 논의와 관련하여 다음을 참조하라. Robert Jervis, *The Meaning of the Nuclear Revolution* (Ithaca, NY: Cornell University Press, 1989).

9. George Kennan, "The Inauguration of Organized Political Warfare [redacted version]" April 30, 1948, Wilson Center Digital Archine, https://digitalarchive.wilsoncenter.org/document/114320.

10. 미국 국방부의 재정 지원하에 이루어진 이 전략과 관련된 연구에 대해서는 다음을 참조하라. Roger Beaumont, "Maskirovka: Soviet Camouflage, Concealment and Deception", Strategy Study Series

No. SS82-1, Center for Strategies Technology, Texas A&M University, College Station, TX, November 1982.

11. 이 기만 작전에 대해 훌륭히 요약한 다음 자료를 참조하라. James H. Hansen, "Soviet Deception in the Cuban Missile Crisis," *CIA: Studies in Intelligence* 46, no. 1 (2002): 49-58. CIA 간부들이 미사일의 존재에 관한 언론 보도를 어떻게 부정했는지에 대해 더 자세한 내용은 다음을 참조하라. Sean D. Naylor, "Operation Cobra: The Untold story of How a CIA Officer Trained a Network of Agents Who Found the Soviet Missiles in Cuba," *Yahoo News*, January 23, 2019.

12. Gus W. Weiss, "The Farewell Dossier: Duping the Soviets," *CIA: Studies in Intelligence* 39, no. 5 (1996). 물론 기만 전술은 상호 간에 자행됐다. 미국은 냉전이 끝나고 나서야 로버트 한센과 앨드리치 아미스라는 두 정보 요원이 소련에 대량의 기밀정보를 넘긴 사실을 알았다. 그들이 넘긴 정보 중에는 소련 장교 중 누가 미국의 첩자인지에 대한 정보도 포함되어 있었다.

13. 토머스 리드는 초창기부터 이 구분을 명확히 인지했다. 그의 저서는 사이버 전력이 첩보, 사보타주, 국가 전복 행위의 연장선에 있음을 강조한다. Thomas Rid, *Cyber War Will Not Take Place* (Oxford: Oxford University Press, 2013). 사이버 공간의 주요 특징에 대해 이해한 또 다른 학자는 리처드 하크넷이다. Richard J. Harknett and James A. Stever, "The New Policy World of Cybersecurity," *Public Administration Review* 71, no. 3 (2011): 455-460; Richard J. Harknett, John P. Callaghan, and Rudi Kauffman, "Leaving Deterrence Behind: War-Fighting and National Cybersecurity," *Journal of Homeland Security and Emergency Management* 7, no. 1 (2010); Richard J. Harknett and James A. Stever, "The Cybersecurity Triad: Government, Private Sector Partners, and

the Engaged Cybersecurity Citizen," *Journal of Homeland Security and Emergency Management* 6, no. 1 (2009); Richard J. Harknett, "The Risks of a Networked Military," *Orbis* 44, no. 1 (2000): 127-143; Richard J. Harknett, "Information Warfare and Deterrence," *Parameters* 26, no. 3 (1996): 93-107.

14. 마이클 헤이든 전 NSA 및 CIA 국장은 다음과 같이 적었다. "백악관 회의에 앉아 있는 사람들은 이러한 무기들을 잘 이해하지 못한다. ··· 내가 현직에 있을 때 결과가 좋지 않았던 한 사이버 작전이 있었다. ··· 사후 검토해 보니 백악관 상황실에서 이 작전에 대해 최종 승인을 내릴 때 모두 다 다른 생각을 갖고 있었던 것이다. Michael Hayden, *Playing to the Edge: American Intelligence in the Age of Terror* (New York: Penguin, 2017), 147.

15. 이와 관련하여 다음을 참조하라. Michael P. Fischerkeller and Richard J. Harknett, "Persistent Engagement and Tacit Bargaining: A Path Toward Constructing Norms in Cyberspace," *Lawfare* blog, November 9, 2018.

16. 대부분의 출처는 완벽하지 못하다. 에드워드 스노든이 유출한 자료는 대체로 매우 큰 도움이 되지만 일부 슬라이드는 맥락이 부족하고 NSA의 업무에 대해 완전히 정확한 설명을 제공하지 않는다. 빠르게 변화하는 사이버 작전 환경을 감안할 때 조금 지난 자료들도 있다.

제1장 홈 어드밴티지

1. Neil MacFarquhar, "U.N. Approves New Sanctions to Deter Iran", *New York Times*, June 9, 2010.

2. 여기에서 인용된 유출 슬라이드에는 중국과 러시아에 대한 언급이 편집 돼 있다. 그러나 미국이 이 국가들에 대해 첩보 행위를 하고 있다는 사실에는 의심의 여지가 없다. Glenn Greenwald/MacMillan, "Documents from *No Place to Hide*," [Snowden NSA archive], May 14, 2014, PDF pages 56-57.

3. MacFarquhar, "U.N. Approves New Sanctions to Deter Iran."

4. Greenwald / MacMillan, "Documents from *No Place to Hide*," 56-57.

5. Glenn Greenwald and Ewen MacAskill, "NSA Prism Program Taps in to User Data of Apple, Google, and Others," *Guardian*, June 6, 2013.

6. Peter Koop, "What Is Known about NSA's PRISM Program," *Electrospaces* blog, April 23, 2014.

7. 영국은 미국으로부터 케이블 감청 사실을 숨기기 위해 멕시코로부터 전보의 사본을 입수했다. 이 사건에 대한 더 자세한 논의는 다음을 참조하라. Christopher Andrew, *For the President's Eyes Only: Secret Intelligence and the American Presidency from Washington to Bush* (New York: Harper Perennial, 1996), ch. 2.

8. "Access: The Vision," Government Communications Headquarters, July 2010, posted by *The Intercept*, September 25, 2015, https://theintercept.com/document/2015/09/25/access-vision-2013/.

9. Adam Satariano, "How the Internet Travels across Oceans," *New York Times*, March 10, 2019.

10. Jordan Holland, Jared Smith, and Max Schuchard, "Measuring Irregular Geographic Exposure on the Internet," Cornell University arXiv digital archive, arXiv: 1904.09375v2 [cs.NI] rev. May 31, 2019.

11. Ryan Gallagher and Henrik Moltke, "TITANPOINTE: The NSA's Spy Hub in New York, Hidden in Plain Sight," *The Intercept*, November

16, 2016.

12. Gallagher and Moltke, "TITANPOINTE"; Sam Roberts, "The Secret behind a Mysterious Traffic Code? It's Made Up," *New York Times* City Room blog, July 15, 2013.

13. Gallagher and Moltke, "TITANPOINTE."

14. 특별자료작전과에 대한 자세한 정보는 다음을 참조하라. "SO Corporate Portfolio Overview," National Security Agency presentation deck, n.d., Charles Savage, "Newly Disclosed N.S.A. Files Detail Partnerships with AT&T and Verizon," *New York Times*, August 15, 2015. 또한 다음도 보라. "Special Source Operations," National Security Agency, *Washington Post*, 2013, https://snowdenarchive.cjfe.org/greenstone/collect/snowden1/index/assoc/HASH5098.dir/doc.pdf.

15. 출처들에 대해 다음을 참조하라. "SKIDROWE: Low Speed DNI Processing Solution Replacing WEALTHYCLUSTER2," National Security Agency, n.d. This presentation deck can be viewed via "SKIDROWE Program," *The Intercept*, November 16, 2016, https://theintercept.com/document/2016/11/16/skidrowe-program/. 영국 정부통신본부Government Communications Headquarters, GCHQ 또한 국내 통신기지에서 정보를 수집한다. 이에 관한 보도에 대해서는 다음을 참조하라(다만 이 언론 보도는 정보 수집의 기술적 한계에 대해서는 자세히 다루지 않는다). Ewen MacAskill, Julian Borger, Nick Hopkins, Nick Davies, and James Ball, "GCHQ Taps Fibre-Optic Cables for Secret Access to World's Communications,'" *Guardian*, June 21, 2013; and James Ball, "Leaked Memos Reveal GCHQ Efforts to Keep Mass Surveillance Secret," *Guardian*, October 25, 2013. GCHQ가 접근 가능한 케이블의 일부를 보려면 다음을 참조하라. "Cables: Where We

Are," UK Government Communications Headquarters, ca. 2012. 이 문서는 다음 기사로 일반에 공개되었다. in Frederick Obermaier, "Snowden-Leaks: How Henrik Moltke, Laura Poitras, and Jan Strozyk, Vodafone-Subsidiary Cable & Wireless Aided GCHQ's Spying Efforts, *Süddeutsche Zeitung International,* November 25, 2014.

16. Julia Angwin, Jeff Larson, Charlie Savage, James Risen, Henrik Molke, and Laura Poitras, "NSA Spying Relies on AT&T's 'Extreme Willingness to Help,'" *ProPublica,* August 15, 2015.

17. Michelle Nichols, "United Nations Says It Will Contact United States over Spying Report," *Reuters,* August 26, 2013.

18. "2011 Acquisition Plan-Communications," United Nations Procuremet Division, 2011, https://web.archive.org/web/20120108022955/http:/www.un.org/depts/ptd/2011plan_coms.htm.

19. Greenwald / MacMillan, "Documents from *No Place to Hide,*" 55.

20. "United Nations DNI Collection Enabled," National Security Agency, *ProPublica,* 2015, https://www.documentcloud.org/documents/2274328-sso-news-united-nations-dni-collection-enabled.html.

21. NSA는 최소 다음 세 가지 법령에 의해 인터넷을 감시한다. 외국정보감시법(Foreign Intelligence Surveillance Act), 외국정보감시법 2008년 개정법(FISA Amendments Act of 2008), 환승 권한(transit authority). 다른 문서들은 국외 정보 수집과 관련하여 또한 관련 법령으로 행정명령 제12333호를 언급한다. "Report on the President's Surveillance Program, Interagency Offices of Inspector General, *New York Times,* 2015, https://assets.documentcloud.org/documents/2427921/savage-nyt-foia-stellarwind-ig-report.pdf. 관련 프로그램에 대한 NSA의 기

밀 분류 가이드에 대해서는 다음을 참조하라. "Classification Guide for WHIPGENIE," National Security Agency, *The Intercept*, 2014, https://snowdenarchive.cjfe.org/greenstone/collect/snowden1/index/assoc/HASHb285.dir/doc.pdf.

22. 가위(SCISSORS)라는 적합한 작전명을 가진 NSA의 유용한 정보 수집 노력에 대해서는 다음을 참조하라. "SO Collection Optimization," National Security Agency, *Washington Post*, 2013, https://snowdenarchive.cjfe.org/greenstone/collect/snowden1/index/assoc/HASHb720.dir/doc.pdf.

23. 환승 권한에 관한 추가 논의는 다음을 참조하라. Peter Koop, "'FAIRVIEW: Collecting Foreign Intelligence inside the US,' *Electrospaces*, August 31, 2015; Peter Koop, "NSA's Legal Authorities," *Electrospaces*, September 30, 2015; "SO Corporate Portfolio Overview," National Security Agency, 2015, https://snowdenarchive.cjfe.org/greenstone/collect/snowden1/index/assoc/HASH01a5/f29cea54.dir/doc.pdf.

24. "Special Source Operations Corporate Partner Access,." National Security Agency, *ProPublica*, 2015, 21, https://www.documentcloud.org/documents/2275165-tssinfcorporateoverview.html.

25. 이는 네트워크 성형이라 불리기도 한다. 이 개념과 이것이 실제 어떻게 이루어지는지 대해서는 다음을 참조하라. "Network Shaping 101," National Security Agency, *The Intercept*, 2016, https://www.documentcloud.org/documents/2919677-Network-Shaping-101.html.

26. Angwin et al., "NSA Spying Relies on AT&T's 'Extreme Willingness to Help.'" 트래픽 경로 변경에 관한 분석은 다음을 참조하라. Sharon

Goldberg, "Surveillance without Borders: The 'Traffic Shaping' Loophole and Why It Matters," Century Foundation, June 22, 2017.

27. "BRECKENRIDGE for STORMBREW Collection," SSO Weekly [internal National Security Agency newsletter], October 28, 2009. 이 문서는 2015년 〈프로푸블리카ProPublica〉에 공개됐으며 다음 웹 사이트에서 확인할 수 있다. https://www.documentcloud.org/documents/2274323-sso-news-breckenridge-for-stormbrew-collection.html. 또한 다음을 참조하라. "Cyber Threats and Special Source Operations," National Security Agency, March 22, 2013, accessible at https://www.documentcloud.org/documents/2274329-tssinfssooverviewforntoc25march2013.html.

28. AT&T는 정보기관과 유착관계를 바탕으로 버라이즌의 2배를 받았다. Craig Timberg and Barton Gellman, "NSA Paying U.S. Companies for Access to Communications Networks," *Washington Post*, August 29, 2013. 또한 NSA의 "프로젝트 설명"을 참조하라. "Project Description" of the Special Source Operations Project at https://archive.org/details/pdfy-QKaJJLNUMqdLGGE/page/nS. 이와 관련하여 다음을 참조하라. Barton Gellman and Ashkan Soltani, "NSA Surveillance Program Reaches 'Into the Past' to Retrieve, Replay Phone Calls," *Washington Post*, March 18, 2014.

29. Gallagher and Moltke, "TITANPOINTE."

30. James Ball, Luke Harding, and Juliette Garside, "BT and Vodafone among Telecoms Companies Passing Details to GCHQ," *Guardian*, August 2, 2013. Ryan Gallagher, "Vodafone-Linked Company Aided British Mass Surveillance," *The Intercept*, November 20, 2014.

31. 이에 관한 초기 논의에 대해서는 다음을 참조하라. Jack Goldsmith and

Tim Wu, *Who Controls the Internet? Illusions of a Borderless World* (New York: Oxford University Press, 2006).

32. 스노든의 폭로 이후 NSA는 51퍼센트가 기준점이 아니라고 했지만 추가 정보를 제공하지는 않았다. "NSA's Implementation of Foreign Intelligence Surveillance Act Section 702," Office of Civil Liberties and Privacy, National Security Agency, April 16, 2014, 4; Rachel Martin, "Ex-NSA Head Hayden: Surveillance Balances Security, Privacy," *NPR*, June 9, 2013.

33. 대외 공개된 이후 작전명은 바뀌었겠지만 인터넷 회사를 대상으로 한 정보 수집은 분명 지속되었을 것이다.

34. 인도의 표적에 대한 구체적인 통계 자료 및 언급의 출처는 다음과 같다. Shobhan Saxena, "NSA Targets Indian Politics, Space & Programmes," *The Hindu*, September 24, 2013. 추가 통계 자료 및 분석 자료와 관련하여 아래 35번 주석을 참조하라.

35. 프리즘과 관련되어 가장 널리 알려진 정보는 유출된 하나의 프레젠테이션 자료에서 비롯됐다. 다양한 언론이 이 자료를 발췌했지만 자료 전부가 공개된 적은 없다. 쿱(Koop)이 이 자료를 가장 잘 정리, 분석했다. "What Is Known about NSA's PRISM Program." 이 자료를 공개한 기사들 중 다음을 참조하라. Greenwald and MacAskill, "NSA Prism Program Taps in to User Data"; Barton Gellman and Laura Poitras, "U.S., British Intelligence Mining Data from Nine U.S. Internet Companies in Broad Secret Program," *Washington Post*, June 7, 2013; Jacques Follorou and Glenn Greenwald, "France in the NSA's Crosshair: Wanadoo and Alcatel Targeted," *Le Monde*, October 21, 2013.

36. James Bamford, "A Death in Athens," *The Intercept*, September 29, 2015; Vassilis Prevelakis and Diomidis Spinellis, "The Athens Affair,"

IEEE Spectrum, June 29, 2007.

37. Bamford, "A Death in Athens."

38. 다음에서 인용했다. Bamford, "A Death in Athens."

39. "FY 2013 Congressional Budget Justification: Vol. I: National Intelligence Program Summary: Special Source Access: Foreign Partner Access: Project Description," National Security Agency, February 2012. 이 문서는 다음 출처에서 여전히 찾아볼 수 있다. Anton Geist, Sebastian Gjerding, Henrik Moltke, and Laura Poitras, "NSA 'Third Party' Partners Tap the Internet Backbone in Global Surveillance Program," *Dagbladet Information*, June 19, 2014.

40. "DIR Opening Remarks Guidance for DP1," National Security Agency: Information, 2014. 덴마크가 왜 유력한 협력 파트너인지에 대해서는 다음 분석을 참조하라. Geist et al., "NSA 'Third Party' Partners Tap the Internet Backbone"; Greenwald/MacMillan, "Documents from *No Place to Hide*," 37–38.

41. "Visit Précis: Hr. Dietmar B—, Director SIGINT Analysis and Production," National Security Agency, April 30, 2013. 독일 연방정보국(BND) 고위 관료의 NSA 방문에 대한 이 브리핑은 〈슈피겔〉에 의해 보도됐다. Spiegel Staff, "New NSA Revelations: Inside Snowden's Germany File," *Der Spiegel*, June 18, 2014.

42. *Special Source Operations Weekly* [NSA internal newsletter], March 14, 2013, National Security Agency. 이 문서는 〈슈피겔〉에 의해 온라인에 공개됐다. Spiegel Staff, "Spying Together: Germany's Deep Cooperation with the NSA," June 18, 2014.

43. [원작자 이름 삭제]], "Third Party Nations: Partners and Targets," *Cryptologic Quarterly* 7, no. 4 (1989): 15–22; "RAMPART-A Project

Overview," 2010년 10월 1일, NSA 프레젠테이션 자료는 다음과 같이 온라인에 공개됐다. Ryan Gallagher, "How Secret Partners Expand NSA's Surveillance Dragnet," *The Intercept*, June 18,2014, 3.

44. "RAMPART-A Project Overview," 12.

45. 에드워드 스노든은 NSA의 특정 작전에 대해 다음과 같이 말했다. "EU 회원국인 덴마크는 NSA에 감청 권한을 부여하면서 NSA가 덴마크인에 대해서는 감청하지 않는다는 (강제할 수 없는) 조건을 걸었다. 독일도 NSA와 협조하면서 독일인에 대해서는 감청하지 않는다는 단서를 달았다. 그러나 이 두 감청기지는 같은 케이블로 연결된 두 지점일 수 있고, NSA는 단순히 덴마크를 경유하는 독일 시민들의 통신을 감청하고 독일을 경유하는 덴마크 시민의 통신을 감청할 수 있다. 양쪽이 맺은 협정을 모두 완전히 준수하면서 말이다." Gallagher, "How Secret Partners Expand NSA's Surveillance Dragnet."

46. "RAMPART-A Project Overview," 23; Gallagher, "How Secret Partners Expand NSA's Surveillance Dragnet."

47. "Special Source Access: Foreign Partner Access: Project Description," 1.

48. Ryan Devereaux, Glenn Greenwald, and Laura Poitras, "Data Pirates of the Caribbean: The NSA Is Recording Every Cell Phone Call in the Bahamas," *The Intercept*, May 19, 2014.

49. Devereaux et al., "Data Pirates of the Caribbean"; "DEA-The 'Other' Warfighter," National Security Agency, April 20, 2004, published online as "SID Today: DEA—The 'Other' Warfighter," *The Intercept*, May 19,2014.

50. NSA는 이를 "전체 콘텐츠"라고 부른다.

51. Devereaux et al., "Data Pirates of the Caribbean"; "MYSTIC: General Information," National Security Agency, 2009, published online

as "MYSTIC," *The Intercept*, May 19, 2014; "SOMALGET," National Security Agency, May 2012. NSA의 국제 범죄 및 마약범죄과 담당자가 작성한 메모인 후자는 다음과 같이 온라인에 공개됐다. "SOMALGET," *The Intercept*, May 19, 2014.

52. "COMSAT Background," Government Communications Headquarters, July 2, 2010, published online with Duncan Campbell, "My Life Unmasking British Eavesdroppers," *The Intercept*, August 3, 2015; "COMSAT Cyprus Technical Capability," Government Communications Headquarters, published online with Duncan Campbell, "My Life Unmasking British Eavesdroppers," *The Intercept*, August 3, 2015; Duncan Campbell, "GCHQ and Me," The Intercept, August 3, 2015; SIGINT Communications, "The State of Covert Collection: An Interview with SCS Leaders (Part 1)," *SIDToday*, National Security Agency, November 15, 2006, published online by *The Intercept*, May 29, 2019.

53. 유출된 문건을 출처로 하는 다른 사례들과 달리 이 내용은 공개된 관련 증거가 적기 때문에 본문에 "혐의"라고 적었다. 미국은 메르켈 총리를 감시한 사실을 부인하지 않았으며 아마도 첩보 행위가 이루어진 것으로 보이지만, 주베를린 대사관에서 첩보 행위가 자행됐다는 주장은 다음 기사가 유일한 출처다. Jacob Appelbaum, Nikolaus Blome, Hubert Gude, Ralf Neukirch, Rene Pfister, Laura Poitras, and Marcel Rosenbach, "The NSA's Secret Spy Hub in Berlin," *Der Spiegel*, October 27, 2013.

54. 이와 관련 초기 감청기지의 예시에 대해서는 다음을 참조하라. "Blast from the Past: YRS in the Beginning," *The Northwest Passage* [Yakima Research Station (YRS) newsletter] 2, no. 1 (2011); and "YRS Gears Up to Celebrate 40 Years," *The Northwest Passage* 3, no. 7 (2012). Both

published online with Duncan Campbell, "My Life Unmasking British Eavesdroppers," *The Intercept*, August 3, 2015.

55. "Subject: NSA Intelligence Relationship with Saudi Arabia," National Security Agency information paper, April 8, 2013, published online with Glenn Greenwald and Murtaza Hussain, "The NSA's New Partner in Spying: Saudi Arabia's Brutal State Police," *The Intercept*, July 25, 2014.

56. Laura Poitras, Marcel Rosenbach, Fidelius Schmid, Holger Stark, and Johnathan Stock, "How the NSA Targets Germany and Europe," *Der Spiegel*, July 1, 2013; Matthew M. Aid, "The CIA's New Black Bag Is Digital," *Foreign Policy*, July 17, 2013; Ewen MacAskill, Julian Borger, Nick Hopkins, Nick Davies, and James Ball, "Mastering the Internet: How GCHQ Set Out to Spy on the World Wide Web," *Guardian*, June 21, 2013.

57. Jacob Appelbaum, Laura Poitras, Marcel Rosenbach, Christian Stöcker, Jörg Schindler, and Holger Stark, "Inside TAO: Documents Reveal Top NSA Hacking Unit," *Der Spiegel*, December 20, 2013; "New Nuclear Sub Is Said to Have Special Eavesdropping Ability," Associated Press, February 20, 2005.

58. 이 프로그램은 영국 GCHQ가 오만에 위치한 해안 기지에서 유사한 지역을 감청하려는 노력의 일환일 수 있다. Duncan Campbell, "Revealed: GCHQ's Beyond Top Secret Middle Eastern Internet Spy Base," *The Register*, June 3, 2014.

59. 공식적으로 NSA는 '춤추는 오아시스'를 SIGAD US-3171라고 칭하며, 이 프로그램은 전반적인 정보 수집 결과를 설명하는 차트에서 등장한다. 글렌 그린왈드(Glenn Greenwald)가 다음을 출판하면서 이 차트를 대외 공

개했다. *No Place to Hide: Edward Snowden, the NSA, and the US Surveillance State* (New York: Metropolitan Books, 2014). 그러나 이 프로그램은 책에서 다뤄지지 않았는데 아마도 군사 관련 프로그램에 대해서는 공개하지 않기로 한 그와 에드워드 스노든 간의 합의 때문으로 보인다. Greenwald / MacMillan, "Documents from *No Place to Hide*," 79. 추가적인 분석은 다음을 참조하라. Peter Koop, "NSA's Largest Cable Tapping Program: DANCINGOASIS," *Electrospaces,* June 7, 2015.

60. [원작자 이름 삭제], "Utility of 'Security Conferences,'" posting on internal NSA discussion board, published as "I Hunt Sys Admins," alongside Ryan Gallagher and Peter Maass, "Inside the NSA's Secret Efforts to Hunt and Hack System Administrators," *The Intercept,* March 20, 2014, 2.

61. Ashkan Soltani, Andrea Peterson, and Barton Gellman, "NSA Uses Google Cookies to Pinpoint Targets for Hacking," *Washington Post,* December 10, 2013; "NSA Signal Surveillance Success Stories," *Washington Post,* December 10, 2013. The latter presents an excerpt from an April 2013 National Security Agency internal presentation.

62. "Tor Stinks," National Security Agency, internal presentation deck, June 2012, published as "'Tor Stinks' Presentation—Read the Full Document," *Guardian,* October 4, 2013.

63. "Mobile Apps Doubleheader: BADASS Angry Birds," Government Communications Headquarters internal presentation deck, n.d., published online alongside Jacob Appelbaum, Aaron Gibson, Claudio Guarnieri, Andy Müller-Maguhn, Laura Poitras, Marcel Rosenbach, Leif Ryge, Hilmar Schmundt, and Michael Sontheimer, "The Digital Arms Race: NSA Preps America for Future Battle," *Der*

Spiegel, January 17, 2015.

64. "ICTR Cloud Efforts," Government Communications Headquarters presentation, July 2011, published online alongside Ryan Gallagher, "Profiled: From Radio to Porn, British Spies Track Web Users' Online Identities," The Intercept, September 25, 2015; "Pull-Through Steering Group Meeting #16," Government Communications Headquarters internal memorandum, February 29, 2008, published online alongside Ryan Gallagher, "Profiled." 다른 관련 도구들에 대해서는 같은 기사의 다음 링크를 참조하라. "BLAZING SADDLES," "ICTR Cloud Efforts," "GCHQ Analytic Cloud Challenges," "SOCIAL ANTHROPOID," and "Demystifying NGE ROCK RIDGE."

65. 아래 인용 문서 이외의 XKEYSCORE에 대한 추가적인 분석에 대해서는 다음을 참조하라. Morgan Marquis-Boire, Glenn Greenwald, and Micah Lee, "XKEYSCORE," *The Intercept,* July 1, 2015; Micah Lee, Glenn Greenwald, and Morgan Marquis-Boire, "Behind the Curtain," *The Intercept,* July 2, 2015.

66. 웹 세션이라고 부르는 인터넷 사용 기록이 XKEYSCORE에 저장되면 하나의 AppID를 부여받는다. 각 세션에는 여러 지문이 남을 수 있고, 이것들은 메시지 종류보다 내용과 관련이 있다. "XKEYSCORE," National Security Agency internal presentation deck, December 2012, published online alongside Glenn Greenwald, "XKeyscore: NSA Tool Collects 'Nearly Everything a User Does on the Internet,'" *Guardian,* July 31, 2013. See presentation pages 11-13. "Introduction to XKS Application IDs and Fingerprints," National Security Agency internal presentation, August 27, 2009, published online alongside Morgan Marquis-Boire, Glenn Greenwald, and Micah Lee, "XKEYSCORE:

NSA's Google for the World's Private Communications," *The Intercept*, July 1, 2015.

67. NSA 요원들은 파이브 아이즈 관련 인적 정보가 드러나지 않게 검색하도록 교육받는다.

68. XKEYSCORE는 표적 발견에도 도움을 준다. 만약 NSA가 외국 표적의 매우 민감한 문서를 입수했을 경우, 누가 인터넷에서 이 문서를 다운로드했는지 안다면 누가 첩보전에 연루돼 있는지 파악할 수 있을 것이다. XKEYSCORE를 검색하면 이 답을 알아낼 수 있으며, 추가적인 감시가 필요한 새로운 외국 표적을 찾을 수도 있다. "XKEYSCORE," presentation pages 19-21. Also linked to Marquis-Boire et al.,"XKEYSCORE," find "Using XKS to Find and Search for Logos Embedded in Documents," memorandum prepared by Booz Allen Hamilton, n.d., labeled as "XKS Logos Embedded in Docs"; and "Free File Uploaders," National Security Agency internal presentation deck, August 13, 2009. 이와 관련한 캐나다 측의 분석은 다음을 참조하라. "LEVITATION and the FFU Hypothesis," Communications Security Establishment Canada presentation deck, published online alongside Amber Hildebrandt, Michael Pereira, and Dave Seglins, "CSE Tracks Millions of Downloads Daily: Snowden Documents," *CBC*, January 27,2015.

69. "TRAFFICTHIEF Configuration Read Me," National Security Agency, published online alongside Marquis-Boire et al., "XKEYSCORE."

70. "Contact Mapping: Tip-Off to Diplomatic Travel Plans," Government Communications Headquarters internal presentation, January 2010, published online alongside Laura Poitras, Marcel Rosenbach, and Holger Stark, "'Royal Concierge': GCHQ Monitors Diplomats' Hotel Bookings," *Der Spiegel*, November 17, 2013.

71. Spiegel Staff, "Quantum Spying: GCHQ Used Fake Linked In Pages to Target Engineers," *Der Spiegel*, November 11, 2013; Appelbaum et al.,"Inside TAO: Documents Reveal Top NSA Hacking Unit"; "Quantum Insert Diagrams," National Security Agency internal presentation deck, published online by *The Intercept*, March 12, 2014; "Tailored Access Operations," National Security Agency internal presentation deck, n.d., described in Spiegel Staff, "Inside TAO: Documents Reveal Top NSA Hacking Unit," *Der Spiegel*, December 29, 2013; "Foxacid," National Security Agency internal presentation, January 8, 2007, published online alongside Sam Biddle, "The NSA Leak Is Real, Snowden Documents Confirm," *The Intercept*, August 19, 2016; Ryan Gallagher and Glenn Greenwald, "How the NSA Plans to Infect 'Millions' of Computers with Malware," *The Intercept*, March 12, 2014; linked to the same article find "There Is More Than One Way to QUANTUM," National Security Agency internal presentation deck, ca. 2010. 다음도 함께 참조하라. "NSA Quantum Tasking Techniques for the R&T Analyst," Booz Allen Hamilton presentation to National Security Agency, published online alongside Spiegel Staff, "Inside TAO"; and Nicholas Weaver, "A Close Look at the NSA's Most Powerful Internet Attack Tool," *Wired*, March 13, 2014.

72. 로그인 정보를 찾을 수 없더라도 수동적 정보 수집은 전 세계 해킹이 가능한 컴퓨터에 대해 정보를 수집할 수 있다. XKEYSCORE 교육 자료에 따르면 이 프로그램을 통해 테러리스트 포럼 사이트나 이란 정부 사이트를 방문하는 브라우저 종류와 사용자들 목록을 만들어 NSA 해커들에게 제공할 수 있으며 또한 NSA 해킹 대상의 라우터 설정을 알려줄 수도 있

다. 이는 NSA에게 공격 대상 목록을 제공하는 것이나 다름없다. "Using XKEYSCORE to Enable TAO," National SecurityAgency internal presentation, July 16, 2009, published online alongside Marquis-Boire et al., "XKEYSCORE"; "What Is HACIENDA?"Government Communications Headquarters internal presentation, published online alongside Jacob Appelbaum, Monika Ermert, Julian Kirsch, Henrik Moltke, Laura Poitras, and Christian Grothoff, "The HACIENDA Program for Internet Colonization," *Heise / c't Magazin*, August 15, 2014; "Pull-Through Steering Group Meeting #16," 2.

73. Marquis-Boire et al., "XKEYSCORE," 28.

74. David Cole, " 'We Kill People Based on Metadata,' " *New York Review of Books*, May 10, 2014.

75. 여러 신호정보 출처를 통해 작성된 이러한 보고서들의 결과물에 대해서는 다음을 참조하라. "MAKERSMARK (Russian CNE)," Communications Security Establishment Canada internal presentation, 2011, published online alongside Sam Biddle, "White House Says Russia's Hackers Are Too Good to Be Caught but NSA Partner Called Them 'Morons,'" *The Intercept*, August 2, 2017.

76. Jason Seher, "Former NSA Chief Compares Snowden to Terrorists," *CNN*, December 1, 2013.

제2장 암호 해독

1. 이 사건은 당시 대대적으로 보도됐다. 예를 들어 다음을 참조하라. Adam Nagourney, Ian Lovett, and Richard Perez-Pena, "San Bernardino

Shooting Kills at Least 14; Two Suspects Are Dead," *New York Times*, December 2, 2015.

2. Cecilia Kang and Eric Lichtblau, "F.B.I. Error Locked San Bernardino Attacker's iPhone," *New York Times*, March 1, 2016.

3. US Department of Justice Office of the Inspector General, "A Special Inquiry Regarding the Accuracy of FBI Statements Concerning Its Capabilities to Exploit an iPhone Seized during the San Bernardino Terror Attack Investigation," March 27, 2018, 8.

4. 암호화 기술 약화의 위험에 대한 암호학자들의 견해를 보여주는 대표적인 논문으로 다음을 참조하라. Harold Abelson, Ross Anderson, Steven M. Bellovin, Josh Benaloh, et al., "Keys under Doormats: Mandating Insecurity by Requiring Government Access to All Data and Communications," Computer Science and Artificial Intelligence Laboratory Technical Report, Massachusetts Institute of Technology, July 6, 2015; and Hal Abelson et al., "The Risks of Key Recovery, Key Escrow, and Trusted Third-Party Encryption," Columbia University Academic Commons, May 27, 1997.

5. *Last Week Tonight with John Oliver*, "Encryption," Season 3, Episode 5, directed and written by John Oliver, HBO, March 14, 2016.

6. Katie Benner and Eric Lichtblau, "U.S. Says It Has Unlocked iPhone without Apple," *New York Times*, March 28, 2016.

7. Pat Milton, "Source: Nothing Significant Found on San Bernardino iPhone So Far," *CBS News*, April 13, 2016.

8. 미군은 20세기 초 M-94라는 암호화 시스템을 사용했다. Rachel B. Doyle, "The Founding Fathers Encrypted Secret Messages, Too," *Atlantic*, March 30, 2017.

9. 이 부대에 대한 추가적인 정보는 다음을 참조하라. Patrick Beesly, *Room 40: British Naval Intelligence 1914-1918* (New York: Harcourt Brace Jovanovich, 1982).

10. 추가적인 정보는 다음을 참조하라. F. W. Winterbotham, *The Ultra Secret: The Inside Story of Operation Ultra, Bletchey Park and Enigma* (London: Orion, 2000).

11. David Leech, Stacey Ferris, and John Scott, "The Economic Impacts of the Advanced Encryption Standard, 1996-2017," National Institute of Standards and Technology, US Department of Commerce, September 2018.

12. Permanent Select Committee on Intelligence (Larry Combest, Chair), "IC21: The Intelligence Community in the 21st Century," US Congress, House of Representatives, One Hundred Fourth Congress, Staff Study, June 5, 1996.

13. Nicole Perlroth, Jeff Larson, and Scott Shane, "N.S.A. Able to Foil Basic Safeguards of Privacy on Web," *New York Times*, September 5, 2013.

14. James Risen and Laura Poitras, "N.S.A. Report Outlined Goals for More Power," *New York Times*, November 22, 2013. Within this article can be found National Security Agency, "SIGINT Strategy," February 23, 2012, NSA internal document. See page 4.

15. National Security Agency, "SIGINT Strategy," 4.

16. 초창기에는 비공식적인 표기법으로 '미국(US)'를 지칭하여 "Nobody But US"라고 적고, 파이브 아이즈 동맹국들이 참여했을 경우 "Nobody But Us"라고 적었다. NOBUS의 변천 과정에 대해서는 다음을 참조하라. Ben Buchanan, "Nobody But Us: The Rise and Fall of the Golden Age of Signals Intelligence," Aegis Series Paper No. 1708, Hoover Institution,

Stanford, CA, August 30, 2017; David Aitel, "Hope Is Not a NOBUS Strategy," *CyberSecPolitics*, May 13, 2019.

17. 일부 복호화 프로그램이 공개됐을 때 주요 감사위원회에서 후폭풍과 부작용의 위험에 대해 경고했다. Richard A. Clarke, Michael J. Morell, Geoffrey R. Stone, Cass R. Sunstein, and Peter Swire, "Liberty and Security in a Changing World," President's Review Group on Intelligence and Communications Technologies report, December 12, 2013, 36.

18. Barton Gellman and Greg Miller, "'Black Budget' Summary Details U. S. Spy Network's Successes, Failures and Objectives," *Washington Post*, August 29, 2013. Kevin Poulsen, "New Snowden Leak Reports 'Groundbreaking' NSA Crypto-Cracking," *Wired*, August 29, 2013.

19. "BULLRUN," Government Communications Headquarters presentation, n.d.; and "BULLRUN CoI-Briefing Sheet," Government Communications Headquarters memorandum, both published alongside Spiegel Staff, "Inside the NSA's War on Internet Security," *Der Spiegel*, December 28, 2014

20. 암호화 기술과 국가 주권 간의 관계에 대해서는 다음을 참조하라. Ben Buchanan, "Cryptography and Sovereignty," *Survival* 58, no. 5(2016): 95-122.

21. David Adrian, Karthikeyan Bhargavan, Zakir Durumeric, Pierrick Gaudry, et al., "Imperfect Forward Secrecy: How Diffie-Hellman Fails in Practice," *Communications of the ACM* 62, no. 1 (2019): 106-114; Alex Halderman and Nadia Heninger, "How Is NSA Breaking So Much Crypto?" *Freedom to Tinker* blog, Princeton University Center for Information Technology Policy, October 14, 2015; LetoAms, "66%

of VPN's Are Not in Fact Broken," No Hats blog, October 17, 2015.

22. "SIGINT Enabling—Project Description," National Security Agency internal document, published alongside Jeff Larson, "Revealed: The NSA's Secret Campaign to Crack, Undermine Internet Security," *ProPublica*, September 5, 2013.

23. Michelle Wagner, "The Inside Scoop on Mathematics at the NSA," *Math Horizons* 13, no. 4 (2006): 20-23.

24. Halderman and Heninger, "How Is NSA Breaking So Much Crypto?" NSA에서 유출된 문건들도 이를 뒷받침한다. 유출된 기밀문서에서 는 NSA가 "공개 키 암호화 기술의 고난도 수학적 문제를 풀어 신호 정보를 수집하려 한다"고 했는데 이는 디피-헬먼법을 포함하는 것으 로 보인다. "Exceptionally Controlled Information (ECI) as of 12 September 2003," National Security Agency, published alongside Peter Maass and Laura Poitras, "Core Secrets: NSA Saboteurs in China and Germany," *The Intercept*, October 10, 2014, 5.

25. Andrea Peterson, "Why Everyone Is Left Less Secure When the NSA Doesn't Help Fix Security Flaws," *Washington Post*, October 4, 2013.

26. GSM은 본래 '이동통신특별그룹'(*Groupe Spéciale Mobile*)의 약자였지만 이 명칭은 이제 거의 사용되지 않는다.

27. "IR.21—A Technology Warning Mechanism," National Security Agency paper delivered at 2010 Five Eyes SIGDEV conference, published alongside Ryan Gallagher, "Operation Auroragold: How the NSA Hacks Cellphone Networks Worldwide," *The Intercept*, December 4, 2014.

28. 다른 파이브 아이즈 국가들도 마찬가지다. 추가 논의는 다음을 참조하 라. "TLS Trends: A Roundtable Discussion on Current Usage and

Future Directions," Communications Security Establishment Canada presentation, 2012, published alongside Spiegel Staff, "Prying Eyes: Inside the NSA's War on Internet Security," *Der Spiegel*, December 28, 2014; "Crypt Discovery Joint Collaboration Activity," National Security Agency / Government Communications Headquarters joint research paper, January 20, 2011, published alongside Ryan Gallagher, "Profiled: From Radio to Porn, British Spies Track Web Users' Online Identities," *The Intercept*, September 25, 2015.

29. "AURORAGOLD Working Group," National Security Agency paper presented at Five Eyes SIGDEV conference, 2012, published alongside Ryan Gallagher, "Operation Auroragold: How the NSA Hacks Cellphone Networks Worldwide," *The Intercept*, December 4, 2014, 3.

30. "AURORAGOLD," National Security Agency presentation to Five Eyes SIGDEV conference, 2011; and "AURORAGOLD Working Aid," National Security Agency briefing document, May 2012, both published alongside Gallagher, "Operation Auroragold," *The Intercept*, December 4, 2014, 3.

31. "AURORAGOLD Working Group," 3. 다음도 함께 참조하라. Gallagher, "Operation Auroragold."

32. NSA 예산 자료에 적힌 기관의 목표 중 하나는 "신호정보 표적의 미래 암호화 기술을 예측하고 그 암호화 기술을 해킹할 전략을 준비하는 것이다." "Cryptanalysis and Exploitation Services—Analysis of Target Systems," National Security Agency "black budget" extract, January 1, 2013, published alongside Jeremy Scahill and Josh Begley, "The CIA Campaign to Steal Apple's Secrets," *The Intercept*, March 10, 2015, 1.

33. "Site Makes First-Ever Collect of High-Interest 4G Cellular Signal,"
   SIDToday [National Security Agency newsletter], February 23, 2010,
   published alongside Gallagher, "Operation Auroragold." 무선통신의
   취약점에 관한 논의는 다음을 참조하라. Matthew Green, "On Cellular
   Encryption," *A Few Thoughts on Cryptographic Engineering* blog,
   May 14, 2013.

34. "A5 / 3 Crypt Attack Proof-of-Concept Demonstrator," Government
   Communications Headquarters internal document, September 8, 2009,
   published alongside Gallagher, "Operation Auroragold"; "WOLFRAMITE
   Encryption Attack," Government Communications Headquarters
   internal document March 9, 2011, published alongside Gallagher,
   "Operation Auroragold."

35. Craig Timberg and Ashkan Soltani, "By Cracking the Cellphone Code,
   NSA Has Ability to Decode Private Conversations," *Washington Post*,
   December 13, 2013.

36. 파이브 아이즈가 노리는 건 심카드만이 아니다. 암호키 탈취와 관련한
   더 일반적인 노력에 관해서는 다음을 참조하라. Perlroth, Larson, and
   Shane, "N.S.A. Able to Foil Basic Safeguards of Privacy on Web."

37. "Where Are These Keys?" Government Communications
   Headquarters presentation deck, 2010, published alongside Jeremy
   Scahill and Josh Begley, "How Spies Stole the Keys to the Encryption
   Castle," *The Intercept*, February 19, 2015.

38. "PCS Harvesting at Scale," Government Communications
   Headquarters report, April 2010, published alongside Scahill
   and Begley, "How Spies Stole the Keys"; "CNE Access to Core
   Mobile Networks," Government Communications Headquarters

presentation, 2010, published alongside Scahill and Begley; "CCNE Successes Jan10-Mar10 Trial," Government Communications Headquarters presentation, 2010, published alongside Scahill and Begley, "How Spies Stole the Keys." 사이버보안업체인 젬알토는 수백만 개의 키에 영향을 준 작전에 대해 부정했다. "Gemalto Presents the Findings of its Investigations into the Alleged Hacking of SIM Card Encryption Keys by Britain's Government Communications Headquarters (GCHQ) and the U.S. National Security Agency (NSA)," February 25, 2015, press release, Gemalto.com.

39. Peter Koop, "NSA and GCHQ Stealing SIM Card Keys: A Few Things You Should Know," *Electrospaces* blog, February 23, 2015.

40. Jeremy Scahill and Josh Begley, "The Great SIM Heist," *The Intercept*, February 19, 2015.

41. John Napier Tye, "Meet Executive Order 12333: The Reagan Rule That Lets the NSA Spy on Americans," *Washington Post*, July 18, 2014. 기록으로 남은 연설 최종본은 다음을 참조하라. Scott Busby, "State Department on Internet Freedom at Rights Con," *RightsCon*, March 4, 2014.

42. US Department of Defense Deputy Chief Management Officer, "DoD Manual 5240.01: Procedures Governing the Conduct of DOD Intelligence Activities," August 8, 2016.

43. "Security," Google, 2014, https://web.archive.org/web/20140117211659/http:/www.google.com/apps/intl/en-GB/trust/security.html.

44. Craig Timberg, "Google Encrypts Data amid Backlash against NSASpying," *Washington Post*, September 6, 2013.

45. "Current Efforts—Google," National Security Agency—Special Source Operations, presentation deck, February 28, 2013, published alongside Barton Gellman and Ashkan Soltani, "NSA Infiltrates Links to Yahoo, Google Data Centers Worldwide, Snowden Documents Say," *Washington Post*, October 30, 2013.

46. 이와 관련한 첫 보도에 대해서는 다음을 참조하라. Gellman and Soltani, "NSA Infiltrates Links." DS-200B를 프로그램의 식별자로 하여 수집된 정보의 구체적인 통계 자료는 다음을 참조하라. "WINDSTOP—Last 30 Days," National Security Agency, published alongside Barton Gellman, Ashkan Soltani, and Andrea Peterson, "How We Know the NSA Had Access to Internal Google and Yahoo Cloud Data," *Washington Post*, November 4, 2013.

47. "Wyden & Tech Leaders Discuss Mass Surveillance & the Digital Economy," *YouTube*, October 8, 2014.

48. Gellman and Soltani, "NSA Infiltrates Links."

49. Brandon Downey, "This Is the Big Story in Tech Today," Google Plus blog, October 30, 2013.

50. Tye, "Meet Executive Order 12333."

51. 이 보고서의 열두 번째 권고 사항은 모호하게 행정명령 제12333호를 "미국 영토 외에 위치하는 비미국인을 대상으로 한 통신 수집을 정당화하는 법적 권한"이라고 설명했다. 그리고 NSA가 이 법적 권한에 의해 수집한 정보 중 특정 정보 가치가 없는 미국인에 대해 수집한 정보를 삭제해야 한다고 적었다. Clarke et al., "Liberty and Security in a Changing World," 145-146.

52. 당시 가이드라인에 대해서는 다음을 참조하라. "Legal Compliance and U.S. Persons Minimization Procedures," Signals Intelligence

Directorate, National Security Agency, 2011. 외국 정보 이해에 대한 예외를 포함한 2015년 법령의 경우 다음을 참조하라. "H.R. 4681(113th): Intelligence Authorization Act for Fiscal Year 2015," *GovTrack*, December 9, 2014.

53. "BULLRUN," 4.

54. "BULLRUN," 4.

55. Risen and Poitras, "N.S.A. Report Outlined Goals for More Power."

제3장 백도어

1. Ben Macintyre, *Agent Zigzag: The True Wartime Story of Eddie Chapman: Lover, Betrayer, Hero, Spy* (London: Bloomsbury, 2007), 1.

2. "Classification Guide for Cryptanalysis, 2-12," National Security Agency internal document, November 23, 2004, published alongside James Ball, Julian Borger, and Glenn Greenwald, "Revealed: How US and UK Spy Agencies Defeat Internet Privacy and Security," *Guardian*, September 6, 2013, 3; "Classification Guide [Project Bullrun]" National Security Agency internal document, June 16, 2010, published alongside Ball, Borger, and Greenwald, "Revealed"; "National Initiative Protection Program—Sentry Eagle," National Security Agency internal document, published alongside Peter Maass and Laura Poitras, "Core Secrets: NSA Saboteurs in China and Germany," *The Intercept*, October 10, 2014, 9; Nicole Perlroth, Jeff Larson, and Scott Shane, "N.S.A. Able to Foil Basic Safeguards of Privacy on Web," *New York Times*, September 5, 2013.

3. NSA는 다음과 같이 목표를 설정했다. "표적이 사용하는 상용 암호화 시스템, IT 시스템, 네트워크, 통신 단말기에 취약점을 심는다." "Computer Network Operations SIGINT Enabling," National Security Agency internal document, 2012, published alongside Ball, Borger, and Greenwald, "Revealed," 1.

4. 관련 수학에 대한 논의와 관련하여 다음을 참조하라. Matthew Green, "On the Juniper Backdoor," *A Few Thoughts on Cryptographic Engineering* blog, December 22, 2015; Dan Shumow and Niels Ferguson, "On the Possibility of a Back Door in the NIST SP800-90 Dual EC PRNG," presentation to Microsoft *Crypto* conference, Santa Barbara, CA, August 2007; Daniel J. Bernstein, Tanja Lange, and Ruben Niederhagen, "Dual EC: A Standardized Back Door," in *The New Codebreakers: Essays Dedicated to David Kahn on the Occasion of His 85th Birthday*, 256–281 (Berlin: Springer-Verlag, 2016).

5. Zaria Gorvett, "The Ghostly Radio Station That No One Claims to Run," *BBC News*, August 2, 2017.

6. Ellen Airhart, "How a Bunch of Lava Lamps Protect Us from Hackers," *Wired*, July 29, 2018.

7. 정확히 말하자면 이 표준들은 정부의 비군사적 부문 사용에 해당된다. 이전까지 이 분야에서 많은 작업이 이뤄졌지만 획기적인 성과는 없었다.

8. Matthew Green, "The Many Flaws of Dual_EC_DRBG," *A Few Thoughts on Cryptographic Engineering* blog, September 18, 2013.

9. Green, "The Many Flaws of Dual_EC_DRBG"; Berry Schoenmakers and Andrey Sidorenko, "Cryptanalysis of the Dual Elliptic Curve Pseudorandom Generator," *IACR Cryptology ePrint Archive*, January 1, 2006; Bernstein, Lange, and Niederhagen, "Dual EC: A

Standardized Back Door."

10. Daniel R. L. Brown and Scott A. Vanstone, "Elliptic Curve Random Number Generation," US Patent 20070189527, filed 2005 and issued July 27, 2006; Matthew Green, "A Few More Notes on NSA Random Number Generators," *A Few Thoughts on Cryptographic Engineering* blog, December 28, 2013.

11. Elaine B. Barker and John M. Kelsey, "Recommendation for Random Number Generation Using Deterministic Random Bit Generators," National Institute of Standards and Technology Special Publication, US Department of Commerce, March 14, 2007.

12. Barker and Kelsey, "Recommendation for Random Number Generation," 76.

13. Shumow and Ferguson, "On the Possibility of a Back Door."

14. 잘 알려진 암호학자 브루스 슈나이어가 심각하게 경고한 바 있다. Bruce Schneier, "Did NSA Put a Secret Backdoor in New Encryption Standard?" *Wired*, November 15, 2007; Bruce Schneier, "The Strange Story of Dual_EC_DRBG," *Schneier on Security*, November 15, 2007.

15. Kim Zetter, "How a Crypto 'Backdoor' Pitted the Tech World against the NSA," *Wired*, September 24, 2013.

16. Perlroth, Larson, and Shane, "N.S.A. Able to Foil Basic Safeguards of Privacy on Web."

17. Dual_EC_DRBG 표준화위원회 한 위원의 프레젠테이션에서 표준의 P와 Q값을 NSA가 지정했다고 언급했다. John Kelsey, "800-90 and Dual ECDRBG," NIST presentation, December 2013, posted publicly at https://csrc.nist.gov/csrc/media/events/ispab-december-2013-meeting/documents/nist_cryptography_800-90.pdf.

18. Perlroth, Larson, and Shane, "N.S.A. Able to Foil Basic Safeguards of Privacy on Web."

19. Zetter, "How a Crypto 'Backdoor' Pitted the Tech World against theNSA."

20. Steve Marquess, "Flaw in Dual EC DRBG (No, Not That One)," accessible via Mailing list ARChives (MARC.info) website, December 19, 2013.

21. Joseph Menn, "Exclusive: Secret Contract Tied NSA and Security Industry Pioneer," Reuters, December 20, 2013; Matthew Green, "The Strange Story of 'Extended Random,'" *A Few Thoughts on Cryptographic Engineering* blog, December 19, 2017.

22. Art Coviello, "Keynote," speech, RSA Conference 2014, San Francisco, February 25, 2014.

23. "Assessment of Intelligence Opportunity-Juniper," Government Communications Headquarters internal report, February 3, 2011,published alongside Ryan Gallagher and Glenn Greenwald, "NSA Helped British Spies Find Security Holes in Juniper Firewalls," *The Intercept*, December 23, 2015, 4-5.

24. "Juniper Network Firewall Maintenance Renewal," Request for Quote issued by the US Office of Personnel Management, posted ongovtribe.com, September 4, 2013.

25. Andy Ozment, "Written Testimony of NPPD Office of Cybersecurity and Communications Assistant Secretary Andy Ozment for a House Committee on Oversight and Government Reform, Subcommittee on Information Technology Hearing Titled 'Federal Cybersecurity Detection, Response, and Mitigation,'" Washington, DC, April 20, 2016.

26. Juniper Networks, "Customer Success," corporate website page, https://www.juniper.net/us/en/company/case-studies-customer-success/.

27. Stephen Checkoway, Christina Garman, Joshua Fried, Shaanan Cohney, et al., "A Systematic Analysis of the Juniper Dual EC Incident," *Proceedings of the 2016 ACM SIGSAC Conference on Computer and Communications Security*, Vienna, Austria, October 24-28, 2016, 468-479.

28. Green, "On the Juniper Backdoor"; Chris Kemmerer, "The Juniper Backdoor: A Summary," SSL.com, January 16, 2016.29. Green, "On the Juniper Backdoor."

30. "Juniper Networks Product Information about Dual_EC_DRBG,"Juniper Networks, 2013.31. Stephen Checkoway, Jake Maskiewicz, Christina Garman, Joshua Fried, et al., "Where Did I Leave My Keys? Lessons from the Juniper Dual EC Incident," *Communications of the ACM 61*, no. 11 (2018): 145-155.

32. "Assessment of Intelligence Opportunity: Juniper."

33. Kim Zetter, "Researchers Solve Juniper Backdoor Mystery; Signs Pointto NSA," *Wired*, December 22, 2015.

34. Zetter, "Researchers Solve Juniper Backdoor Mystery."

35. 다음 예시를 참조하라. "Southeast Asia: An Evolving Cyber Threat Landscape," FireEye Special Report, March 2015, 9.

36. Gallagher and Greenwald, "NSA Helped British Spies."

37. Chris C. Demchak and Yuval Shavitt, "China's Maxim—Leave No Access Point Unexploited: The Hidden Story of China Telecom's BGP Hijacking," *Military Cyber Affairs* 3, no. 1 (2018); Dan Goodin,

"Strange Snafu Misroutes Domestic US Internet Traffic through China Telecom," *ArsTechnica*, November 6, 2018; Dan Goodin, "BGP Event Sends European Mobile Traffic through China Telecom for 2 Hours," *ArsTechnica*, June 8, 2019.

38. Green, "On the Juniper Backdoor."

39. HD Moore, "CVE-2015-7755: Juniper ScreenOS Authentication Backdoor," *Rapid7* blog, December 20, 2015.

40. Kemmerer, "The Juniper Backdoor: A Summary."

41. Michael Hayden, "The Making of America's Cyberweapons," *Christian Science Monitor*, February 24, 2016.

42. Juniper Networks, "2015-12 Out of Cycle Security Bulletin: ScreenOS: Multiple Security Issues with ScreenOS (CVE-2015-7755, CVE-2015-7756)," December 20, 2015; Bob Worrall, "Important Juniper Security Announcement," Juniper Security Incident Response Blog, December 17, 2015.

43. Andy Ozment, "Written Testimony," 3–4, 9–13.

44. 암호화 기술 정책에 관련하여 다음을 참조하라. Nicole Perlroth, "Tech Giants Urge Obama to Reject Policies That Weaken Encryption," *New York Times*, May 19, 2015; Ellen Nakashima and Barton Gellman, "As Encryption Spreads, U.S. Grapples with Clash between Privacy, Security," *Washington Post*, April 10, 2015; Ben Buchanan, "Cryptography and Sovereignty," *Survival* 58, no. 5 (2016): 95–122.

45. Edward Snowden [@Snowden], "@tqbf Many *are* talking about all exploits without any nuance. Juniper's Dual EC point change unlikely to be NSA—USG notified them!" Twitter post, December 24, 2015.

46. Kemmerer, "The Juniper Backdoor: A Summary"; Zetter, "Researchers Solve Juniper Backdoor Mystery."

47. National Institute of Standards and Technology, "NIST Cryptographic Standards and Guidelines Development Process," report prepared by Visiting Committee on Advanced Technology, July 2014.

48. Michael Wertheimer, "The Mathematics Community and the NSA," *Notices of the American Mathematical Society* 62, no. 2 (2015): 165-167, 166.

49. 다음 예시를 참조하라. Joseph Menn, "Distrustful U.S. Allies Force Spy Agency to Back Down in Encryption Fight," *Reuters*, September 21, 2017.

50. Bob Worrall, "Juniper Networks Completes ScreenOS Update," Juniper Networks website, April 6, 2016.

제4장 전략적 스파이

1. Scott Pelley, "FBI Director on Threat of ISIS, Cybercrime," *CBS News*, October 5, 2014.

2. Daniel Ellsberg, *Secrets: A Memoir of Vietnam and the Pentagon Papers* (New York: Penguin, 2002), 290-308.

3. Dennis C. Blair and Jon M. Huntsman, Jr., "Update to the IP Commission Report," Commission on the Theft of American Intellectual Property / National Bureau of Asian Research, February 27, 2017, 9.

4. Josh Rogin, "NSA Chief: Cybercrime Constitutes the 'Greatest Transfer of Wealth in History,'" *Foreign Policy*, July 9, 2012.

5. Defense Science Board Task Force, "Resilient Military Systems and the Advanced Cyber Threat," US Department of Defense, January 2013, 4; Ariana Eunjung Cha and Ellen Nakashima, "Google China Cyberattack Part of Vast Espionage Campaign, Experts Say," *Washington Post*, January 14, 2010.

6. Benjamin Pimentel, "Juniper Networks Investigating Cyber-Attacks," *Market Watch*, January 15, 2010.

7. David Drummond, "A New Approach to China," *Google Official Blog*, January 12, 2010.

8. Jamil Anderlini, " 'The Chinese Dissident's 'Unknown Visitors,' " *Financial Times*, January 14, 2010.

9. Drummond, "A New Approach to China."

10. Philip Bethge, "'It Was a Real Step Backward,'" *Der Spiegel*, March 30, 2010.

11. John P. Carlin, *Dawn of the Code War: America's Battle against Russia, China, and the Rising Global Cyber Threat* (New York: Public Affairs, 2018), 180.

12. Michael Joseph Gross, "Enter the Cyber-Dragon," *Vanity Fair*, August 2, 2011.

13. Kim Zetter, "'Google' Hackers Had Ability to Alter Source Code," *Wired*, March 3, 2010.

14. William T. Eliason, "An Interview with Paul M. Nakasone," *Joint Force Quarterly* 92, no. 1 (2019): 4-9, 5.

15. Kevin Mandia, "APT1: Exposing One of China's Cyber Espionage Units," report published by Mandiant (now FireEye) consultancy, February 18, 2013, 7-19.

16. Mandia, "APT1," 22.

17. Mandia, "APT1," 20-21.

18. Mandia, "APT1," 24.

19. Mandia, "APT1," 25.

20. Mandia, "APT1," 27-38.

21. 행사 사진 관련해서는 다음을 참조하라. Stephen Shaver, "Westinghouse and China Signing Ceremony for Nuclear Power Plants," *UPI*, July 24, 2007.

22. *United States of America v. Wang Dong, Sun Kailiang, Wen Xinyu, Huang Zhenyu, Gu Chunhui*, Criminal Nr 14-118, District Court Western District of Pennsylvania, May 1, 2014, 13-16.

23. Diane Cardwell and Jonathan Soble, "Westinghouse Files for Bankruptcy, in Blow to Nuclear Power," *New York Times*, March 29, 2017.

24. *United States of America v. Wang Dong et al.*, 17-19.

25. *United States of America v. Wang Dong et al.*, 19-21.

26. *United States of America v. Wang Dong et al.*, 23-26.

27. *United States of America v. Wang Dong et al.*, 23-26.

28. NSA와의 연관점과 관련해서는 다음을 참조하라. Garrett Graff, "How the US Forced China to Quit Stealing—Using a Chinese Spy," *Wired*, October 11, 2018.

29. 존 칼린의 저서만큼 자세하지는 않지만, 미국 정부의 수사를 요약한 다음 기소문을 참조하라. *United States of America v. Su Bin*, Department of Justice, August 14, 2014.

30. Carlin, *Dawn of the Code War*, 273-274.

31. Carlin, *Dawn of the Code War*, 273-274.

32. Carlin, *Dawn of the Code War*, 274-277.

33. Ellen Nakashima, "Businessman Admits Helping Chinese Military Hackers Target U.S. Contractors," *Washington Post*, March 23, 2016.

34. Ellen Nakashima, "Confidential Report Lists U.S. Weapons System Designs Compromised by Chinese Cyberspies," *Washington Post*, May 27, 2013; Caitlin Dewey, "The U.S. Weapons Systems That Experts Say Were Hacked by the Chinese," *Washington Post*, May 28, 2013.

35. 시스템의 취약점에 관해서는 추가로 다음을 참조하라. "Weapon Systems Cybersecurity: DOD Just Beginning to Grapple with Scale of Vulnerabilities," US Government Accountability Office, October 19, 2018.

36. "BYZANTINE HADES: An Evolution of Collection," National Security Agency presentation to SIGDEV conference, published alongside Jacob Appelbaum, Aaron Gibson, Claudio Guarnieri, Andy Müller-Maguhn, et al., "The Digital Arms Race: NSA Preps America for Future Battle," *Der Spiegel*, January 17, 2015, 3.

37. "Chinese Exfiltrate Sensitive Military Technology," National Security Agency presentation deck, published alongside Jacob Appelbaum, Aaron Gibson, Claudio Guarnieri, Andy Müller-Maguhn, et al., "The Digital Arms Race: NSA Preps America for Future Battle," *Der Spiegel*, January 17, 2015, 3.

38. "Inquiry into Cyber Intrusions Affecting U.S. Transportation Command Contractors," Committee on Armed Services, United States Senate Report 113-258, September 18, 2014, 7-10.

39. 이 일련의 침입 사건 및 관련 기관에 대한 보고 실패에 관한 최종적인

보고서에 관련하여 다음을 참조하라. "Inquiry into Cyber Intrusions Affecting U.S. Transportation Command Contractors."

40. Kim Zetter and Andy Greenberg, "Why the OPM Breach Is Such a Security and Privacy Debacle," *Wired,* June 11, 2015; US Office of Personnel Management, "Federal Information Security Management Act Audit FY 2014: Final Audit Report," Office of the Inspector General /Office of Audits Report Number 4A-CI-00-14-016, November 12, 2014,10; Aliya Sternstein, "Here's What OPM Told Congress the Last Time Hackers Breached Its Networks," *NextGov,* June 15, 2015.

41. David Sanger, "Hackers Took Fingerprints of 5.6 Million U.S. Workers, Government Says," *New York Times,* September 23, 2015. 아울러 다음을 참조하라. Brendan L. Koerner, "Inside the Cyberattack That Shocked the US Government," *Wired,* October 23, 2016.

42. Ellen Nakashima, "Hacks of OPM Databases Compromised 22.1 Million People, Federal Authorities Say," *Washington Post,* July 9, 2015.

43. Sanger, "Hackers Took Fingerprints of 5.6 Million U.S. Workers."

44. Mark Mazzetti and David Sanger, "U.S. Fears Data Stolen by Chinese Hacker Could Identify Spies," *New York Times,* July 24, 2015.

45. Nakashima, "Hacks of OPM Databases Compromised 22.1 Million People."

46. Brian Krebs, "China to Blame in Anthem Hack?" Krebs on Security, February 6, 2015; *United States of America v. Fujie Wang, John Doe,* US District Court Southern District of Indiana, indictment filed May 7, 2019.

47. Brian Krebs, "Premera Blue Cross Breach Exposes Financial, Medical Records," *Krebs on Security*, March 17, 2015.

48. Krebs, "China to Blame in Anthem Hack?"

49. Aruna Viswanatha and Kate O'Keefe, "Before It Was Hacked, Equifax Had a Different Fear: Chinese Spying," *Wall Street Journal*, September 12, 2018.

50. 해킹 사건에 관해 초기에 자세히 보도한 다음 내용을 참고하라. Brian Krebs, "Breach at Equifax May Impact 143M Americans," *Krebs on Security*, September 7, 2017. 최종적으로 미국 시민 총 1억 4천 5백만 명이 영향을 받았다. Stacy Cowley, "2.5 Million More People Potentially Exposed in Equifax Breach," *New York Times*, October 2, 2017.

51. Kate Fazzini, "The Great Equifax Mystery: 17 Months Later, the Stolen Data Has Never Been Found, and Experts Are Starting to Suspect a Spy Scheme," *CNBC*, February 13, 2019.

제5장 방첩

1. William Shirer, *The Rise and Fall of the Third Reich* (New York: Simon and Schuster, 1959), 872. 이에 동의하는 의견에 대해서는 다음을 참조하라. Carl Boyd, *Hitler's Japanese Confidant* (Lawrence: University Press of Kansas, 1993), 38.

2. 일본군의 퍼플에 대한 자신감과 연합군의 암호 파훼 노력에 대해서는 다음을 참조하라. David Kahn, *The Codebreakers* (London: Weidenfeld and Nicolson, 1974), ch. 1.

3. George Marshall, "Letter to Thomas E. Dewey," September 27, 1944,

George C. Marshall Papers, Pentagon Office Collection, Selected Materials, George C. Marshall Research Library, Lexington, VA.

4. 이 사건에 대한 추가적인 정보는 다음을 참조하라. Boyd, *Hitler's Japanese Confidant*.

5. Allen Dulles, *The Craft of Intelligence* (New York: Harper and Row, 1963; Guilford CT: Lyons Press 2016).

6. William T. Eliason, "An Interview with Paul M. Nakasone," *Joint Force Quarterly* 92, no. 1 (2019): 7.

7. "BYZANTINE HADES: An Evolution of Collection," National Security Agency presentation to SIGDEV conference, published alongside Jacob Appelbaum, Aaron Gibson, Claudio Guarnieri, Andy Müller-Maguhn, et al., "The Digital Arms Race: NSA Preps America for Future Battle," *Der Spiegel*, January 17, 2015, 3.

8. 파이브 아이즈도 중간 거점을 사용하고 이를 작전적인 릴레이 상자(Operational Relay Boxes)라고 부른다. 매년 두세 차례에 걸쳐 파이브 아이즈 요원들은 날짜를 정해 파이브 아이즈에 속하지 않은 국가 내에서 이러한 중간 거점들을 최대한 확보하고 향후 활용한다. "What Is HACIENDA?" UK Government Communications Headquarters internal presentation, published online alongside Jacob Appelbaum, Monika Ermert, Julian Kirsch, Henrik Moltke, Laura Poitras, and Christian Grothoff, "The HACIENDA Program for Internet Colonization," *Heise / c't Magazin*, August 15, 2014.

9. 이 작업을 위해 수동적 정보 수집이 유용할 수 있다. 특히 다른 정보기관들이 작전 보안을 잘 지키지 않는다면 그렇다. 캐나다 정보기관이 러시아 해커들을 노린 사례를 보면 알 수 있다. "Hackers Are Humans Too," Communications Security Establishment Canada presentation, 2011,

published alongside Sam Biddle, "White House Says Russia's Hackers Are Too Good to Be Caught but NSA Partner Called Them 'Morons,'" *The Intercept*, August 2, 2017.

10. "BYZANTINE HADES: An Evolution in Collection," 3-27.

11. 이러한 여러 노력과 사이버 방어 간의 연관점에 대해서는 다음을 참조하라. "TUTELAGE 411," National Security Agency presentation deck, published alongside Jacob Appelbaum, Aaron Gibson, Andy Müller Maguhn, Claudio Guarnieri, et al., "The Digital Arms Race: NSA Preps America for Future Battle," *Der Spiegel*, January 17, 2015; Ben Buchanan, *The Cybersecurity Dilemma* (New York: Oxford University Press, 2017).

12. Juan Andres Guerrero-Saade and Costin Raiu, "Walking in Your Enemy's Shadow: When Fourth Party Collection Becomes Attribution Hell," *SecureList*, October 2017, 8.

13. 사이버보안업계도 유사한 접근법을 취한다. 그들은 특정 해커에 대한 수십, 어떨 때는 수백 가지 지표들을 네트워크 보안 담당자 사이에 공유한다.

14. 테디는 다른 파이브 아이즈 동맹국의 악성코드도 추적하는데 이는 아마도 충돌과 비고의적 간섭을 방지하기 위함으로 보인다. 스턱스넷의 표식 또한 추적하는데 웜바이러스의 예기치 못한 확산을 모니터링하고 뒤처리 작업을 하기 위한 것으로 보인다. Kim Zetter, "Leaked Files Show How the NSA Tracks Other Countries' Hackers," *The Intercept*, March 6, 2018.

15. 테디에 관한 가장 훌륭한 분석은 다음을 참조하라. Boldizsár Bencsáth, "Territorial Dispute," *CrySyS*, March 2018.

16. "SNOWGLOBE: From Discovery to Attribution," Communications Security Establishment Canada presentation, 2011, published

alongside Appelbaum et al., "Digital Arms Race." 다음도 참조하라. "Pay Attention to That Man behind the Curtain: Discovering Aliens on CNE Infrastructure,"Communications Security Establishment Canada presentation to CSEC conference, June 2010, published alongside Appelbaum et al., "Digital Arms Race."

17. "The Wizards of Oz II: Looking over the Shoulder of a Chinese C2C Operation," NSA Special Deployments Division *SIDToday* memo, August 8, 2006, published alongside Margot Williams, Henrik Moltke, Micah Lee, and Ryan Gallagher, "Meltdown Showed Extent of NSA Surveillance—And Other Tales from Hundreds of Intelligence Documents," *The Intercept*, May 29, 2019.

18. Zetter, "Leaked Files Show How the NSA Tracks Other Countries' Hackers."

19. "Fourth Party Opportunities," National Security Agency, internal presentation, n.d., published alongside Appelbaum et al., "Digital Arms Race."

20. 제4자 수집에 대한 간략한 언론 보도는 다음을 참조하라. Appelbaum et al., "Digital Arms Race."

21. NSA의 문서 외 제4자 수집에 대한 추가 개념화에 관해서는 다음을 참조하라. Guerrero-Saade and Raiu, "Walking in Your Enemy's Shadow."

22. "Fourth Party Opportunities," 1-9.

23. "TRANSGRESSION Overview for Pod58," National Security Agency internal presentation, February 7, 2010, published alongside Appelbaum et al., "Digital Arms Race."

24. "NSA's Offensive and Defensive Missions: The Twain Have Met," NSA/CSS Threat Operations Center (NTOC) Hawaii, *SIDToday* post,

April 26, 2011, published alongside Appelbaum et al., "Digital Arms Race."

25. "Is There Fifth Party Collection?," National Security Agency, discussion board post, n.d., published alongside Applebaum et al., "Digital Arms Race."

26. "'4th Party Collection': Taking Advantage of Non-Partner Computer Network Exploitation Activity," National Security Agency Men with Hill Station, *Horizon* [internal newsletter], published alongside Appelbaumet al., "Digital Arms Race."

제6장 전략적 방해 공작(사보타주)

1. 비밀 공중폭격 작전을 전체적으로 가장 잘 정리한 자료는 다음과 같다. David Makovsky, "The Silent Strike," *New Yorker*, September 17, 2012.

2. David Sanger, *Confront and Conceal: Obama's Secret Wars and Surprising Use of American Power* (New York: Crown, 2012), 193.

3. Jonathan Steele, "Israel Asked US for Green Light to Bomb Nuclear Sites in Iran," *Guardian*, September 25, 2008.

4. Zahra Hosseinian and Edmund Blair, "Iran Aims for 50,000 Atomic Centrifuges in 5 Years," *Reuters*, December 11, 2007.

5. 데이비드 생어가 이 명칭을 처음 보도했다. Sanger, *Confront and Conceal*, ch. 8. 다음도 참조하라. Kim Zetter and Huib Modderkolk, "Revealed: How a Secret Dutch Mole Aided the U.S.-Israeli Stuxnet Cyberattack on Iran," *Yahoo News*, September 2, 2019.

6. 패니는 코드 구조에서 스턱스넷에 앞서 개발됐으면서도 또한 스턱스넷

과 중첩되는 부분이 많아 두 코드가 동일한 작전에 사용됐다는 강한 의심을 불러일으킨다. 전문가들은 파키스탄에서 상당수가 패니에 감염된 것을 발견했는데 이는 상황을 더 복잡하게 만들었다. 패니가 또 다른 사이버 첩보 작전에 사용됐거나 또는 전염 방식 때문에 공격 대상 지역 외로 확산된 것으로 보였기 때문이다. 관련하여 다음을 참조하라. Kaspersky Lab, "A Fanny Equation: 'I Am Your Father, Stuxnet,'" February 17, 2015.

7. 이런 이유 때문에 데이비드 생어의 스턱스넷에 대한 기념비적인 보도나 킴 제터의 관련 책에도 패니가 언급되지 않았다. Sanger, *Confront and Conceal*; Kim Zetter, *Countdown to Zero Day: Stuxnet and the Launch of the World's First Digital Weapon* (New York: Crown, 2014).

8. 패니에 대한 구체적인 기술적 논의와 관련 악성코드에 대해서는 다음을 참조하라. Kaspersky Lab, "A Fanny Equation"; Kaspersky Lab, "Equation: The Death Star of Malware Galaxy," February 16, 2015; Kaspersky Lab, "Equation Group: Questions and Answers," February 2015.

9. 이 실험에 대한 첫 번째 보도는 다음과 같다. William Broad, John Markoff, and David Sanger, "Israeli Test on Worm Called Crucial in Iran Nuclear Delay," *New York Times*, January 15, 2011.

10. Sanger, *Confront and Conceal*, 197.

11. 이 명령에 대한 첫 보도와 관련하여 다음을 참조하라. Sanger, *Confront and Conceal*, ch. 8.

12. 이 전염 방식에 대한 논의와 관련하여 다음을 참조하라. Zetter, Count down to Zero Day, 91. 이와 관련하여 다음도 참조하라. Zetter and Modderkolk, "Revealed."

13. Zetter, *Countdown to Zero Day*, 97. 이에 대한 더욱 자세한 기술적 분석과 관련하여 다음을 참조하라. Kaspersky Lab, "Stuxnet: Victims Zero," November 18, 2014. 하청업체 다섯 곳 모두가 각 버전의 스턱스넷을 퍼

트린 것이 아니다.

14. 두 공격 지령 서버의 도메인 이름은 mypremierfutbol.com과 todaysfutbol. com이었다.

15. 예를 들어 스틱스넷과 플레임을 비교하라. sKyWIper Analysis Team, "sKyWIper (a.K.a. Flame a.K.a. Flamer): A Complex Malware for Targeted Attacks," *CrySys*, May 31, 2012; Alexander Gostev, "The Flame: Questions and Answers," *SecureList*, May 28, 2012.

16. 스틱스넷의 표적 검증과 관련하여 다음을 참조하라. Zetter, *Countdown to Zero Day*, 167-175.

17. Ron Rosenbaum, "Richard Clarke on Who Was behind the Stuxnet Attack," *Smithsonian*, April 2012.

18. 스틱스넷 작전의 이 부분과 관련하여 기념비적인 연구인 다음을 참조하라. Ralph Langner, "Stuxnet's Secret Twin," *Foreign Policy*, November 19, 2013. 추가 분석은 다음을 참조하라. Ralph Langner, "To Kill a Centrifuge: A Technical Analysis of What Stuxnet's Creators Tried to Achieve," Langner Group report, 2013, quote on 10.

19. Sanger, *Confront and Conceal*, 199-203.

20. Langner, "To Kill a Centrifuge," 9-10. 이후 관계자들은 공격이 공개된 것의 장점을 이해했다.

21. Langner, "To Kill a Centrifuge," 10-14; Eric Chien, "Stuxnet: A Breakthrough," Symantec, November 12, 2010; Ralph Langner, "Can You HEAR Stuxnet Damaging Centrifuges at Natanz?" YouTube, July 27, 2017.

22. 파괴된 원심분리기 숫자와 효과에 관련된 논의는 다음을 참조하라. Ivanka Barzashka, "Are Cyber-Weapons Effective? Assessing Stuxnet's Impact on the Iranian Enrichment Programme," *RUSI Journal* 158,

no. 2 (2013); Sanger, *Confront and Conceal*, 207.

23. Sanger, *Confront and Conceal*, 200.

24. 초기 감염 관련 보고서는 다음을 참조하라. Jarrad Shearer, "W32.Stuxnet," Symantec Security Center (website), July 13, 2010. 시간이 경과하면서 다른 기업들은 더 많은 감염 숫자를 집계했다.

25. David Sanger, "Obama Order Sped Up Wave of Cyberattacks against Iran," *New York Times*, June 1, 2012.

26. Sanger, *Confront and Conceal*, 205.

27. Eugene Kaspersky, "The Man Who Found Stuxnet: Sergey Ulasen in the Spotlight," Kaspersky Lab blog, November 2, 2011.

28. Brian Krebs, "Experts Warn of New Windows Shortcut Flaw," *Krebs on Security*, July 15, 2010.

29. 그들 컴퓨터 중 하나는 지멘스의 것이었다. 지멘스는 스턱스넷이 노리는 산업용 제어 시스템을 만드는 회사였다. 7월 발표 이후 회사는 흥미롭게도 침묵을 지켰다. Zetter, *Countdown to Zero Day*, 168.

30. 스턱스넷의 상대적 크기에 대한 논의는 다음을 참조하라. Zetter, *Countdown to Zero Day*, 20.

31. 시멘텍은 스턱스넷에 대해 알고 있는 사항들에 대해 2010년 여름과 가을에 걸쳐 블로그에 일련의 글을 연재했다. 2011년부터 보관 기록된 포스트 리스트는 다음을 참조하라. "Security Response (Posts Tagged with W32.Stuxnet)," Symantec, January 20, 2011, https://web.archive.org/web/20110120133017/ https://www.symantec.com/connect/symantec-blogs/security-response/11761/all/all/all/all.

32. 원본의 강조 표시와 같다. Kim Zetter, "How Digital Detectives Deciphered Stuxnet, the Most Menacing Malware in History," *Wired*, July 11, 2011.

33. Zetter, *Countdown to Zero Day*, 173.

34. Zetter, *Countdown to Zero Day*, 177.

35. Ralph Langner, "Stuxnet Is a Directed Attack: 'Hack of the Century,'" Langner Group, September 13, 2010.

36. Ralph Langner, "Stuxnet Logbook, Sep 16 2010, 1200 Hours MESZ," Langner Group, September 16, 2010.

37. Kaspersky Global Research & Analysis Team (GReAT), "What Was That Wiper Thing?" Kaspersky Lab SecureList, August 29, 2012.

38. Thomas Erdbrink, "Facing Cyberattack, Iranian Officials Disconnect Some Oil Terminals from Internet," *New York Times*, April 23, 2012.

39. Erdbrink, "Facing Cyberattack."

40. Erdbrink, "Facing Cyberattack."

41. 와이퍼가 삭제한 파일 중에 스턱스넷이 사용한 파일 종류가 있어서 이것이 청소 작전의 일환이 아닌가 하는 추측을 불러일으켰다. 그러나 .INF라는 파일 종류는 윈도에서도 사용하는 파일이며, 와이퍼 작전이 개시됐을 때 스턱스넷은 이미 널리 알려지고 연구된 악성코드였다. 서방이 이란의 경제를 약화시키고 고립시키려 노력하고 있던 와중에 와이퍼가 이란의 석유 산업을 노렸기 때문에 이는 와이퍼가 스턱스넷의 뒤처리 작업을 위한 작전이라는 주장과 맞지 않으며, 방해 공작의 일환이라는 주장이 더 설득력을 갖는다.

42. 많이 알려지지 않은 와이퍼에 대한 가장 훌륭한 기술적 분석과 관련하여 다음을 참조하라. Kaspersky Global Research & Analysis Team (GReAT), "What Was That Wiper Thing?"

43. 토머스 셸링은 이 문구를 자주 사용했다. Thomas C. Schelling, *Arms and Influence* (New Haven, CT: Yale University Press, 1966), 33.

44. David Sanger, "Diplomacy and Sanctions, Yes. Left Unspoken on

Iran? Sabotage," *New York Times*, January 19, 2016.

45. Zetter, *Countdown to Zero Day.*

46. Sanger, *Confront and Conceal.*

제7장 표적 파괴

1. Chris Kubecka, "How to Implement IT Security after a Cyber Meltdown," YouTube, August 6, 2015; Jose Pagliery, "The Inside Story of the Biggest Hack in History," *CNN*, August 5, 2015.

2. David Sanger and Annie Lowrey, "Iran Threatens to Block Oil Shipments, as U.S. Prepares Sanctions," *New York Times*, December 27, 2011.

3. 샤문 이후 일련의 와이핑 공격에 대해서는 다음을 참조하라. Saher Naumaan, "Now You See It, Now You Don't: Wipers in the Wild," *Virus Bulletin*, October 3, 2018.

4. "Iran—Current Topics, Interaction with GCHQ," National Security Agency internal memorandum, April 12, 2013, published alongside Glenn Greenwald, "NSA Claims Iran Learned from Western Cyberattack," *The Intercept*, February 10, 2015, 1.

5. 정확한 날짜는 불분명하다. 사후 기술 분석에 따르면 날짜는 불확실하지만 일부 언론은 2012년 중반이라고 보도했다. Pagliery, "The Inside Story of the Biggest Hacking History"; Kubecka, "How to Implement IT Security after a Cyber Meltdown," 4:20. 쿠베카의 프레젠테이션은 다음을 참조하라. Chris Kubecka, "How to Implement IT Security after a Cyber Meltdown," presentation to Black Hat USA conference, Las Vegas, NV,

August 6, 2015.

6. Symantec Security Response, "The Shamoon Attacks," *Symantec*, August 16, 2012; "Shamoon the Wiper: Copycats at Work," Kaspersky Lab, August 16, 2012.

7. Nicole Perlroth, "Among Digital Crumbs from Saudi Aramco Cyberattack, Image of Burning U.S. Flag," *New York Times*, August 24, 2012.

8. Cutting Sword of Justice, untitled guest post claiming responsibility for Saudi Aramco hack, *Pastebin*, August 15, 2012, https://pastebin.com/HqAgaQRj.

9. Kubecka, "How to Implement IT Security after a Cyber Meltdown."

10. Kubecka, "How to Implement IT Security," 9.

11. Angry Internet Lovers, "Saudi Aramco Hug, Another One," guest-posted on *Pastebin*, August 27, 2012.

12. Pagliery, "The Inside Story of the Biggest Hack in History."

13. 이 사건에 대한 추가 정보는 다음을 참조하라. Dan Verton, *The Hacker Diaries: Confessions of Teenage Hackers* (Berkeley, CA: McGraw-Hill Education, 2002), ch. 3.

14. Joshua Davis, "Hackers Take Down the Most Wired Country in Europe," *Wired*, August 21, 2007; "Project Grey Goose Phase I Report: Russia/Georgia Cyber War—Findings and Analysis," Project Grey Goose open-source intelligence initiative, October 17, 2008.

15. John Bumgarner and Scott Borg, "Overview by the US-CCU of the Cyber Campaign Against Georgia in August of 2008," US Cyber Consequences Unit special report, August 2009; "Project Grey Goose Phase II Report: The Evolving State of Cyber Warfare," Greylogic

[consultancy] special report, March 20, 2009.

16. Qassam Cyber Fighters, "Bank of America and New York Stock Exchange under Attack," guest-posted on *Pastebin*, September 18, 2012.

17. Qassam Cyber Fighters, "Operation Ababil: Second Step over Chase. Com," guest-posted on *Pastebin*, September 19, 2012.

18. *United States of America v. Ahmad Fathi, Hamid Firoozi, Amin Shokohi, Sadegh Ahmadzadegan, Omid Ghaffarinia, Sina Keissar, and Nader Saedi,* US District Court, Southern District of New York, indictment filed March 24, 2016, 4.

19. Qassam Cyber Fighters, "The Fourth Week, Operation Ababil," guest-posted on *Pastebin*, October 8, 2012.

20. Ellen Nakashima, "Iran Blamed for Cyberattacks on U.S. Banks and Companies," *Washington Post*, September 21, 2012.

21. Jim Garamone, "Panetta Spells Out DOD Roles in Cyberdefense," US Department of Defense American Forces Press Service, October 11, 2012.

22. *United States of America v. Ahmad Fathi,* et al., 4.

23. Qassam Cyber Fighters, "The 5th Week, Operation Ababil : 8 == 0 !," guest-posted on *Pastebin*, October 16, 2012.

24. Qassam Cyber Fighters, "The 6th Week, Operation Ababil," guest-posted on *Pastebin*, October 23, 2012.

25. 예를 들어 다음을 참조하라. Qassam Cyber Fighters, "P2 / W5, Operation Ababil :2*2==4," guest-posted on *Pastebin*, January 8, 2013.

26. Qassam Cyber Fighters, "Operation Ababil Suspended Due to Removal of Insulting Movie," guest-posted on *Pastebin*, January 29, 2013.

27. Qassam Cyber Fighters, "Phase 2 Operation Ababil," guest-posted on *Pastebin*, December 10, 2012.

28. Yaakov Katz, "Iran Embarks on $1B Cyber-Warfare Program," *Jerusalem Post*, December 18, 2011; "Iran—Current Topics, Interaction with GCHQ," 1.

29. "Iran—Current Topics, Interaction with GCHQ."

30. Sands Casino, "Casino Locations," https://www.sandscasino.com/global/casino-locations.html, accessed August 14, 2019.

31. Eric Lipton, "GOP's Israel Support Deepens as Political Contributions Shift," *New York Times*, April 5, 2015.

32. Raviv Drucker, "The Real Connection Between Netanyahu and Adelson's Israel Hayom," *Haaretz*, June 13, 2015.

33. Sheldon Adelson, remarks at Yeshiva University, New York City, October 22, 2013, posted by Philip Weiss on YouTube as "Sheldon Adelson Calls on Obama to Fire a Nuclear Weapon at Iran, Not Negotiate," October 22, 2013.

34. Ben Elgin and Michael Riley, "Now at the Sands Casino: An Iranian Hacker in Every Server," *Bloomberg*, December 11, 2014.

35. Waqas Amir, "Iran Hacked Vegas Casino Wiping Hard Drives, Shutting Down Email," *HackRead*, December 19, 2014.

36. Elgin and Riley, "Now at the Sands Casino: An Iranian Hacker in Every Server."

37. 이는 언론에서 심층 취재로 다룬 내용이다. 이 사건과 해커에 관해 직접적인 정보를 갖고 있는 보안업계 관계자들이 구체적인 내용들을 확인해 줬다. Jose Pagliery, "Iran Hacked an American Casino, U.S. Says," *CNN*, February 27, 2015; Elgin and Riley, "Now at the Sands Casino: An

Iranian Hacker in Every Server."

38. Joseph Marks, "The Cybersecurity 202: Iran's the Scariest Cyber Adversary, Former NSA Chief Says," *Washington Post*, May 3, 2019.

39. Elgin and Riley, "Now at the Sands Casino: An Iranian Hacker in Every Server."

제8장 강압

1. David Sanger, *The Perfect Weapon: War, Sabotage, and Fear in the Cyber Age* (New York: Crown, 2018), 142.

2. Mark Seal, "An Exclusive Look at Sony's Hacking Saga," *Vanity Fair*, February 4, 2015.

3. "DPRK FM Spokesman Blasts U.S. Moves to Hurt Dignity of Supreme Leadership of DPRK," *Korean Central News Agency*, June 25, 2014.

4. 소니 픽처스의 간부는 랜드코퍼레이션(RAND Corporation)의 북한 전문가에게 자문을 구했다. 전문가는 답변 중에 미국 국무부의 북한 인권 특별 대표와의 대화를 언급하면서 그 대표가 "전형적인 북한의 겁주기"라며 북한의 위협에 크게 걱정하지 않는다고 답한 사실을 알려줬다. Seal, "An Exclusive Look at Sony's Hacking Saga."

5. Seth Rogen (@Sethrogen), tweet, June 25, 2014, 10:48 AM.

6. Sanger, *The Perfect Weapon*, 129.

7. 과거 북한의 사이버 작전에 대한 당시 언론 보도는 다음을 참조하라. Choe Sang-Hun and John Markoff, "Cyberattacks Jam Government and Commercial Web Sites in U.S. And South Korea," *New York Times*,

July 8, 2009; and Choe Sang-Hun, "Computer Networks in South Korea Are Paralyzed in Cyberattacks," *New York Times*, March 20, 2013. 기술적 분석은 다음을 참조하라. Sergei Shevchenko, "Two Bytes to $951m," *BAE Systems Threat Research* Blog, April 25, 2016; Kate Kochetkova, "What Is Known About the Lazarus Group: Sony Hack, Military Espionage, Attacks on Korean Banks and Other Crimes," *Kaspersky Daily*, February 24, 2016; "Operation Blockbuster," *Novetta*, 2016.

8. Choe Sang-Hun, "North Korea Urgently Needs Food Aid After Worst Harvest in Decade, U.N. Says," *New York Times*, May 3, 2019.

9. 사이버 강압은 학계에서 주된 논의의 대상이었다. 예를 들어 다음을 참조하라. Thomas Rid, *Cyber War Will Not Take Place* (New York: Oxford University Press, 2013); Erik Gartzke, "The Myth of Cyberwar: Bringing War in Cyberspace Back Down to Earth," *International Security* 38, no. 2 (2013): 41–73; Brandon Valeriano, Benjamin Jensen, and Ryan C. Maness, *Cyber Strategy: The Evolving Character of Power and Coercion* (New York: Oxford University Press, 2018).

10. *United States of America v. Park Jin Hyok*, US District Court, Central District of California, criminal complaint filed June 8, 2018, 45–53.

11. Kurt Baumgartner, "Sony /Destover: Mystery North Korean Actor's Destructive and Past Network Activity: Comparisons with Shamoon and DarkSeoul," Kaspersky Lab *SecureList* blog, December 4, 2014.

12. Peter Elkind, "Sony Pictures: Inside the Hack of the Century, Part Three," *Fortune*, June 27, 2015.

13. Seal, "An Exclusive Look at Sony's Hacking Saga."

14. Elkind, "Sony Pictures: Inside the Hack."

15. Baumgartner, "Sony/ Destover."

16. Seal, "An Exclusive Look at Sony's Hacking Saga."

17. Sanger, *The Perfect Weapon*, 141.

18. Kevin Roose, "Inside Sony Pictures, Employees Are Panicking About Their Hacked Personal Data," *Splinter News*, December 3, 2014.

19. Roose, "Inside Sony Pictures."

20. Elkind, "Sony Pictures: Inside the Hack"; Seal, "An Exclusive Look at Sony's Hacking Saga."

21. Sanger, *The Perfect Weapon*, 138-141.

22. Seal, "An Exclusive Look at Sony's Hacking Saga."

23. Elkind, "Sony Pictures: Inside the Hack."

24. Andrew Wallenstein and Brent Lang, "Sony's New Movies Leak Online Following Hack Attack," *Variety*, November 29, 2014.

25. 루즈의 기사들은 〈스플린터 뉴스*Splinter News*〉에 이후 통합된다. 아래 인용 자료들은 기록 보관된 그의 기사들이다.

26. Kevin Roose, "Hacked Documents Reveal a Hollywood Studio's Stunning Gender and Race Gap," *Splinter News*, December 1, 2014.

27. Seal, "An Exclusive Look at Sony's Hacking Saga."

28. Roose, "Hacked Documents Reveal a Hollywood Studio's Stunning Gender and Race Gap."

29. Roose, "Hacked Documents."

30. Kevin Roose, "More from the Sony Pictures Hack: Budgets, Layoffs, HR Scripts, and 3,800 Social Security Numbers," *Splinter News*, December 2, 2014.

31. Seal, "An Exclusive Look at Sony's Hacking Saga."

32. Roose, "More from the Sony Pictures Hack."

33. Kevin Roose, "Sony Pictures Hack Spreads to Deloitte: Thousands of

Audit Firm's Salaries Are Leaked," *Splinter News*, December 3, 2014.

34. Roose, "Inside Sony Pictures, Employees Are Panicking."

35. 소니 픽처스 경영진은 직원들을 돕기 위해 회사가 취한 조치들에 대한 또 다른 메시지를 발표했다. 다음을 참조하라. *THR* Staff, "Michael Lynton and Amy Pascal Call Sony Hack 'Brazen Attack' in Staff Memo," *Hollywood Reporter*, December 2, 2014.

36. Roose, "Inside Sony Pictures, Employees Are Panicking About Their Hacked Personal Data."

37. Seal, "An Exclusive Look at Sony's Hacking Saga." 강조된 부분은 원본과 같다.

38. Anna Fifield, "North Korea Denies Hacking Sony but Calls the Breach a 'Righteous Deed,'" *Washington Post*, December 7, 2014.

39. 메시지 원본은 삭제됐으나 사본은 인터넷 아카이브에서 볼 수 있다. GOP [Guardians of Peace], "Gift of GOP for 4th Day: Their Privacy," guest-posted to GitHub, December 8, 2014.

40. Kevin Roose, "Even More Sony Pictures Data Is Leaked: Scripts, Box Office Projections, and Brad Pitt's Phone Number," *Splinter News*, December 8, 2014.

41. Sam Biddle, "Leaked: The Nightmare Email Drama behind Sony's Steve Jobs Disaster," *Gawker*, December 9, 2014.

42. Seal, "An Exclusive Look at Sony's Hacking Saga."

43. Matthew Zeitlin, "Leaked Emails Suggest Maureen Dowd Promised to Show Sony Exec's Husband Column before Publication," *Buzzfeed*, December 12, 2014.

44. Margaret Sullivan, "Hacked Emails, 'Air-Kissing'—and Two Firm Denials," *New York Times*, December 12, 2014.

45. 두 사례에 관해서는 다음을 참조하라. Biddle, "Leaked: The Nightmare Email Drama behind Sony's Steve Jobs Disaster"; Zeitlin, "Leaked Emails Suggest Maureen Dowd Promised to Show Sony Exec's Husband Column before Publication."

46. 이메일 유출이 파스칼을 해고한 유일한 이유는 아닐 것이다. 관련 보도는 다음을 참조하라. Michael Cieply and Brooks Barnes, "Sony Hack Reveals Email Crossfire over Angelina Jolie and Steve Jobs Movie," *New York Times*, December 10, 2014; Ben Fritz, "Hack of Amy Pascal Emails at Sony Pictures Stuns Industry," *Wall Street Journal*, December 11, 2014; Amy Kaufman, "The Embarrassing Emails That Preceded Amy Pascal's Resignation," *Los Angeles Times*, February 5, 2015.

47. Aaron Sorkin, "The Sony Hack and the Yellow Press," *New York Times*, December 14, 2014.

48. Sullivan, "Hacked Emails, 'Air-Kissing'—and Two Firm Denials."

49. 주요 예시는 다음을 참조하라. Brooks Barnes, "Amy Pascal's Hollywood Ending, Complete with Comeback Twist," *New York Times*, July 8, 2017.

50. Kevin Roose, "Sony Pictures Hackers Make Their Biggest Threat Yet: 'Remember the 11th of September 2001,'" *Splinter News*, December 16, 2014.

51. Jace Lacob, "Theater Chains Pull 'The Interview,' Press Appearances Canceled Amid Threats," *Buzzfeed*, December 16, 2014.

52. Gregg Kilday, "Top Five Theater Circuits Drop 'The Interview' after Sony Hack," *Hollywood Reporter*, December 17, 2014.

53. Brent Lang, "Sony Weighing Premium VOD Release for 'The

Interview,"' *Variety*, December 17, 2014.

54. Brooks Barnes and Michael Cieply, "Sony Drops 'The Interview' Following Terrorist Threats," New York Times, December 17, 2014.

55. Brian Stelter, "Hackers to Sony: We'll Stand Down If You Never Release the Movie," *CNN*, December 19, 2014.

56. FBI National Press Office, "Update on Sony Investigation," Federal Bureau of Investigation press release, December 19, 2014.

57. FBI에서 공식 발표를 하지는 않았지만, 사이버보안업체들이 북한과의 연관성을 제시한 후 보도된 기사 중 가장 많이 인용된 기사는 다음과 같다. Kim Zetter, "The Evidence That North Korea Hacked Sony Is Flimsy," *Wired*, December 17, 2014. 사이버보안업체 노스(Norse)는 FBI에 공식 반박하였다가 FBI 요원과 면담을 가진 후 다시 주장을 철회했다. Pamela Brown and Mary Kay Mallonee, "North Korea Did It: FBI Not Budging on Sony Hack Culprit," *CNN*, December 30, 2014; and Michael Schmidt, Nicole Perlroth, and Matthew Goldstein, "F.B.I. Says Little Doubt North Korea Hit Sony," *New York Times*, January 7, 2015. 사이버보안의 책임 귀속 문제에 대한 일반적 논의는 다음을 참조하라. Thomas Rid and Ben Buchanan, "Attributing Cyber Attacks," *Journal of Strategic Studies* 39, no. 1 (2015): 4-37; Sergio Caltagirone, Andrew Pendergast, and Christopher Betz, "The Diamond Model of Intrusion Analysis," Center for Cyber Intelligence Analysis and Threat Research Hanover, MD, July 5, 2013; Herb Lin, "Attribution of Malicious Cyber Incidents: From Soup to Nuts," *Journal of International Affairs* 70, no. 1 (2016). 2014년 논의의 맹점들에 대해서는 다음을 참조하라. Kevin Collier, "The Indictment of North Korea for The Sony Hack Shows How Cybersecurity Has Evolved," *Buzzfeed*, September 7, 2018.

416

58. David Sanger and Martin Fackler, "N.S.A. Breached North Korean Networks before Sony Attack, Officials Say," *New York Times*, January 18, 2015. 2018년 미국 정부가 발표한 *United States of America v. Park Jin Hyok* 사건 기소문은 당시 북한의 해킹이 어떻게 이루어졌는지에 대해 미국이 파악하고 있던 사실들을 공개했다.

59. Barack Obama, "Year-End Press Conference," White House Press Briefing Room, Washington, DC, December 19, 2014.

60. Michael J. Lynton, comments in broadcast interview with Fareed Zakaria, "Would Sony Entertainment Make 'The Interview' Again?," *Fareed Zakaria GPS, CNN*, December 20, 2014.

61. Seal, "An Exclusive Look at Sony's Hacking Saga."

62. "North Korea Berates Obama over The Interview Release," *BBC News*, December 27, 2014.

63. Mike Fleming, Jr., "North Korea-Based Thriller With Gore Verbinski and Steve Carell Canceled," *Deadline*, December 17, 2014.

제9장 실험과 시연

1. Jon Wellinghoff, "Performance and Accountability Report: Fiscal Year2011," US Federal Energy Regulatory Commission, Washington, DC, 2011; National Research Council, *Terrorism and the Electric Power Delivery System* (Washington, DC: National Academies Press, 2012).

2. Lloyd's of London and University of Cambridge Centre for Risk Studies, "Business Blackout: The Insurance Implications of a Cyber Attack on the US Power Grid," Emerging Risk Report Series, July 8,

2015. Ted Koppel, *Lights Out: A Cyberattack, A Nation Unprepared, Surviving the Aftermath* (New York: Broadway Books, 2016).

. "Aurora Generator Test," video of demonstration by Idaho National Laboratory, Department of Homeland Security, March 4, 2007, accessible on YouTube at https://youtu.be/LM8kLaJ2NDU; 또는 정보자유법에 따라 입수한 오로라 작전 서류 중 다음을 참조하라. "Video Summary" request: https://s3.amazonaws.com/s3.documentcloud.org/documents/1212530/14f00304-documents.pdf, 58-59.

. Trend Micro, "Frequently Asked Questions: Black Energy," Trend Micro Security News, February 11, 2016; Udi Shamir, "Analyzing a New Variant of Black Energy 3," *SentinelOne*, January 26, 2016, 13.

. NSA와 GCHQ가 방화벽의 취약점을 발견하고 해킹하기 위해 협업하는 예시에 대해서는 다음을 참조하라. Ryan Gallagher and Glenn Greenwald, "NSA Helped British Spies Find Security Holes in Juniper Firewalls," *The Intercept*, December 23, 2015.

. 해킹 공격의 구성에 관한 훌륭한 기술적 분석에 대해서는 다음을 참조하라. Robert Lee, Michael Assante, and Tim Conway, "Analysis of the Cyber Attack on the Ukrainian Power Grid," report, Electricity Information Sharing and Analysis Center, March 18, 2016; and Robert Lipovsky and Anton Cherepanov, "BlackEnergy Trojan Strikes Again: Attacks Ukrainian Electric Power Industry," ESET *WeLiveSecurity* blog, January 4, 2016. 사건에 관한 더 많은 이야기는 다음을 참조하라. Kim Zetter, "Inside the Cunning, Unprecedented Hack of Ukraine's Power Grid," *Wired*, March 3, 2016.

. 이 영상은 인터넷에서 시청할 수 있다. 예를 들어 다음을 참조하라. Andy Greenberg, Watch Hackers Take Over the Mouse of a Power-

418

Grid Computer, *Wired*, June 28, 2017.8. Zetter, "Inside the Cunning, Unprecedented Hack of Ukraine's Power Grid."

8. Zetter, "Inside the Cunning, Unprecedented Hack of Ukraine's Power Grid."

9. Kelly Jackson Higgins, "Lessons from the Ukraine Electric Grid Hack," *Dark Reading*, March 3, 2016.

10. 킴 제터가 모스크바를 언급했다. "Inside the Cunning, Unprecedented Hack of Ukraine's Power Grid."

11. Dragos, "CRASHOVERRIDE: Analysis of the Threat to Electric Grid Operations," Dragos report, June 13, 2017, 10.

12. Andy Greenberg, *Sandworm: A New Era of Cyberwar and the Hunt for the Kremlin's Most Dangerous Hackers* (New York: Doubleday, 2019), 130.

13. 사이버 작전의 고도화에 관해서는 다음을 참조하라. Ben Buchanan, "The Legend of Sophistication in Cyber Operations," Belfer Center for Science and International Affairs, January 2017.

14. Rebecca Smith, "Cyberattacks Raise Alarm for U.S. Power Grid," *Wall Street Journal*, December 30, 2016.

15. 드래곤 플라이라고도 알려진 하벡스에 대해서는 다음을 참조하라. Nell Nelson, "The Impact of Dragonfly Malware on Industrial Control Systems," SANS Technology Institute Graduate Student paper, January 18, 2016.

16. 블랙에너지2의 인간-기계 인터페이스 조작에 대해서는 다음을 참조하라. Industrial Control Systems Cyber Emergency Readiness Team, "Ongoing Sophisticated Malware Campaign Compromising ICS(Update E)," ICS Alert 14,281-01E, National Cybersecurity and

Communications Integration Center, rev. December 9, 2016.

17. Joe Slowik, "CRASHOVERRIDE: Reassessing the 2016 Ukraine Electric Power Event as a Protection-Focused Attack," Dragos report, August 15, 2019.

18. 크래시오버라이드 또는 인더스트로이어(Industroyer)라고 알려진 악성코드에 대한 훌륭한 기술적 분석은 다음을 참조하라. "CRASHOVERRIDE: Analysis of the Threat to Electric Grid Operations"; Michael J. Assante, Robert M. Lee, and Tim Conway, "ICS Defense Use Case No. 6: Modular ICS Malware," report, SANS Institute, Electricity Information Sharing and Analysis Center, August 2, 2017; Anton Cherepanov, "Industroyer: Biggest Threat to Industrial Control Systems Since Stuxnet," ESET *WeLiveSecurity* blog, June 12, 2017; Greg Masters, "Industroyer Can Knock Out Power Grid, ESET," SC Magazine, June 12, 2017; Joe Slowik, "Anatomy of an Attack: Detecting and Defeating CRASHOVERRIDE," Dragos, October 12, 2018.

19. Assante, Lee, and Conway, "ICS Defense Use Case No. 6: Modular ICS Malware," 14.

20. Ellen Nakashima, "Russia Has Developed a Cyberweapon That Can Disrupt Power Grids, According to New Research," *Washington Post*, June 12, 2017; iSight Partners, "Microsoft Windows Zero-Day: Targeting NATO, EU, Telecom and Energy Sectors (CVE-2014-4114)," report, iSight Russian Cyber Espionage Campaign, Sandworm Team, 2014.

21. FireEye, "Cyber Attacks on the Ukrainian Grid: What You Should Know," FireEye Industry Intelligence Report, 2016.

22. Ivan Nechepurenko and Neil MacFarquhar, "As Sabotage Blacks Out

Crimea, Tatars Prevent Repairs," *New York Times*, November 23, 2015.

23. Zetter, "Inside the Cunning, Unprecedented Hack of Ukraine's Power Grid."

24. Assante, Lee, and Conway, "ICS Defense Use Case No. 6: Modular ICS Malware," 5.

25. Alyza Sebenius, "Will Ukraine Be Hit by Yet Another Holiday Power Grid Hack?," *Atlantic*, December 13, 2017.

26. Andy Greenberg, "How An Entire Nation Became Russia's Test Lab for Cyberwar," *Wired*, June 20, 2017; Greenberg, *Sandworm*, 137.

27. Greenberg, *Sandworm*, 145. 사회기반시설에 대한 러시아의 위협에 대해서는 다음을 참조하라. Scott J. Shackelford, Michael Sulmeyer, Amanda N. Craig Deckard, Ben Buchanan, and Brian Micic, "From Russia with Love: Understanding the Russian Cyber Threat to US Critical Infrastructure and What to Do about It," *Nebraska Law Review* 96, no. 2(2017).

28. William M. Arkin, Ken Dilanian, and Robert Windrem, "CIA Prepping for Possible Cyber Strike against Russia," *NBC News*, October 14, 2016; Ken Dilanian, William M. Arkin, Cynthia McFadden, and Robert Windrem, "U.S. Govt. Hackers Ready to Hit Back If Russia Tries to Disrupt Election," *NBC News*, November 4, 2016.

29. 이와 관련 가장 극적인 이야기는 다음을 참조하라. Richard A. Clarke and Robert Knake, *Cyber War: The Next Threat to National Security and What to Do About It* (New York: Harper Collins, 2010). 다음도 참조하라. Joel Brenner, *America the Vulnerable: Inside the New Threat Matrix of Digital Espionage, Crime, and Warfare* (New York: Penguin, 2011).

제10장 선거 개입

1. 이 인용문은 시드니 모렐(Sidney Morrell)이 자신의 업무를 정리한 메모에서 비롯됐다. Nicholas John Cull, *Selling War: The British Propaganda Campaign against American "Neutrality"* (Oxford: Oxford University Press, 1995), 132. 다음도 참조하라. Steve Usdin, "When a Foreign Government Interfered in a U.S. Election—to Reelect FDR," *Politico*, January 16, 2017; William Samuel Stephenson and Nigel West, *British Security Coordination: The Secret History of British Intelligence in the Americas,1940-1945* (London: Fromm International, 1999); Philip M. Taylor, "Techniques of Persuasion: Basic Ground Rules of British Propaganda during the Second World War," *Historical Journal of Film, Radio and Television* 1, no. 1 (1981): 57-66.

2. 이에 관한 자세한 이야기는 다음을 참조하라. Dov H. Levin, "When the Great Power Gets a Vote: The Effects of Great Power Electoral Interventions on Election Results," *International Studies Quarterly* 60, no. 2 (2016):189-202.

3. Kenneth Geers, ed., *Cyber War in Perspective: Russian Aggression against Ukraine* (Tallinn, Estonia: NATO Cooperative Cyber Defence Center of Excellence, 2015), ch. 6; Ben Buchanan and Michael Sulmeyer, "Hacking Chads: The Motivations, Threats, and Effects of Electoral Insecurity," paper, Cyber Security Project, Belfer Center for Science and International Affairs, October 2016; Mark Clayton, "Ukraine Election Narrowly Avoided 'Wanton Destruction' from Hackers," *Christian Science Monitor*, June 17, 2014; Andy Greenberg, *Sandworm: A New Era of Cyberwar and the Hunt for the Kremlin's Most Dangerous*

Hackers (New York: Doubleday, 2019): 46–47.

4. Ryan Naraine, "Obama, McCain Campaigns Hacked by 'Foreign Entity'," *Newsweek*, November 5, 2008.

5. Mark Halperin and John Heilemann, "The Hunt for Pufferfish: A Double Down Excerpt," *Time*, November 2, 2013.

6. Jens Gluesing, Laura Poitras, Marcel Rosenbach, and Holger Stark, "Fresh Leak on US Spying: NSA Accessed Mexican President's Email," *Der Spiegel*, October 20, 2013. 정치적 표적에 대한 NSA의 활동 전반에 대해서는 다음을 참조하라. Scott Wilson and Anne Gearan, "Obama Didn't Know about Surveillance of U.S.-Allied World Leaders until Summer, Officials Say," *Washington Post*, October 28, 2013.

7. Laura Poitras, Marcel Rosenbach, and Holger Stark, "'A' for Angela: GCHQ and NSA Targeted Private German Companies and Merkel," *Der Spiegel*, March 29, 2014.

8. FireEye Threat Intelligence, "HAMMERTOSS: Stealthy Tactics Define a Russian Cyber Threat Group," FireEye Threat Research blog, July 29, 2015; Huib Modderkolk, "Dutch Agencies Provide Crucial Intel about Russia's Interference in US-Elections," *Volkskrant*, January 25, 2018.

9. 이 내용은 다음에서 인용했다. Eric Lipton, David Sanger, and Scott Shane, "The Perfect Weapon: How Russian Cyberpower Invaded the U.S.," *New York Times*, December 13, 2016.

10. FireEye Threat Intelligence, "APT28: A Window into Russia's Cyber Espionage Operations?," FireEye Threat Research blog, October 27, 2014.

11. Robert S. Mueller III, "Report on the Investigation into Russian Interference in the 2016 Presidential Election," Department of Justice

Special Counsel Report, Washington, DC, March 2019, 45.

12. 이 역학관계에 대한 논의는 다음을 참조하라. Mark Galeotti, "Putin's Hydra: Inside Russia's Intelligence Services," paper, European Council on Foreign Relations (May 11, 2016).

13. *United States of America v. Viktor Borisovich Netyksho, Boris Alekseyevich Antonov, Dmitriy Sergeyevich Badin, Ivan Sergeyevich Yermakov, Aleksey Viktorovich Lukashev, Sergey Aleksandrovich Morgachev, Nikolay Yuryevich Kozachek, Pavel Vyacheslavovich Yershov, Artem Andreyevich Malyshev, Aleksandor Vladimirovich Osadchuk, Aleksey Aleksandrovich Potemkin, and Anatoliy Sergeyevich Kovalev*, US District Court, District of Columbia, indictment filed July 13, 2018, 8.

14. Lipton, Sanger, and Shane, "The Perfect Weapon."

15. 이 활동에 대한 대표적 분석으로 다음을 참조하라. Thomas Rid, "Disinformation: A Primer in Russian Active Measures and Influence Campaigns," Hearing before Select Committee on Intelligence, US Senate, March 30, 2017, 4.

16. Thomas Rid, "How Russia Pulled Off the Biggest Election Hack in U.S. History," *Esquire*, October 20, 2016.

17. *United States of America v. Viktor Borisovich Netyksho et al.*, 7.

18. *United States of America v. Viktor Borisovich Netyksho et al.*, 4-5; "En Route with Sednit," research paper series, ESET [IT security company], October 20, 2016.

19. *United States of America v. Viktor Borisovich Netyksho et al.*, 9.

20. *United States of America v. Viktor Borisovich Netyksho et al.*, 10.

21. *United States of America v. Viktor Borisovich Netyksho et al.*, 11-12.

424

이 해킹 활동은 DNC에 침입한 두 부류의 해커들에 대한 분석에서 처음 발견됐다. Dmitri Alperovitch, "Bears in the Midst: Intrusion into the Democratic National Committee," *CrowdStrike* blog, June 15, 2016.

22. Raphael Satter, "Inside Story: How Russians Hacked the Democrats' Emails," AP, November 4, 2017. 23. United States of America v. Viktor Borisovich Netyksho et al., 9-10.

23. United States of America v. Viktor Borisovich Netyksho et al., 9-10.

24. *United States of America v. Viktor Borisovich Netyksho et al.*, 11.

25. *United States of America v. Viktor Borisovich Netyksho et al.*

26. *United States of America v. Viktor Borisovich Netyksho et al.*, 13.

27. 이 사이트는 폐쇄됐지만 인터넷 아카이브로 복원이 가능하다. "DC Leaks /About," Internet Archive, June 20, 2016, https://web.archive.org/ web/20160620202602/http:/dcleaks.com:80/index.php/about.

28. Alperovitch, "Bears in the Midst"; Ellen Nakashima, "Russian Government Hackers Penetrated DNC, Stole Opposition Research on Trump," *Washington Post*, June 14, 2016.

29. 구시퍼의 활동에 대한 요약과 사이버보안업계의 분석에 대해서는 다음을 참조하라. Rid, "How Russia Pulled Off the Biggest Election Hack in U.S. History."

30. Lorenzo Franceschi-Bicchierai, "We Spoke to DNC Hacker 'Guccifer2.0,'" *Motherboard*, June 21, 2016.

31. Mueller, "Report on the Investigation into Russian Interference in the 2016 Presidential Election," 47-52; Raffi Khatchadourian, "What the Latest Mueller Indictment Reveals about WikiLeaks' Ties to Russia— and What It Doesn't," *New Yorker*, July 24, 2018; Marshall Cohen, Kay Guerrero, and Arturo Torres, "Exclusive: Security Reports Reveal

How Assange Turned an Embassy into a Command Post for Election Meddling," *CNN*, July 15, 2019.

32. *United States of America v. Viktor Borisovich Netyksho et al.*, 17-18.

33. Mueller, "Report on the Investigation into Russian Interference in the 2016 Presidential Election," 46.

34. Satter, "Inside Story: How Russians Hacked the Democrats' Emails."

35. Elias Groll, "Turns Out You Can't Trust Russian Hackers Anymore," *Foreign Policy*, August 22, 2016; Scott Shane, "When Spies Hack Journalism," *New York Times*, May 12, 2018.

36. "Full Transcript: Michael Cohen's Opening Statement to Congress," *New York Times*, February 27, 2019.

37. *United States of America v. Roger Jason Stone, Jr.*, US District Court, District of Columbia, indictment filed January 24, 2019, 2. Mueller, "Report on the Investigation into Russian Interference in the 2016 Presidential Election," 173.

38. *United States of America v. Roger Jason Stone, Jr.*, 4-9.

39. Michael Schmidt, "Trump Invited the Russians to Hack Clinton. Were They Listening?," *New York Times*, July 13, 2018.

40. *United States of America v. Viktor Borisovich Netyksho et al.*, 7-8; Mueller, "Report on the Investigation into Russian Interference in the 2016 Presidential Election."

41. Alexandra Berzon and Rob Barry, "How Alleged Russian Hacker Teamed Up with Florida GOP Operative," *Wall Street Journal*, May 25, 2017.

42. Berzon and Barry, "How Alleged Russian Hacker Teamed Up."

43. Michael Isikoff, "Obama Cyber Chief Confirms 'Stand Down' Order

Against Russian Cyberattacks in Summer 2016," *Yahoo News*, June 20, 2018.

44. Adam Entous, Ellen Nakashima, and Greg Miller, "Secret CIA Assessment Says Russia Was Trying to Help Trump Win White House," *Washington Post*, December 9, 2016.

45. Mark Landler and David Sanger, "Obama Says He Told Putin: 'Cut It Out' on Hacking," *New York Times*, December 16, 2016.

46. Department of Homeland Security and Office of the Director of National Intelligence, "Joint Statement on Election Security," Department of Homeland Security release, October 7, 2016.

47. David Corn, "Secret Video: Romney Tells Millionaire Donors What He Really Thinks of Obama Voters," *Mother Jones*, September 17, 2012; Chris Cillizza, "Why Mitt Romney's '47 Percent' Comment Was So Bad," *Washington Post*, March 4, 2013; Katharine Q. Seelye and Jeff Zeleny, "On the Defensive, Obama Calls His Words Ill-Chosen," *New York Times*, April 13, 2008.

48. Aaron Sharockman, "It's True: WikiLeaks Dumped Podesta Emails Hour after Trump Video Surfaced," *Politifact*, December 18, 2016.

49. 다음 예시를 참조하라. Zachary Crockett, "WikiLeaks Reveals John Podesta's Secret for Making Creamy Risotto," *Vox*, October 12, 2016.

50. *United States of America v. Roger Jason Stone, Jr.*, 4–9.

51. David Sanger, "White House Confirms Pre-Election Warning to Russia Over Hacking," *New York Times*, November 16, 2016.

52. Mueller, "Report on the Investigation into Russian Interference in the 2016 Presidential Election," 14, fn. 2.

53. *United States of America v. Internet Research Agency LLC*, US District

Court, District of Columbia, indictment filed February 16, 2018, 12-16.

54. *United States of America v. Internet Research Agency LLC*, 13.

55. *United States of America v. Internet Research Agency LLC*, 14.

56. *United States of America v. Internet Research Agency LLC*, 15.

57. *United States of America v. Internet Research Agency LLC*, 16.

58. *United States of America v. Internet Research Agency LLC*, 14.

59. *United States of America v. Internet Research Agency LLC*, 15.

60. *United States of America v. Internet Research Agency LLC*, 14.

61. *United States of America v. Internet Research Agency LLC*, 17.

62. *United States of America v. Internet Research Agency LLC*, 17-18.

63. *United States of America v. Internet Research Agency LLC*, 18. 원본의 강조 표시와 같다.

64. *United States of America v. Internet Research Agency LLC*.

65. Colin Stretch, "Testimony of Colin Stretch, General Counsel, Facebook" Hearing before the US Senate Committee on the Judiciary Subcommittee on Crime and Terrorism, Washington, DC, October 31, 2017.

66. Craig Silverman, "This Analysis Shows How Viral Fake Election News Stories Outperformed Real News On Facebook," *Buzzfeed*, November 16, 2016.

67. Andrew Guess, Brendan Nyhan, and Jason Reifler, "Selective Exposure to Misinformation: Evidence from the Consumption of Fake News During the 2016 U.S. Presidential Campaign," European Research Council working paper, January 9, 2018.

68. Craig Silverman and Jeremy Singer-Vine, "Most Americans Who See Fake News Believe It, New Survey Says," *Buzzfeed*, December 6,

2016; Ipsos Public Affairs, "BuzzFeed Fake News," December 6, 2016. 다음도 참조하라. Hunt Allcott and Matthew Gentzkow, "Social Media and Fake News in the 2016 Election," *Journal of Economic Perspectives* 31, no. 2 (2018) 211-236.

69. *United States of America v. Internet Research Agency LLC*, 18.

70. *United States of America v. Internet Research Agency LLC*, 17.

71. *United States of America v. Internet Research Agency LLC*, 19.

72. 이 시기와 그 이후에 대한 자세한 이야기는 다음을 참조하라. Nicholas Thompson and Fred Vogelstein, "Inside the Two Years That Shook Facebook—and the World," *Wired*, February 12, 2018.

73. *United States of America v. Internet Research Agency LLC*, 19.

74. *United States of America v. Internet Research Agency LLC*, 19-20. 이 광고들의 사본은 다음을 참조하라. "Social Media Advertisements," webpage, House Permanent Select Committee on Intelligence, May 10, 2018, https://intelligence.house.gov/social-media-content/social-media-advertisements.htm.

75. Facebook Business, "Success Story: Toomey for Senate," webpage promoting Facebook's services "to significantly shift voter intent," https://www.facebook.com/business/success/toomey-for-senate.

76. Mueller, "Report on the Investigation into Russian Interference in the2016 Presidential Election," 29-31.

77. Mueller, "Report on the Investigation into Russian Interference in the 2016 Presidential Election," 29-31; *United States of America v. Internet Research Agency LLC*, 22-23.

78. Scott Shane, "How Unwitting Americans Encountered Russian Operatives Online," *New York Times*, February 18, 2018.

79. John D. Gallacher and Marc W. Heerdink, "Measuring the Effect of Russian Internet Research Agency Information Operations in Online Conversations," *Defence Strategic Communications* 6 (2019): 155-198.

80. Mueller, "Report on the Investigation into Russian Interference in the2016 Presidential Election," 149.

81. Donald J. Trump (@realDonaldTrump), "Russia, Russia, Russia! That's all you heard at the beginning of this Witch Hunt Hoax … And now Russia has disappeared because I had nothing to do with Russia helping me to get elected. It was a crime that didn't exist. So now the Dems and their partner, the Fake News Media, … .," tweet, May 30, 2019, 7:57AM. 다음도 참조하라. Adam Gabbatt, "Trump Says Russia Helped Elect Him—Then Quickly Backtracks," *Guardian*, May 30, 2019.

82. Nate Silver, "How Much Did Russian Interference Affect The 2016 Election?," *FiveThirtyEight*, February 16, 2018; Lucam Ahmad Way and Adam Casey, "Russia Has Been Meddling in Foreign Elections for Decades. Has It Made a Difference?," *Washington Post*, January 8, 2018;Jane Mayer, "How Russia Helped Swing the Election for Trump," *New Yorker*, September 24, 2018.

83. 코미의 서한에 대한 분석은 다음을 참조하라. Nate Silver, "The Comey Letter Probably Cost Clinton The Election," *FiveThirtyEight*, May 3, 2017. 여러 심각한 실수 중 하나는 힐러리 클린턴이 대선 본선 기간 중 위스콘신주에서 한번도 선거운동을 하지 않았다는 것이다. 그곳에서 그는 작은 표 차로 졌다. Nate Silver, "Donald Trump Had a Superior Electoral College Strategy," *FiveThirtyEight*, February 6, 2017. 각

집단의 투표율에 대해서는 다음을 참조하라. Bernard L. Fraga, Sean McElwee, Jesse Rhodes, and Brian Schaffner, "Why Did Trump Win? More Whites—and Fewer Blacks—Actually Voted," *Washington Post Monkey Cage Blog*, May 8, 2017.

84. 소련의 적극 조치(active measures)에 대한 역사는 다음을 참조하라. Thomas Rid, *Active Measures: The Secret History of Disinformation and Political Warfare* (New York: Farrar, Strauss, and Giroux, 2020).

85. Mueller, "Report on the Investigation into Russian Interference in the 2016 Presidential Election," 42.

86. "사실상 러시아 첩보원의 수하(de facto instrument of Russian intelligence)" 이는 〈뉴욕 타임스〉 기자인 스콧 셰인이 러시아가 어떻게 "저널리즘을 해킹"했는지 반추하면서 한 말이다. 초직은 이후 에세이에서 이 말을 반복하고 "그들이 맞았다"라고 평가했다. Amy Chozick, " 'They Were Never Going to Let Me Be President,' " *New York Times*, April 20, 2018. Shane, "When Spies Hack Journalism."

87. Gabrielle Healy, "Did Trump Really Mention WikiLeaks Over 160 Times in the Last Month of the Election Cycle?," *Politifact*, April 21, 2017.

88. 이는 트럼프가 주장한 여러 가설 중 하나다. 그는 중국, DNC, "뉴저지에서 누군가", "다른 국가의 누군가"가 했을 가능성도 제기했다. Krishnadev Calamur, "Some of the People Trump Has Blamed for Russia's 2016 Election Hack," *Atlantic*, July 18, 2018.

89. Rebecca Sinderbrand, "How Kellyanne Conway Ushered in the Era of 'Alternative Facts,'" *Washington Post*, January 22, 2017. 민주주의에 대한 도전과 관련하여 다음도 참조하라. Scott J. Shackelford, Bruce Schneier, Michael Sulmeyer, Anne Boustead, and Ben Buchanan,

"Making Democracy Harder to Hack," *University of Michigan Journal of Law Reform* 50, no. 3 (2016).

제11장 폭로

1. David Sanger, "'Shadow Brokers' Leak Raises Alarming Question: Wasthe N.S.A. Hacked?," *New York Times*, August 16, 2016; Ellen Nakashima, "Powerful NSA Hacking Tools Have Been Revealed Online," *Washington Post*, August 16, 2016.
2. Ellen Nakashima, "Pentagon and Intelligence Community Chiefs Have Urged Obama to Remove the Head of the NSA," *Washington Post*, November 19, 2016.
3. Ellen Nakashima and Craig Timberg, "NSA Officials Worried about the Day Its Potent Hacking Tool Would Get Loose. Then It Did," *Washington Post*, May 16, 2017.
4. Scott Shane, Nicole Perlroth, and David Sanger, "Security Breach and Spilled Secrets Have Shaken the NSA to Its Core," *New York Times*, November 12, 2017.
5. 맷 수이체는 보안업계에서 최초로 이 연관성을 제기한 사람 중 하나다. Matt Suiche, "Shadow Brokers: NSA Exploits of the Week," *Medium*, August 15, 2016.
6. Sam Biddle, "The NSA Leak Is Real, Snowden Documents Confirm," *The Intercept*, August 19, 2016.
7. theshadowbrokers, "Equation Group Cyber Weapons Auction—Invitation," *Pastebin*, August 13, archived at 2016, https://swithak.

github.io/SH20TAATSB18/Archive/Pastebin/JBcipKBL/.

8. 일부 메시지는 삭제됐지만 인터넷 아카이브에서 확인 가능하다. "The Shadow Brokers Twitter History," https://swithak.github.io/SH20TAATSB18/Archive/Tweets/TSB/TSBTwitterHistory/.

9. theshadowbrokers, "Equation Group Cyber Weapons Auction."

10. theshadowbrokers, "Equation Group Cyber Weapons Auction."

11. Kim Zetter, "Exclusive: How a Russian Firm Helped Catch an Alleged NSA Data Thief," *Politico*, January 9, 2019.

12. Jo Becker, Adam Goldman, Michael S. Schmidt, and Matt Apuzzo, "NSA Contractor Arrested in Possible New Theft of Secrets," *New York Times*, October 5, 2016; Ellen Nakashima, "Prosecutors to Seek Indictment against Former NSA Contractor as Early as This Week," *Washington Post*, February 6, 2017.

13. theshadowbrokers, "New Message from TheShadowBrokers," *Pastebin*, August 28, 2016, archived at https://swithak.github.io/SH20TAATSB18/Archive/Pastebin/5R1SXJZp/.

14. theshadowbrokers, "TheShadowBrokers Message #3," *Medium*, October 1, 2016.

15. William N. Arkin, Ken Dilanian, and Robert Windrem, "CIA Prepping for Possible Cyber Strike against Russia," NBC News, October 14, 2016.

16. Becker et al., "NSA Contractor Arrested in Possible New Theft of Secrets."

17. 이 시기 게재된 원본 메시지는 삭제됐지만 사본은 그림자 브로커의 스팀잇(*Steemit*) 계정에서 확인할 수 있다. 이 사이트는 블록체인 기반의 메시지 사이트로 그림자 브로커가 후에 사용했기에 그들의 메시지들을 한

곳에서 볼 수 있는 가장 좋은 사이트다. theshadowbrokers, "Repost: TheShadowBrokers Message#4 - October 2016," *Steemit*, October 15, 2016.

18. theshadowbrokers, "Message#5— Trick or Treat?," *Medium*, October 30, 2016.

19. theshadowbrokers, "Message#5."

20. Amy B. Wang, "'Post-Truth' Named 2016 Word of the Year by Oxford Dictionaries," *Washington Post*, November 16, 2016.

21. Boceffus Cleetus, "Are the Shadow Brokers Selling NSA Tools on ZeroNet?," *Medium*, December 14, 2016.

22. Joseph Cox, "A Brief Interview with The Shadow Brokers, The Hackers Selling NSA Exploits," *Motherboard*, December 15, 2016; "The ShadowBrokers Twitter History."

23. thegrugq, "The Great Cyber Game: Commentary (3)," *Medium*, December 16, 2016.

24. Cox, "A Brief Interview with The Shadow Brokers."

25. "The Shadow Brokers Twitter History."

26. theshadowbrokers, "Repost: TheShadowBrokers Message#7 - January 2017," *Steemit*, January 11, 2017.

27. theshadowbrokers, "Repost: TheShadowBrokers Message#8 - January 2017," *Steemit*, January 12, 2017.

28. Dan Goodin, "NSA-Leaking Shadow Brokers Lob Molotov Cocktail Before Exiting World Stage," *Ars Technica*, January 12, 2017.

29. theshadowbrokers, "Don't Forget Your Base," *Steemit*, April 8, 2017.

30. theshadowbrokers, "Grammer Critics: Information vs Knowledge," *Steemit*, April 9, 2017.

31. David Aitel, "Naming/Shaming Iran Was a Huge Mistake," *CyberSec Politics*, April 13, 2016; Jake Williams, "DOJ Indictments of Foreign Hackers Are Bad for US Gov Employees," Malware Jake, March 26, 2016.

32. "The Shadow Brokers Twitter History."

33. theshadowbrokers, "Lost in Translation," *Steemit*, April 15, 2017.

34. "Analyzing the DOUBLEPULSAR Kernel DLL Injection Technique," Countercept blog, April 19, 2017; theshadowbrokers, "Lost in Translation"; Dune Lawrence, "Seriously, Beware the 'Shadow Brokers,'" *Bloomberg*, May 4, 2017.

35. "Doublepulsar," BinaryEdge blog, April 21, 2017.

36. Nakashima and Timberg, "NSA Officials Worried about the Day Its Potent Hacking Tool Would Get Loose. Then It Did."

37. Ryan McCombs, Jason Barnes, Karan Sood, and Ian Barton, "Wanna Mine Cryptomining: Harmless Nuisance or Disruptive Threat?," Crowdstrike blog, January 25, 2018.

38. Catalin Cimpanu, "Shadow Brokers Release New Files Revealing Windows Exploits, SWIFT Attacks," *BleepingComputer*, April 14, 2017.

39. theshadowbrokers, "OH LORDY! Comey Wanna Cry Edition," *Steemit*, May 16, 2017.

40. theshadowbrokers, "TheShadowBrokers Monthly Dump Service—July 2017," *Steemit*, June 28, 2017.

41. Matt Suiche, "Shadow Brokers: The Insider Theory," Comae Technologies, August 16, 2016.

42. Lexington Aluminum (@LexingtonAl), "TheShadowBrokers is a group

of insiders, from within the USG. You dont know our names, we don't work for another country, and we weren't in it for profit. If course you shit bird charlatans had all your stupid fucking theories that sound like ascript from some shitty spy movie," February 16, 2019, tweet.

43. Bruce Schneier, "Who Are the Shadow Brokers?," *The Atlantic*, May 23, 2017; Matt Tait, Benjamin Wittes, and Matthew Kahn, "The *Lawfare* Podcast: Matt Tait on Recent Events in Cybersecurity," *Lawfare*, July 8, 2017.

44. 이 장의 다른 인용 자료들과 함께 다음을 참조하라. Shane Harris, Gordon Lubold, and Paul Sonne, "How Kaspersky's Software Fell under Suspicion of Spying on America."

45. 다음을 보라. Vindu Goel and Eric Lichtblau, "Russian Agents Were behind Yahoo Hack, U.S. Says," *New York Times*, March 15, 2017; Ben Buchanan and Michael Sulmeyer, "Russia and Cyber Operations: Challenges and Opportunities for the Next U.S. Administration," white paper, Carnegie Endowment for International Peace, November 2016. 이러한 교류에 대해서는 다음을 참조하라. Ben Buchanan, "The Life Cycles of Cyber Threats," *Survival* 58, no. 1 (2016): 39–58.

46. 한 보안 전문가는 단일 중간 서버에서 해킹 도구들을 탈취했다고 하기에는 "여기 그냥 너무 많다"라고 말했다. thegrugq, "The Great Cyber Game: Commentary (3)," *Medium*, December 16, 2016.

47. Nakashima, "Prosecutors to Seek Indictment against Former NSA Contractor."

48. Gordon Lubold and Shane Harris, "Russian Hackers Stole NSA Data on U.S. Cyber Defense," *Wall Street Journal*, October 5, 2017.

49. 다시 한번 이퀘이션 그룹이라고 지칭했다.

50. Nicole Perlroth and Scott Shane, "How Israel Caught Russian Hackers Scouring the World for U.S. Secrets," *New York Times*, October 10, 2017.

51. Michael S. Rogers, "Re: *United States v. Nghia Hoang Pho*," letter to the Honorable George L. Russell III, March 5, 2018, published alongside Josh Gerstein, "NSA Curbs Spying After Security Breach," *Politico*, September 20, 2018.

52. Department of Justice, "Former NSA Employee Sentenced to Prison for Willful Retention of Classified National Defense Information," Office of Public Affairs press release, September 25, 2018.

53. "Preliminary Results of the Internal Investigation into Alleged Incident Reported by US Media," Kaspersky Lab blog, October 24, 2017; Kim Zetter, "NSA Worker's Software Piracy May Have Exposed Him to Russian Spies," *The Intercept*, October 25, 2017; "Investigation Report for the September 2014 Equation Malware Detection Incident in the US," Kaspersky Lab blog, November 16, 2017.

54. 카스퍼스키는 이후 데이터 센터를 스위스로 옮기겠다고 공약했다. "Kaspersky Lab Moving Core Infrastructure from Russia to Switzerland; Opening First Transparency Center," Kaspersky Lab blog, May 15, 2018.

55. 이와 관련하여 다음을 참조하라. Thomas Rid, "How Russia Pulled Off the Biggest Election Hack in U.S. History," *Esquire*, October 20, 2016.

56. Shane, Perlroth, and Sanger, "Security Breach and Spilled Secrets Have Shaken NSA to Its Core."

57. 이와 관련하여 전반적인 내용에 대해서는 다음을 참조하라. Ash Carter, "A Lasting Defeat: The Campaign to Destroy ISIS," paper, Belfer

Center for Science and International Affairs, October 2017.

58. Brad Smith, "The Need for Urgent Collective Action to Keep People Safe Online: Lessons from Last Week's Cyberattack," Microsoft blog, May 14, 2017.

59. 협상 뒷이야기에 대해서는 다음을 참조하라. Michael V. Hayden and Barton Gellman, "National Security Agency and Privacy Debate," American University School of Public Affairs event, Washington, DC, April 3, 2014. 공개 토론은 다음 웹사이트에서 시청할 수 있다. C-Span, https://www.c-span.org/video/?318674-1/debate-nsa-privacy-laws.

60. theshadowbrokers, "OH LORDY! Comey Wanna Cry Edition."

61. theshadowbrokers, "OH LORDY!"

62. Jacob Appelbaum, Judith Horchert, and Christian Stoecker, "Shopping for Spy Gear: Catalog Advertises NSA Toolbox," *Der Spiegel*, December 29, 2013.

63. Jacob Appelbaum, Nikolaus Blome, Hubert Gude, Ralf Neukirch, et al., "Embassy Espionage: The NSA's Secret Spy Hub in Berlin," November 4, 2013; Jacob Appelbaum, A. Gibson, J. Goetz, V. Kabisch, et al., "NSA Targets the Privacy-Conscious," *Das Erste*, July 3, 2014. 스노든 이외의 유출 자료에 대해서는 다음을 참조하라. Peter Koop, "Leaked Documents That Were Not Attributed to Snowden," *Electrospaces*, December 13, 2015; Peter Koop, "Are the Shadow Brokers Identical with the Second Source?," *Electrospaces*, September 14, 2017.

64. 전직 GCHQ 직원인 맷 테이트는 다음과 같이 트윗했다. "They don't care if anyone pays. The whole point of this is to bait the NSA into burning [capabilities] that [the Shadow Brokers don't] have out of

excessive caution." Matt Tait (@pwnallthethings), May 31, 2017, 5:27 PM, tweet.

65. James Risen, "U.S. Secretly Negotiated with Russians to Buy Stolen NSA Documents, and the Russians Offered Trump-Related Material, Too," *The Intercept*, February 9, 2018; Matthew Rosenberg, "U.S. Spies, Seeking to Retrieve Cyberweapons, Paid Russian Peddling Trump Secrets," *New York Times*, February 9, 2018.

제12장 절도, 몸값, 조작

1. Sheena Chestnut Greitens, *Illicit: North Korea's Evolving Operations to Earn Hard Currency* (Washington, DC: Committee for Human Rights in North Korea, 2014). 다음도 참조하라. Sheena Chestnut, "Illicit Activity and Proliferation: North Korean Smuggling Networks," *International Security* 32, no. 1 (2007): 80-111; Stephen Mihm, "No Ordinary Counterfeit," *New York Times*, July 23, 2006.

2. Liana Sun Wyler and Dick K. Nanto, "North Korean Crime-for-Profit Activities," Congressional Research Service report for US Congress, August 25, 2008, 8.

3. 예를 들어 다음을 참조하라. Isaac Stone Fish, "Inside North Korea's Crystal Meth Trade," *Foreign Policy*, November 21, 2013.

4. Wyler and Nanto, "North Korean Crime-for-Profit Activities," 3-4.

5. Greg Walters, "North Korea's Counterfeit Benjamins Have Vanished," *Vice News*, March 16, 2016. 아울러 다음을 참조하라. Dick K. Nanto, "North Korean Counterfeiting of U.S. Currency," Congressional

Research Servicereport for US Congress, June 12, 2009.

6. 북한의 해킹 노력을 잘 정리한 다음 기사를 참조하라. David Sanger,
David Kirkpatrick, and Nicole Perlroth, "The World Once Laughed at
North Korean Cyberpower. No More," *New York Times*, October 15,
2017.

7. "The World Factbook: Korea, North," Central Intelligence Agency,
continually updated at https://www.cia.gov/library/publications/the-
world-factbook/geos/kn.html, accessed September 15, 2017. 다음도 참
조하라. Michelle Nichols, "North Korea Took $2 Billion in Cyberattacks
to Fund Weapons Program: U.N. Report," *Reuters*, August 5, 2019.

8. John Markoff and Thom Shanker, "Halted '03 Iraq Plan Illustrates U.S.
Fear of Cyberwar Risk," *New York Times*, August 1, 2009.

9. Richard A. Clarke, Michael J. Morell, Geoffrey R. Stone, Cass R.
Sunstein, and Peter Swire, "Liberty and Security in a Changing World,"
President's Review Group on Intelligence and Communications
Technologies, report, December 12, 2013, 221.

10. Steven D. Levitt and Stephen J. Dubner, *When to Rob a Bank* (New
York: Harper Collins, 2015).

11. Associated Press, "Suspect in Major Brazil Robbery Is Found Dead,"
New York Times, October 22, 2005.

12. Serajul Quadir, "Bangladesh Bank Exposed to Hackers by Cheap
Switches, No Firewall: Police," *Reuters*, April 21, 2016.

13. Sergei Shevchenko and Adrian Nish, "Cyber Heist Attribution," BAE
Systems blog, May 13, 2016; "Lazarus Under the Hood," Kaspersky
Labblog, April 3, 2017; Sergei Shevchenko, "Two Bytes to $951m,"
BAE Systems Threat Research Blog, April 25, 2016.

14. Kim Zetter, "That Insane, $81M Bangladesh Bank Heist? Here's What We Know," *Wired*, May 17, 2016.

15. 이 사건은 2015년 말 베트남에서 발생한 북한의 TPBank 해킹과는 별개의 사건이다.

16. Jose Pagliery, "North Korea-Linked Hackers Are Attacking Banks Worldwide," *CNN*, April 4, 2017.

17. Elizabeth Shim, "North Korea Targeted Bitcoin Exchange in Hacking Attempt, Expert Says," *UPI*, August 24, 2017; Timothy W. Martin, Eun-Young Joeng, and Steven Russolillo, "North Korea Is Suspected in Bitcoin Heist," *Wall Street Journal*, December 20, 2017.

18. 암호화폐를 탈취했기 때문에 달러 추정치는 변동적이다. David Canellis, "North Korean Hacker Crew Steals $571M in Cryptocurrency across 5 Attacks," *The Next Web (TNW) News*, October 19, 2018.

19. Kaspersky Lab Global Research and Analysis Team, "Lazarus Under the Hood," report, April 3, 2017; Dmitry Volkov, "Lazarus Arisen Architecture, Techniques, and Attribution," Group-IB Threat Intelligence Department, May 30, 2017; Kate Kochetkova, "What Is Known About the Lazarus Group: Sony Hack, Military Espionage, Attacks on Korean Banks and Other Crimes," *Kaspersky Daily*, February 24, 2016.

20. David Sanger and Michael Schmidt, "More Sanctions on North Korea After Sony Case," *New York Times*, January 2, 2015.

21. Symantec Security Response, "WannaCry: Ransomware Attacks Show Strong Links to Lazarus Group," Symantec blog, May 22, 2017

22. 웜바이러스에 관한 아이디어는 1966년 발표된 컴퓨터공학 관련 유명 논문에서도 찾아볼 수 있다. John Von Neumann and Arthur W. Burks,

"Theory of Self-Reproducing Automata," *IEEE Transactions on Neural Networks* 5, no. 1 (1966): 3-14.

23. 워너크라이의 최초 감염 벡터에 대한 자료는 부족하다. 이와 관련하여 다음을 참조하라. thegrugq, "The Triple A Threat: Aggressive Autonomous Agents," presentation deck, Comae Technologies, 2017, 22.

24. Nicole Perlroth and David Sanger, "Hackers Hit Dozens of Countries Exploiting Stolen N.S.A. Tool," *New York Times*, May 12, 2017.

25. Sam Petulla, "Ransomware Attack: This Is the Total Paid and How the Virus Spread," *NBC News*, May 15, 2017.

26. Symantec Security Response, "WannaCry."

27. 워너크라이 코드에 대한 기술적 분석은 다음을 참조하라. Kaspersky Lab Global Research and Analysis Team, "WannaCry and Lazarus Group: The Missing Link?," *SecureList*, May 15, 2017; John Miller and David Mainor, "WannaCry Ransomware Campaign: Threat Details and Risk Management," *FireEye* blog, May 15, 2017; Sergei Shevchenko and Adrian Nish, "WanaCrypt0r Ransomworm," *BAE Systems Threat Research* Blog, May 16, 2017.

28. 그는 이것이 킬스위치라고는 짐작하지 못했고 아마도 악성코드가 보안 전문가들을 피해 숨을 수 있는 곳이라고 보았다. Marcus Hutchins, "How to Accidentally Stop a Global Cyber Attack," *MalwareTech*, May 13, 2017.

29. 다음 기사는 추정치는 40억에서 80억 달러 사이로 보았다. Andy Greenberg, "The Untold Story of NotPetya, the Most Devastating Cyberattack in History," *Wired*, August 22, 2018.

30. Dan Strumpf, "North Korean Cybercriminals Implicated in Taiwan

Bank Theft," *Wall Street Journal,* October 17, 2017. 일부 최초 보도에서는 6천만 달러라고 언급됐지만 이 사건 관계자는 이 수치가 4배 정도 높다고 언급했다.

31. Sergei Shevchenko, Hirman Muhammad bin Abu Bakar, and James Wong, "Taiwan Heist: Lazarus Tools and Ransomware," BAE Systems blog, October 16, 2017. 이 사례에 대한 현지 보도는 다음을 참조하라. "Shalila Moonasinghe Removed as Litro Gas Chairman," *Daily News,* October 11, 2017.

32. Taipei Times Staff, "Lai Orders Information Security Review," *Taipei Times,* October 8, 2017.

33. Brian Krebs, "Hackers Breached Virginia Bank Twice in Eight Months, Stole $2.4M," *Krebs on Security,* July 24, 2018.

34. Brian Krebs, "FBI Warns of 'Unlimited' ATM Cashout Blitz," *Krebs on Security,* August 12, 2018.

35. BAE 시스템의 핵심 멤버 사헤르 노만이 코스모스 은행 사건을 기술적으로 가장 잘 분석했다. Saher Naumaan, "Lazarus On The Rise: Insights from SWIFT Bank Attacks," presentation to BSides Belfast 2018, Belfast, Ireland, September 27, 2018; Adrian Nish and Saher Naumaan, "The Cyber Threat Landscape: Confronting Challenges to the Financial System," Carnegie Endowment for International Peace, paper, March 25, 2019.

36. Gitesh Shelke, "Cosmos Bank Data from Nine Years Compromised inRs 94.42 Crore Heist," *Times of India,* August 19, 2018.

37. Brian Krebs, "Indian Bank Hit in $13.5M Cyberheist after FBI ATM Cashout Warning," *Krebs on Security,* August 17, 2018.

38. 9일 후에 찍힌 화면도 고객들이 은행의 주요 온라인 시스템에 접근할 수

없었음을 보여준다.

제13장 대혼란

1. Andy Greenberg, "The Untold Story of NotPetya, the Most Devastating Cyberattack in History," *Wired*, August 22, 2018.

2. 소프트웨어 업데이트의 장점과 위험을 잘 정리한 다음 자료를 참조하라. Matt Tait, "Updating How We Think About Security," *Vimeo*, May 1, 2018.

3. Anton Cherepanov and Robert Lipovsky, "New TeleBots Backdoor: First Evidence Linking Industroyer to NotPetya," *ESET*, October 11, 2018.

4. Jack Stubbs and Matthias Williams, "Ukraine Scrambles to Contain New Cyber Threat After 'NotPetya' Attack," *Reuters*, July 5, 2017.

5. 해커가 어떻게 페트야를 확장시켰으며 낫페트야의 설계자가 페트야의 설계자와 다른 이유에 대한 논의는 다음을 참조하라. "EternalPetya: Yet Another Stolen Piece in the Package?," Malwarebytes Labs blog, June 30, 2017.

6. Andy Greenberg, *Sandworm: A New Era of Cyberwar and the Hunt for the Kremlin's Most Dangerous Hackers* (New York: Doubleday, 2019), 181.

7. Greenberg, "The Untold Story of NotPetya."

8. 낫페트야에 대한 기술적 분석은 다음을 참조하라. Anton Cherepanov, "Analysis of TeleBots' Cunning Backdoor," *ESET*, July 4, 2017; David Maynor, Aleksandar Nikolic, Matt Olney, and Yves Younan, "The

MeDoc Connection," *Threatsource* [Cisco Talos newsletter], July 5, 2017; Microsoft Defender ATP Research Team, "New Ransomware, Old Techniques: Petya Adds Worm Capabilities," Microsoft Security blog, June 27, 2017; Karan Sood and Shaun Hurley, "NotPetya Technical Analysis—A Triple Threat: File Encryption, MFT Encryption, Credential Theft," *CrowdStrike*, June 29, 2017; Symantic Security Response, "Petya Ransomware Outbreak: Here's What You Need to Know," Symantec blog, October 24, 2017.

9. 만약 시멘텍, 노턴, 카스퍼스키 안티바이러스 프로그램이 있으면 공격을 실행하지 않았다. Microsoft Defender ATP Research Team, "New Ransomware, Old Techniques: Petya Adds Worm Capabilities," 8-9.

10. Greenberg, *Sandworm*, 151-153.

11. Greenberg, "The Untold Story of NotPetya."

12. Catalin Cimpanu, "Maersk Reinstalled 45,000 PCs and 4,000 Servers to Recover from NotPetya Attack," *BleepingComputer*, January 25, 2018.

13. Greenberg, "The Untold Story of NotPetya"; Greenberg, *Sandworm*, 190-195.

14. "Maersk 2017 Annual Report," Maersk, February 9, 2018, 8.

15. Jeff Berman, "FedEx Acquisition of TNT Is Made Official," *Logistics Management*, May 25, 2016.

16. "FedEx Q1 FY18 Earnings Call Transcript," FedEx, September 19, 2017.

17. 경영진이 컴퓨터 시스템 통합 비용에 대해 구체적으로 언급하지는 않았지만 최대 10억 달러가 소요됐을 것으로 보인다. 자세한 자료는 다음을 참조하라. "FedEx Corporation 10-K," FedEx, July 16, 2018, 53; "FedEx Q1 FY18 Earnings Call Transcript."

18. Greenberg, *Sandworm*, 198.

19. Kim S. Nash, Sara Castellanos, and Adam Janofsky, "One Year after NotPetya Cyberattack, Firms Wrestle With Recovery Costs," *Wall Street Journal*, June 27, 2018.

20. 예를 들어 다음을 참조하라. Kat Hall, "Largest Advertising Company in the World Still Wincing after NotPetya Punch," *The Register*, July 7, 2017; Ry Crozier, "DLA Piper Paid 15,000 Hours of IT Overtime after NotPetya Attack," *IT News*, May 8, 2018; "Mondelēz International, Inc 10-K," Mondelēz International, February 9, 2018, 24–25; "Nuance Communications, Inc. 10-Q," Nuance Communications, May 10, 2018, 23; "First-Half 2017 Results," Saint-Gobain, July 27, 2017, 2; John Leyden, "Nothing Could Protect Durex Peddler from NotPetya Ransomware," *The Register*, July 6, 2017.

21. Greenberg, *Sandworm*, 185–189. 피해 규모에 대한 당시 언론 보도는 다음을 참조하라. Lizzie Dearden, "Ukraine CyberAttack: Chaos as National Bank, State Power Provider and Airport Hit by Hackers," *The Independent*, June 27, 2017; Christian Borys, "Ukraine Braces for Further Cyber-Attacks," *BBC News*, July 26, 2017.

22. Ken Dilanian, "Can the CIA and NSA Be Trusted with Cyber Hacking Tools?," *NBC News*, June 30, 2017.

23. 핀란드의 정보보안업체 F-Secure의 수석 연구원인 미코 히포넨(Mikko Hypponen)은 다음과 같이 말했다. "나는 낫페트야가 가장 많은 금전적 피해를 발생시킨 단일 해킹 사건이라고 생각한다. 나는 이것이 그 어떤 악성코드 공격, 해킹, 데이터 유출보다도 더 큰 피해를 발생시켰다고 본다. 이는 역사적인 공격이다." John Leyden, "A Year after Devastating NotPetya Outbreak, What Have We Learnt? Er, Not A Lot, Says

Blackberry Bod," *The Register*, June 27, 2018. 아울러 다음을 참조하라. Greenberg, *Sandworm*, 199.

24. Greenberg, "The Untold Story of NotPetya."

25. Greenberg, *Sandworm*, 215.

26. Robert Jervis, "Hypotheses on Misperception," *World Politics* 20, no. 3 (1968): 454–479, 474.

27. Sarah Sanders, "Statement from the Press Secretary," White House Press Office release, February 15, 2018.

28. 러시아에 부과된 제재 또는 제재의 부재에 대한 논의는 다음을 참조하라. Greenberg, *Sandworm*, 243–245.

29. Kaspersky sKyWIper Analysis Team, "sKyWIper (a.K.a. Flame a.K.a. Flamer): A Complex Malware for Targeted Attacks," report, Laboratory of Cryptography and System Security, Budapest University of Technology and Economics, May 31, 2012; Alexander Gostev, "The Flame: Questions and Answers," *Securelist*, May 28, 2012; Kaspersky Lab, "Unveiling 'Careto'—The Masked APT," report, February 6, 2014; Josh Chin, "Chinese Firm Behind Alleged Hacking Was Disbanded This Month," *Wall Street Journal*, November 29, 2017.

30. *United States of America v. Ahmad Fathi, Hamid Firoozi, Amin Shokohi, Sadegh Ahmadzadegan, Omid Ghaffarinia, Sina Keissar, and Nader Saedi*, US District Court, Southern District of New York, indictment filed March 24, 2016; *United States of America v. Wang Dong, Sun Kailiang, Wen Xinyu, Huang Zhenyu, Gu Chunhui*, United States District Court, Western District of Pennsylvania, indictment filed May 1, 2014; *United States of America v. Park Jin Hyok*, US District Court, Central District of California, criminal

complaint filed June 8, 2018.

31. Jack Goldsmith and Robert D. Williams, "The Failure of the United States' Chinese-Hacking Indictment Strategy," *Lawfare* blog, December 28, 2018.

결론

1. US Cyber Consequences Unit, "Overview by the US-CCU of the Cyber Campaign against Georgia in August of 2008," special report, August 2009; Greylogic [Jeff Carr, principal investigator], "Project Grey Goose Phase II Report: The Evolving State of Cyber Warfare," report, March 20, 2009.

2. 이와 관련하여 다음을 참조하라. Sean Naylor, *Relentless Strike: The Secret History of Joint Special Operations Command* (New York: St. Martin's Press, 2015).

3. 개념 차원의 위협 특정 프레임워크의 예시는 다음을 참조하라. Michael J. Assante and Robert M. Lee, "The Industrial Control System Cyber Kill Chain," SANS Institute, report, October 2015; Eric M. Hutchins, Michael J. Cloppert, and Rohan M. Amin, "Intelligence Driven Computer Network Defense Informed by Analysis of Adversary Campaigns and Intrusion Kill Chains," Lockheed Martin white paper, 2010; Ben Buchanan, *The Cybersecurity Dilemma*, ch. 2-3; Katie Nickels, "Getting Started with ATT&CK: Threat Intelligence," *Medium*, June 10, 2019.

4. Danny Vinik, "America's Secret Arsenal," *Politico*, December 9, 2015.

5. Thomas C. Schelling, *Arms and Influence* (New Haven: Yale University Press, 1966), 69-70.

6. Robert Jervis, "Hypotheses on Misperception," *World Politics* 20, no. 3(1968): 454-479.

7. Xenophon, *Anabasis in Xenophon* Volume III, Book VI, Chapter V,trans. Carleton L. Brownson and John Dillery (Cambridge, MA: Harvard University Press, 1998).

8. 이 작전들에 대한 논의는 다음을 참조하라. Andy Ozment, "The DHS Role in Federal Cybersecurity and the Recent Compromise at the Office of Personnel Management," written testimony to Committee on Oversight and Government Reform, US House of Representatives, 2015; Christopher Drew and John Markoff, "Data Breach at Security Firm Linked to Attack on Lockheed," *New York Times*, May 27, 2011;Nathan Hodge and Ian Scherr, "Lockheed Martin Hit by Security Breach," *Wall Street Journal*, May 27, 2011; Adrian Nish and Tom Rowles, "APT10—Operation Cloud Hopper," BAE Systems blog, April 3, 2017; Andy Greenberg, "A Mysterious Hacker Group Is on a Supply Chain Hijacking Spree," *Wired*, May 3, 2019; Gordon Lubold and Dustin Volz, "Navy, Industry Partners Are 'Under Cyber Siege' by Chinese Hackers, Review Asserts," *Wall Street Journal*, March 12, 2019; Jack Stubbs, Joseph Menn, and Christopher Bing, "Inside the West's Failed Fight against China's 'Cloud Hopper' Hackers," *Reuters*, June 26,2019.

9. James Stavridis, "China's Next Naval Target Is the Internet's Underwater Cables," *Bloomberg*, April 8, 2019; "PRC Information Warfare & Huawei," National Security Agency internal presentation

deck, published alongside Micah Lee and Henrik Moltke, "Everybody Does It: The Messy Truth about Infiltrating Computer Supply Chains," *The Intercept*, January 24, 2019.

10. Nicole Perlroth, "D.N.C. Says It Was Targeted Again by Russian Hackers after '18 Election," *New York Times*, January 18, 2019; United States Computer Emergency Readiness Team, "Advanced Persistent Threat Activity Targeting Energy and Other Critical Infrastructure Sectors," Department of Homeland Security release, October 20, 2017; Tara Seals, "APT29 Re-Emerges after 2 Years with Widespread Espionage Campaign," *ThreatPost*, November 20, 2018; Kaspersky Lab Global Research and Analysis Team, "Shedding Skin—Turla's Fresh Faces," *SecureList*, October 4, 2018.

11. Joseph Cox, "Experts Doubt Russian Claims That Cryptographic Flaw Was a Coincidence," *Motherboard*, May 8, 2019; Léo Parrin, "Partitions in the S-Box of Streebog and Kuznyechik," *IACR Transactions on Symmetric Cryptology*, January 29, 2019.

12. David E. Sanger, "U.S. Cyberattacks Target ISIS in a New Line of Combat." *New York Times*, April 24, 2016.

13. Ash Carter, "A Lasting Defeat: The Campaign to Destroy ISIS," report, Belfer Center for Science and International Affairs, October 2017, 32–33.

14. Costin Raiu, Mohamad Amin Hasbini, Sergey Belov, and Sergey Mineev, "From Shamoon to Stone Drill," Kaspersky *SecureList*, March 6, 2017; Bill Marczak, Nicholas Weaver, Jakub Dalek, Roya Ensafi, et al., "China's Great Cannon," research brief, Munk School of Global Affairs, Citizen Lab, April 10, 2015.

15. Kaspersky Lab Global Research and Analysis Team, "Olympic Destroyer Is Here to Trick the Industry," *SecureList*, March 8, 2018; Greenberg, Sandworm, 257-265.

16. Nicole Perlroth and Clifford Krauss, "A Cyberattack in Saudi Arabia Had a Deadly Goal. Experts Fear Another Try," *New York Times*, March 15, 2018; Raiu, Hasbini, Belov, Mineev, "From Shamoon to Stone Drill"; Blake Sobczak, "The Inside Story of the World's Most Dangerous Malware," *E&E News*, March 7, 2019; FireEye Intelligence "TRITON Attribution: Russian Government-Owned Lab Most Likely Built Custom Intrusion Tools for TRITON Attackers," FireEye Threat Research blog, October 23, 2018; Dragos, "TRISIS Malware: Analysis of Safety System Targeted Malware," Dragos report, December 13, 2017.

17. Craig Silverman, "Facebook Removed over 2 Billion Fake Accounts, But the Problem Is Getting Worse," *BuzzFeed*, May 24, 2019; Melanie Amann and Pavel Lokshin, "German Populists Forge Ties with Russia," *Der Spiegel*, April 27, 2016.

18. Josh Gerstein, "U.S. Brings First Charge for Meddling in 2018 Midterm Elections," *Politico*, October 19, 2018; Twitter Safety, "Information Operations Directed at Hong Kong," Twitter blog, August 19, 2019.

19. 네덜란드 정부는 이와 관련된 다수의 활동을 공개했다. 예를 들어 다음을 참조하라. "Russia Denies Western Accusations of Attacks," *CNN Video*, October 4, 2018.

20. "Facebook's Sputnik Takedown—In Depth," report, Atlantic Council Digital Forensics Research Lab, January 17, 2019; Philip N. Howard, Bharath Ganesh, Dimitra Liotsiou, John Kelly, and Camille François,

"The IRA, Social Media and Political Polarization in the United States, 2012-2018," University of Oxford, Computational Propaganda Research Project, report, December 2018; Kevin Roose, "Is a New Russian Meddling Tactic Hiding in Plain Sight?," *New York Times*, September 25, 2018.

21. Gabrielle Lim, Etienne Maynier, John Scott-Railton, Alberto Fittarelli, Ned Moran, and Ron Deibert, "Burned after Reading: Endless Mayfly's Ephemeral Disinformation Campaign," Citizen Lab threat research report, May 14, 2019; "Taking Down More Coordinated Inauthentic Behavior," Facebook corporate communications news release, August 21, 2018; Jack Stubbs and Christopher Bing, "Exclusive: Iran Based Political Influence Operation–Bigger, Persistent, Global," *Reuters*, August 28, 2018.

22. Andy Greenberg, "A Mystery Agent Is Doxing Iran's Hackers and Dumping Their Code," *Wired*, April 18, 2019.

23. Shannon Vavra, "Why Cyber Command's Latest Warning Is a Win for the Government's Information Sharing Efforts," *Cyberscoop*, July 10, 2019.

24. Joseph Cox, "Meet 'Intrusion Truth,' the Mysterious Group Doxing Chinese Intel Hackers," *Motherboard*, August 21, 2018.

25. Karen DeYoung and Ellen Nakashima, "UAE Orchestrated Hacking of Qatari Government Sites, Sparking Regional Upheaval, According to U.S. Intelligence Officials," *Washington Post*, July 16, 2017; Kevin Poulsen, "Hackers Vow to Release Apparent Trove of U.A.E. Ambassador's Emails," *Daily Beast*, June 2, 2017; Adam Hulcoop, John Scott Railton, Peter Tanchak, Matt Brooks, and Ron Deibert,

"Tainted Leaks: Disinformation and Phishing with a Russian Nexus," *Citizen Lab*, May 25, 2017; Scott Shane, "The Age of Big Leaks," *New York Times*, February 2, 2019.

26. David Ignatius, "How a Chilling Saudi Cyberwar Ensnared Jamal Khashoggi," *Washington Post*, December 7, 2018.

27. 예를 들어 다음을 참조하라. Kim Zetter, "Hacking Team Leak Shows How Secretive Zero-Day Exploit Sales Work," *Wired*, July 24, 2015; Bill Marczak, Claudio Guarnieri, Morgan Marquis-Boire, and John Scott Railton, "Hacking Team and the Targeting of Ethiopian Journalists," *Citizen Lab*, February 12, 2014; Alex Kane, "How Israel Became a Hub for Surveillance Technology," *The Intercept*, October 17, 2017; Joel Schechtman and Christopher Bing, "UAE Used Cyber Super-Weapon to Spy on iPhones of Foes," *Reuters*, January 30, 2019.

28. John Scott-Railton, Bill Marczak, Claudio Guarnieri, and Masashi Crete-Nishihata, "Bitter Sweet: Supporters of Mexico's Soda Tax Targeted With NSO Exploit Links," report, Citizen Lab Targeted Threats Research, February 11, 2017.

29. "H.R.5515—John S. McCain National Defense Authorization Act for Fiscal Year 2019," bill introduced April 13, 2018, passed as Public Law 115-232, 115th Congress, August 13, 2018. 다음을 참조하라. Section 1632, "Affirming the Authority of the Secretary of Defense to Conduct Military Activities and Operations in Cyberspace."

30. United States Cyber Command, "Achieve and Maintain Cyberspace Superiority: Command Vision for US Cyber Command," March 23, 2018; Michael P. Fischerkeller and Richard J. Harknett, "Persistent

Engagement, Agreed Competition, Cyberspace Interaction Dynamics, and Escalation," report, Institute for Defense Analyses, May 2018; Michael P. Fischerkeller and Richard J. Harknett, "Persistent Engagement and Tacit Bargaining: A Path toward Constructing Norms in Cyberspace," *Lawfare* blog, November 9, 2018.

31. Paul M. Nakasone, "A Cyber Force for Persistent Operations," *Joint Forces Quarterly*, 92 (2019), 10-14: 11.

32. Greenberg, *Sandworm*, 288.

33. 이 사건에 대한 추가 내용은 다음을 참조하라. Thomas Rid, *Rise of the Machines: A Cybernetic History* (New York: WW Norton, 2016), ch. 8.

34. Blake Sobczak, "Ex-NSA Official Urges Utilities to Beware of Russian Hackers," *E&E News*, May 22, 2019.

[[감사의 말]]

내가 학위 두 개를 받고 여러 친구와 소울메이트를 만났으며, 학술적 토론과 동시에 결혼식 장소를 제공해 준 데다가 교수직을 맡게 하고 최고의 동료들을 만나게 해 준 조지타운대학교에 깊이 감사드린다. 캠퍼스를 활기차게 만들고 지적 교류의 장을 열어준 댄 바이맨, 매튜 카네스 신부님, 타룬 차브라, 조엘 헬먼, 키어 리버, 제이슨 매튜니, 레베카 패터슨 그리고 안보학과 및 신흥기술안보센터의 모든 동료에게 감사드린다. 특히 타운하우스에서 하루하루를 즐겁게 보낼 수 있도록 도와준 엘리자베스 아르스노와 크루통에게 특별한 감사를 남긴다. 조지타운대학교를 다닐 때 만났던 스콧 플리고, 알렉스 가이튼, 나탈리 로이어, 샬롯 마크슨, 찰리 몰튼, 그렉 오울렛, 데니 솔딘, 존 바이딩거도 있다. 앰뷸런스에서 아랍어까지 테일러 밀러는 항상 나를 즐겁게

해 주었다(가끔 터무니없는 경우도 있었지만 말이다).

이 책을 집필하는 것을 포함해 내 인생에서 많은 부분을 이룰 수 있도록 해 준 스승님들께도, 특히 레지스 고등학교 선생님들께 감사드린다. 레지스 고등학교에서 친구였던 케빈 키오, 안토니오 로시아노, 케이시 퀸, 콜린 로스는 내 기억 속에 오래오래 남을 것이다.

마셜장학제도는 나의 인생과 커리어를 바꿨다. 킹스 칼리지 런던에서 보낸 3년에도 깊이 감사한다. 나의 박사 학위 지도교수였던 토머스 리드는 훌륭한 학자일 뿐 아니라 인격적으로 더욱 뛰어난 분이다. 아디 아쇼크, 켄지 복, 알렉스 체이트오프, 에미릴 코커, 나탈리아 에마뉘엘, 시아 훌리한, 라훌 레키, 헤더 윌리엄스. 모두 영국에서 만난 좋은 친구들이다.

마이클 설메이어가 이 책을 처음부터 끝까지를 도와주었다. 그는 나를 하버드 벨퍼국제관계센터의 박사 후 연구원으로 채용하고 이 책과 같이 큰 프로젝트에 대해 사유할 시간을 주었다. 내가 초고를 작성했을 때 이미 하버드 소속이 아니었음에도 그는 원고 수백 장을 손으로 수정하여 매우 자세한 피드백을 줬다. 그가 미국 정부를 위해 일하는 것은 미국에 행운이며, 나는 개인적으로는 그를 친구라고 부를 수 있어 영광이다.

가브리엘라 론코네 또한 처음부터 이 책의 집필을 도와줬다. 그는 매우 뛰어난 연구 조수로서 프로젝트를 시작할 때부터 이 책에 대해 나만큼이나 열정을 가져 주었다. 첫해에 그는 주요 사실관계들을 확인해 줬고 원고에 굉장히 통찰력 있는 피드백을 줬다. 현재 그는 정보안보 세계의 주역으로 성장하는 중이다. 후에는 록산느 헤스턴이 뒤를 이어 연구를 도와주었고 주요 장을 퇴고하는 일을 도와줬다. 그 역시 전도가 매우 유망하다.

원고의 일부 또는 전부를 읽고 코멘트를 준 사람들의 솔직한 피드백 덕분에 이 책을 더 나은 방향으로 집필할 수 있었다. 제로드 코커, 테디 콜린스, 매슈 그린, 매슈 해리스, 트레이 헤르, 존 헐트퀴스트, 힐러리 허드, 케빈 키오, 잭 루카스, 타일러 밀러, 알렉스 팔머, 벤 리드, 토머스 리드, 크리스 롤프, 조 슬로빅, 브루스 슈나이어, 브라이언 바드헤임 그리고 익명의 논문 심사자들에게 감사한다. 또한 일반적으로 브라이언 바솔로뮤, 크리스 빙, 잭 클라크, 그레이슨 클라리, 잭 골드스미스, 앤디 그린버그, 리처드 하크넷, 엘리 젤렌스, 로버트 M. 리, 대니 무어, 네드 모란, 사헤르 노만, 아드리안 니시, 조셉 나이, 데이빗 생어, 콘레드 스토스, 맷 테이트, 마이클 토머스, JD 워크와 사이버안보 및 다른 주제들에 대해 대화를 나눈 것도 많은 도움이 됐다.

우드로윌슨센터의 제인 하먼, 메그 킹(어떤 일이든 해내는 여성), 제이크 로슨, 스펜서 스터키에게 감사한다.

하버드대학출판사의 제프 딘은 처음부터 이 책의 가능성을 믿어 줬다. 매번 그는 통찰력 있는 조언을 해 주었고 내가 잘못된 방향으로 가지 않도록 설득했다. 조이 드메닐, 줄리아 커비, 그리고 다른 하버드대학출판사 스태프들은 제프와 같이 날 도와줬고 책을 잘 마치도록 이끌어 줬다. 추가적인 감수자가 필요할 때 브라이언 버그스타인이 나서 줬고 내게 수년간 기술 관련 저서를 쓰면서 어렵게 터득한 지혜들을 빌려줬다. 그리고 맷 마호니의 철저한 사실관계 확인이 없었다면 나는 편히 잘 수 없었을 것이다.

나의 에이전시인 잉크웰 매니지먼트의 담당자 마이클 칼라일과 윌리엄 캘러핸 또한 이 책의 가능성을 처음부터 알아봐 주었다. 그들은 내가 처음 책에 대한 아이디어를 떠올릴 때부터 좋은 의견을 줬고, 책이 출판되어 시장에 나올 수 있도록 이끌어 주었다. 그들이 내 편인 것에 감사한다.

나는 또한 이 책의 집필과 다른 프로젝트에 도움을 준 미국과 영국의 정보 요원들과 국가안보 관계자들에게 감사한다. 음지에서 벌어지는 국가 간 사이버 경쟁을 이해하는 일은 쉽지 않다. 하지만 나는 전현직 실무자들과의 대화를 통해 이에 대해 이해하고 현재 밝힐 수 있는 수준의 이야기로 풀어낼 수 있었다. 그들의 업무 특성상 일일이 공개적으로 감사를 표현할 수는 없지만 내가 그들과의 우정과 그들의 전문성을 얼마나 중요하게 생각하는지 알아줬으면 한다. 만약 책에 있을 모든 오류는 전적으로 나의 책임이다.

가족들에게도 특별한 감사를 전하고 싶다. 부모님은 늘 내게 조건 없는 사랑을 주셨다. 매리 뷰캐넌은 훌륭한 편집자일 뿐 아니라 좋은 여동생이다. 그리고 애니와 제라드는 최고의 대부모다.

켈리 뷰캐넌은 내 인생의 하나뿐인 사랑이자 반려자다. 우리는 이 프로젝트뿐 아니라 더 많은 일을 함께 해냈다. 하루라도 그의 호탕한 웃음소리를 듣지 않는다면 허전한 기분이 든다. 이 책을 그에게 바친다.

[[옮긴이의 말]]

벤 뷰캐넌 교수의 《해커와 국가: 사이버 공격과 지정학의 뉴노멀》은 북한의 소니 픽처스 해킹, 러시아의 미국 대선 개입, 랜섬웨어 공격 등 우리가 뉴스를 통해 접했던 주요 해킹 사건들을 상세하게 다루고 있다. 뿐만 아니라 각각의 사건들이 개별적으로 그리고 종합적으로 국제 정세에 미치는 영향에 대한 뛰어난 통찰력을 보여준다. 2022년 우크라이나 침공에 앞서 러시아 해커들이 전방위적으로 활동했으며 대만을 둘러싼 미중 갈등이 고조되자 중국 해커들이 미국과 대만을 공격하는 등 뷰캐넌 교수가 말한 사이버 공간에서의 "영원히 반복되는 투쟁"은 지금도 현재 진행형이다.

2021년 봄, 업무 때문에 이 책을 처음 읽고 번역본이 나와 있는지 곧바로 찾아보았다. 국내 번역서가 없다는 사실을 알고 이 책을 국내 독자들에게 소개하고 싶다는 마음이 들었다. 이 책만큼 지난 수십 년 동안의 국가 간 사이버 전쟁을 잘 정리한 책이 국내에 없을 뿐 아니라 책에 한국과 북한의 이야기가 여러 차례 나와 우리와 직접적인 관련이 있기 때문이었다. 당시에는 실행에 옮기지 못했는데 운 좋게도 이듬해 조지타운대학교에서 안보학 석사 과정을 하면서 이 책의 저자인 뷰캐넌 교수가 직접 커리큘럼을 구성한 '사이버 작전'이라는 수업을 수강하게 됐고 번역을 준비하기 시작했다. 이 수업은 본래 뷰캐넌 교수가 직접 가르쳤었지만 바이든 행정부 출범 후 뷰캐넌 교수가 백악관 과학기술정책실의 사이버안보 담당으로 자리를 옮기면서 같은 내용을 다른 교수가 가르치고 있다.

뷰캐넌 교수가 이 책에서 반복적으로 주장하는 바와 같이 과거 다른 영역에서의 군사 경쟁과 달리 국가 간 사이버 경쟁은 일반 시민들의 일상까지 위협할 수 있다. 1장에서 볼 수 있듯이 우리가 사용하는 인터넷 광케이블과 플랫폼 들은 이미 정보기관들의 감시, 감청으로부터 자유롭지 않다. 또한 북한의 사이버 공격 사례에서 볼 수 있듯 소니 픽처스 직원들은 하루아침에 자신들의 연봉을 포함한 개인정보가 유출되었고, 광범위한 랜섬웨어 공격은 백신 생산에서부터 일선 병원까지 일반인들에게 말 그대로 치명적인 피해를 주었다. 진부한 말이지만 모두가 연결되어 있는 디지털 공간에서는 국가, 정부, 시민의 구분이 모호해진다. 때문에 정보 보안 전문가나 외교관이 아니더라도 모두가 누가, 어떻게, 왜 이런 공격을 했는지 관심을 가질 필요가 있다고 생각한다. 그러한 측면에서 이 책은 국제 사이버 경쟁을 이해하는 데

훌륭한 입문서가 될 수 있다.

이 책을 관통하는 또 다른 주제 중 하나는 신호와 환경 조성이다. 21세기에 해킹은 국가가 활용할 수 있는 여러 전략 수단 중 하나이며 미국, 중국, 러시아 등 강대국들은 물론 우리나라, 이스라엘, 호주 등 중소 국가들도 해킹을 통해 국익을 확보하고 수호하고 있다. 오늘날 국제 정세를 읽기 위해 사이버안보에 관심을 가져야 하는 이유다. 그러나 우리는 어떠한 사이버 공격이 발생하면 공격의 배후와 피해액과 같이 단편적 사실에만 천착하곤 한다. 그 대신 상대국이 해킹을 통해 궁극적으로 이루고자 하는 목적이 무엇인지 고민할 필요가 있다. 어떠한 신호를 보내려 하는 것인지 아니면 국제 환경을 자신에게 유리하게 만들고자 하는 의도인지 파악하고 그에 맞는 대응책을 강구해야 하기 때문이다. 북한이 우리 금융기관과 언론사 들에 디도스 공격을 가한 것과 우리 방산업체의 신형 전투기 도면을 훔쳐 간 것은 전혀 다른 목적을 가진 사이버 작전이라고 할 수 있다.

이 책에는 한국과 북한의 사례가 여러 번 등장한다. 북한은 해킹을 대외 정책의 도구로 적극적으로 활용하고 있으며, 이미 한국뿐 아니라 전 세계를 대상으로 여러 사이버 공작을 펼쳤다. 반면 한국은 디지털 인프라가 고도로 발전한 국가로 사이버 공격에는 취약한 구조를 가진 나라다. 러시아와 인접한 데다가 적대적인 관계인 우크라이나는 러시아 해커들의 실험실로 익히 알려져 있다. 한국이 날로 고도화되는 북한의 사이버 전력의 실험 대상이 되지 않도록 사회 전반에서 사이버보안에 더욱 많은 투자를 할 필요가 있다. 한편 우리 사회와 디지털 인프라를 노리는 건 북한뿐이 아닐 것이다. 이 책에서 다루듯이 중국은 미국 경제 다방면에 걸쳐 대대적으로 사이버 첩보 활동을 펼쳤고 이를 통해 자국 산업을 전략적으로 육성했다. 우리 기업들도 심각한 사이버 위협에 노출되어 있기에 국가 경쟁력 보호 차원에서 이에 대한 대응책이 필요하다. 특히 중소기업들과 대기업 협력사들의 사이버보안이 중요하다. 2020년 솔라윈즈 해킹 사건처럼 공급망의 가장 약한 고리를 노리는 사이버 공격이 횡행하기 때문이다.

무엇보다 뷰캐넌 교수도 지적하듯이 가장 치명적인 사이버 공격은 결국 전산 시스템이 아닌 사람의 심리와 신뢰를 흔드는 공격이다. 그런 측면에서 러시아 해커들이 어떻게 미국의 유권자들을 선동하였는지 다룬 10장의 내용은 놀라우면서 동시에 간담을 서늘하게 한다. 러시아 해커들은 정보 유출과 가짜뉴스를 통해 이미 존재하던 미국 사회의 균열을 더욱 악화시키고 양극화를 심화시켰다. 그러나 이건 비단 미국에만 국한된 문제는 아닐 것이다. 우리나라 역시 정치적, 이념적 대립과 갈등이 갈수록 격화되고 있다. 이런 상황에서 디지털 수단을 통한 선거 개입은 민주주의의 근간을 흔들 수 있다. 외국의 선거 개입을 막기 위해서는 정부 차원의 방비도 물론 중요하지만 언론과 시민들의 역할도 중대하다. 〈뉴욕 타임스〉 기자가 말한 것처럼 자신도 모르게 외국 공작원들의 프로파간다를 퍼트리는 역할을 하고 있는 건 아닌지 늘 경계할 필요가 있다. 진실과 허구의 경계가 무너지는 시대에 시민들에게는 그 둘을 구분할 수 있는 힘이 필요하다. 이에 뷰캐넌 교수의 책이 일종의 나침반 역할을 할 수 있을 것이라 믿는다.

지난여름 《해커와 국가》를 번역하면서 많은 것을 배울 수 있었다. 뷰캐넌 교수가 사이버보안에 문외한인 비전문가들도 이해하기 쉽도록 저술한 것처럼 나도 전문용어들과 개념들을 최대한 쉽게 풀어서 번역하기 위해 고심하고 노력했다. 부족한 결과물이지만 내가 원서를 처음 읽었을 때의 감동이 독자들에게도 전해지길 소망한다. 원서의 가치를 알아보고 이 책의 출간을 결정하여 출판의 전 과정을 빈틈없이 진행해 준 두번째테제 장원 편집장님께 감사드린다. 그리고 내가 마음 놓고 번역에 집중할 수 있도록 지원하고 응원해 준 아내 소은에게 진심으로 고맙다는 말을 전하고 싶다.

버지니아 알링턴에서
옮긴이 강기석